Louis Figuier

Exposition et histoire des principales découvertes scientifiques modernes

Tome I

Elibron Classics
www.elibron.com

Elibron Classics series.

ISBN 0-543-87007-3 (paperback)
ISBN 0-543-87006-5 (hardcover)

This Elibron Classics Replica Edition is an unabridged facsimile of the edition published in 1853 by Langlois et Leclercq; Victor Masson, Paris.

EXPOSITION ET HISTOIRE

DES

PRINCIPALES DÉCOUVERTES

SCIENTIFIQUES MODERNES.

Paris. Imprimerie de L. Martinet, rue Mignon, 2.

EXPOSITION ET HISTOIRE

DES

PRINCIPALES DÉCOUVERTES

SCIENTIFIQUES MODERNES

PAR

LOUIS FIGUIER

Docteur ès sciences.

Deuxième édition, revue et augmentée.

TOME PREMIER.

Photographie.
Télégraphie aérienne et électrique.
Galvanoplastie et Dorure chimique. — Poudres de guerre et Poudre-coton.

PARIS

LANGLOIS ET LECLERCQ,
RUE DE LA HARPE, 99.

VICTOR MASSON,
PLACE DE L'ÉCOLE-DE-MÉDECINE.

M DCCC LIII

Le rôle des sciences dans la société a subi, depuis le commencement de notre siècle, une transformation remarquable. Étudiées par un très petit nombre d'hommes, enfermées dans un cercle étroit de faits, et ne trouvant dans les circonstances ordinaires de la vie que de rares applications, les sciences formaient autrefois comme un domaine à part, où s'agitaient, loin des yeux du vulgaire, quelques discussions théoriques sans rapport et sans liaison directe avec les intérêts communs. Les conditions sont tout autres aujourd'hui. Cultivée par un nombre immense d'esprits, embrassant toute la sphère des réalités qui nous entourent, la science a créé autour de nous un monde de merveilles. Par les améliorations qu'elle a introduites dans les conditions matérielles de la vie, par les secours de toute nature qu'elle nous apporte chaque jour, elle nous touche maintenant par tous les côtés à la fois, elle se mêle de plus en plus à nos intérêts, elle fait presque partie de notre existence. Aussi l'utilité des notions scientifiques est-elle aujourd'hui universellement sentie ; chacun recherche avec empressement ce qui peut le familiariser avec un tel ordre de connaissances.

C'est pour répondre à ce besoin si marqué et si légitime, que l'auteur de ce livre a eu la pensée de faire connaître au public, par une série de Notices scientifiques, les découvertes les plus importantes qui ont signalé notre siècle. Il lui a paru que la méthode historique, combinée avec les formes ordinaires de l'exposition, était le système le plus convenable à suivre pour la rédaction de ces Notices. Les avantages d'un plan aussi simple, l'intérêt évident que doivent éveiller dans l'esprit du lecteur l'histoire des efforts successifs de l'esprit humain et la connaissance des routes qu'il a suivies pour s'élever aux grandes vérités qui font sa gloire, enfin la certitude de faciliter ainsi à chacun l'intelligence des théories et des faits, tout encourageait l'auteur à adopter un mode d'exposition dont on a tiré si peu de parti jusqu'à ce jour. Rechercher l'origine de chacune des principales inventions scientifiques modernes, raconter ses progrès et ses développements successifs, exposer son état actuel et les principes sur lesquels elle est fondée, tel est donc le double objet que l'on se propose dans ce livre.

L'histoire des progrès de l'esprit humain dans la voie scientifique est sans aucun doute aussi riche d'intérêt, aussi féconde en enseignements qu'aucune autre partie de l'histoire générale. Mais les documents qui consacrent le souvenir de ces faits, épars dans un grand nombre de recueils peu connus, ou disséminés dans des publications éphémères, sont difficiles à rassembler. Cette œuvre de recherches patientes, j'ai essayé de l'accomplir pour le petit nombre de sujets auxquels j'ai dû me limiter. Lorsque l'utilité des travaux de ce genre sera mieux appréciée qu'elle ne l'est encore, d'autres écrivains compléteront cette tâche en embrassant l'ensemble tout entier des conquêtes scientifiques de notre époque, et ainsi seront sauvés de l'oubli des monuments précieux qui seront un jour les vrais titres de gloire de l'humanité.

L'*Histoire des principales découvertes scientifiques modernes* s'adresse spécialement à cette classe si nombreuse de personnes qui, ne possédant sur les sciences aucunes notions positives, désirent cependant être initiées à leurs principes, en ce qui touche au moins les inventions dont les résultats frappent les yeux chaque jour. Aussi la clarté a-t-elle été ma préoccupation constante. Instruire sans fatigue, dépouiller la science et son histoire des formes arides qui sont comme consacrées dans nos traités classiques, tel est le but que je me suis efforcé d'atteindre. Il y a toujours dans une question scientifique, même la plus complexe, une partie aisément accessible à tous les esprits; c'est à ce côté que je me suis permis de prêter quelquefois un certain développement.

Quel que soit le jugement que l'on doive porter sur les procédés d'exposition suivis dans cet ouvrage, je tiens à constater ici que je n'ai rien sacrifié de l'exactitude ni de la rigueur qui sont le caractère et le véritable ornement des faits scientifiques. Si les savants devaient porter leurs regards sur ces pages, pour eux sans importance, ils reconnaîtraient, je l'espère, que la science ne s'est ni rabaissée ni dégradée entre mes mains.

AVERTISSEMENT

SUR LA DEUXIÈME ÉDITION.

Bien qu'il ne se soit écoulé qu'une année depuis l'impression des deux premiers volumes de cet ouvrage, cette deuxième édition de l'*Histoire des découvertes scientifiques* diffère, en beaucoup de points, de la première. L'auteur a tenu compte avec beaucoup de soin des nouveaux progrès de la science, en ce qui concerne les différents sujets qu'il avait traités.

La *Photographie sur papier* n'occupait dans la première édition qu'une place restreinte, car cette partie des arts photographiques n'en était alors qu'à ses débuts et n'offrait encore qu'en espérance des résultats utiles. Mais pendant l'année qui vient de s'écouler, ces espérances sont devenues des faits accomplis, et la photographie sur papier, constituée dans ses méthodes d'une manière définitive, a pris un tel essor et une telle importance, qu'elle menace aujourd'hui de détrôner sa rivale. L'auteur a donc soumis à une étude particulière les faits qui se rapportent à cette nouvelle et intéressante application des procédés daguerriens. Dans le même intervalle, une autre branche des arts photographiques, aussi digne d'intérêt que la précédente, mais infiniment moins riche en résultats acquis, est devenue l'objet d'importantes recherches. La production directe d'images colorées, dans le daguerréotype, a occupé certains de nos savants, et les faits nouveaux observés parmi ces curieux phénomènes ne devaient pas être oubliés dans cet ouvrage. C'est ainsi que l'auteur a été amené à donner à sa Notice sur la photographie une étendue à peu près double de celle qu'elle occupait dans la première édition.

La *Télégraphie électrique* a pris tout récemment, en diverses contrées de l'Europe, un développement considérable. Beaucoup de pays, le nôtre en particulier, qui n'avaient procédé qu'avec timidité et réserve dans l'adoption de cet admirable moyen de correspondance, sont entrés hardiment dans la voie nouvelle. L'année 1851 a vu s'accomplir dans l'établissement définitif de la télégraphie sous-marine une des merveilles des temps modernes. De là, pour l'auteur de cet ouvrage, la nécessité de faire des additions nombreuses à sa Notice sur la télégraphie électrique ; ces additions en ont doublé l'étendue. L'exposé complet de l'état présent de la télégraphie électrique dans les deux mondes, l'établissement des télégraphes sous-marins entre Douvres et Calais, entre Howth et Dublin, la description des appareils accessoires de la télégraphie électrique, tels sont les sujets nouveaux traités dans la réimpression de cette Notice. On s'était contenté, dans la première édition, d'exposer le principe général sur lequel repose la construction des télégraphes électriques, sans aborder les dispositions mécaniques à l'aide desquelles ce principe est mis en œuvre. On a cru cette fois pouvoir aller plus loin, et l'on a donné la description détaillée du mécanisme des télégraphes électriques en usage en France, en Angleterre et dans le nouveau monde. Quelques figures gravées avec soin, distribuées en différentes parties du texte, permettront au lecteur de suivre sans peine la description de ces divers instruments.

La *Galvanoplastie*, la *Dorure chimique* et l'*Histoire des poudres de guerre* ont également été l'objet, dans cette édition, d'additions importantes. Enfin, toutes les autres notices ont été revues avec attention dans leurs différentes parties, afin de les tenir au courant des dernières acquisitions de la science.

C'est par leur soin continuel à améliorer leur publication, par leur préoccupation constante de présenter au public des notions rigoureuses, puisées aux meilleures sources, et toujours en harmonie avec l'état présent de la science, que l'auteur et les éditeurs de cet ouvrage s'efforceront de justifier l'accueil favorable dont le public et la presse ont daigné l'honorer.

Paris, 15 décembre 1852.

EXPOSITION ET HISTOIRE

DES

PRINCIPALES DÉCOUVERTES

SCIENTIFIQUES MODERNES.

LA PHOTOGRAPHIE.

Il y a bien des motifs divers pour aimer, pour admirer cette invention brillante de la photographie qui sera l'honneur de ce siècle et la gloire de notre patrie. Mais parmi les titres si nombreux qui la désignent à nos hommages, il en est un qui frappe surtout : c'est le témoignage éclatant qu'elle a fourni de la puissance et de la haute portée des sciences physiques de notre époque. Si l'on demandait quelque preuve irrécusable de la valeur des méthodes scientifiques actuelles, et des résultats auxquels peut conduire leur application bien entendue, il ne faudrait pas chercher cette preuve ailleurs que dans la découverte de la photographie et dans la série admirable de ses perfectionnements successifs. Où trouver, en effet, un plus merveilleux enchaînement de créations fécondes? Il y a trois siècles, un physicien napolitain, Jean-Baptiste Porta, imagina la chambre obscure. En plaçant une lentille convergente au-devant de l'orifice percé sur l'une des parois d'une boîte fermée de toutes parts, on obtenait, sur un écran placé à l'intérieur, la reproduction exacte de toutes les vues environnantes. Dans cet espace étroit, venaient se peindre, avec une fidélité et une précision extraordinaires, le spectacle changeant, les aspects variés du paysage extérieur. Mais ces tableaux si parfaits n'étaient qu'une fugitive empreinte qui s'évanouissait avec la clarté du jour. Trois siècles durant, on les considéra d'un œil d'envie, avec le regret de ne pouvoir en fixer la trace éphémère : le petit nombre de physiciens qui, dans ce long intervalle, avaient essayé d'aborder un tel problème, avaient reculé tout aussitôt, effrayés et comme honteux de leur audace. Plus tard, la chimie naissante vint s'exercer à son tour sur cet objet difficile : l'illustre Humphry Davy tenta de mettre à profit, pour fixer les images de la chambre obscure, la modification chimique que les composés d'argent subissent au contact des rayons lumineux. Malgré les ressources de son génie si pénétrant, Davy fut contraint d'abandonner l'entreprise. Tout espoir sous ce rapport semblait donc à jamais perdu, lorsque tout d'un coup un bruit étrange vint à circuler parmi les savants. Un homme s'était rencontré qui avait résolu le problème extraordinaire de fixer à jamais les dessins de la chambre obscure. Cet homme, cet artiste habile s'il en fut, c'était Daguerre. Jamais la science n'avait remporté une aussi brillante victoire, jamais preuve aussi merveilleuse de son pouvoir n'était venue s'offrir à l'admiration de tous. Personne n'a oublié le concert d'acclamations enthousiastes qu'excita l'annonce de cette découverte imprévue. Tout n'était pas dit néanmoins, car bientôt la rapide série des perfectionnements apportés à l'art photographique vint ajouter encore à l'admiration qu'avaient provoquée ses débuts. Quand les produits du daguerréotype furent connus pour la première fois, c'est à peine si l'on osait s'attendre à les voir s'enrichir de quelques progrès sérieux. Cet étrange problème de fixer l'image des objets extérieurs par l'action spontanée de la lumière semblait alors résolu d'une manière si complète, qu'exiger des perfectionnements nouveaux semblait à cette époque une injustice et comme une offense envers le génie de l'inventeur. Cependant les améliorations progressivement apportées à la méthode primitive changèrent peu à peu la face entière de la photographie, de telle sorte que les résultats obtenus à l'origine ne devaient plus être considérés que comme les ébauches de l'art. Les épreuves qui, au début, exigeaient un quart d'heure d'exposition à la lumière, purent s'obtenir en quelques secondes. L'empreinte du dessin photographique, d'abord si légère et si fugace, que le souffle d'un enfant aurait suffi pour l'enlever, fut bientôt fixée d'une manière inaltérable. Le miroitement métallique, qui ôtait tant de charme à ces images, disparut en grande partie, et le trait acquit en même temps une netteté incomparable. Grâce aux procédés électro-chimiques, l'or, le cuivre ou l'argent, déposés en minces pellicules, prêtèrent des tons séduisants à ces tableaux. La galvanoplastie donna les moyens d'en former sur une plaque de cuivre de curieuses reproductions, et bientôt les plaques daguerriennes, transformées en planches propres à la gravure, permirent de multiplier à volonté ces types inimitables. Enfin. cet art déjà si merveilleux est entré, depuis quelques années, dans une phase nouvelle. Le vœu, tant de fois exprimé, d'obtenir sur le papier les images photographiques, a été rempli avec un entier bonheur, et la découverte de procédés irréprochables pour l'exécution de la photographie sur papier est venue marquer notre dernier pas dans cette carrière d'inventions inattendues. Rien n'est plus propre à donner une idée exacte de la haute portée de nos sciences physiques que cette rapide et brillante série de créations successives qui en quelques années ont conduit la photographie à des résultats qu'il était à peine permis de soupçonner au début. Cette découverte, la plus remarquable de notre siècle, est encore celle qui fait le mieux apprécier le pouvoir et les ressources de la science contemporaine. Tel est aussi le double motif qui nous porte à placer la photographie en tête de cette galerie scientifique que nous nous proposons d'ouvrir à la curiosité et à l'intérêt de nos lecteurs. Exposer les circonstances qui ont présidé à la découverte de la photographie, faire connaître les perfectionnements divers qu'elle a reçus depuis son origine, indiquer son état présent, signaler enfin les derniers problèmes qu'elle doit résoudre, tel est l'objet que nous avons à remplir pour cette première notice.

CHAPITRE PREMIER.

Travaux de Joseph Niepce. — Sa méthode pour la fixation des images de la chambre obscure. — Association de Niepce et Daguerre. Mort de Joseph Niepce. — Travaux de Daguerre. — Communication de la découverte de Daguerre à l'Académie des sciences de Paris.

La création de la photographie appartient à deux hommes dont les travaux et le rôle respectifs, dans cette grande découverte, sont nettement établis : Niepce a, le premier, trouvé le moyen de fixer, par l'action chimique de la lumière, l'image des objets extérieurs ; Daguerre a perfectionné les procédés photographiques de Niepce, et imaginé dans son ensemble la méthode générale actuellement en usage.

Né à Châlon-sur-Saône, en 1765, Joseph-Nicéphore Niepce était fils de Claude Niepce, écuyer, receveur des consignations au bailliage de Châlon. Élevé dans une certaine aisance, il avait atteint l'âge de vingt-sept ans sans trop se presser de choisir une profession. La carrière des armes offrait seule alors aux âmes tranquilles et aux esprits philosophiques le moyen d'éviter le triste spectacle des désordres qui bouleversaient la patrie : Niepce chercha dans la vie des camps cette paix morale que la guerre civile avait chassée du foyer. Il fit, avec le grade de sous-lieutenant, une partie de la campagne d'Italie. Au bout de deux ans, les fatigues d'une maladie l'obligèrent de quitter l'armée. Nommé, en 1794, administrateur du district de Nice, il conserva jusqu'en 1801 cette place qui convenait à la modération de ses goûts. Il rentra à cette époque dans sa ville natale. Son frère aîné, Claude Niepce, ne tarda pas à l'y rejoindre. Possédant dans les arts mécaniques des connaissances étendues, mais d'un caractère aventureux et mobile, ce dernier revenait en France après avoir couru les mers et visité les deux hémisphères. Il ne rapportait de ses longs voyages qu'un riche tribut de savoir et un goût prononcé pour les travaux de l'industrie. Doués des mêmes inclinations, animés des mêmes vues, les deux frères se réunirent pour tirer parti de leurs mutuelles connaissances ; ils s'établirent sur le domaine patrimonial, dans une petite maison de campagne située aux bords de la Saône, aux environs de Châlon, et s'adonnèrent en commun à des recherches de science appliquée. Entre autres machines intéressantes ou utiles, les frères Niepce construisirent, en 1806, un appareil mécanique qu'ils désignaient sous le nom de *pyréolophore*, dans lequel l'air brusquement chauffé devait produire les effets de la vapeur. Cette machine, avantageusement connue dans l'histoire de l'industrie et vers laquelle l'attention semble revenir en ce moment, fut l'objet, à l'Institut, d'un rapport flatteur de Berthollet et de Carnot. Les frères Niepce s'occupèrent plus tard de la construction d'une machine hydrostatique nouvelle, qu'ils abandonnèrent cependant pour d'autres études. Le pastel qu'ils cultivaient en grand dans leur domaine leur donna ensuite l'occasion de préparer avec cette plante une matière colorante identique avec l'indigo des Indes, question d'une haute importance à une époque où la guerre extérieure privait le commerce français des produits coloniaux. Enfin, une invention des plus précieuses pour les beaux-arts vint changer la direction des travaux de Joseph Niepce. La lithographie venait d'être importée en France, et cet art curieux fixait au plus haut degré l'attention générale. Partout on fouillait les carrières pour y trouver du calcaire lithographique. Saisi pour cet art nouveau d'un engouement qui dura plus de dix années, le public recherchait avec empressement les produits encore fort imparfaits sortis des mains des artistes. Les amateurs eux-mêmes s'essayaient à ces procédés intéressants, et jusque dans les châteaux on trouvait des presses lithographiques. Niepce fit divers essais de reproduction sur quelques pierres d'un grain délicat destinées à être jetées sur la route de Lyon. Ces tentatives ayant échoué, il imagina de substituer à la pierre un métal poli. Il essaya de tirer des épreuves sur une lame d'étain avec des crayons lithographiques, et c'est dans le cours de ces recherches qu'il conçut l'idée d'obtenir sur une plaque métallique la représentation des objets extérieurs par la seule action des rayons lumineux.

Par quelle série de transitions mystérieuses Niepce fut-il conduit, en partant de simples essais typographiques, à aborder le problème le plus compliqué, le plus inaccessible peut-être de la physique de son temps? La question serait bien difficile à éclaircir. Niepce était fort éloigné d'être ce que l'on nomme un savant.

Il appartenait à cette classe d'infatigables chercheurs qui, sans trop de connaissances techniques, avec un bagage des plus minces, s'en vont loin des chemins courus, par monts et par vaux, cherchant l'impossible, appelant l'imprévu, invoquant tout bas le dieu Hasard; Niepce, pour tout dire, était un demi-savant. La race des demi-savants est assez dédaignée, l'ignorance surtout aime à l'accabler de ses mépris ; cependant il est peut-être bon de n'en pas trop médire : les demi-savants font peu de mal à la science, et de loin en loin, ils ont des trouvailles inespérées. Précisément parce qu'ils sont malhabiles à apprécier d'avance les éléments infinis d'un fait scientifique, ils se jettent du premier coup tout au travers des difficultés les plus ardues, ils touchent intrépidement aux questions les plus élevées et les plus graves, comme un enfant insouciant et curieux touche, en se jouant, aux ressorts d'une machine immense, et parfois ils arrivent ainsi à des résultats si étranges, à de si prodigieuses inventions, que les véritables savants en restent eux-mêmes confondus d'admiration et de surprise. Ce n'est pas un savant qui a découvert la boussole, c'est un bourgeois du royaume de Naples ; ce n'est pas un savant qui a découvert le télescope, ce sont deux enfants qui jouaient dans la boutique d'un lunetier de Middlebourg ; ce n'est pas un savant qui a réalisé les applications pratiques de la vapeur, ce sont deux ouvriers du Devonshire, le serrurier Thomas Newcomen et le vitrier Jean Cawley ; et l'illustre James Watt, qui porta la machine à vapeur au degré de perfection qu'elle possède aujourd'hui, n'était, lorsqu'il commença de s'occuper de son étude, qu'un pauvre fabricant d'instruments de la ville de Glascow; ce n'est pas un savant qui a découvert la vaccine, ce sont des bergers du Languedoc; ce n'est pas un savant qui a imaginé la lithographie, c'est un chanteur du théâtre de Munich. Il est donc prudent de ménager un peu cette race utile des demi-savants. C'est peut-être parce que Niepce n'était qu'un demi-savant que la photographie existe. Assurément, si Niepce eût été un savant complet, il n'eût pas ignoré qu'en se proposant de créer des images par l'action chimique de la lumière, il se posait en face des plus graves difficultés de la science; il se fût rappelé qu'en Angleterre l'illustre Humphry Davy, le patient Wedgewood, après mille essais infructueux, avaient regardé le problème comme insoluble. Le jour où cette pensée audacieuse entra dans son esprit, il l'eût donc reléguée aussitôt à côté des rêveries de Wilkins ou de Cyrano Bergerac; il eût tout au plus poussé un soupir de regret et passé outre. Heureusement pour la science et pour les arts, Niepce n'était savant qu'à moitié. Il ne s'effraya donc pas trop des difficultés qui l'attendaient. Il ne pouvait guère prévoir que cette question en apparence si simple, lui coûterait vingt années de recherches, et que la mort le surprendrait avant qu'il eût reçu la récompense et la satisfaction légitime de ses travaux.

Les essais photographiques de Niepce remontent à l'année 1813; c'est dans les premiers mois de 1814 qu'il fit ses premières découvertes. 1814! cette date ne suffit-elle pas à elle seule pour montrer avec quelle passion ardente il a suivi la série de ses travaux. L'empire est menacé, le pays en feu, le sol en proie à l'invasion étrangère, toute l'Europe se réunit pour nous accabler ; cependant il y a quelque part, derrière la Saône, un homme que le bruit de ces agitations immenses est impuissant à détourner de sa tâche. Que lui font à lui et les nations qui s'ébranlent et l'empire qui tombe ; il a de bien autres sollicitudes : sur sa plaque il a aperçu aujourd'hui les premiers linéaments d'une image. Autour de lui tout s'agite, partout le trouble et l'anxiété, nul ne sait ce que la France sera demain. « Le soleil de demain éclairera-t-il le triomphe ou l'asservissement de la patrie ? » Voilà ce que tous les cœurs se demandent avec mille angoisses. Lui, tranquille au sein de tant d'alarmes, il se dit seulement : « Le soleil de demain impressionnera-t-il la combinaison nouvelle que j'ai trouvée hier ? » Dans une notice qu'il a publiée sur cette question, M. Niepce fils a pris la peine de nous prouver que les recherches de son père remontent à l'année 1813. Gardez vos preuves, elles sont inutiles ; il fallait bien que les travaux de ce terrible inventeur fussent antérieurs à 1814, puisque même les événements de cette année néfaste ne suffirent point à suspendre sa marche.

Quant aux principes de ses procédés photographiques, ils étaient d'une simplicité remarquable. Niepce savait, ce que savent tous les peintres, qu'une certaine substance résineuse de couleur noire, le bitume de Judée, exposée à l'action de la lumière, y blanchit assez promptement. Voici comment il tira parti de cette propriété. Il s'occupa d'abord d'un objet assez insignifiant en apparence, mais qui avait l'avantage de préparer et d'éprouver les procédés pour l'avenir : il s'appliqua à reproduire des gravures. Il vernissait une estampe sur le verso, pour la rendre plus transparente, et l'appliquait sur une lame d'etain préalablement recouverte d'une couche de bitume de Judée. Les parties noires de la gravure arrêtaient les rayons lumineux; au contraire, les parties transparentes ou qui ne présentaient aucun trait de burin, les laissaient passer librement. Les rayons lumineux, traversant les parties diaphanes du papier, allaient blanchir la couche de bitume de Judée appliquée sur la lame métallique, et l'on obtenait ainsi une reproduction fidèle du dessin, dans laquelle les clairs et les ombres conservaient leur situation naturelle. En plongeant ensuite la lame métallique dans l'essence de lavande, les portions du bitume non impressionnées par l'agent lumineux étaient dissoutes, tandis que les parties modifiées par la lumière restaient sans se dissoudre; l'image se trouvait ainsi mise à l'abri de l'action ultérieure des rayons lumineux.

Mais la copie des gravures n'était qu'une opération d'un intérêt secondaire, ce n'était qu'un prélude; le problème photographique consistait à reproduire les dessins de la chambre obscure. Tout le monde connaît la chambre obscure. C'est une sorte de boîte fermée de toutes parts, dans laquelle la lumière s'introduit par un petit orifice. Les rayons lumineux émanant des objets placés au dehors s'entrecroisent à l'entrée et produisent, sur un écran disposé à l'intérieur de la boîte, une représentation en raccourci de ces objets. Pour donner plus de champ à l'image, et pour en augmenter la netteté, on place devant l'orifice lumineux une lentille convergente. C'est donc là véritablement un œil artificiel dans lequel viennent se peindre toutes les vues extérieures. Ces images, il fallait les fixer; la chambre obscure est un miroir, de ce miroir il fallait faire un tableau.

En 1824, Niepce résolut ce problème, au moins dans son principe général. Le procédé qui lui permit de fixer les dessins de la chambre noire était fondé sur la même action chimique qu'il avait appliquée à la copie des gravures : il reposait sur ce fait, que le bitume de Judée, exposé pendant un certain temps aux rayons lumineux, se modifie de telle manière que les parties que la lumière a frappées deviennent insolubles dans certains liquides, et notamment dans l'essence de lavande, tandis que les parties non touchées par la lumière conservent la propriété de se dissoudre dans cette essence. Quant à la pratique de l'opération, Niepce procédait de la manière suivante. Il appliquait une couche de bitume de Judée sur une lame de *plaqué* ou cuivre recouvert d'argent. Ainsi préparée, la planche était placée dans la chambre noire, et l'on faisait tomber à sa surface l'image transmise par la lentille de l'instrument. Au bout d'un temps assez long, la lumière avait agi sur la surface sensible. En plongeant alors la plaque dans un mélange d'essences de lavande et de pétrole, les parties de l'enduit bitumineux que la lumière avait frappées restaient intactes, tandis que les autres se dissolvaient. On obtenait ainsi un dessin dans lequel les clairs correspondaient aux clairs, et les ombres aux ombres ; les clairs étaient formés par l'enduit blanchâtre de bitume, les ombres par les parties polies et dénudées du métal, les demi-teintes par les portions du vernis sur lesquelles le dissolvant avait partiellement agi. Comme ces dessins métalliques n'avaient qu'une médiocre vigueur, Niepce essaya de les renforcer en exposant la plaque à l'évaporation spontanée de l'iode ou aux vapeurs émanées du sulfure de potasse, afin de produire un fond noir sur lequel les traits se détacheraient avec plus de fermeté; mais il ne réussit qu'incomplétement à obtenir ce résultat.

L'inconvénient capital de ce moyen, c'était le temps considérable qu'exigeait l'impression lumineuse. Le bitume de Judée est une substance qui ne se modifie par l'action de la lumière qu'avec une lenteur excessive; il ne fallait pas moins de dix heures pour produire un dessin. Pendant cet intervalle, le soleil, qui n'attendait pas le bon plaisir de cette substance paresseuse, déplaçait les lumières et les ombres avant que l'image fût entièrement saisie. Ce procédé était donc fort imparfait; cependant le probléme photographique était résolu dans son principe.

Niepce put dès lors s'occuper d'appliquer sa découverte à l'art de la gravure, car tel était, il faut bien le remarquer, le but qu'il se proposait dans ses travaux. Il n'eut pas de peine à y réussir; en attaquant ses plaques par un acide affaibli, il creusait le métal en respectant les traits abrités par l'enduit résineux; il formait ainsi des planches à l'usage des graveurs. Il avait donc à peu près résolu le probléme qu'il s'était posé vingt ans auparavant, c'est-à-dire de créer une branche nouvelle de la typographie, supérieure à la lithographie et à la gravure, dans laquelle la lumière seule produirait directement, sur une plaque métallique, un dessin qu'il suffirait ensuite d'attaquer par un acide, pour rendre la plaque immédiatement propre au tirage typographique. Niepce désignait ce nouveau procédé de gravure sous le nom d'*héliographie* (1). M. Lemaître, à qui Niepce avait confié le tirage de ses planches, possède encore quelques gravures de ce genre ; elles sont loin d'être imparfaites.

Cependant, à l'époque où Niepce voyait réussir ses travaux photographiques, il y avait à Paris un homme que le genre tout spécial de ses connaissances et la nature de ses occupations habituelles avaient conduit à s'occuper de recherches analogues : c'était M. Daguerre. Peintre habile, il était depuis longtemps connu des artistes, mais il ne s'était guère occupé que de décorations de théâtre. Les toiles remarquables qu'il avait composées pour l'Ambigu, et plus tard pour l'Opéra, lui avaient fait en ce genre une sorte de célébrité. Il avait surtout fondé sa réputation par l'invention du *Diorama*. On connaît les effets remarquables qu'il avait réussi à produire en représentant sur une même toile deux scènes différentes, qui apparaissaient successivement sous les yeux des spectateurs par de simples artifices d'éclairage. *La Messe de minuit*, *l'Eboulement de la vallée de Goldau*, *la Basilique de Sainte-Marie*, et quelques autres toiles qui furent consumées dans l'incendie du Diorama, en 1839, ont laissé de précieux souvenirs dans la mémoire des artistes. Ces études si spéciales du jeu et des combinaisons de la lumière avaient amené M. Daguerre à entreprendre de fixer les images de la chambre obscure. Toutefois, malgré des recherches persévérantes, il n'avait encore rien trouvé, lorsqu'il apprit que dans

(1) Voyez à la fin du volume (Note I) la description du procédé *héliographique* de Niepce, telle qu'il l'a donnée lui-même.

un coin ignoré de la province, on avait résolu ce difficile problème.

Voici comment s'établirent les premiers rapports entre les deux inventeurs de la photographie. Niepce trouvait de grands obstacles à l'exécution de ses empreintes photographiques dans l'imparfaite construction des chambres obscures que l'on possédait à cette époque. En 1825, MM. Vincent et Charles Chevalier ayant inventé le prisme ménisque, perfectionnement important de cet appareil optique, Niepce chargea l'un de ses parents qui traversait Paris, de faire, pour lui, l'acquisition de ce prisme. « Dans les premiers jours de janvier 1826, dit M. Isidore Niepce, dans la courte notice qu'il a consacrée en 1841 aux travaux de son père, un de nos parents, M. le colonel Niepce, appelé au commandement de l'île de Ré, fut obligé, pour affaires relatives à son service, de se rendre à Paris. A son départ pour la capitale, il se chargea d'acheter pour mon père un prisme ménisque de l'invention de MM. Vincent et Charles Chevalier, opticiens. Ce prisme fut promis sous peu de jours. Dans la conversation qui s'établit entre M. le colonel Niepce et M. Chevalier, quelques mots furent prononcés sur la découverte de mon père. Grande fut la surprise de M. Chevalier, auquel le colonel fut contraint d'assurer que la chose existait réellement, et qu'il en était d'autant plus certain qu'il avait lui-même vu des épreuves. Le lendemain de cette communication, M. Daguerre se présenta chez M. Chevalier, qui s'empressa de l'instruire de ce qu'il avait appris. M. Daguerre se montra d'abord incrédule; puis sur les détails positifs de l'opticien, il le pria instamment de lui procurer le nom et la demeure de l'auteur d'une aussi curieuse invention. M. Vincent Chevalier accéda au désir de M. Daguerre, et quelques jours après, mon père reçut une lettre signée par le directeur du Diorama (1). »

Les provinciaux de la bonne roche nourrissent à l'endroit des Parisiens certaines défiances instinctives : Niepce accueillit assez mal les ouvertures de M. Daguerre : « Bon, disait-il, voilà un de ces Parisiens qui veut me tirer les vers du nez ! » Il jugea donc utile, avant de s'engager en rien, de recueillir quelques renseignements sur son correspondant inconnu, et voici ce qu'il écrivait, le 2 février 1827, à M. Lemaître, l'habile graveur de Paris qui s'était chargé du soin de terminer ses plaques photographiques.

« Connaissez-vous, monsieur, un des inventeurs du *Diorama*, M. Daguerre? Voici pourquoi je vous fais cette question. Ce monsieur ayant été informé, je ne sais trop comment, de l'objet de mes recherches, m'écrivit l'an passé, dans le courant de janvier, pour me faire savoir que, depuis fort longtemps, il s'occupait du même objet, et pour me demander si j'avais été plus heureux que lui dans les résultats. Cependant, à l'en croire, il en aurait déjà obtenu de très étonnants; et malgré cela il me priait de lui dire d'abord si je croyais la chose possible. Je ne vous dissimulerai pas, monsieur, qu'une pareille incohérence d'idées eut lieu de me surprendre, pour ne rien dire de plus. J'en fus d'autant plus discret et réservé dans mes expressions; toutefois je lui écrivis d'une manière assez honnête, assez obligeante pour provoquer de sa part une nouvelle réponse. Je ne la reçois qu'aujourd'hui, c'est-à-dire après un

(1) *Historique de la découverte improprement nommée Daguerréotype*, par Isidore Niepce fils, page 20.

intervalle de plus d'un an, et il me l'adresse uniquement pour savoir où j'en suis, et pour me prier de lui *faire passer une épreuve, bien qu'il doute qu'il soit possible d'être entièrement satisfait des ombres par ce procédé de gravure ; ce qui le fait tenter des recherches dans une autre direction, tenant plutôt à la perfection qu'à la multiplicité.* Je vais le laisser dans la voie de la *perfection*, et, par une réponse laconique, couper court à des relations dont la *multiplicité*, comme vous pouvez bien le penser, pourrait me devenir également désagréable et fatigante. Veuillez me mander si vous connaissez personnellement M. Daguerre, et quelle opinion vous avez de lui. »

D'après les renseignements favorables que son correspondant lui fournit sur le peintre du Diorama, Niepce se détermina à répondre à M. Daguerre, mais il le fit avec toute la prudence d'un homme qui craint de compromettre son secret. M. Daguerre désirait ardemment avoir entre les mains une gravure exécutée par les procédés de Niepce. Ce dernier, après avoir longtemps éludé cette demande, se décida enfin à lui adresser une de ses planches photographiques avec la gravure sur papier qu'elle avait fournie. Il accompagna cet envoi de la lettre suivante :

Châlon-sur-Saône, le 4 juin 1827.

MONSIEUR,

« Vous recevrez presque en même temps que ma lettre une caisse contenant une planche d'étain gravée d'après mes procédés héliographiques, et une épreuve de cette même planche, très défectueuse et beaucoup trop faible. Vous jugerez par là que j'ai besoin de toute votre indulgence, et que si je me suis décidé à vous adresser cet envoi, c'est uniquement pour répondre au désir que vous avez bien voulu me témoigner. Je crois, malgré cela, que ce genre d'application n'est point à dédaigner, puisque j'ai pu, quoique étranger à l'art du dessin et de la gravure, obtenir un semblable résultat. Je vous prie, monsieur, de me dire ce que vous en pensez. Ce résultat n'est pas même récent, il date du printemps passé; depuis lors j'ai été détourné de mes recherches par d'autres occupations. Je vais les reprendre aujourd'hui, que la campagne est dans tout l'éclat de sa parure, et me livrer exclusivement à la copie des points de vue d'après nature. C'est sans doute ce que cet objet peut offrir de plus intéressant; mais je ne me dissimule point non plus les difficultés qu'il présente au travail de la gravure. L'entreprise est donc bien au-dessus de mes forces; aussi toute mon ambition se borne-t-elle à pouvoir démontrer par des résultats plus ou moins satisfaisants la possibilité d'une réussite complète, si une main habile et exercée aux procédés de l'*aqua-tinta* coopérait par la suite à ce travail. Vous me demanderez probablement, monsieur, pourquoi je grave sur étain au lieu de graver sur cuivre. Je me suis bien servi également de ce dernier métal, mais pour mes premiers essais j'ai dû préférer l'étain, dont je m'étais d'ailleurs procuré quelques planches destinées à mes expériences dans la chambre noire, la blancheur éclatante de ce dernier métal le rendant bien plus propre à réfléchir l'image des objets représentés.

» Je pense, monsieur, que vous aurez donné suite à vos premiers essais; vous étiez en trop beau chemin pour en rester là! Nous occupant du même objet, nous devons trouver un égal intérêt dans la réciprocité de nos efforts pour atteindre le but. J'apprendrai donc avec bien de la satisfaction que la nouvelle expérience que vous avez faite à l'aide de votre chambre noire perfectionnée a eu un succès conforme à votre attente. Dans ce cas, monsieur, et s'il n'y a pas d'indiscrétion de ma part, je serais aussi désireux d'en connaître le résultat que je serais flatté de pouvoir vous offrir celui de mes recherches du même genre qui vont m'occuper. »

En adressant à M. Daguerre un échantillon de ses produits, Niepce manifestait le désir assez naturel de connaître le résultat des travaux de son correspondant sur le même sujet; mais rien ne lui fut envoyé. Deux mois après, il fut obligé de se rendre en Angleterre, auprès de son frère, dangereusement malade à Kiew, et, à son passage à Paris, il vit M. Daguerre pour la première fois. On s'entretint longtemps de l'intéressante découverte, mais M. Daguerre ne montra rien qui se rattachât à des essais photographiques.

Arrivé à Londres, Niepce présenta à quelques uns des membres de la Société royale divers échantillons de ses produits, et, sur leur invitation, il écrivit à ce sujet un mémoire qui fut adressé à cette Société savante, le 8 décembre 1827. M. Bauer, qui a fait connaître ce fait dans une lettre adressée au rédacteur de la *Gazette de littérature* de Londres, affirme que « les spécimens apportés par M. Niepce, et exposés en Angleterre en 1827, et dont quelques uns sont encore entre ses mains, étaient tout aussi parfaits que les produits de M. Daguerre, décrits dans les papiers français de 1839 (1). » Cependant, comme l'inventeur se refusait à rendre ses procédés publics, le mémoire et les échantillons lui furent rendus, et la Société royale ne s'occupa plus de cet objet.

A son retour de Londres, Niepce se présenta de nouveau chez M. Daguerre, mais il n'emporta que le regret de n'avoir rien acquis sur ses travaux. Cependant la correspondance ne fut pas interrompue entre eux. Daguerre assurait avoir découvert de son côté un procédé pour la fixation des images de la chambre obscure, procédé *tout différent de celui de M. Niepce, et qui avait même sur lui un degré de supériorité:* il parlait aussi d'un perfectionnement qu'il avait apporté à la construction de la chambre noire.

(1) Voyez à la fin du volume (Note II) le texte de cette lettre.

Séduit par cette assurance, et estimant que ses procédés en étaient parvenus à un point tel qu'il lui serait difficile, en restant livré à ses seules ressources, de les faire beaucoup avancer, Niepce proposa à Daguerre de s'associer à lui pour s'occuper en commun des perfectionnements que réclamait son invention. Un traité fut passé entre eux à Châlon, le 14 décembre 1829 ; après la signature de l'acte, Niepce communiqua à Daguerre tous les faits relatifs à ses procédés photographiques (1).

Une fois initié au secret de la découverte de Niepce, Daguerre s'appliqua sans relâche à la perfectionner. Il remplaça le bitume de Judée par la résine que l'on obtient en distillant l'essence de lavande, matière qui jouit d'une certaine sensibilité lumineuse. Au lieu de laver la plaque dans une huile essentielle, il l'exposait à l'action de la vapeur fournie par cette essence à la température ordinaire. La vapeur laissait intactes les parties de l'enduit résineux frappées par la lumière, elle se condensait sur les parties restées dans l'ombre. Ainsi le métal n'était nulle part mis à nu; les clairs étaient représentés par la résine blanchie, les ombres par la résine dissoute dans l'huile essentielle, et qui formait à la surface du métal une sorte de vernis transparent. L'opposition de teintes entre le mat des particules blanchies par la lumière et la diaphanéité des autres parties de la plaque produisait seule les effets du dessin.

Il importe de remarquer que cette méthode de Daguerre différait, en un point capital, du procédé

(1) On trouvera à la fin du volume (Note III) le texte de ce traité.

primitif de Niepce. Le premier inventeur ne formait une image sur la plaque métallique que dans le but de s'en servir pour obtenir une planche typographique qui, soumise au tirage, donnerait ensuite des épreuves sur papier. Daguerre changeait complétement la nature de l'opération. La plaque métallique n'était plus un moyen intermédiaire pour arriver à la gravure ; elle constituait l'épreuve définitive : c'est sur le métal même que le dessin devait demeurer. Daguerre eut donc le premier la pensée de former directement les images photographiques sur une plaque de métal, selon la méthode usitée de nos jours (1).

Toutefois cette modification du procédé de Niepce ne diminuait que faiblement la durée de l'exposition dans la chambre noire : sept ou huit heures étaient encore nécessaires pour obtenir une vue. Cette méthode avait d'ailleurs un inconvénient fort grave : au bout d'un certain temps l'image s'effaçait en partie.

Heureusement, le hasard amena les inventeurs sur la voie véritable. On a vu qu'avant son association avec Daguerre, Niepce avait essayé de donner plus de vigueur à ses dessins en renforçant les noirs à l'aide des émanations sulfureuses ou des vapeurs de l'iode. Il arriva un jour qu'une cuiller laissée par mégarde sur une plaque d'argent iodurée y marqua son empreinte, sous l'influence de la lumière ambiante. Cet enseignement ne fut pas perdu. Aux substances résineuses on substitua l'iode, qui donne aux plaques d'argent une sensibilité lumineuse exquise. Ce fut le premier pas

(1) Voyez à la fin du volume (Note IV) le texte des modifications apportées au procédé primitif de Niepce par Daguerre, avant la découverte du daguerréotype.

vers l'entière solution d'un problème qui avait déjà coûté vingt années de recherches.

Mais il n'était pas réservé au premier inventeur de voir s'accomplir le triomphe définitif dans lequel il avait placé toutes les espérances de sa vie : Niepce, alors âgé de soixante-trois ans, mourut à Châlon le 5 juillet 1833. Il mourut pauvre et ignoré. L'auteur de la plus remarquable découverte de notre siècle s'éteignit sans gloire, oublié de ses concitoyens, avec la pensée désolante d'avoir perdu vingt années de sa laborieuse carrière, dissipé son patrimoine et compromis l'avenir de sa famille à la poursuite d'une chimère.

Resté seul, Daguerre continua ses recherches avec ardeur. C'est alors qu'il réalisa son admirable découverte de l'influence qu'exercent les vapeurs de mercure pour faire apparaître l'image photographique. Daguerre reconnut le premier ce fait étonnant, que l'image formée par l'action de la lumière sur une plaque recouverte d'iodure d'argent est invisible dans les conditions ordinaires, mais qu'elle apparaît subitement si l'on expose la plaque aux vapeurs du mercure. Ce phénomène, absolument ignoré jusque-là, donna une valeur immense aux premiers résultats obtenus par Niepce ; et en même temps qu'il fournissait les moyens de créer la photographie, il ouvrait à la physique tout un champ nouveau d'observations et de recherches. Avec une habileté remarquable, Daguerre sut tirer parti de ce fait pour la formation des images photographiques, et, cinq ans après la mort de Niepce, il avait imaginé dans tout son ensemble la méthode admirable qui immortalisera son nom.

La découverte de Niepce et de Daguerre fut connue pour la première fois en France par l'annonce publique qu'en fit M. Arago à l'Académie des sciences, le 7 janvier 1839. Chacun se souvient de l'impression extraordinaire qu'elle produisit en France et bientôt dans l'Europe entière. Le nom de Daguerre acquit en quelques jours une immense célébrité. Toutes les voix de la presse célébrèrent à l'envi ce nom presque inconnu la veille; mais, on le sait, du modeste et infortuné Niepce, pas un mot; dans cet élan général d'enthousiasme et d'admiration, il n'y eut pas une parole de reconnaissance pour le pauvre inventeur mort à la tâche.

Dans sa communication académique, M. Arago s'était borné à faire connaître le principe de la découverte et à présenter les produits de cet art nouveau. Il avait dû se taire sur les procédés employés par l'habile artiste. Cependant une telle découverte ne pouvait rester secrète. Concentrée entre les mains d'un seul, elle serait restée longtemps stationnaire; devenue publique, elle devait, au contraire, grandir et s'améliorer par le concours de tous. Il était donc nécessaire qu'elle devînt une propriété publique.

Dans la séance du 15 juin 1839, le gouvernement présenta à la Chambre des députés un projet de loi portant la demande d'une récompense nationale accordée aux inventeurs de la photographie, qui consentaient à rendre leurs procédés publics. A la suite des rapports remarquables de M. Arago à la Chambre des députés, et de M. Gay-Lussac à la Chambre des pairs, la convention provisoire conclue entre le ministre de l'intérieur et MM. Daguerre et Niepce fils fut convertie en loi. On accorda une pension viagère de 6,000 francs à M. Daguerre, et une pension de 4,000 francs à M. Niepce fils. Le chiffre mesquin de cette rémunération s'efface devant la pensée qui l'a dictée. Nul, dans le gouvernement ni dans les chambres, ne prétendit payer la découverte à sa juste valeur. Le titre de *récompense nationale* témoigne suffisamment que c'était là surtout un hommage solennel de la reconnaissance du pays au talent et au désintéressement des inventeurs.

M. Arago put alors donner connaissance du procédé de M. Daguerre; il le communiqua à l'Académie des sciences, le 19 août 1839. Ceux qui eurent le bonheur d'assister à cette séance en conserveront longtemps le souvenir. Il serait difficile en effet de trouver dans l'histoire des compagnies savantes une plus belle, une plus solennelle journée. L'Académie des beaux-arts s'était réunie à l'Académie des sciences. Sur les bancs réservés au public, se pressait tout ce que Paris renfermait d'hommes éminents dans les sciences, dans les lettres, dans les beaux-arts. Tous les yeux cherchaient l'heureux artiste qui avait conquis si vite une renommée européenne; on espérait l'entendre prononcer lui-même la révélation si désirée. Lui, cependant, s'était modestement dérobé à ce triomphe si légitime; il avait déféré cet insigne honneur à M. Arago, qui avait pris l'invention nouvelle sous son savant et bienveillant patronage. Si, au dedans, les rangs étaient pressés, au dehors l'affluence était énorme; le vestibule regorgeait de curieux, gens malavisés qui n'étaient venus que deux heures avant l'ouverture de la séance. Enfin, tout d'un coup la porte s'ouvre, et l'un des assistants arrive tout empressé de communiquer au dehors le secret si impatiemment attendu. « Le procédé consiste, dit-il, dans l'emploi du bitume de Judée et de l'essence de lavande! » Je vous laisse à penser l'embarras, la surprise et les mille questions. Le bitume de Judée! l'essence de lavande! Mais que peuvent avoir de commun le bitume de Judée et l'essence de lavande avec ces charmantes images que nos yeux ne se lassent pas de contempler! Attendez cependant, voici un autre officieux et mieux renseigné cette fois : « Il est bien question de bitume de Judée! Il est bien question d'essence de lavande! C'est de l'iode et puis du mercure, et puis de l'hyposulfite de soude! » Comprenne qui pourra. Cependant le mystère finit par s'éclaircir et la foule se retire peu à peu, encore tout agitée de ces émotions délicieuses, heureuse d'applaudir à une création nouvelle du génie de la France, fière d'accorder à l'Europe un si magnifique présent.

Quelques heures après, les boutiques des opticiens étaient assiégées ; il n'y avait pas assez de chambres obscures pour satisfaire le zèle de tant d'amateurs empressés. On suivait d'un œil de regret le soleil qui déclinait à l'horizon, emportant avec lui la matière première de l'expérience. Mais dès le lendemain, on put voir à leur fenêtre, aux premières heures du jour, un grand nombre d'expérimentateurs s'efforçant, avec toute espèce de précautions craintives, d'amener sur une plaque préparée l'image de la lucarne voisine, ou la perspective d'une population de cheminées. Quelles joies innocentes, quelles ravissantes angoisses, mais quels désappointements cruels! Lorsqu'après un quart d'heure de mortelle attente, on retirait la plaque de la chambre noire, on trouvait un ciel couleur d'encre ou des murailles en deuil. Cependant, dans ces tableaux informes, il y avait toujours quelque trait furtif d'une délicatesse achevée; la masse était confuse, mais on pouvait y saisir quelque détail admirablement venu, qui arrachait un cri de surprise et presque des larmes de plaisir. C'était la balustrade d'une fenêtre qui était superbe; c'était le grillage voisin qui avait imprimé sur le fidèle écran son image de dentelle. Sur cette plaque où tout paraît confus, vous n'apercevez rien, mais regardez mieux, prenez une loupe : là, dans ce petit coin du tableau, il y a une mince ligne, c'est la tige éloignée de ce paratonnerre que vos yeux aperçoivent à peine; mais le merveilleux instrument l'a vu, et il vous l'a rapporté.

Au bout de quelques jours, sur les places de Paris, on voyait des daguerréotypes braqués contre les principaux monuments. Tous les physiciens, tous les chimistes, tous les savants de la capitale mettaient en pratique, avec un succès complet, les indications de l'inventeur.

CHAPITRE II.

Description des opérations de la photographie sur plaque métallique. — Perfectionnements successifs apportés aux opérations du daguerréotype.

Les images daguerriennes se forment, comme tout le monde le sait, à la surface d'une lame de plaqué ou cuivre recouvert d'argent. On expose pendant quelques minutes une lame de plaqué aux vapeurs spontanément dégagées par l'iode à la température ordinaire; elle se recouvre d'une légère couche d'iodure d'argent, par suite de la combinaison de l'iode et du métal, et le mince voile ainsi formé présente une surface éminemment sensible à l'impression des rayons lumineux. La plaque iodurée est placée alors au foyer de la chambre noire, et l'on fait arriver à sa surface l'image formée par la lentille. La lumière a la propriété de décomposer l'iodure d'argent; par conséquent, les parties vivement éclairées de l'image décomposent, en ces points, l'iodure d'argent; les parties obscures restent, au contraire, sans action; enfin les espaces correspondant aux demi-teintes sont influencés selon que ces demi-teintes se rapprochent davantage des ombres ou des clairs.

Quand on la retire de la chambre obscure, la plaque ne présente encore aucune empreinte visible; elle conserve uniformément sa teinte jaune d'or. Pour faire apparaître l'image, une autre opération est nécessaire; la plaque doit être soumise à l'action des vapeurs du mercure. On la dispose donc dans une petite boîte, et l'on chauffe légèrement du mercure contenu dans un réservoir à la partie inférieure de la boîte. Les vapeurs de mercure se dégagent bientôt et viennent se condenser sur le métal; mais le mercure ne se dépose pas uniformément sur toute la surface métallique, et c'est précisément cette condensation inégale qui donne naissance au dessin. En effet, par un phénomène étrange, que la science a jusqu'ici vainement tenté d'expliquer, les vapeurs de mercure viennent se condenser uniquement *sur les parties que la lumière a frappées*, c'est-à-dire sur les portions de l'iodure d'argent que les rayons lumineux ont chimiquement décomposées; les parties restées dans l'ombre ne prennent pas le mercure. Le même effet se produit pour les demi-teintes. Il résulte de là que les parties éclairées sont accusées par un vernis brillant de mercure, et les ombres par la surface même de l'argent. — Pour les personnes qui assistent pour la première fois à cette curieuse partie des opérations photographiques, c'est là un spectacle étrange et véritablement merveilleux. Sur cette plaque, qui ne présente aucun trait, aucun dessin, aucun aspect visible, on voit tout d'un coup se dégager une image d'une perfection sans pareille, comme si quelque divin artiste la traçait de son invisible pinceau.

Cependant tout n'est pas fini. La plaque est encore imprégnée d'iodure d'argent, et si on l'abandonnait à elle-même en cet état, l'iodure continuant à noircir sous l'influence de la lumière ambiante, tout le dessin serait détruit. Il faut donc débarrasser la plaque de cet iodure. On y parvient en la plongeant dans une dissolution d'un sel, l'hyposulfite de soude, qui a la propriété de dissoudre l'iodure d'argent. Après ce lavage, l'épreuve peut être exposée sans aucun risque à l'action de la lumière la plus intense; tout à l'heure on ne pouvait la manier que dans l'obscurité, ou tout au plus à la lueur d'une bougie, on peut maintenant l'exposer sans crainte en plein soleil.

On voit en définitive que dans les épreuves daguerriennes l'image est formée par un mince voile de mercure déposé sur une surface d'argent; les reflets brillants du mercure représentent les clairs, les ombres sont produites par le bruni de l'argent ; l'opposition, la réflexion inégale de la teinte de ces deux métaux suffisent pour produire les effets du dessin.

Tel est l'ensemble des opérations dans le procédé primitif imaginé par Daguerre, et nous devons dire que ce procédé, tel qu'il a été décrit par l'inventeur, est d'une exécution si simple, que l'on est assuré de réussir, dans tous les cas, en suivant à la lettre les instructions qu'il a données. Les perfectionnements apportés plus tard à la méthode primitive ont eu pour résultat d'abréger le temps des opérations ; mais les manœuvres sont devenues par cela même plus difficiles, et le succès moins certain. Lorsque la durée de l'opération est une circonstance secondaire, quand il s'agit, par exemple, de reproduire une vue extérieure ou un monument, on peut recourir sans trop de désavantage aux instructions publiées par M. Daguerre en 1839.

Une fois tombée dans le domaine public, la photographie a fait des progrès immenses. Un résumé rapide fera comprendre l'importance des perfectionnements divers qu'elle a reçus jusqu'à ce jour.

Les épreuves obtenues d'après le procédé de Daguerre, bien que remarquables à divers titres, avaient cependant un assez grand nombre de défauts qui en diminuaient beaucoup la valeur. Elles offraient un miroitage des plus désagréables, le trait n'était visible que sous une certaine incidence de la plaque, et dans certains cas, ce défaut allait si loin que l'épreuve ressemblait plutôt à un moiré métallique qu'à un dessin. Le champ de la vue était extrêmement limité. Les objets animés ne pouvaient être reproduits. Les masses de verdure n'étaient accusées qu'en silhouette, et le ton général des dessins était criard. Enfin il était à craindre que, par suite de la volatilisation spontanée du mercure, l'image ne finît, sinon par disparaître entièrement, au moins par perdre de sa netteté et de sa vigueur. La plupart de ces défauts était la conséquence du temps considérable exigé pour l'impression lumineuse : en effet, un quart d'heure d'exposition à une lumière très vive était indispensable pour obtenir une épreuve. Aussi les premiers efforts de perfectionnement eurent-ils pour but de diminuer la durée de l'exposition de la plaque dans la chambre obscure.

Ce résultat fut en partie obtenu par des modifications très utiles apportées à l'objectif de la chambre noire. M. Daguerre avait fixé avec beaucoup de soin les dimensions de l'objectif; mais on reconnut bientôt que les règles qu'il avait posées à cet égard, excellentes pour la reproduction des vues et des objets éloignés, ne pouvaient s'appliquer aux objets plus petits ou plus rapprochés. On imagina donc de raccourcir le foyer de la lentille; par cet artifice on condensa sur la plaque une quantité de lumière beaucoup plus grande, et la plaque étant ainsi plus vivement éclairée, on put diminuer d'une manière notable la durée de l'exposition dans la chambre noire. Bientôt un opticien français, M. Ch. Chevalier, imagina une modification particulière de l'objectif, qui en doubla, pour ainsi dire, la puissance. La chambre noire dont M. Daguerre avait fait usage n'avait qu'un objectif. M. Chevalier eut l'idée de réunir et de combiner deux objectifs achromatiques pour en faire la lentille de l'instrument. Cette disposition permit tout à la fois de raccourcir les foyers pour concentrer sur le même point une grande quantité de lumière, d'agrandir le champ de la vue, et de faire varier à volonté les distances focales. La disposition et la combinaison de ces deux lentilles sont tellement ingénieuses que, sans employer de diaphragme, on conserve à la lumière toute sa netteté et toute son intensité. Le système du double objectif permit de réduire de beaucoup la durée de l'exposition lumineuse; on put opérer en deux ou trois minutes.

Toutefois ce problème capital d'abréger la durée de l'exposition lumineuse ne fut complétement résolu qu'en 1841, grâce à une découverte d'une incalculable valeur. M. Claudet, artiste français qui avait acheté de M. Daguerre le privilége exclusif, dont il jouit encore, d'exploiter, en Angleterre, les procédés photographiques, découvrit, en 1841, les propriétés des *substances accélératrices*. On donne, en photographie, le nom de substances accélératrices à certains composés qui, appliqués sur la plaque *préalablement iodée*, en exaltent à un degré extraordinaire la sensibilité lumineuse. Par elles-mêmes ces substances ne sont pas photogéniques, c'est-à-dire qu'employées isolément elles ne formeraient point une combinaison capable de s'influencer chimiquement au contact de la lumière; mais si on les applique sur une plaque déjà iodée, elles communiquent à l'iode la propriété de s'impressionner en quelques secondes. Les composés capables de stimuler ainsi l'iodure d'argent sont extrêmement nombreux. Le premier, dont la découverte est due à M. Claudet, est le chlorure d'iode ; mais il le cède de beaucoup en sensibilité aux composés découverts postérieurement. Le brome en vapeur, le bromure d'iode, la chaux bromée, le chlorure de soufre, le bromoforme, l'acide chloreux, la liqueur hongroise, la liqueur de Reiser, le liquide de Thierry, sont les substances accélératrices les plus actives. Avec l'acide chloreux on a pu obtenir des épreuves irréprochables dans une demi-seconde.

La découverte des substances accélératrices permit de reproduire avec le daguerréotype l'image des objets animés. On put dès lors satisfaire au vœu universel formé depuis l'origine de la photographie, c'est-à-dire obtenir des portraits. Déjà, avant cette époque, on avait essayé de faire des portraits au daguerréotype, mais le temps considérable qu'exigeait l'impression lumineuse avait empêché toute réussite. On opérait alors avec l'objectif à long foyer, qui ne transmet dans la chambre obscure qu'une lumière d'une très faible intensité ; il fallait donc placer le modèle en plein soleil et prolonger l'exposition pendant un quart d'heure. Comme il est impossible de supporter si longtemps, les yeux ouverts, l'éclat des rayons solaires, il avait fallu se résoudre à faire poser les yeux fermés. Quelques amateurs intrépides osèrent se dévouer, mais le résultat ne fut guère à la hauteur de leur courage. Qui ne se rappelle avoir vu à l'étalage de Susse cette triste procession de *Bélisaires* sous l'étiquette usurpée de portraits photographiques ? Par l'emploi des objectifs à court foyer on put réduire l'exposition à quatre ou cinq minutes ; alors le patient put ouvrir les yeux. Néanmoins il fallait encore poser en plein soleil ; or ce soleil, qui tombait d'aplomb sur le visage, contractait horriblement les traits, et la plaque conservait la trop fidèle empreinte des souffrances et de l'anxiété du modèle. On s'asseyait, avec cet air agréable que prend toute personne ayant la conscience de poser pour son portrait, et l'on vous présentait l'image d'un martyr ou d'un supplicié. Pendant six mois, avec la prétention d'obtenir des portraits photographiques, on n'a guère fait que multiplier les copies d'un même type : la tête du Laocoon. Rien qu'à voir ces traits crispés, ces faces contractées, ces spécimens cadavéreux, on eût pris le daguerréotype en horreur. C'est là qu'ont trouvé leur source la plupart des préventions défavorables que les productions daguerriennes eurent si longtemps à combattre. Les artistes passaient en ricanant devant ces déplorables ébauches.

Cependant toutes les préventions durent disparaître, tous les préjugés durent tomber en présence des résultats qu'amenèrent la découverte et l'emploi des substances accélératrices. Dès ce moment, la physionomie put être saisie en quelques secondes et reproduite avec cette continuelle mobilité d'expressions qui forme le signe et comme le cachet de la vie. C'est à partir de cette époque que l'on vit paraître, de jour en jour perfectionnés, ces admirables portraits où l'harmonie de l'ensemble est encore relevée par le fini des détails. C'est alors que put être réalisé le rêve du conteur allemand : « Qu'un amant, voulant laisser à sa maîtresse un souvenir durable, se mire dans une glace, et la lui donne ensuite, parce que son image s'y est fixée. »

Après la découverte des substances accélératrices, le perfectionnement le plus important qu'ait reçu la photographie sur métal consiste dans la *fixation des épreuves*. Les images daguerriennes obtenues à l'origine étaient déparées par un miroitement des plus choquants. En outre, le dessin ne présentait que peu de fermeté, puisque le ton résultait seulement du contraste formé par l'opposition de teintes du mercure et de l'argent. Enfin (et c'était là un inconvénient des plus graves), l'image était extrêmement fugitive, elle ne pouvait supporter le frottement; le pinceau le plus délicat, promené à sa surface, effaçait entièrement le dessin. M. Fizeau fit disparaître tous ces inconvénients à la fois, en recouvrant l'épreuve photographique d'une légère couche d'or. Il suffit, pour obtenir ce résultat, de verser à la surface de l'épreuve une dissolution de chlorure d'or mêlée à de l'hyposulfite de soude, et de chauffer légèrement; la plaque se recouvre aussitôt d'un mince vernis d'or métallique. Cette opération, si simple en elle-même, est cependant le complément le plus utile qu'ait reçu la découverte de Daguerre. Elle a permis, tout à la fois, de rehausser à un degré remarquable le ton des dessins photographiques, de bannir presque entièrement le miroitage et de communiquer à l'épreuve une grande solidité, c'est-à-dire une résistance complète au frottement et à toutes les actions extérieures.

Comment la dorure d'un dessin photographique peut-elle communiquer à celui-ci la vigueur de ton qui lui manquait et faire disparaître le miroitement? C'est ce qu'il est facile de comprendre. L'or vient recouvrir à la fois l'argent et le mercure de la plaque; l'argent, qui forme les noirs du tableau, se trouve bruni par la mince couche d'or qui se dépose à sa surface: ainsi les noirs sont rendus plus sensibles, et le miroitage de l'argent n'existe plus ; au contraire, le mercure, qui forme les blancs, acquiert, par son amalgame avec l'or, un éclat beaucoup plus vif, ce qui produit un accroissement notable dans les clairs. Le ton général du tableau est d'ailleurs singulièrement rehaussé par l'opposition plus vive que prennent les couleurs des deux métaux superposés. Tous ces avantages ressortent d'une manière surprenante, si l'on compare deux épreuves dont l'une est fixée au chlorure d'or et l'autre non fixée. La dernière, d'un ton gris bleuâtre, paraît exécutée sous un ciel brumeux et par une faible lumière ; l'autre, par la richesse de ses teintes, semble sortir de la chaude atmosphère et du beau ciel des contrées méridionales. Quant à la résistance qu'une épreuve ainsi traitée oppose au frottement et aux actions extérieures, elle s'expliquera sans peine, si l'on remarque que le mercure, qui tout à l'heure formait le dessin à l'état de globules infiniment petits et d'une faible adhérence, est maintenant recouvert d'une lame d'or uniforme, qui, malgré son extraordinaire ténuité, adhère à la plaque en vertu d'une véritable action chimique. Les épreuves, ainsi fixées, offrent assez de résistance au frottement pour pouvoir être conservées et transportées dans un portefeuille : elles présentent donc plus de solidité qu'un dessin au crayon.

Les perfectionnements divers apportés au procédé primitif de Daguerre ont changé, comme on le voit, d'une manière très notable, l'ensemble des opérations photographiques. Il ne sera donc pas inutile de préciser la méthode actuellement suivie. Voici, en quelques mots, la série consécutive des opérations qui s'exécutent aujourd'hui pour obtenir l'épreuve daguerrienne : Exposition de la lame métallique aux vapeurs spontanément dégagées par l'iode à la température ordinaire, afin de provoquer à la surface de la plaque la formation d'une légère couche d'iodure d'argent; — exposition aux vapeurs fournies par la chaux bromée, le brome ou toute autre substance accélératrice; — exposition à la lumière dans la chambre obscure, pour obtenir l'impression chimique; — exposition aux vapeurs mercurielles, pour faire apparaître l'image; — lavage de l'épreuve dans une dissolution d'hyposulfite de soude, pour enlever l'iodure d'argent non attaqué; — enfin, fixage de l'épreuve par le chlorure d'or.

La méthode actuelle, en permettant d'opérer cent fois plus vite que par le procédé de Daguerre, a introduit dans la photographie un perfectionnement immense, mais il faut reconnaître aussi qu'elle a rendu les opérations beaucoup plus compliquées. L'exposition à la lumière étant abrégée de trente ou quarante fois le temps ordinaire, les erreurs sur la durée de cette exposition, sur le temps nécessaire pour l'application de l'iode et des substances accélératrices, sont devenues plus faciles et plus désastreuses. L'artiste le plus exercé n'est donc jamais assuré d'avance de réussir dans l'opération qu'il entreprend, et ces obstacles continuels seraient susceptibles de décourager le plus fervent adepte, si la photographie n'était par elle-même un art des plus attrayants. Ce sont précisément ces difficultés, cette incertitude sur le succès définitif, qui prêtent aux opérations photographiques un charme toujours nouveau et toujours renaissant. Si le daguerréotype n'était qu'une machine aveugle dont le résultat pût être toujours calculé avec certitude, si le maniement de l'appareil ne laissait aucune part aux soins habiles et aux prévisions de l'intelligence, auprès des amateurs et des artistes, il perdrait son intérêt le plus vif.

Pour terminer cette revue des modifications apportées dans ces derniers temps aux procédés photographiques, nous devons signaler quelques emprunts curieux que l'on a faits à diverses sciences pour perfectionner les épreuves daguerriennes, ou pour leur prêter certaines qualités spéciales. Ici se rangent en première ligne les applications de la galvanoplastie.

La galvanoplastie, dont les procédés seront décrits dans ce volume, est un art tout récent et qui n'est encore ni assez apprécié, ni assez connu. Il consiste à produire, par l'action de l'électricité, un dépôt métallique à la surface de différents corps, et surtout à la surface d'autres métaux. En décomposant certains sels par la pile voltaïque, on peut, comme nous le verrons, appliquer avec économie le cuivre sur l'argent, l'or sur l'acier, l'argent sur l'étain, le platine sur le fer, sur le bronze, etc. Si donc, mettant à profit ces procédés, on soumet à l'action d'un faible courant électrique une dissolution de sulfate de cuivre, en plaçant dans la liqueur une image daguerrienne, le cuivre provenant de la décomposition du sel se dépose peu à peu sur toute la plaque, et se moulant sur les faibles inégalités de sa surface, il donne naissance, au bout de vingt-quatre heures, à une planche de cuivre sur laquelle le dessin photographique se trouve reproduit avec une entière fidélité. « Je ne saurais rendre, dit

M. Ch. Chevalier, la surprise que j'éprouvai, a première fois que je réussis à reproduire une épreuve photographique au moyen du galvanisme. L'idée de cette expérience me vint en cherchant un objet propre à être placé dans l'appareil galvanoplastique ; ne trouvant ni médaille, ni empreinte, j'imaginai de souder une petite épreuve daguerrienne au conducteur de l'appareil ; je croyais vraiment sacrifier l'épreuve et n'obtenir tout au plus qu'une feuille de cuivre bien plane. Le lendemain, en présence de MM. Richoux et de Kramer, je détachai les deux plaques, et nous trouvâmes sur le cuivre une contre-épreuve parfaite de l'original (1). » Ce qu'il y a de plus étonnant, c'est que la plaque daguerrienne qui a servi de type à ce merveilleux moulage n'est aucunement altérée, et qu'elle peut être ainsi reproduite un grand nombre de fois sans se détruire ou se détériorer sensiblement. Il faut ajouter cependant que cette application de la galvanoplastie est plus curieuse qu'utile, car on se décide difficilement à soumettre une belle épreuve à une pareille opération.

Les procédés galvanoplastiques appliqués aux images daguerriennes ont fourni d'autres résultats pleins d'intérêt. Afin de communiquer aux épreuves des tons particuliers ou des effets plus vigoureux, on les a revêtues, par l'action de la pile, d'une mince couche d'un autre métal richement coloré. Si l'on place dans une dissolution d'or une planche photographique, en plongeant dans la liqueur les pôles d'une pile voltaïque extrêmement faible, on la recouvre en quelques in-

(1) *Mélanges photographiques*, page 74.

stants d'un mince vernis d'or. Cette pellicule métallique donne à l'épreuve des tons qui sont souvent du plus heureux effet; ils varient depuis la teinte verdâtre jusqu'au jaune intense. On obtient avec le cuivre, en opérant dans des conditions semblables, des tons vigoureux, compris depuis le rose le plus pâle jusqu'au rose vif. L'argent a été essayé dans le même but; mais ce métal, qui donne au tableau une douceur et un chatoiement très agréables, lui retire une partie de sa vigueur.

Depuis plusieurs années, on voit aux étalages de produits photographiques un grand nombre de portraits coloriés qui attirent les regards des passants. Il ne s'agit pas, comme bien des personnes se l'imaginent, d'images obtenues dans la chambre obscure avec leurs couleurs naturelles, mais tout simplement de couleurs appliquées à la main. Il serait difficile de rien imaginer d'aussi barbare. Colorier une planche daguerrienne est aussi ridicule que de vouloir enluminer une gravure de Reynolds ou de Rembrandt. Le mérite essentiel des épreuves photographiques réside dans l'admirable dégradation des teintes et dans une harmonie si parfaite de la lumière et des ombres, qu'elle défie à jamais le burin. Toutes ces qualités restent ensevelies sous cet absurde empâtement de couleurs. Le peintre ose corriger ce grand maître qui s'appelle le soleil; il substitue sa propre exécution à l'exécution de la nature. Prenez donc la peine de créer un de ces merveilleux dessins, pour qu'une lourde main vienne les déshonorer par ce badigeonnage indigne. Arrivons à quelque chose de plus sérieux.

Rien n'est plus sérieux, en effet, rien n'est plus riche

de promesses, rien n'est plus digne de l'appui des amis des arts, que les efforts que l'on a faits en France pendant plusieurs années pour transformer une épreuve daguerrienne en planche propre à la gravure. Il ne faut pas que les produits du daguerréotype d'une perfection si achevée restent à l'état de type unique ; il faut que l'impression puisse les multiplier indéfiniment ; il faut perfectionner les procédés de gravure photographique actuellement connus ; il faut qu'ils ne restent pas plus longtemps concentrés entre les mains d'un ou deux artistes, paralysés dans leur développement par toutes les entraves des brevets. Alors seulement le daguerréotype aura dit son dernier mot, alors la photographie aura trouvé des applications utiles, complètes, étendues, dans la pratique des arts. Le jour où les planches daguerriennes pourront être économiquement transformées en planches de gravure, nous n'aurons plus rien à demander à la photographie, car nous obtiendrons sur le papier des images parfaites, redressées, inaltérables, d'une correction et d'une finesse achevées, et qui présenteront l'inappréciable avantage de pouvoir être multipliées indéfiniment. Nous sommes loin encore d'avoir atteint un si désirable but : cependant les résultats obtenus jusqu'ici, et que nous allons rapidement indiquer, font concevoir à cet égard d'assez légitimes espérances.

L'idée de transformer les plaques photographiques en planches à l'usage des graveurs était si naturelle, que, dès les premiers temps de la découverte de Daguerre, un grand nombre de personnes s'occupèrent de ce problème. M. le docteur Donné essaya le premier de le résoudre. Le procédé qu'il employait était des plus simples. L'eau-forte étendue de quatre parties d'eau attaque les parties noires des images daguerriennes sans altérer les parties blanches, ou, en d'autres termes, dissout l'argent de la plaque sans toucher au mercure. M. Donné se contentait de garnir les bords de la plaque d'une marge de vernis de graveur, et de verser sur l'épreuve l'eau forte qu'on laissait réagir quelques minutes. Quand on jugeait l'action suffisante, on enlevait la marge de vernis et on lavait à grande eau la plaque qui pouvait être immédiatement encrée et servir à l'impression. Mais l'argent pur est un métal trop mou pour suffire à un grand tirage; après quarante épreuves, la planche obtenue par ce procédé trop élémentaire, était épuisée. La gravure était d'ailleurs fort imparfaite.

M. Fizeau a résolu la question avec beaucoup plus de bonheur. Voici un court aperçu du procédé curieux qu'il a imaginé pour la gravure des plaques daguerriennes. On commence par soumettre la plaque à l'action d'une liqueur légèrement acide qui attaque l'argent, c'est-à-dire les parties noires de l'image, sans toucher au mercure qui forme les blancs. On obtient ainsi une planche gravée d'une grande perfection, mais d'un très faible creux. Or, la condition essentielle d'une bonne gravure, c'est la profondeur du trait; car si les creux sont trop légers, les particules d'encre, au moment de l'impression, surpassant en dimension la profondeur du trait, l'épreuve, au tirage, est nécessairement imparfaite. Pour creuser plus avant, on frotte la planche gravée et peu profonde d'une huile grasse qui s'incruste dans les cavités et ne s'attache pas aux saillies. On dore ensuite la plaque à l'aide de la pile voltaïque. L'or vient se déposer sur les parties saillantes, et ne pénètre pas dans les creux abrités par le corps gras. En nettoyant ensuite la planche, on peut l'attaquer très profondément par l'eau-forte, car les parties saillantes recouvertes d'or sont respectées par l'acide. On creuse ainsi le métal à volonté. Enfin, comme la mollesse de l'argent limiterait singulièrement le tirage, on recouvre la planche d'une couche de cuivre par les procédés galvanoplastiques. Le cuivre, métal très dur, supporte donc seul l'usure déterminée par le travail de l'impression. M. Fizeau a obtenu de cette matière des gravures offrant beaucoup de qualités. Ajoutons cependant que ce genre de produits photographiques est assez négligé depuis quelques années, c'est-à-dire depuis les récents progrès de la photographie sur papier, qui permet de réaliser la plus grande partie des avantages que l'on attendait de la gravure des plaques.

On a réussi, en Angleterre, à graver les épreuves photographiques par un procédé encore plus hardi que le précédent. M. Grove est parvenu à ce résultat par le seule action d'un courant électrique. Si l'on attache une image daguerrienne au pôle négatif d'une pile voltaïque, chargée d'une liqueur faiblement acide, en plaçant au pôle positif une lame de platine, l'acide attaque l'argent de la plaque et grave en creux le dessin. Une plaque ainsi traitée peut à peine se distinguer de l'épreuve daguerrienne. Si on l'examine à la loupe, on y retrouve les détails les plus fins et les plus délicats de l'impression lumineuse.

Ainsi un dessin tracé par la lumière peut être gravé par l'électricité. Tout est surprenant, tout est merveil-

Ieux dans ces mille inventions nouvelles qui, chaque jour, apparaissent autour de nous. La lumière est domptée, le fluide électrique est un serviteur obéissant; de la lumière on fait un pinceau, et de l'électricité un burin. Partout la main de l'homme est bannie. A la main tremblante de l'artiste, au regard incertain, à l'instrument rebelle, on substitue les forces inévitables des agents naturels. C'est ainsi que tous les arts, toutes les industries se trouvent aujourd'hui sous le coup de révolutions profondes dont il est impossible de calculer la portée; c'est ainsi que les puissances aveugles de la nature menacent de remplacer partout la main et presque l'intelligence des hommes. Rien n'est plus propre à marquer la grandeur actuelle des sciences, à faire deviner le rôle immense qu'elles sont appelées à jouer dans l'avenir.

CHAPITRE III.

Photographie sur papier. — M. Talbot. — M. Blanquart-Evrard. — Description des procédés de la photographie sur papier. — Photographie sur verre. — Papiers albuminés. — Papiers cirés. — Gélatine. — Collodion. — Reproduction des couleurs par le daguerréotype.

Ce n'est pas seulement sur des plaques métalliques que l'on obtient des images par l'action chimique de la lumière; on les produit encore sur de simples feuilles de papier. Examinons cette nouvelle et importante branche de la photographie.

Lorsqu'un amateur de Lille, M. Blanquart-Évrard, publia, au commencement de l'année 1847, la description des procédés de la photographie sur papier, cette communication fut accueillie par les amateurs et les artistes avec un véritable enthousiasme, car elle répondait à un vœu depuis lóngtemps formé et resté jusque-là à peu près stérile. On devine sans peine les nombreux avantages que présentent les épreuves photographiques obtenues sur papier. Elles n'ont rien de ce miroitage désagréable qu'il est si difficile de bannir complétement dans les épreuves sur métal, et qui a l'inconvénient de rompre toutes les habitudes artistiques; elles présentent l'apparence ordinaire d'un dessin : une bonne épreuve sur papier ressemble à une *sépia* faite par un habile artiste; l'image n'est pas simplement déposée à la surface comme dans les épreuves sur argent, elle se trouve formée jusqu'à une certaine profondeur dans la substance du papier, ce qui lui assure une durée indéfinie et une résistance complète au frottement; le trait n'est point renversé comme dans les dessins du daguerréotype, il est au contraire parfaitement correct pour la ligne, c'est-à-dire que l'objet est reproduit dans sa situation absolue au moment de la pose. En outre, un dessin-type une fois obtenu, on peut en tirer un nombre indéfini de copies. Enfin, l'avantage extraordinaire de pouvoir substituer une feuille de papier aux plaques métalliques d'un prix élevé, d'une détérioration facile, d'un poids considérable, d'un transport incommode, l'absence de tout ce matériel embarrassant, si bien nommé *bagage daguerrien*, qui rend difficile aux voyageurs les opérations photographiques, la simplicité du procédé, le bas prix des substances chimiques dont on fait usage, tout se réunit pour assurer à la photographie sur papier une utilité pratique véritablement sans limites.

Il est donc facile de comprendre l'intérêt avec lequel le monde des savants et des artistes accueillit les premiers résultats de la photographie sur papier. Le nom de M. Blanquart-Évrard, qui n'était, si nous ne nous trompons, qu'un marchand de drap de Lille, conquit rapidement les honneurs de la célébrité. Cependant, il faut le dire, il se passait là un fait étrange, et peut-être sans exemple dans la science. Les procédés publiés par M. Blanquart n'étaient, à cela près de quelques modifications utiles dans le manuel opératoire, que la reproduction de la méthode publiée six années auparavant par un riche amateur anglais, M. Talbot. Or, dans son mémoire, M. Blanquart n'avait pas même prononcé le nom du premier inventeur, et cet oubli singulier ne provoqua, au sein de l'Académie ni ailleurs, aucune réclamation. M. Talbot lui-même ne prit pas la peine d'élever la voix pour revendiquer la gloire de l'invention qui lui appartenait. Il se comporta tout à fait en grand seigneur. Il se borna à adresser à quelques amis de Paris deux ou trois de ses dessins photographiques qui faisaient singulièrement pâlir les épreuves de M. Blanquart.

En effet, depuis l'année 1834, alors que l'art photographique était encore à naître, M. Talbot avait essayé de reproduire sur le papier les images de la chambre obscure. Déjà d'ailleurs, et longtemps avant cette époque, d'autres physiciens avaient abordé cette question; car c'est un fait à remarquer, que les premiers essais de photographie eurent pour objet le dessin sur papier. Niepce, au début de ses travaux, avait dirigé dans ce sens des recherches qu'il fut bientôt forcé d'abandonner. Avant lui, en 1802, Humphry Davy s'en était occupé de concert avec Wedgewood. Ces deux savants avaient réussi à obtenir, sur du papier enduit d'azotate d'argent, des reproductions de gravures et d'objets transparents. Ils avaient essayé de fixer également les images de la chambre obscure ; mais la trop faible sensibilité lumineuse de l'azotate d'argent leur avait opposé un obstacle insurmontable. On n'obtenait d'ailleurs de cette manière que des silhouettes ou des images inverses, dans lesquelles les noirs du modèle étaient représentés par des blancs, et *vice versâ*. En outre, l'épreuve obtenue, Wedgewood et Davy n'avaient pu réussir à la préserver de l'altération consécutive de la lumière ; abandonnée à la clarté du jour, elle noircissait dans toutes ses parties et ensevelissait le dessin. On ne pouvait donc examiner ces productions éphémères que dans l'obscurité, en s'aidant de la lueur d'une lampe. « La copie d'un dessin, dès qu'elle est obtenue, dit Humphry Davy, doit être conservée dans un lieu obscur. On peut bien l'examiner à l'ombre, mais ce ne doit être que pour peu de temps. Aucun des moyens que nous avons mis en œuvre pour empêcher les parties incolores de noircir à la lumière n'a pu réussir... Quant aux images de la chambre obscure, elles se sont trouvées trop faiblement éclairées pour former un dessin avec le nitrate d'argent, même au bout d'un temps assez prolongé. C'était là cependant l'objet principal des expériences. Mais tous les essais ont été inutiles (1). »

Heureusement M. Talbot n'eut point connaissance

(1) *Description d'un procédé pour copier des peintures sur verre et*

des essais de Wedgewood et de Davy ; il ignora l'échec que ces grands chimistes avaient éprouvé dans leur tentative ; il avoue que devant l'insuccès de tels maîtres, il eût immédiatement abandonné ses recherches comme une poursuite chimérique. Cependant, par un travail de plusieurs années, il parvint à surmonter tous les obstacles. Il résolut complétement la double difficulté de fixer sur le papier les images de la chambre obscure et de les préserver de toute altération consécutive. En 1839, il se disposait à mettre sa découverte au jour, lorsqu'il fut surpris par la publication des travaux de M. Daguerre. Cependant, quelques mois après, il fit connaître en Angleterre l'ensemble de sa méthode et le 7 juin 1841, dans une lettre adressée à M. Biot, et présentée par ce savant à l'Académie des sciences de Paris, il donna une description exacte de son procédé. Mais l'attention était dirigée d'un autre côté, et l'annonce du physicien anglais ne fit, en France, aucune sensation. Quelques personnes essayèrent d'obtenir des images en suivant les indications fournies par M. Talbot ; mais elles ne réussirent qu'imparfaitement, ce qui fit croire que l'inventeur n'avait dit son secret qu'à moitié : la photographie sur papier tomba donc parmi nous dans un complet oubli. Seulement quelques artistes nomades, munis de quelques renseignements plus ou moins précis, parcouraient la province, vendant aux amateurs le secret de cette nouvelle branche des arts photographiques, et dans Paris circu-

pour faire des silhouettes par l'action de la lumière sur le nitrate d'argent (*Journal de l'Institution royale de Londres*, 1802, t. I, p. 170).

laient un certain nombre d'épreuves très remarquables représentant des modèles inanimés, obtenues par un employé du ministère des finances, M. Bayard, qui toutefois cachait avec grand soin les procédés dont il faisait usage. C'est dans ces circonstances que M. Blanquart fit paraître son mémoire. Il y reproduisait, avec quelques modifications, le procédé de M. Talbot; seulement, ses descriptions étaient beaucoup plus précises et plus complètes que celles du physicien anglais (1).

Tel est l'historique fidèle de la découverte de la photographie sur papier. C'était pour nous un devoir que de bien établir à ce sujet les droits méconnus d'un savant étranger, assez malheureux déjà d'avoir été devancé dans sa découverte par M. Daguerre, pour que l'on respecte au moins les titres incontestables qui recommandent son nom à la reconnaissance du public.

Il sera utile, avant d'exposer les procédés pratiques

(1) Les changements apportés par M. Blanquart-Evrard au manuel opératoire de M. Talbot consistaient : 1° à plonger le papier dans les liquides impressionnables, au lieu de déposer les dissolutions sur le papier à l'aide d'un pinceau, comme le faisait M. Talbot; 2° à serrer entre deux glaces le papier chimique exposé dans la chambre obscure, au lieu de l'appliquer contre une ardoise. Tout le reste de l'opération : l'emploi de l'iodure d'argent comme agent impressionnable sur le papier positif, et du chlorure d'argent sur le papier négatif, l'action si importante de l'acide gallique pour faire apparaître l'image, l'addition de l'acide acétique aux liquides photographiques, l'idée capitale de préparer une image négative, et de s'en servir pour obtenir une image directe ; en un mot, tout l'ensemble de l'opération de la photographie sur papier appartient incontestablement au physicien anglais. Pour que le lecteur ne puisse conserver aucun doute sur ce point, nous donnons à la fin du volume (Note V) la description des procédés de M. Talbot présentée par M. Biot, le 7 juin 1841, à l'Académie des sciences de Paris, et (Note VI) le mémoire publié en 1847 par M. Blanquart-Evrard dans les *Comptes rendus* de la même Académie.

de la photographie sur papier, de donner la théorie générale de l'opération.

Tout le monde sait que les sels d'argent, naturellement incolores, étant exposés à l'action de la lumière solaire ou diffuse, noircissent promptement par suite d'une décomposition chimique provoquée en eux par l'agent lumineux. D'après cela, si l'on place au foyer d'une chambre obscure une feuille de papier imprégnée de la dissolution d'un sel d'argent, l'image formée par l'objectif s'imprimera sur le papier, parce que les parties vivement éclairées noirciront la couche sensible, tandis que les parties obscures restant sans action, laisseront au papier sa couleur blanche. On obtiendra ainsi une sorte de silhouette dans laquelle les parties éclairées du modèle seront représentées sur l'épreuve par une teinte noire et les ombres par des blancs. C'est ce que l'on nomme une image inverse ou *négative*, selon l'expression consacrée. Maintenant, si l'on place cette image sur une feuille de papier imprégnée d'un sel d'argent et qu'on expose le tout à l'action directe du soleil, l'épreuve négative laissera passer la lumière à travers les parties transparentes du dessin et lui fermera passage dans les portions opaques. Le rayon solaire, allant ainsi agir sur le papier sensible placé au contact de l'épreuve négative, donnera naissance à une image sur laquelle les clairs et les ombres seront placés dès lors dans leur situation naturelle. On aura donc formé ainsi une image directe ou *positive*. Tel est le principe général de la photographie sur papier (1).

(1) En appliquant une gravure, une lithographie sur un papier imprégné de chlorure d'argent, et en exposant le tout au soleil, on peut

Le procédé pratique de cette branche nouvelle de l'art photographique se compose, d'après cela, de deux séries distinctes d'opérations : la première ayant pour effet de préparer l'image inverse, la seconde, de former l'épreuve redressée.

On obtient l'épreuve inverse en recevant l'image de la chambre obscure sur un papier enduit d'iodure d'argent mélangé avec un peu d'acide acétique. Comme l'iodure d'argent s'impressionne beaucoup plus promptement à la lumière quand on l'entretient à l'état humide, on place le papier photogénique sur quelques doubles de papier humectés d'eau, et pour lui donner une surface égale et parfaitement unie, on le presse entre deux glaces. Cependant l'emploi de ces deux glaces n'est pas indispensable, et l'on se contente souvent d'appliquer la feuille de papier photogénique humide contre une feuille d'un carton très léger, qui adhère par son humidité à la vitre d'un châssis. Les choses ainsi disposées, on place ce système au foyer de la chambre noire. Au bout de trente à cinquante secondes, l'effet lumineux est produit ; l'iodure d'argent se trouve décomposé dans les parties éclairées, et dans tous les points sur lesquels a porté la lumière, l'oxyde d'argent devient libre. Cependant la faible altération chimique qui vient d'avoir lieu n'est en aucune façon accusée à la surface du papier, qui n'offre encore aucune trace visible de dessin ; mais si on le plonge dans une dissolution d'acide gallique, ce composé

reproduire cette gravure, cette lithographie d'une manière très simple et sans appareil optique. C'est une petite opération qui ne manque pas d'intérêt et qui peut avoir son utilité. On a jugé nécessaire de créer un mot pour la désigner : on l'appelle *autophotographie*.

forme, avec l'oxyde d'argent, un sel, le gallate d'argent, d'une couleur noir foncé, et l'image apparaît subitement. Il ne reste plus qu'à enlever l'excès du composé d'argent non influencé, afin de préserver le dessin de l'action ultérieure de la lumière. On y parvient en lavant l'épreuve avec une dissolution d'hyposulfite de soude ou de sel marin qui dissout immédiatement l'iodure d'argent non altéré.

Pour obtenir l'image positive, on place l'épreuve négative obtenue par les moyens qui viennent d'être rapportés, sur un papier imprégné de chlorure d'argent; on les serre tous les deux entre deux glaces, l'épreuve négative en dessus, et l'on expose le tout au soleil ou à la lumière diffuse. La durée de cette exposition varie depuis une demi-heure jusqu'à quatre heures à la lumière diffuse, et au soleil depuis quinze jusqu'à vingt-cinq minutes. Au reste, comme on peut suivre de l'œil la formation du dessin, on est toujours le maître de s'arrêter quand on juge le trait suffisamment renforcé. Enfin, pour fixer l'image, c'est-à-dire pour enlever l'excédant du composé chimique qui sans cette précaution continuerait de noircir en présence de la lumière, on place l'épreuve dans une dissolution d'hyposulfite de soude ou de sel marin qui dissout l'excès de chlorure d'argent non influencé. En prolongeant plus ou moins la durée de son séjour dans le bain d'hyposulfite de soude, on peut communiquer à l'épreuve une couleur qui varie, en parcourant toute l'échelle des tons bruns et des bistres, jusqu'au violet foncé et au noir intense.

Nous n'avons pas besoin d'ajouter que l'épreuve négative peut servir à donner un très grand nombre d'autres épreuves positives, et qu'une fois obtenue, cette espèce de type peut fournir des reproductions indéfinies.

En dévoilant au public les procédés de la photographie sur papier avec un désintéressement et une libéralité assez rares parmi ses confrères, M. Blanquart-Évrard rendit aux arts photographiques un immense service. De toutes parts on s'empressa de mettre en pratique ces moyens si simples dans leur exécution, si intéressants dans leurs résultats, et la photographie sur papier reçut une impulsion extraordinaire. Aussi ne fut-il pas difficile de prévoir dès ce moment qu'elle ne tarderait pas à s'enrichir de modifications importantes et à marcher rapidement vers le degré de perfection qui lui manquait. Obtenus en effet par les procédés décrits en 1847 par M. Blanquart-Évrard, les dessins photographiques étaient encore fort au-dessous des produits de la plaque daguerrienne. On y cherchait en vain la rigueur, la délicatesse du trait, l'admirable dégradation de teintes qui font le charme des épreuves métalliques. Le motif de cette infériorité était facile à comprendre. La surface plane et polie d'un métal offre, pour l'exécution d'un dessin photographique, des facilités sans pareilles ; au contraire, la texture fibreuse du papier, ses aspérités, la communication capillaire qui s'établit entre les diverses parties de sa surface inégalement impressionnées, sont autant d'obstacles qui s'opposent à la rigueur absolue des lignes comme à l'exacte dégradation des lumières et des ombres. Les défauts des images obtenues par les procédés de M. Talbot ne tenaient donc qu'au papier lui-même. La nature fibreuse du papier, l'inégalité de son grain, l'impureté de sa pâte, son extension variable et irrégulière pendant son immersion dans les différents liquides, telles étaient les causes des difficultés que rencontraient les opérateurs. Le problème du perfectionnement de cette nouvelle branche de la photographie consistait donc à fournir au papier, au lieu de sa surface inégale et rugueuse, une surface homogène et parfaitement plane, imitant en quelque chose le poli si parfait des plaques métalliques. Ce problème capital fut en partie résolu par la découverte de la *photographie sur verre*. Comme ce nom de *photographie sur verre* est susceptible d'amener quelque confusion dans l'esprit du lecteur, nous devons préciser avec soin la nature de ce nouveau procédé.

La photographie sur verre n'est à proprement parler qu'une modification de la photographie sur papier. Au lieu de former sur le papier l'image négative, on la forme sur une lame de verre ou de glace revêtue d'une couche d'albumine; le dessin négatif, une fois obtenu sur la glace, sert à obtenir sur le papier l'image positive.

Les moyens pratiques de la photographie sur verre sont d'une exécution fort simple. Sur la glace qui doit recevoir l'image négative, on étend une légère couche d'albumine liquide ou blanc d'œuf, dans laquelle on a dissous un peu d'iodure de potassium. Une fois sèche, cette couche d'albumine forme une surface homogène, et d'un poli parfait, éminemment propre à donner aux lignes du dessin un contour arrêté. Ainsi recouverte d'albumine, la lame de verre est imbibée avec le composé d'argent employé dans la photographie sur papier, et l'on exécute sur sa surface toutes les opérations que l'on fait sur le papier quand on veut obtenir une image négative. Celle-ci obtenue constitue un cliché ou une épreuve négative sur verre qui sert à produire l'image directe. Cette dernière image se forme sur une feuille de papier en se servant des moyens habituels. Le verre ne sert donc qu'à préparer l'image négative ; c'est là un point qu'il importe de bien faire remarquer pour éviter certaines confusions que beaucoup de personnes commettent à ce sujet.

Les épreuves obtenues par l'intermédiaire de la glace albuminée se reconnaissent aisément à la rigueur extraordinaire, à la correction du dessin, à ses contours admirablement arrêtés : elles peuvent presque rivaliser sous ce rapport avec les produits de la plaque. La photographie sur verre a été imaginée en 1848 par M. Niepce de Saint-Victor, neveu de Joseph Niepce, le premier inventeur de la photographie.

L'emploi des glaces albuminées est évidemment le moyen le plus parfait que nous possédions aujourd'hui pour la production des images sur papier. Cependant il ne faut pas s'y méprendre, ce moyen ne peut être définitif, et quels que soient les avantages qu'il procure, on ne doit le considérer que comme une sorte d'expédient temporaire. La photographie sur verre n'a point résolu, on peut dire, les difficultés de la question de la photographie sur papier, elle n'a fait que tourner l'obstacle. En raison de leur poids considérable, de leur fragilité et de leur prix, les plaques de verre amènent dans la pratique des embarras de tout genre qu'il serait superflu d'énumérer. Pour le voyageur photographe, ce genre de procédés est à peu près sans valeur, et, d'un autre côté, on ne peut guère espérer en tirer parti pour les applications futures de la photographie aux arts industriels. Un cliché qu'une simple distraction peut réduire en mille pièces, ne pourra jamais devenir un instrument à l'usage de l'industrie. Il faut ajouter, en se plaçant à un autre point de vue, que l'épreuve sur verre est tellement fine, qu'elle en devient dure et sèche. De plus, elle a généralement le défaut de traduire sans vérité les tons de la nature ; de telle sorte que si elle est irréprochable pour la ligne, elle est loin d'avoir le même mérite pour l'exacte valeur des tons du modèle. Le temps assez considérable qu'exige l'impression lumineuse, la ténuité excessive de la couche albuminée, ou quelque autre cause dépendant du procédé lui-même, rendent compte de ce résultat.

Ce serait donc s'engager dans une voie fâcheuse que de se préoccuper outre mesure de la photographie sur verre. Cette méthode ne peut, selon nous, être acceptée qu'à titre de moyen transitoire. L'importance future et l'avenir de la photographie sont tout entiers dans le papier. Les moyens, si remarquables dans leurs résultats, que l'on applique aujourd'hui au verre, il faut les transporter sur le papier, et nous ne mettons pas en doute qu'en entrant dans cette voie de recherches, on n'arrive bientôt à obtenir sur le papier des épreuves négatives, offrant autant de finesse que les images sur verre et qui l'emporteront de beaucoup sur ces dernières au point de vue de l'effet artistique. Un grand nombre de travaux ont été entrepris depuis deux ans dans cette direction ; énumérons-les rapidement.

M. Blanquart-Évrard a essayé de remplacer la lame de verre par une feuille de papier sur laquelle on étendrait l'albumine ; en d'autres termes, il a proposé de supprimer le verre et d'opérer directement sur le papier avec la couche d'albumine. Mais la lenteur extrême avec laquelle s'effectue, dans ce cas, l'impression lumineuse, a fait rejeter l'emploi des papiers albuminés.

Une découverte d'une bien autre importance est celle dont MM. Le Gray et Fabre de Romans se disputent la priorité : c'est l'emploi, pour la préparation des images négatives, de papier imbibé de cire. L'interposition de la cire fait disparaître les inconvénients qui résultent de l'inégalité du grain et de la pâte du papier, et sous le rapport de la pureté des lignes, les dessins sur papier ciré atteignent presque la perfection des images sur verre. Un autre avantage, et peut-être le plus sérieux que présente le papier ciré, c'est qu'il peut être employé à sec, et permet ainsi au voyageur qui va relever au loin la vue d'un monument ou d'un paysage, d'exécuter sur les lieux et sans la moindre difficulté toutes les opérations photographiques.

Peut-être néanmoins pourrait-on élever contre l'emploi des papiers cirés le reproche de donner trop de ténuité à la couche impressionnable du sel d'argent, circonstance qui a pour résultat d'enlever au dessin une partie de sa vigueur. En sa qualité de corps gras, la cire est difficilement miscible aux liquides, qu'elle semble pour ainsi dire repousser ; il résulte de là que la quantité de sel d'argent que peut absorber le papier pénétré de cire est sensiblement moindre que quand on opère avec d'autres substances organiques. Cette circonstance nous paraît expliquer la supériorité que présentent sur la cire les substances organiques miscibles à l'eau, et notamment la gélatine, si habilement mise à profit par l'un de nos photographes les plus distingués, M. Baldus. Chargé par le Ministre de l'intérieur d'exécuter le relevé photographique d'une partie des monuments historiques du midi de la France, M. Baldus a composé une série d'épreuves de grande dimension, qui donnent la plus haute idée de l'avenir et des ressources de la photographie sur papier. M. Baldus a publié, il y a quelques mois, la description des procédés qu'il met en usage : la gélatine étendue sur le papier pour la préparation de l'image négative, telle est la base de sa méthode opératoire qui, répétée récemment par un grand nombre d'amateurs et d'artistes, a permis d'obtenir avec une singulière facilité des résultats qui n'étaient réservés jusqu'ici qu'à un certain nombre d'habiles praticiens (1).

Ici cependant doit trouver place une remarque générale très importante relativement à ces matières organiques que l'on a été conduit à déposer sur le papier, dans le but de modifier sa contexture physique. L'emploi de la cire, de la gélatine et de quelques produits analogues, présente, pour la rigoureuse exécution de l'image photographique, des avantages considérables; mais le mélange de ces corps étrangers avec les sels d'argent que la lumière doit impressionner, devient la source d'un inconvénient grave, en ce qu'il diminue notablement la sensibilité de l'agent chimique, de telle sorte que le temps nécessaire pour la production de l'empreinte photographique doit

(1) Nous rapportons à la fin du volume (Note VII) la description des procédés de M. Baldus extraite du mémoire qu'il a publié récemment.

être beaucoup plus long quand on opère avec les papiers recouverts de gélatine ou de cire, que quand on agit avec le papier n'ayant subi aucune préparation. On est ainsi forcé de prolonger beaucoup plus longtemps l'exposition dans la chambre obscure. Aussi l'emploi des papiers recouverts de cire ou de gélatine ne donne-t-il réellement de beaux résultats que pour la reproduction des monuments, du paysage ou de la nature morte. Quant au portrait, qui demande naturellement une courte exposition lumineuse, les résultats sont en général médiocres. Irréprochables et d'un effet certain pour la reproduction du monument, ces procédés deviennent infiniment moins sûrs dans leur réussite et moins satisfaisants dans leurs résultats, quand on les applique au portrait. Aussi M. Baldus n'a-t-il point hésité à prescrire de se passer de l'addition de toute matière étrangère quand il s'agit d'obtenir les portraits; il réserve la gélatine pour la reproduction du paysage et du monument, et se contente, pour le portrait, d'opérer sur le papier simple. La rapidité de l'impression lumineuse permet dans ce cas d'atteindre des résultats que l'addition de la gélatine ne pourrait que compromettre en forçant l'opérateur à prolonger trop longtemps la durée de l'exposition lumineuse.

Ces observations font comprendre le *desideratum* capital que laissent aujourd'hui les procédés de la photographie sur papier. Grâce à l'emploi de la gélatine, de la cire et des substances analogues, on peut obtenir des résultats très remarquables, tant sous le rapport de la correction et de la finesse du dessin, que pour l'exacte traduction des tons de la nature ; mais ces moyens nécessitent une exposition trop longue dans la chambre obscure. Ainsi s'explique ce fait que tout le monde a remarqué, que la photographie sur papier, irréprochable aujourd'hui en ce qui concerne l'architecture, les monuments et la nature morte, laisse encore beaucoup à désirer pour le portrait. La photographie sur papier se trouve donc aujourd'hui précisément au point où en étaient, en 1841, les procédés du daguerréotype ; pour la porter à son dernier degré de perfection, il reste à découvrir des *agents accélérateurs* qui, en en diminuant le temps de l'exposition dans la chambre obscure, permettent d'appliquer dans toutes les circonstances des moyens qui, dans l'état présent des choses, sont forcément limités à un certain nombre de cas.

Un photographe anglais, M. Archer, a découvert, en 1851, un procédé qui, sous certains rapports, semble répondre à cette indication capitale. Ce procédé, qui permet d'opérer avec une rapidité prodigieuse, et qui donne des épreuves pour ainsi dire instantanées, consiste dans l'emploi du *collodion* (1). Ajoutée à l'agent photographique, cette substance active à tel point l'impression lumineuse, que M. Archer et plusieurs autres photographes ont pu reproduire l'image de corps animés d'un mouvement rapide, tels que les vagues de la mer soulevées par le vent, une voiture emportée sur un chemin, un cheval au trot, un navire à vapeur en marche avec son panache

(1) Le *collodion* est une dissolution de *coton-poudre* dans l'éther sulfurique. Voyez, pour la nature et la préparation de cette substance, la notice sur le *coton-poudre*, dans les dernières pages de ce volume.

de fumée noire et l'écume qui jaillit au choc de ses roues. Malheureusement le collodion ne peut s'étaler sur le papier, et ce procédé reste ainsi limité aux usages de la photographie sur verre. On se trouve donc fâcheusement ramené à cette photographie sur verre dont il importerait de proscrire, ou du moins de borner les applications dans l'intérêt bien entendu des arts photographiques. Cependant comme il offre beaucoup d'avantages pour l'exécution du portrait, le collodion est en ce moment en assez grande faveur. On ne se sert guère d'autre substance en Angleterre, et parmi nous, les photographes de profession sont très disposés à l'adopter. C'est ce qui nous engage à rapporter dans une des notes de ce volume quelques extraits d'une description très claire que M. Alphonse de Brébisson a publié tout récemment pour faire connaître en France ce nouveau procédé (1).

Il faut conclure de l'exposé qui précède, que la photographie sur papier se trouve en ce moment dans une période essentiellement transitoire, et que de nouveaux travaux sont nécessaires pour la porter à son dernier degré de perfection. Tout porte à penser que ce progrès si désirable ne tardera pas à s'accomplir.

Nous venons de présenter l'histoire de la photographie, d'exposer ses perfectionnements successifs et d'indiquer son état présent. Est-il nécessaire d'ajouter maintenant que, pour clore la série de ces créations remarquables, un dernier pas reste à franchir? Tous nos lecteurs

(1) Voyez Note VIII.

l'ont dit avant nous, car c'est là le problème que l'impatience des gens du monde ne cesse de poser à la sagacité des savants : il reste à reproduire les couleurs. Aux produits déjà si merveilleux de l'appareil de Daguerre, à ces images d'une si admirable délicatesse, d'une fidélité si parfaite, il faut ajouter le charme du coloris. Il faut que le ciel, les eaux, toute la nature inanimée ou vivante puissent s'imprimer sous nos yeux en conservant la richesse, la variété, l'harmonie de leurs teintes. L'action de la lumière nous donne aujourd'hui des dessins, il faut que ces dessins deviennent des tableaux. Mais, avant tout, le fait est-il réalisable et la reproduction spontanée des couleurs naturelles ne dépasse-t-elle point la limite des moyens dont la science dispose de nos jours ?

Si l'on eût, il y a quelques années, adressé cette question à un savant initié aux lois générales de l'optique, il n'eût guère hésité à condamner une telle espérance. « Rien n'autorise, aurait-il dit, rien ne justifie l'espoir de fixer un jour les images de la chambre obscure en conservant leurs teintes naturelles ; aucune des notions que nous avons acquises sur les propriétés et les aptitudes de l'agent lumineux ne se trouve liée à un phénomène de cet ordre. On comprend, au point de vue théorique, l'invention de Daguerre et le parti qu'on en a tiré. Il a suffi, pour en venir là, de trouver une substance qui, au contact des rayons lumineux, passât du blanc au noir ou du noir au blanc. Il n'y avait dans cette action rien de très surprenant en fin de compte, rien qui ne fût en harmonie avec les faits que l'optique nous enseigne ; mais de là à l'impression spontanée des couleurs il y a véritablement tout un monde de difficultés insurmontables. Remarquez, en effet, qu'il s'agit de trouver une substance, *une même substance* qui, sous la faible action chimique des rayons lumineux, se trouve influencée de telle manière que chaque rayon inégalement coloré provoque en elle une modification chimique particulière, et de plus que cette modification ait pour résultat de donner autant de composés nouveaux reproduisant intégralement la couleur propre au rayon lumineux qui les a frappés. Il y a dans ces deux faits, et surtout dans l'accord de ces deux faits, des conditions tellement en dehors des phénomènes habituels de l'optique, que l'on peut affirmer sans crainte qu'un tel problème est au-dessus de toutes les ressources de l'art. »

Ainsi eût parlé notre physicien, et certes il eût trouvé peu de contradicteurs. Cependant une observation inattendue est venue changer toute la face de la question. En 1848, M. Edmond Becquerel a réussi à imprimer sur une plaque d'argent l'image du *spectre solaire*. On sait ce que les physiciens entendent par spectre solaire. La lumière blanche, la lumière du soleil, résulte de la réunion d'un certain nombre de rayons diversement colorés dont l'impression simultanée sur notre œil produit la sensation du blanc. Si l'on dirige, en effet, un rayon de soleil sur un verre transparent taillé en prisme, les différents rayons composant ce faisceau de lumière sont inégalement réfractés dans l'intérieur du verre; au sortir du prisme, ils se séparent les uns les autres, ils divergent en éventail, et viennent former sur l'écran où on les reçoit une image oblongue dans laquelle on retrouve isolées toutes les couleurs simples qui composent la lumière blanche; on y voit assez nettement indiqués le rouge, l'orangé, le jaune, le vert, le bleu, l'indigo et le violet. On donne le nom de *spectre solaire* à cette bande colorée qui provient de la décomposition de la lumière. C'est là l'image que M. Edmond Becquerel est parvenu à imprimer sur une plaque d'argent préalablement exposée à l'action du chlore. Ce fait démontre que la reproduction photogénée des couleurs est une opération désormais réalisable, car il fait voir qu'il existe des agents chimiques capables de s'impressionner au contact des rayons lumineux, de manière à conserver les teintes des rayons qui les ont frappés.

Il ne faudrait pas cependant s'exagérer la portée de cette expérience. L'observation de M. Becquerel présente une valeur théorique de premier ordre, mais elle ne fournit encore aucun moyen pratique d'arriver à la reproduction des couleurs. En effet, cette image colorée ne peut être fixée par aucun agent chimique; par conséquent, lorsqu'on l'expose à la clarté du jour, le chlorure d'argent continuant de s'impressionner, la surface entière de la plaque devient noire, et tout s'évanouit; pour l'empêcher de se détruire, il faut la conserver dans une obscurité complète. Une autre circonstance défavorable, c'est l'extrême lenteur avec laquelle s'accomplit l'impression lumineuse. L'action directe du soleil s'exerçant pendant deux heures est indispensable pour obtenir un effet; aussi les images de la chambre obscure sont-elles trop faiblement éclairées pour agir ainsi sur la plaque: des journées entières n'y suffiraient pas. Il faut mentionner enfin une circonstance plus grave. Les couleurs simples, les teintes isolées du spectre sont jusqu'ici les seules que l'on ait pu fixer; les teintes composées, c'est-à-dire toutes celles qui appartiennent aux objets éclairés par la lumière ordinaire, ne s'impriment jamais sur le chlorure d'argent : les objets blancs, par exemple, au lieu de laisser sur la plaque une couleur correspondante, s'y impriment en noir.

Ainsi, le fait découvert par M. Becquerel est loin de justifier toutes les espérances que l'on a pu concevoir à ce sujet. Il démontre seulement, contrairement à tout ce que l'on avait pensé jusqu'ici, que le problème de la reproduction photogénée des couleurs pourra recevoir un jour quelque solution et que les personnes qui s'adonneront à ce genre de recherches ne trouveront plus, comme autrefois, dans les principes de la science, la condamnation anticipée de leurs tentatives. Quelque limitée qu'elle soit dans ses conséquences actuelles, cette observation n'en conserve pas moins son importance. On peut espérer, en effet, que des travaux bien dirigés feront découvrir d'autres agents chimiques jouissant des propriétés du chlorure d'argent et répondant mieux que ce composé aux exigences de l'application pratique.

Déjà M. Niepce de Saint-Victor, se vouant avec persévérance à ces difficiles recherches, a été conduit à quelques résultats remarquables. M. Edmond Becquerel a découvert, avons-nous dit, qu'une lame de plaqué d'argent immergée dans une dissolution de chlore, acquiert la propriété extraordinaire de reproduire les couleurs du spectre. Poursuivant l'examen de ce phénomène, M. Niepce de Saint-Victor a reconnu que la coloration du chlorure d'argent en diverses teintes, sous l'influence de la lumière, dépend de la proportion de chlore qui existe dans les bains où l'on plonge la lame d'argent, de telle manière que l'on voit apparaître telle ou telle couleur, selon la quantité de chlore contenue dans le bain. Ainsi, selon M. Niepce, lorsque la quantité de chlore est la plus petite possible, la couleur dominante est le jaune; à mesure que le chlore devient plus abondant, la couleur dominante est tour à tour le vert, le bleu, l'indigo, le violet, le rouge, l'orangé : ces deux dernières couleurs n'apparaissent que lorsque la solution est entièrement saturée de chlore. M. Niepce a encore reconnu que certains chlorures métalliques, et particulièrement le chlorure de cuivre et le deuto-chlorure de fer, donnent beaucoup plus facilement naissance à des images colorées que la simple dissolution aqueuse de chlore employée par M. Becquerel. Partant de ces remarques, M. Niepce de Saint-Victor a pu reproduire sur une plaque chlorurée certaines couleurs naturelles. Pour obtenir telle ou telle couleur, le jaune par exemple, M. Niepce prend une dissolution de chlorure de fer ou de chlorure de cuivre, contenant à peu près la quantité de chlore nécessaire pour faire apparaître la teinte jaune dans le spectre solaire; pour donner naissance, sur une même plaque, à toutes les couleurs à la fois, il se sert d'une dissolution de chlorure contenant à peu près la quantité de chlore qui correspond aux rayons jaunes ou verts, c'est-à-dire aux rayons moyens du spectre.

Voici comment opère M. Niepce pour obtenir les curieuses reproductions de gravures coloriées qu'il a soumises à l'examen de l'Académie des sciences.

Il prépare, avec une quantité convenable de chlorure de fer ou de cuivre, une dissolution dans laquelle il immerge, pendant huit à dix minutes, une plaque de cuivre argenté; cette plaque se recouvre de chlorure d'argent par suite de la réaction du chlorure sur le métal. Chauffée légèrement au sortir du bain, à la flamme d'une lampe à esprit-de-vin, elle est propre à recevoir l'image colorée. Si l'on applique, en effet, contre cette lame métallique, une de ces gravures sur bois grossièrement enluminées que le commerce fournit à si bas prix, et qu'on expose le tout à l'action directe du soleil, au bout d'un quart d'heure, la gravure se trouve reproduite sur le métal avec des teintes colorées qui ne s'éloignent pas trop de celles du modèle.

Le fait découvert par M. Niepce, de la reproduction spontanée de certaines couleurs, offre beaucoup d'intérêt; cependant il ne faudrait pas vouloir en pousser trop loin les conséquences, ni prétendre qu'il doit bientôt nous conduire à la reproduction photogénée des couleurs. De graves considérations, empruntées aux principes les mieux établis de la physique, démontreraient sans peine la proposition contraire. Ces considérations nous les reproduirons en peu de mots.

L'image colorée que l'on obtient sur le chlorure d'argent n'est point le résultat final de l'action chimique de la lumière; ce n'est qu'une période, qu'un degré transitoire de cette action; si l'influence des rayons lumineux continue de s'exercer, les couleurs primitivement obtenues ne tardent pas à disparaître, et la plaque revêt dans toutes ses parties une teinte uniforme. Aussi, pour conserver intacte cette impression colorée, faut-il en quelque sorte la saisir au passage, arrêter à un certain moment l'exposition à la lumière, et conserver ensuite dans un lieu obscur la plaque ainsi modifiée. Si on l'abandonnait plus longtemps à l'action des rayons lumineux, le chlorure d'argent continuerait de s'altérer, et tout disparaîtrait. Pour rendre permanente l'impression colorée, il faudrait donc posséder un moyen de la fixer, comme on fixe l'image ordinaire du daguerréotype sur plaque. Mais ici les difficultés naissent en foule. En effet, la matière à laquelle on pourrait recourir pour fixer les couleurs formerait, à la surface de la plaque, une couche qui serait ou translucide, ou opaque. Si la couche était translucide, la lumière, la traversant, irait agir sur l'image, et par son action chimique détruirait en quelques instants les couleurs. Si la couche fixante était opaque, elle ne pourrait reproduire les teintes de l'image primitive, qu'à la condition de revêtir, aux différents points de la plaque, des tons correspondants aux parties de l'image photogénée qu'elle recouvrirait. On voit par là à quelle série d'impossibilités on se trouve conduit. Il ne faut point oublier, en effet, que dans les images obtenues sur plaque par les procédés de Daguerre, rien ne subsiste de la substance primitive qui a reçu l'impression de la lumière; les différents composés dont on a fait usage, l'iodure, le bromure d'argent que la lumière a modifiés, sont remplacés par un dépôt de mercure, de telle manière que les sels d'argent n'ont servi que d'intermédiaire, et qu'en fin de compte et toutes les manipulations terminées, il ne reste plus sur la plaque daguerrienne que du mercure et de l'argent. Ce sont des opérations du même genre qu'il faudrait pouvoir accomplir pour rendre permanentes les images colorées de M. Niepce. Mais rien jusqu'à ce moment n'a donné l'espoir d'atteindre un tel résultat.

Une seconde considération concourt à enlever beaucoup de leur valeur pratique aux faits observés par M. Niepce de Saint-Victor. On démontre en physique que la lumière colorée qui émane des différents objets est toujours mêlée d'une certaine quantité de lumière blanche. Le rouge le plus vif, le bleu le plus intense émettent, en même temps que les rayons colorés qui leur sont propres, une quantité notable de lumière blanche. Par conséquent, toutes les fois que l'on essaiera de reproduire par le daguerréotype les couleurs naturelles, cette lumière blanche venant se mêler aux rayons colorés qui émanent de chaque objet, introduira, dans les résultats de l'action chimique, des effets complexes et dont il sera impossible de tenir compte par avance. Cette circonstance, si grave, explique ce fait, que jusqu'à ce moment M. Niepce ait toujours échoué, lorsque, au lieu de reproduire simplement des gravures coloriées par l'action de la lumière solaire, il a essayé de fixer une image prise dans la chambre obscure. Dans ce cas, l'impression, au lieu d'être revêtue de diverses couleurs, présente une teinte uniforme.

Poursuivies dans leurs dernières conséquences, ces réflexions amèneraient à rejeter tout espoir de fixer par un agent photographique l'image colorée des objets extérieurs; elles conduiraient à regarder pour ainsi dire ce genre de recherches comme *la pierre philosophale de la photographie*. Cependant l'habile et persévérant auteur des travaux que nous venons d'analyser pourrait ne pas laisser ces objections sans réponse ; il pourrait à bon droit nous dire que l'étude chimique de la lumière est féconde en surprises, que la lumière est encore aujourd'hui le moins connu de tous les agents physiques, et que l'on a vu depuis quelques années se succéder, dans les phénomènes de cet ordre, tant de faits extraordinaires, qu'il se pourrait bien que quelque observation soudaine vînt renverser du premier coup tout l'échafaudage de nos raisonnements théoriques. Cette réplique aurait sa justesse, et nous la laissons subsister comme un encouragement pour M. Niepce à poursuivre l'examen des faits curieux qu'il étudie.

Nous voudrions d'autant moins contribuer à détourner de ses travaux cet ingénieux physicien, qu'il est peu de personnes aussi dignes que lui de la sympathie générale. Le récit des circonstances qui ont amené M. Niepce à s'occuper de recherches scientifiques permettra de juger de l'intérêt que sa situation peut inspirer.

En 1842, l'administration de l'armée manifesta l'intention de changer en couleur *aurore* la couleur distinctive *rose* des premiers régiments de dragons : on désirait n'être pas obligé de défaire les uniformes confectionnés. La question des moyens à employer pour remplir cet objet assez délicat ne laissait pas d'embarrasser l'administration, lorsqu'on apprit qu'un lieutenant de dragons de la garnison de Montauban s'offrait à remplir cette condition difficile. Le lieutenant fut mandé à Paris par le Ministre de la guerre ; on soumit à une commission le moyen qu'il proposait, et qui consistait à passer avec une brosse un certain liquide qui opérait la réforme désirée, sans qu'il fût même nécessaire de découdre les fracs. L'exécution de ce procédé expéditif épargna au trésor un déboursé de plus de cent mille francs. Après avoir reçu, avec les compliments de ses chefs, une gratification de cinq cents francs du maréchal Soult, le lieutenant reprit le chemin de Montauban. Ce lieutenant s'appelait Niepce de Saint-Victor; il était neveu de Joseph Niepce, le Christophe Colomb de la photographie.

Pendant son séjour à Paris, M. Niepce avait pris le goût des manipulations scientifiques. La découverte de son oncle avait jeté sur le nom qu'il portait une gloire impérissable, et comme par une sorte de piété de famille, il se sentait instinctivement poussé dans les voies de la science. Il commença donc à s'occuper de questions dont il n'avait pas eu jusque-là la moindre idée, et s'attacha particulièrement à l'étude des phénomènes daguerriens. Mais une ville de province offre peu de ressources à un savant placé dans la situation exceptionnelle où se trouvait M. Niepce; convaincu que la capitale lui offrirait plus d'avantages pour continuer ses recherches, il demanda à entrer dans la garde municipale de Paris. Il y fut admis en 1845 avec le grade de lieutenant, et fut caserné avec sa brigade au faubourg Saint-Martin. C'est alors que M. Niepce découvrit les curieux phénomènes auxquels donne naissance la vapeur d'iode quand elle se condense sur les corps solides. Il démontra, en 1847, que l'inégale absorption de la vapeur d'iode par les différents corps qui la reçoivent se trouve liée à la *couleur des corps absorbants*, phénomène étonnant, dont l'explication physique soulève beaucoup de difficultés, et qui mériterait d'être étudié d'une manière approfondie. A la suite de ce premier travail qui commença à attirer sur lui l'attention, M. Niepce imagina la photographie sur verre, découverte qui sera pour lui un titre de gloire durable.

Ces intéressantes recherches qui apportaient aux progrès de la photographie un si puissant secours, M. Niepce les exécutait dans le plus étrange des laboratoires. Il y avait à la caserne Saint-Martin une salle toujours vide : la salle de police des sous-officiers; c'est là qu'il avait installé son officine. Le lit de camp formait sa table de travail, et sur les étagères qui garnissaient les murs, se trouvaient disposés les appareils, les réactifs et tout le matériel indispensable à ses travaux. C'était un spectacle assez curieux que ce laboratoire installé en pleine caserne; c'était surtout une situation bien digne d'intérêt que celle de cet officier poursuivant avec persévérance des travaux scientifiques malgré les continuelles exigences de sa profession. Nos savants sont plus à l'aise d'ordinaire; ils ont, pour s'adonner à leurs recherches, toute une série de conditions favorables entretenues et préparées de longue main par un budget clairvoyant. Ils ont de vastes laboratoires où tout est calculé pour faciliter leurs travaux; après avoir eu des maîtres pour les initier, ils ont des disciples auxquels ils transmettent avec bonheur les connaissances qu'ils ont acquises; quand le succès a couronné leurs efforts, ils ont le public qui applaudit à leurs découvertes, l'Académie qui les récompense, et au loin la gloire qui leur sourit. Niepce était seul; comme il avait été sans maître, il était sans disciples; sa solde de lieutenant formait tout son budget, une salle de police lui servait de laboratoire. Le jour, dans tout l'attirail du savant, il se livrait à des recherches de laboratoire entrecoupées des mille diversions de son état; la nuit, il s'en allait par la ville, le casque en tête et le sabre au côté, veillant en silence à la tranquillité de nos rues, et s'efforçant de chasser de son esprit le souvenir inopportun des travaux de la journée.

En dépit des obstacles d'une position si exceptionnelle, M. Niepce avançait avec bonheur dans la voie scientifique, et tout faisait espérer qu'une réussite brillante viendrait couronner ses efforts. Mais il avait compté sans la révolution de février. Les révolutions sont impitoyables: elles n'épargnent pas plus l'asile du savant que le palais des rois. Le 24 février, l'insurrection triomphante entra dans la caserne du faubourg Saint-Martin; elle commença par la saccager, puis elle y mit le feu. Ce laboratoire élevé avec tant de soins et de sollicitude, les produits, les spécimens précieux de ses travaux, le modeste mobilier du lieutenant, tout périt dans ce désastre irréparable. J'eus l'occasion de voir M. Niepce après cette triste journée. Il s'était retiré dans le haut du faubourg Saint-Martin, chez un de ses parents ecclésiastique : peu de jours auparavant, sur la place de l'Hôtel-de-Ville, quelques gardes municipaux, reconnus, avaient manqué être victimes de la fureur d'un peuple égaré. Il vivait donc chez son parent, attendant des jours meilleurs; et c'était, je vous l'assure, un spectacle pénible que cet homme de cœur contraint de suspendre à son chevet son épée devenue inutile à la défense des lois, que ce savant réduit à pleurer la perte de son sanctuaire dévasté. Cependant, comme tout devait finir par reprendre sa place, M. Niepce fut incorporé dans la garde républicaine de Paris, au moment de son organisation. Il y reçut le grade de capitaine. Tant bien que mal, il s'est composé un nouveau laboratoire, et si la curiosité vous portait un jour à entrer dans la caserne de la rue Mouffetard, vous apercevriez au fond de la grande cour des exercices, un pavillon à deux étages, bâti au-devant d'un jardin. Dans ce pavillon est le logement du capitaine Niepce. La première pièce, aux murs froids et nus, sans autres meubles qu'une table, une fontaine et quelques planches chargées de flacons, forme le laboratoire. Un sabre à brillante poignée suspendu au-dessus de la porte, et quelques gravures coloriées tapissant le mur, traduisent suffisamment la situation et le noble but que s'est imposé le modeste habitant de ce lieu, qui, par sa patience tenace et réfléchie à la poursuite d'une même idée, par les sacrifices qu'il s'impose, par les ressources de son esprit pénétrant, rappelle en certains côtés notre Bernard Palissy.

Nous avons été amené à entrer dans les détails qui précèdent, en considérant combien la conduite de M. Niepce contraste avec celle d'un personnage qui, aux États-Unis, s'est occupé, à l'exemple de notre compatriote, du problème de la reproduction des couleurs. Il est peu de nos lecteurs qui n'aient entendu parler de M. Hill, de New-York, et de sa découverte d'images colorées obtenues au daguerréotype. Tout le bruit que l'on a fait à propos de cette affaire n'était autre chose que ce qu'on nomme en Angleterre un *puff*, et en Amérique un *attrape-penny*. Cette mystification qui, hardiment conduite, a valu à son auteur un bénéfice net de deux cent mille francs, vaut la peine d'être racontée.

Les États-Unis sont sans aucun doute le pays de la terre où les arts photographiques ont aujourd'hui le plus d'adeptes : on y compte environ dix mille photographes (1). De ce nombre était M. Hill, pasteur retraité à New-York. Le problème de la reproduction des couleurs par les agents photographiques avait

(1) Nous trouvons dans le journal *la Lumière* les détails suivants concernant l'état présent de la photographie à New-York : « L'héliographie, dit ce journal, est devenue une véritable passion aux États-Unis. Cette nation de nations, toute pleine de jeunesse, de vigueur, d'ambition, ne veut pas rester en arrière du vieux monde de la civilisation et des arts. Elle aime surtout le nouveau, et elle n'a pas tout à fait tort. Elle est avide d'inventions utiles et de grandes découvertes.... Il y a à New-York 71 ateliers consacrés uniquement à l'art photographique, indépendamment des manufactures où se fabriquent et se vendent les produits chimiques, les appareils, les plaques, etc. Ces ateliers, en comptant les propriétaires et les personnes qu'ils emploient, renferment 127 opérateurs, plus 11 femmes et 46 enfants. Le montant des loyers payés annuellement par ces artistes est de 25,550 dollars, ou 137,970 francs.... Les Américains font d'énormes dépenses pour leurs ateliers. Ce sont de véritables palais dignes d'entrer en comparaison avec les demeures enchantées que les Orientaux prêtent aux héros les mieux doués de leurs contes. Marbres taillés en colonnes, ou animés sous l'habile ciseau du sculpteur ; tentures richement brodées, encadrant des tableaux de prix; tapis moelleux où le pied repose sans bruit; volières pleines d'oiseaux de toutes les contrées qui chantent derrière un rideau de plantes rares, dont les fleurs parfument l'air en s'épanouissant à la lumière adoucie du soleil : voilà ce que le photographe américain appelle son *atelier*. Tout y est réuni pour distraire l'âme du visiteur de ses préoccupations pénibles et donner à son visage une expression de calme et de bonheur. Le manufacturier, le médecin, l'avocat, le marchand, l'homme politique même, y oublient le tracas des affaires. Le moyen, après cela, de marchander son portrait à de pareils enchanteurs ? »

séduit l'imagination du révérend; il s'occupa quelque temps avec zèle et conscience de recherches sur ce sujet. Mais, comme tant d'autres, notre expérimentateur échoua dans cette entreprise. Seulement M. Hill, qui paraît connaître le prix du temps, ne voulut pas avoir perdu son année en essais inutiles, et ne pouvant, avec les résultats de son travail, s'élever à la gloire, il résolut de s'en servir pour arriver à la fortune. On va voir comment il y parvint.

Au mois de janvier 1851, un journal spécialement consacré à la photographie, le *Photographic art journal*, qui paraît à New-York, sous la direction de M. Snelling, annonça que, par de longues et minutieuses recherches, un photographe américain venait de découvrir le moyen tant cherché de reproduire avec leurs couleurs naturelles les images de la chambre obscure : cet heureux inventeur, c'était M. Hill qui affirmait avoir en sa possession un grand nombre d'épreuves colorées obtenues par le daguerréotype. L'auteur de cet article du journal n'avait pu obtenir encore la faveur d'examiner ces épreuves, mais un *gentleman* honorablement connu dans la ville et dont il donnait le nom, les avait tenues entre les mains et se portait garant de la découverte.

Cette annonce ayant produit tout l'effet qu'il en attendait, M. Hill expédia à tous les photographes des États-Unis une circulaire dans laquelle il promettait de publier prochainement un ouvrage qui fournirait quelques éclaircissements sur sa découverte. L'auteur ajoutait qu'un exemplaire de ce livre serait envoyé à toutes les personnes qui lui feraient parvenir, avec leur adresse, la somme de cinq dollars (25 francs). Au bas de la circulaire, se trouvait un certificat signé de plusieurs noms, attestant que M. Hill était un respectable ecclésiastique à qui toute confiance pouvait être accordée.

Le volume annoncé ne tarda pas à paraître : il contenait cent pages d'impression, et pouvait avoir coûté à l'auteur trente centimes l'exemplaire. Il y a, avons-nous dit, aux États-Unis, dix mille photographes; trois mille au moins achetèrent le livre; M. Hill retira donc de sa spéculation environ quatorze mille dollars (70,000 francs). Il est bien entendu que l'ouvrage ne disait pas un mot de la reproduction des couleurs; il ne renfermait que quelques descriptions banales des procédés ordinaires du daguerréotype.

Peu de temps après, M. Hill adressait au *Photographic art journal* une lettre pour expliquer les motifs qui l'avaient détourné de donner dans sa brochure la description de son procédé. Ces raisons étaient sans réplique. Il lui restait à découvrir le moyen de fixer la couleur jaune, et dans l'intérêt de sa découverte, il ne voulait rien publier avant d'avoir terminé son œuvre. Une maladie avait interrompu ses travaux, mais il allait avant peu les reprendre et publier une nouvelle brochure où ses procédés seraient fidèlement décrits. Voici d'ailleurs les principaux passages de cette lettre qui mérite d'être conservée.

Lettre de M. Hill *à M.* Snelling.

« Il y a quelques mois, j'annonçai en peu de mots sur la couverture de ma dernière publication relative à la photographie, que j'avais résolu le grand problème de la *chromotypie*. C'est la seule chose que j'aie encore publiée à ce sujet; mais comme vous avez eu la bonté de parler de ma découverte dans votre estimable journal, et comme je suis assuré par ce que me disent mes amis et par le grand nombre de lettres que je reçois constamment, que la *phalange daguerrienne* commence à prendre intérêt à cette découverte, je rendrai compte des faits qui y sont relatifs.

» Il y a environ deux ans, je commençai des expériences dans le but de combler ce grand vide de l'art photographique, mais avec peu de foi dans la réussite. Je pensais que certaines circonstances pourraient naître, certaines juxtapositions s'arranger d'elles-mêmes, par lesquelles une image colorée s'imprimerait, au moyen de la chambre noire, sur une surface sensible préparée à cet effet, et que la vapeur du mercure n'étant pas la seule qui possédât une *puissance développante*, quelque autre vapeur ou substance pourrait être trouvée qui, en la développant, conserverait les couleurs de ladite image. Je trouvai un grand nombre de substances qui développent les images dans la *lumière* et dans l'*ombre*. Après des expériences presque innombrables, dans lesquelles je ne produisis rien autre chose que de la *lumière* et de l'*ombre* (à l'exception d'une fois où j'obtins le rouge d'un vêtement de couleur), j'étais sur le point d'abandonner mes recherches, quand je formai, tout à fait inopinément, un *singulier composé* que j'appliquai à mon expérience, et à l'aide duquel j'obtins une magnifique épreuve colorée. Cette peinture est tout à fait égale à celles que j'ai obtenues depuis.

» Le *composé* dont j'ai parlé plus haut est encore pour moi sans explication, quoique j'aie fait de la chimie l'étude de longues années. Je suis convaincu que c'est une nouvelle substance, ou une combinaison nouvelle de substances, et c'est tout ce que j'en sais. Il est simple et facile à produire, mais par aucune des lois inscrites dans le grand nombre des ouvrages de chimie qui me sont familiers. Sans doute pourtant une analyse habile et attentive déterminerait sa nature.

» Mon procédé ne ressemble en rien à ceux de M. Becquerel et de sir John Herschel, et il *diffère essentiellement* de celui de

Daguerre. Je dois mon succès à des *sources beaucoup plus humbles*, comme on va le voir. Tout en est parfaitement simple, et un habile daguerréotypiste le posséderait à fond en un jour. Beaucoup d'artistes éminents m'ont assuré que cette découverte aurait une prééminence complète sur le simple daguerréotype; aucune épreuve sur plaque ne pourrait être mise en comparaison avec ce merveilleux travail des rayons colorés.

» Parmi mes quarante-cinq spécimens, je citerai les suivants :

» 1° UNE VUE. *Maison rouge, herbe et feuillages verts, troncs et branches d'arbres, vaches de différentes couleurs, vêtements divers étendus sur une corde, ciel bleu.* Le *bleu pâle* et limpide de l'atmosphère qui s'étendait entre la chambre noire et les montagnes éloignées est répandu délicatement sur la peinture comme par la main d'un grand artiste.

» 2° SCÈNE DE SOLEIL COUCHANT, dans laquelle le *jeu des couleurs sur les images* est rendu avec une vérité et une splendeur que je ne saurais décrire.

» 3° PLUSIEURS PORTRAITS, dans lesquels j'ai obtenu *le ton véritable de la peau, le rosé des joues et des lèvres, les yeux bleus ou bruns, les cheveux bruns, blonds ou roux, et toutes les couleurs de la draperie.* La *soie changeante* est rendue avec toute la finesse de ses tons mélangés et toute la richesse de ses couleurs. J'obtiens non seulement le *rouge*, le *bleu*, l'*orangé*, le *violet*, etc., mais aussi leurs teintes variées. Je sais que c'est dire beaucoup, car j'ai été à même de voir un grand nombre de belles épreuves de daguerréotype dans les mains d'artistes tels que Boot, Brady, Haas, Lewis, Meade frères, A. Morand, Gurney, Thompson, Garit, Walker, Burgess et beaucoup d'autres....

» Je suis tout à fait décidé à pousser mon procédé *aussi loin que possible* avant de le rendre public. Jusque-là le secret le plus strict sera gardé. Ma femme et moi le connaissons seuls, et personne n'en saura le premier mot avant que je sois *parfaitement sûr* d'une indemnité convenable en échange. J'en ai besoin, car je suis pauvre; et si je ne puis obtenir un brevet sans courir les risques auxquels les premiers inventeurs sont généralement soumis, j'ai un plan par lequel je puis assurer mes droits. *Le procédé ne sera point monopolisé par quelques uns;*

mais j'ai l'intention de donner des facilités à tous les artistes de mérite qui s'occupent de daguerréotype, et cela à des *conditions favorables*. Ce que je viens de dire, c'est afin que mes confrères en héliographie qui jugeront convenable de communiquer avec moi puissent connaître ma résolution et ne me forcent point à agir autrement, car je désire préserver autant que possible mon esprit de préoccupation étrangère à l'art.

» En souhaitant à votre importante publication tout le succès qu'elle mérite, je suis, monsieur le rédacteur, etc.

» S.-L. Hill.

» *Post-scriptum*. Permettez-moi de dire, en terminant, que je suis extrêmement reconnaissant à plusieurs artistes de Philadelphie et d'ailleurs, qui m'ont visité et ont correspondu avec moi, du vif intérêt qu'ils ont accordé à mon entreprise. Tous ont des droits à ma reconnaissance pour la manière dont ils ont patronné mes publications sur l'art, et probablement avant peu je publierai un autre volume dans lequel je donnerai d'autres détails sur ma découverte. »

Selon l'usage consacré, M. Hill plaçait dans le *post-scriptum* de sa lettre ce qui l'intéressait le plus, c'est-à-dire l'annonce de son nouvel ouvrage. De toutes ses promesses, cette dernière fut la seule à se réaliser, car l'ouvrage parut au bout d'un mois ; ce n'était d'ailleurs qu'une seconde édition de la première brochure avec une addition de quelques pages. Elle coûtait trois dollars et rapporta à l'auteur la moitié de ce que la première édition avait produit (35,000 francs) environ.

Cependant ce n'était pas tout encore, car bientôt un nouveau livre fut promis, qui devait dévoiler « les quatre grands secrets de l'art photographique. » Prix, 25 francs. Cette brochure fut aussi discrète que ses aînées sur les procédés *chromotypiques* de M. Hill. Seulement on lisait l'avis suivant sur la couverture :

« Plusieurs années d'expérience et d'études nous ont amené à la découverte de quelques faits remarquables qui touchent à l'obtention des *couleurs naturelles* dans la photographie : par exemple, nous pouvons produire le bleu, le rouge, le violet et l'orangé ensemble sur une même plaque. Nous pouvons aussi reproduire un paysage avec ses couleurs parfaitement développées, et cela dans un espace de temps trois fois moindre que pour obtenir une image ordinaire : le grand problème est résolu ; bientôt le résultat en sera confié à tous ceux qui voudront payer un prix modéré. »

En même temps, le *Daguerrian journal*, recueil consacré aux arts photographiques, se répandait en éloges sur la découverte de M. Hill. L'éditeur de ce journal se présentait comme le confident secret de l'inventeur et fatiguait sa plume de descriptions enthousiastes. Il écrivait dans son numéro de mai 1851 : « Si Raphael avait vu une seule de ces épreuves avant de terminer la *Transfiguration*, il eût jeté sa palette et pour jamais renoncé à peindre. » Il baptisait du nom de *Hillotype* un instrument que personne n'avait vu, et publiait le portrait de M. Hill, qu'il considérait comme « l'un des plus grands hommes qui aient vécu. »

Le résultat de ces manœuvres était facile à deviner. Un enthousiasme sans exemple éclata dans les États-Unis pour le nouveau révélateur. Au milieu des élans de l'admiration générale, on ne remarquait aucune des contradictions qui éclataient à chaque assertion nouvelle émise par l'inventeur. Sa maison était assiégée de personnes qui venaient lui offrir une association ou lui proposer d'acheter son brevet. A toutes ces offres, M. Hill répondait avec beaucoup de calme que pour bien s'entendre il fallait commencer par étudier avec lui les éléments de la photographie; il recueillait ainsi des élèves au prix de cinquante dollars (250 fr.) pour quelques leçons.

Bientôt le nombre des visiteurs et des élèves devint si grand, que M. Hill fit annoncer qu'à dater de ce jour il fermait sa porte à tout le monde.

Cependant quelques personnes douées de pénétration n'hésitèrent pas à prédire que le révérend trouverait quelque autre moyen d'exploiter l'enthousiasme public, et qu'une nouvelle brochure ne tarderait pas à voir le jour. On ne se trompait pas. Les photographes reçurent le prospectus d'un quatrième ouvrage du prix de trois dollars. Ce prospectus reproduisait les articles pleins d'éloges publiés jusque-là par les différents journaux, et citait les noms de plusieurs personnes honorables qui avaient visité l'auteur, ce qui semblait placer l'invention sous leur patronage. En même temps le lecteur était informé que le meilleur moyen de prendre place dans les souvenirs de l'auteur était de lui adresser la demande d'un exemplaire au prix indiqué.

Cette quatrième publication parut au mois de mai, avec les fleurs et les beaux jours. Comme la précédente, elle procura un bénéfice considérable à son heureux auteur.

Mais les plus belles choses ont leur terme en ce monde, et, si bien ourdie qu'elle fût, cette mystification ne pouvait pas toujours durer. Elle se termina par la circonstance même qui l'avait produite : née de l'intérêt particulier, elle s'évanouit par la résistance des intérêts qu'elle menaçait. Les fabuleuses annonces du révérend apportaient un immense préjudice aux photographes de New-York et des provinces environnantes. Partout leurs travaux étaient suspendus : chacun voulait attendre la mise en pratique du nouveau système et traitait fort cavalièrement les anciens procédés. L'inventeur se trouva donc assailli de réclamations et sommé, sous toutes les formes, de s'expliquer sans plus de détours sur la réalité de sa découverte. Le *Photographic art journal*, qui avait plus particulièrement prôné et patronné M. Hill, fatigué de ses réponses évasives, voulut le mettre en demeure de s'expliquer d'une manière catégorique. Le directeur de ce journal lui proposa donc de désigner dix à douze photographes auxquels il se contenterait de montrer ses épreuves, avec toutes les précautions qu'il jugerait convenables et en exigeant d'eux toutes les garanties de discrétion qu'il pourrait imaginer. Cette proposition si modérée, puisque tout se bornait à constater le fait de la découverte, M. Hill la rejeta sous cet ingénieux prétexte qu'il avait contracté avec sa femme l'engagement solennel de ne montrer ses spécimens à personne, de peur que la vue d'une seule épreuve ne fît découvrir son procédé.

Le rédacteur du *Photographic art journal* fut donc contraint de renoncer à l'espoir de contempler les œuvres merveilleuses de M. Hill. Rien ne lui fut montré, pas même ces « vaches de différentes couleurs » dont il avait publié lui-même de si engageantes descriptions.

Comme l'inventeur ne paraissait arrêté que par la crainte de perdre le bénéfice qu'il attendait de ses travaux, un photographe de New-York résolut de lui enlever ce dernier genre de scrupules. Le *Photographic art journal* publia une lettre d'un M. Anthony, qui proposait d'ouvrir dans toutes les villes des États-Unis une souscription dont le chiffre serait fixé par M. Hill lui-même. Une fois ce chiffre atteint, la somme demandée par l'inventeur lui serait remise, après constatation, par un jury compétent, de la réalité de sa découverte. En acceptant cette proposition, M. Hill pouvait tout à la fois s'assurer une grande fortune et contribuer au progrès de son art. Or voici la réponse qu'il adressa à M. Anthony, par l'intermédiaire du *Photographic art journal.*

A M. Anthony.

« Comme je vous ai promis de vous écrire, je choisis cette occasion de le faire. Depuis que je suis revenu chez moi, j'ai été très souffrant; mon ancienne affection des bronches ayant été excitée de nouveau par un fort rhume. Je n'ai pu travailler un seul jour, et c'est un véritable chagrin pour moi. Pourtant je suis mieux maintenant, et j'espère pouvoir reprendre mes travaux d'ici à quelque temps.

» Je me suis fait cette question : Comment pourrai-je continuer? Je suis pauvre, et il faut que j'aie les moyens de soutenir ma famille sans embarras; or je ne puis travailler. Des offres d'argent m'ont été faites à New-York; j'ai reçu d'ailleurs de semblables propositions. Mais ce que j'ai craint de faire jusqu'à présent, je suis décidé plus que jamais maintenant à ne point le faire, c'est-à-dire à ne recevoir aucune avance sur un procédé de la disposition duquel je veux rester complétement libre. Dans de telles circonstances, que pourrais-je faire, sinon de continuer à m'aider moi-même, comme je l'ai fait jusqu'à présent? Aussi, après mûre réflexion, je me suis décidé à publier un autre livre. Il renfermera mon premier ouvrage plus abrégé, et quelques notions nouvelles sur mon procédé.

» Vous recevrez une circulaire plus explicite, et j'espère que vous coopérerez à la vente de ce volume.

» Agréez, etc. S.-L. HILL. »

En reproduisant son éternelle réponse : Prenez mon livre! M. Hill avouait implicitement qu'il était à bout de bonnes raisons. A dater de ce moment, les photographes des États-Unis se sont tenus pour rassurés, et s'applaudissant d'avoir échappé au danger qui avait paru un moment menacer leur industrie, ils ont repris le chemin de leurs ateliers en répétant entre eux le titre de la pièce de Shakspeare : ***Much noise for nothing*** (***Beaucoup de bruit pour rien***). Ainsi a fini la comédie, et si ce récit n'a pas ennuyé le lecteur, il me pardonnera, je l'espère, la longueur de la digression.

CHAPITRE IV.

Application de la photographie aux sciences physiques et naturelles.

Cette notice serait incomplète si, après avoir exposé l'histoire et l'état présent de la photographie, nous ne faisions connaître les applications principales que cette belle découverte a reçues jusqu'à ce jour. Nous allons donc rappeler, comme complément de cette étude, les applications les plus importantes que les procédés daguerriens ont trouvées dans les sciences et les beaux-arts. Occupons-nous d'abord de ce qui touche aux sciences.

Une des parties importantes de la physique, la *photométrie*, qui traite de la comparaison de l'intensité des diverses sources lumineuses, a emprunté aux procédés photographiques de précieuses ressources d'expérimentation. Avant la découverte du daguerréotype, les physiciens ne pouvaient déterminer avec rigueur l'intensité comparée de deux sources lumineuses, que lorsque celles-ci brillaient simultanément. Les moyens de mesure perdaient la plus grande partie de leur valeur, quand les deux lumières n'étaient pas visibles à la fois. C'est ainsi que l'intensité relative de la lumière solaire et de la lumière des étoiles ou de la lune n'avait pu jusque-là être fixée avec exactitude. L'emploi des moyens photographiques a permis de procéder avec une rigueur absolue à cette détermination délicate. Une plaque daguerrienne étant exposée à l'influence chimique de l'image formée au foyer d'une lentille par un objet lumineux, le degré d'altération subie par la couche sensible sert de mesure à l'intensité de la lumière émise. On a pu comparer ainsi avec une entière précision les rayons éblouissants du soleil et les rayons trois cent mille fois plus faibles de la lune. MM. Fizeau et Foucault ont eu recours aux mêmes moyens pour étudier comparativement les principales sources lumineuses naturelles ou artificielles en usage dans l'industrie, dans les arts et dans l'économie domestique.

Les procédés empruntés à la photographie ont été

employés pour enregistrer d'une manière continue les indications de quelques instruments météorologiques, tels que le baromètre et l'aiguille aimantée. Aujourd'hui, grâce à cet admirable artifice, dans quelques observatoires de l'Europe, les instruments de météorologie enregistrent eux-mêmes leurs propres observations. L'aiguille indicatrice de l'instrument vient se peindre sur la surface d'un cylindre qui tourne sur son axe d'un mouvement uniforme et exécute une révolution dans l'espace de vingt-quatre heures. Le cylindre, étant recouvert d'un papier photographique préparé à la manière ordinaire, conserve dans une sorte de traînée continue la trace de l'indicateur, et présente ainsi une courbe dont chaque ordonnée indique l'état de l'instrument à l'heure marquée par l'abscisse correspondante.

Dans l'observatoire de Greenwich, en Angleterre, des instruments fondés sur ce principe sont mis en usage depuis quelques années; le gouvernement a honoré d'une récompense de cinq cents livres sterling le docteur Brooke, auteur de cette belle application des procédés photographiques. Cette méthode d'observation a fait renoncer à la surveillance de jour et de nuit à laquelle on était soumis depuis si longtemps pour relever l'indication des instruments météorologiques; elle a permis, de plus, de réduire de quatre à deux le nombre des surveillants de l'observatoire magnétique.

C'est surtout, en effet, pour enregistrer les observations magnétiques, c'est-à-dire l'inclinaison et la déclinaison de l'aiguille aimantée, que l'appareil de M. Brooke est en usage à Greenwich. Voici, en quelques mots, le principe de sa disposition. L'extrémité de l'aiguille aimantée porte un miroir, et l'on fait réfléchir à ce miroir la lumière d'une petite lampe. Lorsque ce miroir se meut, par suite des mouvements divers que subit l'aiguille aimantée dans les différentes variations qu'il s'agit de noter, la lumière de la lampe réfléchie dans ce miroir décrit sur l'écran où on la reçoit un arc d'autant plus grand que cet écran est plus éloigné. Or, cet écran, placé dans un lieu obscur, porte un papier photographique. On obtient donc ainsi, sur une surface impressionnable, la trace du mouvement angulaire accompli dans un certain intervalle par l'aiguille aimantée. Maintenant, si l'écran formé par le papier sensible est fixé à un cylindre tournant horizontalement sur son axe une fois en vingt-quatre heures, la marche du point lumineux réfléchi sera indiquée par l'espace influencé sur le papier. Il n'y a donc plus qu'à rendre permanente, à l'aide des procédés ordinaires, l'impression laissée sur la surface sensible; les papiers ainsi obtenus conservent et représentent l'indication des différents mouvements de l'aiguille magnétique pendant le cours de vingt-quatre heures.

On a réussi à Greenwich à employer des moyens semblables pour enregistrer les indications barométriques. Mais on n'a pu parvenir encore à les appliquer à l'observation de la marche du thermomètre.

L'éclipse de soleil du mois de juillet 1851 a fourni une preuve intéressante du secours que la photographie peut apporter à l'étude des phénomènes astronomiques. Un grand nombre d'opérateurs ont fixé sur une plaque daguerrienne les différentes phases de cette éclipse. L'une des épreuves les plus remarquables en ce genre, obtenue à Rome en moins d'une seconde par M. Secchi, au moyen d'une lunette astronomique, a été mise sous les yeux de l'Académie des sciences de Paris. Ses dimensions étaient considérables; les bords du disque de la lune s'y trouvaient nettement accusés. En présentant cette épreuve à l'Académie, M. Faye fit remarquer que de semblables reproductions de l'image solaire par les moyens photographiques pourraient rendre de grands services à l'astronomie. Obtenues par séries à des intervalles de temps égaux, elles permettraient, selon ce savant académicien, de calculer le diamètre de l'astre autour duquel gravit notre système planétaire, aussi bien la position exacte des taches qu'il présente et sur la nature desquelles tant de discussions se sont élevées. Il serait facile d'avoir dans les cabinets d'astronomie des images solaires prises dans toutes les saisons; on pourrait aussi étaler aux yeux la circonférence entière du soleil, et peut-être, ajoute M. Faye, déterminer plus exactement qu'on ne l'a fait jusqu'ici, par l'action chimique de ses rayons, sa nature et son état solide ou gazeux.

Plusieurs physiciens ont cru reconnaître que la lumière solaire émise deux ou trois heures avant midi diffère, par quelques caractères, de celle qui est émise aux périodes correspondantes après le passage au méridien. Il était donc utile de chercher à apprécier les caractères propres à la lumière solaire aux différentes heures du jour. M. Herschel, M. Edmond Becquerel et quelques autres physiciens, ont construit divers instruments nommés *actinographes*, qui permettent d'arriver à ce résultat. Le degré d'altération d'une couche de bromure d'argent sert de mesure à l'intensité d'action chimique de la lumière émanant du soleil à chaque période de la journée.

L'étude de l'action chimique de la lumière est devenue dans ces dernières années l'objet des recherches et des travaux assidus de nos physiciens. M. Edmond Becquerel en France, M. Herschel en Angleterre, M. Moser en Allemagne, M. Draper en Amérique, ont ouvert dans cette direction une voie toute nouvelle et qui doit aboutir un jour aux découvertes les plus intéressantes sur la nature de l'agent lumineux, sur ses effets physiques et chimiques, sur sa constitution intime, questions qui se rattachent aux parties les plus élevées et les plus délicates de la physique des corps. Les plaques du daguerréotype, et les papiers sensibles préparés avec les composés chimiquement impressionnables, ont été les moyens et les instruments naturels de ces importantes recherches, qui méritent d'être encouragées et secondées de toutes manières.

Tels sont les services que la photographie a déjà rendus aux sciences physiques; les applications de cette découverte à l'histoire naturelle sont plus variées et surtout plus générales. La possibilité d'obtenir en quelques instants des dessins parfaits d'animaux, de plantes et d'organes isolés, donne aux naturalistes voyageurs la faculté d'accroître indéfiniment les richesses de leurs collections d'études. Les procédés daguerriens constituent donc une des ressources les plus efficaces offertes à l'avancement des sciences naturelles. L'étude si intéressante, mais si peu avancée encore des races humaines, trouvera surtout, dans l'usage de la photographie, la source de remarquables progrès. L'imperfection de l'anthropologie tient surtout à l'absence d'un musée de types authentiques. On conçoit dès lors l'utilité que présenterait pour cette science une collection de ce genre exécutée dans les conditions si parfaites de l'art photographique. Les portraits daguerriens des Botocudes, ou naturels de l'Amérique du Sud, apportés en France en 1844 par M. Thiesson, et les études de types africains recueillies par le même artiste dans un voyage postérieur, ont montré tout ce que l'anthropologie comparée peut attendre de l'emploi des procédés daguerriens. Un médecin de la Salpêtrière, en publiant récemment une série de types d'idiots et de crétins, recueillie au moyen de la photographie, a donné un exemple des avantages que peut offrir la photographie pour la description et l'étude de ces tristes affections de l'espèce humaine.

Dès les premières années de la découverte de Daguerre, MM. Donné et Foucault réalisèrent une autre application de la photographie à l'histoire naturelle, aussi curieuse qu'utile. Ils eurent l'idée de daguerréotyper l'image amplifiée des objets microscopiques, et de rendre ainsi permanentes les images éphémères formées par la lentille de l'instrument. L'image que donnent au microscope solaire les globules du sang, par exemple, était reçue sur une plaque iodurée, et y laissait son empreinte qu'il ne restait plus qu'à rendre fixe par les moyens ordinaires. Les épreuves ainsi obtenues servirent de modèle aux dessins de l'atlas microscopique de M. Donné.

Ces résultats intéressants n'étaient cependant qu'un

prélude, car les nouveaux perfectionnements récemment apportés à la photographie sur papier vont permettre de donner beaucoup d'extension à l'emploi des procédés daguerriens dans les études relatives aux sciences naturelles. Le moment n'est pas éloigné où le naturaliste confiera presque exclusivement à la photographie l'exécution de ses dessins. Au lieu de s'occuper à relever péniblement au crayon les détails principaux des objets qu'il étudie, il en obtiendra en quelques instants, sur le papier, une image rigoureuse, sans même, dans la plupart des cas, avoir recours au microscope solaire. Le travail du graveur deviendra ainsi inutile, car les épreuves positives tirées sur papier avec l'épreuve négative fourniront un grand nombre de reproductions du premier type qui rendront superflue toute intervention de la gravure. Un éditeur qui se distingue par un amour éclairé du progrès se dispose à publier une série de planches d'anatomie humaine obtenues par des moyens de ce genre.

Est-il nécessaire d'ajouter que les opérations photographiques peuvent se combiner non moins utilement avec les travaux de la cosmographie, de l'archéologie, de l'architecture? « Pour copier les millions et millions d'hiéroglyphes qui couvrent, même à l'extérieur, les grands monuments de Thèbes, de Memphis, de Karnak, a dit M. Arago dans son rapport à la chambre des députés, il faudrait des vingtaines d'années et des légions de dessinateurs. Avec le daguerréotype, un seul homme pourrait mener à bonne fin cet immense travail. Munissez l'Institut d'Égypte de deux ou trois appareils de M. Daguerre, et, sur plusieurs des grandes planches de l'ouvrage célèbre, fruit de notre immortelle expédition, de vastes étendues d'hiéroglyphes réels iront remplacer des hiéroglyphes fictifs ou de pure invention, et les dessins surpasseront partout en fidélité, en couleur locale, les œuvres des plus habiles peintres; et les images photographiques, étant soumises dans leur formation aux règles de la géométrie, permettront, à l'aide d'un petit nombre de données, de remonter aux dimensions exactes des parties les plus élevées, les plus inaccessibles des édifices. »

M. le baron Gros, qui se délasse de ses fonctions diplomatiques par ses travaux de photographie sur métal, où il compte peu de rivaux, a eu par-devers lui une preuve assez curieuse de l'utilité des arts photographiques en matière d'archéologie. En 1849, M. Gros, alors ministre plénipotentiaire en Grèce, avait fixé, au moyen du daguerréotype, un point de vue de l'acropole d'Athènes. De retour à Paris à la fin de sa mission, il eut la fantaisie d'examiner à la loupe les détails de cette épreuve. Or, à sa grande surprise, la loupe lui fit reconnaître, sur cette image, une particularité qu'il n'avait point aperçue sur la nature. Sur une pierre située au premier plan, et parmi les débris antiques amoncelés et jonchant le sol, se trouvait, esquissé en creux, un lion dévorant un serpent; le dessin de cette figure était d'un âge si reculé que ce monument dut être rapporté à l'époque égyptienne. Ainsi, à sept cents lieues de la Grèce, hors du théâtre de l'observation, la photographie avait révélé l'existence d'un document utile, inaperçu jusque-là, et qui apportait quelque éclaircissement à la connaissance d'un fait historique.

Auxiliaire de la physique, de la chimie, de l'histoire

naturelle, de la cosmographie et de l'archéologie, la photographie a donc trouvé dans les sciences plusieurs applications utiles. Cependant les services qu'elle a rendus jusqu'à ce moment à l'étude des sciences sont probablement peu de chose relativement à ce qu'elle leur promet encore. La photographie est aux mains des savants depuis si peu d'années, qu'il est difficile aujourd'hui de prévoir et de fixer avec certitude le parti que l'on pourra en tirer dans l'avenir. « Quand les observateurs, a dit M. Arago, appliquent un nouvel instrument à l'étude de la nature, ce qu'ils en ont espéré est toujours peu de chose relativement à la succession de découvertes dont cet instrument devient l'origine. »

CHAPITRE V.

La photographie au point de vue des arts.

Les services que la photographie peut nous rendre ne sont pas limités au domaine des sciences; elle peut trouver dans la sphère des arts des applications d'un autre ordre, et nous devons examiner jusqu'à quel point et dans quelles circonstances elle peut devenir utile comme moyen d'étude dans les arts de la peinture et du dessin.

La question de la valeur artistique des productions daguerriennes est encore très diversement résolue; il règne à ce sujet des opinions fort opposées. Quelques personnes, considérant l'inimitable perfection de détails que présentent les dessins photographiques, sont disposées à placer les créations de Daguerre au rang des plus belles productions des arts. D'autres contestent d'une manière absolue le mérite de tous les dessins obtenus par ces procédés, d'où la main de l'homme est bannie. Il existe enfin une troisième opinion, d'après laquelle, tout en rejetant la valeur des productions daguerriennes comme œuvre artistique, on pense néanmoins que l'étude de ces copies si parfaites de la nature est susceptible de rendre d'utiles services aux études du dessinateur et du peintre.

Telles sont les opinions assez tranchées qui divisent les artistes sur la valeur des épreuves photographiques. Au point de vue de la métaphysique des arts, en ce qui concerne la pratique de la peinture et du dessin, cette question a son importance, et comme nous ne l'avons trouvée nulle part discutée avec le soin qu'elle mérite, nous croyons nécessaire de la soumettre ici à un rapide examen. Nous allons donc rechercher si les productions photographiques présentent quelque valeur au point de vue des arts, et si elles sont de nature à rendre à l'étude de la peinture et du dessin quelques services dignes d'être notés.

Pour procéder avec méthode à l'examen de cette question il est nécessaire de distinguer entre les images sur plaque métallique et les épreuves sur papier. Au point de vue des arts, une différence profonde sépare ces deux genres de produits photographiques, de telle sorte que les observations qui concernent l'un d'eux ne peuvent en rien se transporter à l'autre. Aussi devrons-nous, dans cette discussion, les considérer isolément. L'étude de la valeur artistique des épreuves sur métal nous occupera la première.

Considérées dans leur valeur absolue comme objet d'art, les images daguerriennes obtenues sur plaque présentent certaines imperfections qu'il est facile de signaler. En premier lieu, les tons de la nature y sont altérés presque constamment. Si l'on a sous les yeux une épreuve daguerrienne et son modèle, on reconnaîtra sans peine que les tons de la copie et ceux de l'objet reproduit sont loin de correspondre entre eux. Tel ton vigoureux sur le modèle est peu sensible sur l'épreuve métallique; au contraire, une nuance lumineuse d'une faible valeur dans la nature se trouve accusée sur la plaque avec un éclat tout à fait exagéré. Aussi la plupart des demi-teintes sont-elles en général forcées; il résulte de là que l'épreuve daguerrienne est habituellement dure. On rencontre quelquefois, il est vrai, certaines épreuves dans lesquelles les rapports naturels des teintes sont conservés avec la plus exquise harmonie; mais ces cas sont des plus rares, ils sont dus à quelques circonstances fortuites qu'il est impossible de provoquer et de reproduire à volonté. Le regrettable effet dont nous parlons tient, sans doute, à ce que les différentes couleurs des objets extérieurs ont une action propre et variable sur les substances chimiques qui recouvrent la plaque, action qu'il est aussi impossible de prévoir que de diriger. Personne n'ignore, par exemple, les difficultés que présente la couleur verte pour la reproduction photographique (1).

(1) « La différence entre nos sensations pour les couleurs et leur reproduction par le daguerréotype est si marquée, dit M. Hubert, qu'un

Les amateurs font quelquefois reproduire par le daguerréotype des tableaux peints à l'huile. Il est facile de reconnaître que ces copies n'ont de valeur et de vérité que lorsque les tons du modèle sont peu nombreux et très voisins les uns des autres. Une peinture de tons uniformes et sobres donne sur la plaque une image d'une ressemblance parfaite dans les tons ; mais si elle est riche de couleurs variées et papillotantes, l'épreuve daguerrienne qu'elle fournit est d'une fausseté criante. Faites reproduire par le daguerréotype, d'une part un tableau du style sobre et tranquille de M. Ingres, et d'autre part une toile animée de l'éclat et du brillant coloris de Delacroix, et vous pourrez vous convaincre de la vérité de cette observation.

En second lieu, dans les images de Daguerre, la perspective linéaire et la perspective aérienne sont très souvent faussées. L'altération de la perspective linéaire est la conséquence presque inévitable de l'emploi d'un appareil optique. Les objets placés à des distances inégales ont des foyers lumineux distincts les uns des autres, et, quelle que soit la perfection de l'objectif, il est impossible qu'il fasse converger en un même point les rayons lumineux émanant

jour, voulant introduire un ton clair dans une composition, et ayant jeté à cet effet un foulard d'un jaune très tendre et très pâle, loin d'avoir un ton clair pour le jaune, j'eus un ton très foncé. Je pourrais citer aussi un paysage où les fleurs d'un lilas foncé étaient devenues blanches dans l'épreuve, ainsi qu'une partie des feuilles vertes ; mais je crois inutile d'insister davantage. Il faut donc, quant à présent, adopter l'instrument tel qu'il est, quoique ses résultats diffèrent, dans certains cas, de ce qui se manifeste à notre vue, et tâcher de racheter par des équivalents cette fausse reproduction de nos sensations. » (*Le daguerréotype, par un amateur*, page 22.)

d'objets fort éloignés entre eux. Tout le monde a remarqué, par exemple, que dans un portrait, si les mains se trouvent placées sur un plan sensiblement antérieur au plan du visage, elles viennent toujours d'une dimension tout à fait exagérée. L'altération de la perspective aérienne est aussi la conséquence presque forcée du procédé photographique. La substance qui reçoit l'impression de la lumière est relativement plus sensible que notre œil même; il en résulte que les aspects lointains, les objets situés à l'extrémité de l'horizon, sont reproduits avec plus de netteté qu'ils n'en présentent à nos yeux, contrairement aux effets habituels de la perspective aérienne.

Un autre vice du daguerréotype réside dans son défaut absolu de composition. Le daguerréotype ne compose pas, il donne une copie, un *fac-simile* de la nature; cette copie est admirable d'exactitude jusque dans ses derniers détails, mais c'est précisément là qu'est l'écueil. Une œuvre d'art vit tout entière par la composition. Le travail du peintre consiste surtout à atténuer un grand nombre d'effets secondaires qui nuiraient à l'effet général, et à mettre en relief certaines parties qui doivent dominer l'ensemble. Quand un artiste exécute un portrait, il n'a garde de reproduire avec un soin minutieux tous les plis des vêtements, tous les dessins de la draperie, toutes les enjolivures du fond; il éteint tous ces détails inutiles pour concentrer l'intérêt sur les traits du visage; à cette idée capitale il sacrifie toutes les autres, volontairement et en connaissance de cause. Ne demandez au daguerréotype aucun de ces artifices salutaires qui sont l'indispensable condition de l'art. Il est inexorable et presque brutal dans sa vérité. Il accorde une importance égale aux grandes masses et aux accidents imperceptibles. S'il prend une vue du Pont-Neuf, il vous donnera le minutieux inventaire de tout ce qui est visible à la surface du Pont-Neuf, vous pourrez y reconnaître toutes les pierres, tous les pavés et jusqu'aux écornures des pavés. Dans un portrait, il se plaira aux arabesques infinies des draperies et des fonds, il donnera une valeur égale au point lumineux de l'œil et aux boutons d'un gilet. Mais du moment où tout a de l'importance dans un tableau, rien n'a plus d'importance, et c'est ainsi que s'évanouit tout l'intérêt de la composition pittoresque; car l'intérêt, dans une œuvre d'art, naît seulement de l'unité de la pensée.

Il serait puéril d'insister sur cette considération qui est l'évidence même. Il faut seulement faire remarquer que ce défaut de composition qui saute aux yeux dans les dessins du daguerréotype a pour résultat de donner une représentation fausse de la nature. Lorsque nous recevons l'impression d'une vue quelconque, celle d'un paysage par exemple, tous les détails de la vue extérieure viennent sans aucun doute s'imprimer au fond de notre œil ; cependant il est certain que ces mille sensations particulières ne sont aucunement perçues, elles sont pour notre âme comme si elles n'existaient pas; nous ressentons, non pas l'impression isolée des divers aspects du paysage, mais seulement l'effet général qui résulte de leur ensemble. Or le daguerréotype reproduit impitoyablement les plus inutiles détails de la scène extérieure , il est donc vrai qu'il donne une traduction inexacte des sensations que provoque en nous l'aspect de la nature.

Mais j'entends à ce propos se récrier quelques lecteurs : « Eh quoi ! dira-t-on, la copie mathématique d'un objet peut-elle donner de cet objet une représentation inexacte ? L'identité est-elle un mensonge ? Je monte sur la terrasse de Meudon un miroir à la main, et arrivé là, je dispose le miroir en face des perspectives brillantes qui m'environnent. N'ai-je pas ainsi l'image la plus parfaite du paysage qui se déroule à mes pieds ? Quel peintre, quel artiste vivant pourra s'élever jamais à la perfection d'une telle copie ? Or que fait le daguerréotype ? Il fixe pour toujours cette image fugitive ; de ce miroir fidèle, il en fait un fidèle tableau. Que venez-vous donc nous parler de représentation fausse et d'inexacte reproduction ! »

Cet argument ne nous surprend guère, car nous l'avons entendu répéter sur tous les tons. Cependant il n'est pas sans réplique. Évidemment toute la question se réduit à savoir si l'art réside ou non dans la stricte imitation de la nature. Or l'erreur si commune et si répandue qui consiste à voir la perfection de la peinture dans la perfection de l'imitation matérielle, ne peut provenir que d'une confusion manifeste entre le but et le moyen de l'art. Qu'est-ce, en effet, que la nature ? Les réalités extérieures qui nous environnent sont-elles les mêmes pour nous tous ? Ne changent-elles pas pour des individus différents et même pour chaque individu, selon les dispositions de son âme ? Plaçons deux hommes en présence d'un grand spectacle naturel, en face d'un beau site, devant la tête d'un homme de génie : assurément tous les éléments de cette scène viendront identiquement affecter leurs yeux ; cependant chacun d'eux les verra d'une manière différente; bien des effets de cet ensemble échapperont à l'un des spectateurs, que l'autre pourra saisir, et certaines particularités inaperçues de tous deux leur deviendront immédiatement sensibles, si l'on appelle spécialement leur attention sur elles. Admettons maintenant que l'un de ces deux hommes soit peintre: comment pourra-t-il communiquer à son compagnon l'impression que ce spectacle lui fait ressentir? par quel moyen pourra-t-il la traduire avec son pinceau? Certes, s'il se borne à tracer de cette vue un calque mécaniquement exact, une copie mathématique, il n'aura pas gagné grand'chose, car son compagnon aura toujours sous les yeux ce même spectacle dont il est impuissant à démêler la beauté. Pour exprimer l'impression qu'il a reçue, il faut donc que le peintre exécute une traduction plus compréhensible de l'original, qu'il exagère certains effets, qu'il en atténue, qu'il en supprime d'autres; il faut qu'il transforme pour rendre saisissable, qu'il altère le texte pour le rendre lisible; il faut qu'il mente, en un mot, et ce n'est que par ce salutaire mensonge qu'il entrera dans les vraies conditions de l'art.

J'ai entendu raconter à ce propos une petite histoire qui trouve ici sa place marquée. Il s'agit d'une compagnie de touristes qui, pendant une excursion dans les Alpes, se trouvent tout d'un coup en face d'un site naturel d'un effet pittoresque. C'est une haute montagne, sur le penchant de laquelle un chalet se détache en silhouette déliée. La compagnie admire tout à son aise et se retire. Un artiste, resté seul, prend à la hâte un croquis de la vue. Il présente ensuite son dessin à ses amis. Il n'y a qu'un cri pour trouver l'œuvre détestable, et la copie bien différente de la réalité. La montagne était bien plus haute et le chalet bien plus petit! « Notre montagne était une bonne et grosse montagne dont le sommet semblait atteindre aux nues; notre chalet, une étroite maisonnette à peine visible, aux limites de l'horizon. La montagne que vous nous faites n'est qu'une colline efflanquée, et votre chalet est si grand qu'il logerait sans peine toutes les vaches de la contrée! » Cependant l'artiste, sûr de son fait, tient bon et maintient l'exactitude de son esquisse. On revient sur ses pas, on mesure les hauteurs, et l'on reconnaît que la copie est mathématiquement fidèle.

L'artiste avait donc raison? Non, l'artiste avait tort. Il ignorait comment, devant tous les grands spectacles naturels, notre imagination altère et dénature les sensations primitives. Il était étranger à une règle essentielle de son art; sans cela il eût exagéré la hauteur de la montagne et diminué relativement les dimensions du chalet: ainsi il aurait exactement traduit l'impression qu'avait laissée dans l'imagination des spectateurs le contraste de ce petit chalet et de cette montagne immense (1).

(1) Ce n'est pas sans surprise, et ce n'est pas sans plaisir que nous avons trouvé une confirmation de ce qui précède dans un écrit purement scientifique, dans l'ouvrage d'un géologue, que la nature de ses études et la direction de son esprit ont dû tenir singulièrement éloigné de tout ce qui se rapporte aux théories et à la pratique des arts. Dans ses *Leçons de géologie pratique* (t. I, p. 116), M. Élie de Beaumont rend, dans les termes suivants, un hommage involontaire à la vérité du principe qui nous occupe :

« Si le géologue n'est pas suffisamment exercé au dessin, il peut faire exécuter le paysage par un dessinateur. Mais il y a une grande différence entre un dessin dont les points principaux sont déterminés rigoureusement, et un dessin fait simplement à vue. Le dessin, exécuté sans le

Il est donc vrai que l'art n'imite pas, qu'il transforme; que pour traduire la nature, il s'en écarte; que pour copier, il invente; que pour reproduire, il crée. L'identité n'est pas le problème de la peinture, sans cela le trompe-l'œil serait le *nec plus ultra* de la peinture, et les raisins de Zeuxis qui tentaient les abeilles seraient la dernière page de l'art. Le beau visible n'est point le beau que l'artiste poursuit. Ce qui ressemble dans un tableau n'est pas précisément ce qui est semblable au modèle, mais seulement ce qui rappelle à notre âme l'impression que le modèle y a laissée. Si l'on m'offrait de me montrer sur l'heure la tête de Louis XIV vivant, l'offre me toucherait peu. J'ai mon Louis XIV sous la main, il vit dans les galeries du Louvre, il respire sous le pinceau de Mignard. Je préfère contempler le grand roi à travers l'âme d'un peintre de génie qu'à travers le miroir même d'une trop fidèle réalité. Votre Louis XIV pourrait avoir la colique, ou sa grande perruque être mal accommodée; au lieu du vainqueur de la Hollande, je trouverais peut-être l'esclave ridé de madame de Maintenon.

secours d'aucun instrument, est ordinairement plus pittoresque que le dessin levé rigoureusement, mais beaucoup moins fidèle. *Quand on voit une montagne, on se la figure toujours plus élevée qu'elle n'est : on en dessine une véritable caricature.* Quand on fait un croquis, pour indiquer les angles mesurés, on lui donne une forme géométriquement aussi semblable que possible à celle que l'on a devant les yeux; mais on fait involontairement la hauteur trop grande. Lorsqu'on réduit plus tard ce dessin, on est conduit à lui donner une forme beaucoup plus aplatie. Cela tient à une illusion d'optique qu'on n'est pas maître d'éviter, et qui fait que lorsqu'*un dessin est exécuté rigoureusement, on ne le reconnaît presque pas ; il paraît beaucoup trop plat. Lorsqu'on veut faire un dessin que l'on reconnaisse bien, il faut doubler ou tripler les hauteurs données par les mesures.* »

Ainsi, l'imitation n'est que le moyen des arts plastiques ; leur but, c'est de rappeler à notre âme les sentiments qu'éveille en nous la vue de la réalité. Dans un tableau, ce qui nous touche, ce qui nous émeut, ce n'est point la reproduction fidèle des objets qui nous entourent, mais bien cet ensemble de confuses pensées mystérieusement attachées à leur forme extérieure, et qui sortent du cœur à leur souvenir comme à la vue de leur image. Le plus grand peintre est celui qui réalise le mieux cette harmonie secrète de nos sensations et de la forme visible.

Avec les moyens les plus simples, un artiste habile émeut profondément nos cœurs; avec un coin de prairie, une chaumière à demi cachée sous de grands arbres, quelques vaches aux alentours d'un ruisseau, Claude Lorrain et Ruysdaël ont le privilége d'agiter doucement, de remuer nos âmes, de nous plonger dans un monde de rêveries enchantées. L'impression provoquée par le pinceau du peintre ne résulte pas évidemment de la vérité avec laquelle les objets sont reproduits sur la toile; elle naît seulement des ressouvenirs et des sentiments poétiques qu'éveille en nous l'heureuse et habile disposition des divers éléments de la scène champêtre. Le toit fumant de la maisonnette nous rappelle les joies tranquilles de la famille et du foyer; le ruisseau qui murmure doucement sous les grands arbres nous apporte comme un écho affaibli et lointain des harmonies rurales ; les fleurs à demi ensevelies sous l'herbe et sous la rosée de la prairie nous rendent les parfums oubliés et les senteurs de nos champs; le troupeau qui, à l'horizon, gravit péniblement la colline, nous envoie le grave enseignement du labeur fécond et béni de Dieu ; et tous les éléments de cette scène heureuse semblent se rassembler pour nous offrir comme une représentation animée et vivante, où viennent se résumer toutes les harmonies, toutes les délices, toutes les félicités paisibles de la vie des champs.

Mais si, dans les arts, l'imitation, au lieu d'être un but, est simplement un moyen ; si les œuvres des grands maîtres vivent par la pensée qu'elles expriment et non par la vérité de la reproduction matérielle ; si le secret de la peinture c'est de représenter non l'aspect réel des objets, mais l'impression poétique dont ces objets sont pour nous l'occasion, il faut reconnaître qu'au point de vue des beaux-arts les images daguerriennes sont d'une bien faible valeur. Obligé, par la nature même du procédé dont il fait usage, de rassembler pêle-mêle sur une même plaque et sans qu'il lui soit permis d'éliminer ou de choisir, tous les objets qu'embrasse le champ de sa lentille, l'opérateur doit forcément renoncer à cet artifice de la *composition*, qui est la condition nécessaire et l'âme des arts plastiques. Aussi quand il reproduit les scènes changeantes du monde qui nous entoure, le daguerréotype nous donne-t-il des copies admirables, dont la perfection dépasse assurément tout ce que la main de l'homme exécutera jamais : mais c'est là tout. Le seul sentiment que ces calques merveilleux puissent exciter en nous est celui d'une curiosité stérile, sentiment qui renaît à chaque exhibition nouvelle, et qui, par conséquent, renaît affaibli. L'admiration qu'ils inspirent parle à nos sens et ne va pas au delà. Ils charment les yeux armés de la loupe, non l'esprit. L'œil est ravi, l'âme est muette. Il est donc permis de dire que pendant cette période où le daguerréotype se borna à fournir des épreuves sur métal, il fut condamné à nous donner des œuvres entièrement privées de ces qualités élevées que l'on recherche dans toute production des arts.

Si à cette époque le daguerréotype put en quelque chose être utile aux beaux-arts, c'est seulement à nos yeux, en ce qu'il permit de mettre en évidence les simples vérités qui viennent d'être rappelées. Ces principes sont, en effet, ou contestés par beaucoup d'artistes, ou bien mis par eux en pratique d'une manière purement intuitive. La découverte du daguerréotype a terminé victorieusement ce débat. Si, en effet, un artiste, un philosophe, dans l'impuissance où il se trouvait de démontrer péremptoirement le principe de spiritualisme artistique qui nous occupe, se fût proposé d'imaginer quelque artifice propre à fournir de cette idée une preuve ou une représentation matérielle, il n'eût certes pas rencontré de moyen plus heureux ni plus décisif que l'instrument de Daguerre. Le problème en effet était celui-ci : Créer un instrument, une machine, un automate capable d'accomplir toutes les opérations manuelles de la peinture, susceptible d'exécuter tout ce que comporte l'imitation absolue de la réalité; puis, quand cette machine aurait accompli son œuvre, demander aux artistes si c'est à un tel résultat que s'employait leur génie; demander à la foule si elle peut confondre ces produits mécaniques avec les sublimes créations de l'art. Cet artifice, la science l'a trouvé : le daguerréotype a permis d'opérer dans les œuvres de l'art une analyse qui jusque-là avait paru impossible. Ce qui était intimement uni dans un tabeau de Raphaël, si bien qu'on ne pouvait dire où commence la poésie, où finit le procédé, où commence la composition, où l'imitation s'arrête, le voilà nettement séparé. Sur une plaque daguerrienne on trouve réalisés, avec une perfection sans égale, tous les tours de force du dessin, toutes les subtilités du clair-obscur, tout ce que peuvent, en un mot, l'habileté technique et le procédé manuel; mais la poésie, mais l'inspiration, mais ce divin reflet de l'âme humaine qui prête seul aux créations de l'artiste la vie, le sentiment et la pensée, tout cela manque à ces tableaux. C'est le corps moins l'esprit, c'est l'enveloppe d'une âme absente. Un simple regard jeté sur une image daguerrienne suffit donc pour mettre hors de contestation le grand fait esthétique de la prééminence de la pensée sur l'imitation matérielle, de la poésie sur le procédé. Là aura donc résidé l'utilité artistique de la découverte de Daguerre; elle aura fourni une démonstration aussi complète qu'inattendue de l'un des principes les plus salutaires de la métaphysique des arts.

Nous avons établi avec grand soin, au début de cette discussion, que pour débattre la question controversée de la valeur artistique des produits daguerriens, il est nécessaire de distinguer entre les images sur métal et les images sur papier. Cette distinction, il nous devient utile de la rappeler ici, car nous avouons être saisi en ce moment de la crainte d'être taxé de contradiction, c'est-à-dire d'encourir le reproche de beaucoup le plus sensible pour un esprit qu'anime le culte exclusif du vrai. Comment, en effet, ne pas redouter un reproche de ce genre, lorsque, après avoir avancé que les images photographiques formées sur métal sont dépourvues de valeur artistique et ne peuvent rendre presque aucun service aux études du dessinateur et du peintre, on se propose d'établir cette autre proposition, que les produits de la photographie sur papier se distinguent, au contraire, par un admirable ensemble de qualités plastiques, et sont de nature à exercer une influence très salutaire sur le progrès des beaux-arts? Cette apparente contradiction ne doit-elle pas nous exposer sans défense aux coups de la critique? Nous espérons cependant qu'avant de nous condamner, le lecteur voudra bien peser les motifs qui nous portent à placer les produits de la photographie sur papier à une distance infinie au-dessus des produits de la plaque. Ces raisons sont d'ailleurs presque toutes physiques, et chacun, par l'observation personnelle, peut prononcer sur leur justesse.

N'est-ce pas, en effet, un résultat d'observation, que le dessin sur papier reproduit avec une fidélité extraordinaire les tons de la nature? Comparez entre elles deux épreuves reproduisant le même sujet, l'une obtenue sur métal et l'autre sur papier ; il vous sera facile de constater que sur la plaque daguerrienne les tons du modèle sont en beaucoup de points inexactement rendus, tandis qu'au contraire, le papier a traduit avec une fidélité étonnante les valeurs relatives des tons, les nuances les plus difficiles à saisir de la lumière et des ombres.

Un second avantage qu'offre à l'opérateur le secours du papier pour prêter au dessin des qualités artistiques, c'est la remarquable variété de tons qu'il permet de réunir sur une même épreuve. La plaque est loin d'offrir cette condition précieuse, car c'est à peine si deux ou trois tons viennent y concourir au résultat d'ensemble. Quand on examine une bonne épreuve photographique sur papier, on est surpris du nombre et de la variété des tons qui s'y trouvent rassemblés. La pierre d'un édifice, par exemple, sort avec une teinte très opposée à celle que présente une masse de verdure, et sur la reproduction d'une même surface, telle que celle d'un mur diversement éclairé, la pierre se trouve rendue en divers points avec des effets souvent très éloignés les uns des autres. Rien de pareil ne s'observe sur la plaque de Daguerre; tout s'y trouve indiqué avec une monotonie, une uniformité de tons qui amènent la sécheresse et entraînent la froideur.

Une condition physique particulière, se liant à la nature même du procédé opératoire, explique très bien par quelle cause les épreuves sur papier l'emportent, au point de vue artistique, sur les épreuves daguerriennes. Quand on opère sur papier, la matière chimiquement impressionnable réside dans la substance même et dans toute la masse du support; il résulte de cette condition que les effets du dessin peuvent recevoir, quand il le faut, un vigueur extrême. Au contraire, l'impression formée sur une plaque daguerrienne n'existe qu'à la superficie du métal, où elle forme une couche d'une ténuité infinie; aucun effet énergique ne peut ressortir d'une disposition si défavorable. Ces deux conditions opposées, que le papier et la lame d'argent offrent à la reproduction plastique, expliquent suffisamment, selon nous, leur supériorite relative. Avec le papier, on peut, comme le fait un dessinateur avec son crayon, renforcer à volonté les tons de certaines parties, et pousser aussi loin que possible les effets de vigueur. Cette faculté fait entièrement défaut avec la surface impénétrable du métal, et telle est certainement la cause de l'absence de modelé que l'on a toujours reconnue dans les dessins de Daguerre.

Un dernier avantage propre à la photographie sur papier, c'est que l'artiste y trouve, jusqu'à un certain point, la possibilité de composer son tableau. Ce vice radical que nous avons longuement relevé dans les œuvres du daguerréotype, de ne donner qu'une stricte et sèche imitation de la nature, sans laisser à l'opérateur les moyens d'arranger son sujet, ce défaut si grave qui fait du daguerréotype un froid et inintelligent copiste, peut disparaître et disparaît souvent avec la photographie sur papier. Qui ne comprend, en effet, que rien n'empêche l'opérateur de relever isolément, sur plusieurs feuilles de papier, les différentes parties de son modèle qu'il peut ensuite réunir et grouper à sa fantaisie, de manière à faire intervenir cet élément capital de la composition qui manque et manquera toujours aux œuvres de Daguerre? Cette faculté offerte à l'artiste de prendre successivement diverses parties de son modèle pour les rassembler plus tard au gré de son inspiration et de son goût, n'est point d'ailleurs une prérogative idéale que nous invoquions ici comme une sorte d'argument théorique en faveur de la photographie sur papier. C'est une pratique consacrée et devenue presque vulgaire. Les grandes vues de monuments historiques, les belles reproductions architecturales que tout le monde a eu l'occasion d'admirer, sont presque toujours obtenues par cet artifice. On relève isolément, en épreuve négative, les diverses parties du monument ou de la vue à reproduire; on choisit ensuite, parmi ces éléments, ceux qui conviennent le mieux au résultat final, et ces différentes épreuves négatives *rapportées* servent à former sur le papier positif l'image définitive d'ensemble. C'est par ce moyen que M. Baldus a obtenu son admirable reproduction des *arènes d'Arles*, remarquable par ses qualités artistiques et qui présente plus d'un mètre de longueur.

Les considérations précédentes sont loin d'être les seules que l'on pourrait invoquer pour se rendre compte des qualités artistiques qui distinguent les épreuves sur papier. Elles suffiront néanmoins, nous l'espérons, pour établir auprès de nos lecteurs la vérité de notre thèse. Quant aux personnes qui ne se laissent qu'à moitié convaincre par les raisonnements théoriques, elles partageront sans aucun doute notre opinion si elles jettent les yeux sur les admirables produits qui, sortis récemment des ateliers de nos artistes, commencent à se répandre dans le commerce. Rien n'est plus remarquable, sous ce rapport, que la collection de vues photographiques prises en Orient par M. Maxime Du Camp et reproduites par l'imprimerie photographique de M. Blanquart-Evrard. Cent vingt-cinq planches photographiées représentant des sites divers, des vues artistiques, des vestiges de monuments anciens, etc., recueillis par M. Maxime Du Camp, en Syrie, dans la terre sainte et dans la basse Égypte, composent cette belle et intéressante série, bien faite pour diriger le goût du public vers les produits de cette nouvelle branche des arts. La collection, désignée sous le nom de *Paris photographié*, répandue dans le commerce par l'imprimerie de M. de Fonteny, bien qu'inférieure à la précédente, offre cependant beaucoup de parties remarquables. On peut en dire autant de l'*Album photographique* de M. Blanquart-Evrard, des *Vues monumentales d'Italie* de M. Piot, et des dessins de monuments et d'édifices architecturaux obtenus sur verre par M. Martens. La série des principaux monuments historiques de la France, relevée d'après l'ordre du ministre de l'intérieur, par MM. Blanquart-Evrard, Baldus, Bayard, Mestral et Le Gray, et dont une partie pourra probablement être livrée au commerce, justifie encore la haute opinion que l'on doit concevoir de l'état présent des procédés de la photographie sur papier.

On reconnaîtra, en examinant les diverses collections que nous venons d'énumérer, que la photographie sur papier est un art plein de ressources, parce qu'il s'exerce sur une échelle de tons infiniment étendue. Depuis la touche vaporeuse de Diaz jusqu'aux sombres intérieurs de Granet, tous les genres de peinture se trouvent représentés dans cette curieuse série, et l'on y reconnaît avec surprise les manières opposées des différentes écoles qui ont tour à tour captivé l'admiration du public. Depuis les molles et vagues teintes du Corrége jusqu'aux effets contrastés et audacieux de Rembrandt, les procédés si divers adoptés par les peintres de toute époque se trouvent ainsi justifiés avec éclat par la nature elle-même.

Dans une suite de vues photographiques, on retrouvera tour à tour un Metzu et un Decamps, un Titien et un Schœffer, un Ruysdael et un Corot, un Van Dick et un Delaroche, un Claude Lorrain et un Marhilat. Ainsi la photographie est venue consacrer les chefs-d'œuvre si opposés dans leur manière, que l'opinion publique avait successivement exaltés, et elle concilie, en les justifiant, nos prédilections respectives pour le style opposé des grands maîtres de l'art.

En exprimant notre admiration pour les productions récentes de la photographie sur papier, il est bien entendu que nous faisons nos réserves contre les résultats d'une pratique vicieuse importée d'Angleterre, qui consiste à retoucher au crayon ou au pinceau les épreuves sur papier. Ce que nous avons dit du coloriage des plaques métalliques, il faut le répéter avec plus d'insistance pour la photographie sur papier, car ces moyens se trouvent ici mis en pratique avec plus de succès en apparence, et surtout avec une entière bonne foi, par quelques artistes qui ne craignent pas d'y consacrer un talent réel. Ces retouches faites après coup aux images photographiques sont à la fois une dérogation aux règles de l'art et une atteinte à la perfection des produits. La première des qualités d'une œuvre plastique, c'est l'homogénéité. Deux manières différentes, deux procédés d'une nature opposée, ne peuvent se superposer, se marier dans une œuvre quelconque sans en détruire l'harmonie. Chaque couleur appliquée sur une épreuve en diminue la valeur, et la détérioration est d'autant plus grave que le pinceau est entre des mains moins habiles. En outre, un premier pas fait dans une mauvaise route amenant forcément à parcourir la voie tout entière, la première rectification à une épreuve oblige à retoucher, à recomposer, presque de toutes pièces, le dessin primitif. Un trait ajouté faisant tache sur l'ensemble, l'artiste est peu à peu conduit à harmoniser son tableau, non plus avec les tons de l'image photographique, mais avec ceux du crayon ou de la couleur surajoutés. Une anecdote que M. Francis Wey a racontée à ce propos dans le journal *la Lumière*, rendra ce raisonnement plus clair.

Le peintre Courbet remontait le Rhin entre Coblentz et Manheim, lorsqu'il fit rencontre, sur le bateau à vapeur, d'un jeune Prussien qui s'en revenait tout joyeux de rapporter son portrait exécuté en Flandre par le célèbre Van Schaendel. Ce portrait avait pour fond un rideau de velours bleu. Or, ce rideau bleu de ciel contrariait beaucoup le possesseur du portrait, qui aurait préféré, pour le fond de son tableau, quelque paysage des bords du Rhin. Il alla conter sa peine à Courbet qu'il avait reconnu.

— Ce rideau me chagrine, lui dit-il; je suis un peu poëte, je préférerais un ciel orageux. D'ailleurs j'ai peu de goût pour les rideaux et j'en ai beaucoup pour le vin de Johannisberg. Nous passerons dans deux heures devant cet illustre coteau; ne pourriez-vous le croquer au passage pour en faire le fond de mon portrait?

Notre compatriote essaya en vain de résister; il fut contraint d'attendre le coteau de Johannisberg, et d'en fixer, de son pinceau réaliste, les contours azurés sur l'arrière-plan de l'œuvre de Schaëndel. Mais voyez le résultat! Ce beau travail accompli, le portrait se voila d'une teinte funèbre et s'évanouit, à demi effacé, dans les profondeurs du cadre. L'œil placé vers le fond avait perdu ses lueurs en présence de la peinture violente de Courbet. Le Prussien était consterné : il fallut remettre l'œil en harmonie avec le fond. Mais, ainsi retouché, l'œil prit une saillie énorme, il avait sur l'autre une avance de trois pieds, et chacun de s'écrier : — Le bel œil !

Effrayé de son œuvre, Courbet refusa de collaborer davantage avec le peintre flamand. Il débarqua à Manheim. Mais le Prussien, qui avait payé son portrait fort cher, ne pouvait se consoler de cet œil si vilainement accommodé. Il se précipita sur les traces du peintre français, le suivit à travers la ville, et, l'entraînant dans un hôtel, le força de terminer l'arrangement du tableau. Le pauvre Courbet ne put y parvenir qu'en recouvrant la toile entière sans y laisser subsister le plus léger accessoire. L'ouvrage terminé :

— Voilà qui est parfait, dit le Prussien, ces petites retouches étaient bien nécessaires.

Puis contemplant avec complaisance l'œuvre remaniée :

— Ah! reprit-il en soupirant, si l'illustre Van Schaëndel pouvait revoir son chef-d'œuvre !

— Hélas! dit Courbet en s'esquivant, il ne le reconnaîtrait guère !

Ces moyens malencontreux qui avaient défiguré l'œuvre de Van Schaëndel, nous les voyons tristement mis en pratique par les photographes de profession qui tapissent nos boulevards et nos rues d'images daguerriennes maculées par les traits d'un indiscret pinceau. Sous l'annonce menteuse de portraits photographiques, on voit s'étaler toute une série de produits étranges, métis nouveaux et barbares croisés de la photographie et de l'aquarelle, dessins créés par le soleil, refaits par le fusain, silhouettes commencées par l'instrument de Daguerre, terminées par un pointillé au crayon de couleur, et qui par la roideur et l'affectation de la pose, par le contraste heurté et la fausseté des tons, ne ressemblent à rien, sinon à l'aquarelle peignée d'une jeune demoiselle. Tels sont néanmoins les produits qu'on laisse librement s'étaler aux yeux d'un public dont ils pervertissent le goût. Je me suis quelquefois demandé jusqu'à quel point la surveillance de l'administration ne pourrait s'étendre à ce genre d'exhibitions. Molière s'est moqué du personnage qui demande au roi un inspecteur chargé de la surveillance des inscriptions et des enseignes qui « renversent par une barbare, pernicieuse et détestable orthographe, toute sorte de sens et raison, sans aucun égard d'étymologie, analogie, énergie, ni allégorie quelconque, au grand scandale de la république des lettres et de la nation française. » Si Molière avait toute raison de tourner en ridicule cette pensée, c'est un point que je me dispense d'examiner. Je dirai seulement qu'appliquée à la surveillance des produits photographiques, elle pourrait ne pas sembler absolument ridicule. Le goût public est chose sacrée et qu'il est bon de préserver de toute atteinte. Les exhibitions du genre de celles qui nous occupent n'ont pas seulement pour résultat d'altérer le sens artistique des masses, elles donnent encore au public une idée fausse de la nature du procédé photographique. Combien de gens qui s'imaginent que ces enluminures sont sorties toutes fraîches et toutes brillantes de l'instrument de Daguerre ! Et que de fois les photographes n'ont-ils pas à combattre des préventions enracinées de cette sorte dans l'esprit de bourgeois qui leur demandent leur portrait colorié du premier coup, « comme le fait si joliment M. un tel? » Puisque la loi réprime les *tromperies sur la nature de la marchandise vendue*, les industriels qui affichent ces produits frelatés devraient être tenus de spécifier exactement leur nature pour échapper aux atteintes du Code pénal.

En laissant de côté ces regrettables productions, il faut reconnaître que la photographie sur papier est appelée à exercer une très heureuse influence sur l'étude et l'avenir des beaux-arts. Les artistes trouveront nécessairement le texte d'un grand nombre d'enseignements utiles dans l'étude des produits de genres si divers auxquels donne naissance la photographie sur papier, qui tantôt, procédant par masses à la façon d'un grand artiste, sacrifie, avec une merveilleuse intelligence, les détails secondaires au résultat final ; tantôt s'appliquant à la reproduction minutieuse, rappelle, par son incomparable délicatesse, les plus fines pages de Miéris et de Gérard Dow. Le dessinateur y trouvera, pour la reproduction des monuments, des édifices, des paysages et des grands sites artistiques, des leçons précieuses, en ce qu'il lui sera facile de s'assurer, au moyen d'une épreuve photographique prise en quelques instants, comment les ombres et les lumières de son modèle se traduisent sur une surface plane. Quant à l'exacte reproduction de la figure et du détail anatomique, la photographie sera encore d'un secours incontestable. Un instant suffit pour arrêter sur le papier certains mouvements instantanés du corps humain dont le modèle vivant est inhabile à fournir le type fugitif; les images de ces mouvements presque insaisissables par les moyens ordinaires donneront au dessinateur des leçons autrement utiles que celles du modèle vivant ou de l'écorché anatomique. Dans le portrait, ce caractère essentiellement mobile de la physionomie, qui s'évanouit sur les traits de la personne qui pose avec une rapidité désespérante pour l'artiste, cet air particulier, cette attitude, etc., dont l'ensemble heureusement reproduit constitue la ressemblance, peuvent en un clin d'œil être saisis par l'instrument de Daguerre et rester ensuite sous les yeux du peintre comme un guide assuré dans l'exécution de son travail. Ajoutons enfin qu'une épreuve photographique donne l'aspect *vrai* du modèle; un auxiliaire de cette nature est donc d'une haute utilité pour arrêter la main d'un artiste trop disposé à traduire ce qu'il voit d'après un type commun devenu familier à son pinceau.

Si la photographie sur papier peut être utile comme moyen d'étude pour la représentation plastique du modèle vivant, elle peut être encore d'un grand secours pour l'étude des draperies, des vêtements et de tout l'accessoire obligé d'un tableau. Quelles difficultés n'éprouve pas un peintre à saisir les motifs si changeants des vêtements et des draperies, qui varient de situation, de forme et de rapports selon les mouvements du modèle, et qui peuvent, grâce au daguerréotype, être fixés en un moment dans une conformité absolue avec une pose donnée. Une fois ces draperies, ces accessoires arrêtés dans leur spontanéité, l'artiste conserve ce type pour en faire un élément exact et rigoureux de la composition de son tableau.

L'utilité de la photographie sur papier dans le travail quotidien des beaux-arts ne saurait donc être méconnue. Quant à son succès auprès du public, quant à son acceptation future, quant au rang qu'elle doit occuper parmi les autres produits des arts, aucun doute ne peut être conservé sur ce point. Pour peu qu'elle offre certaines qualités qu'il est désormais devenu facile de lui prêter, l'épreuve photographique d'un monument, d'un édifice historique, etc., sera toujours préférée à une lithographie qui représente le même sujet avec une infidélité choquante et sans aucun mérite comme objet d'art. Un portrait doux et ressemblant obtenu par la photographie sur papier sera toujours supérieur à ces médiocres portraits à l'huile d'une ressemblance douteuse, auxquels la classe aisée est contrainte de se tenir, faute de pouvoir prétendre aux œuvres élevées d'un grand artiste. On peut donc prédire sans crainte qu'une fois les produits photographiques connus du public et appréciés à leur juste valeur, toute une catégorie d'œuvres d'art aujourd'hui en faveur ne tardera pas à disparaître. Les dessins, les gravures ou lithographies qui représentent des villes, des églises, des ruines, des statues, des bas-reliefs et des sujets d'architecture, ne pourront entrer en lutte avec l'épreuve photographique, qui leur est mille fois supérieure sous le rapport de la vérité, de la précision et du fini, et ne leur cède en rien sous le rapport artistique. Quand on pourra, pour un prix modique, posséder l'image fidèle du paysage préféré, du monument antique dont on a curieusement interrogé les vestiges, de l'édifice auguste dont on a admiré les proportions et l'harmonie, on laissera de côté les mauvaises gravures, les lithographies grossières et tous les produits imparfaits sortis des bas étages de l'art.

Avant quelques années, les œuvres photographiques, devenues populaires, auront pour effet d'épurer le domaine des beaux-arts, en ce qu'elles rendront l'existence impossible à tout artiste médiocre. Les gens de métier, les hommes qui ne vivent que sur les pratiques du procédé manuel, seront contraints de disparaître; les hommes supérieurs, ceux dont les travaux s'élèvent au-dessus du niveau des conditions communes, résisteront seuls à la révolution salutaire que nous verrons s'accomplir. En même temps, la comparaison des beaux produits photographiques avec les ouvrages de la peinture et du dessin, d'une part élèvera et rectifiera le goût du public, et d'autre part forcera les grands artistes à se dépasser eux-mêmes. En effet, la photographie sur papier traduit et représente avec une vérité admirable; pour faire mieux qu'elle, l'artiste devra donner à l'interprétation plus d'importance qu'il ne lui en accorde d'ordinaire. Il faudra que l'individualité de l'artiste, il faudra que l'âme du peintre passent plus profondément et brillent encore plus dans ses œuvres, pour qu'elles l'emportent sur les résultats d'un instrument qui réalise si bien à lui seul certaines de ces qualités. En forçant ainsi le peintre à imprimer davantage son cachet personnel à ses travaux, en l'amenant à placer l'interprétation et la poésie bien au-dessus de l'imitation matérielle, la photographie aura heureusement concouru à l'avancement des beaux-arts, et fourni un exemple aussi noble qu'imprévu de la science offrant à l'art une main secourable pour s'élever avec lui vers ce type de perfection idéale où tend l'humanité et qui part de l'homme pour aboutir à Dieu.

LA TÉLÉGRAPHIE AÉRIENNE

ET

LA TÉLÉGRAPHIE ÉLECTRIQUE.

La télégraphie électrique, dont la réalisation parfaite ne date que de quelques années, est cependant d'une origine ancienne; il y a tout juste un siècle que les premiers essais de ce genre furent exécutés. L'idée d'appliquer l'électricité à la transmission des signaux est en effet si simple, qu'elle vint naturellement à l'esprit des physiciens qui observèrent les premiers la rapidité prodigieuse avec laquelle le fluide électrique circule dans ses conducteurs. Mais pour plier aisément l'électricité aux exigences infinies des communications télégraphiques, il aurait été nécessaire de posséder une connaissance approfondie de cet agent. Or, pendant toute la durée du XVIIIe siècle, l'électricité ne fut connue que dans un petit nombre de ses propriétés. Aussi, bien des tentatives, bien des essais inutiles furent-ils réalisés à cette époque; l'idée de la télégraphie électrique fut dans cet intervalle cent fois abandonnée et reprise. D'ailleurs, en même temps que les physiciens s'efforçaient d'appliquer le fluide électrique à la transmission de la pensée, d'autres savants cherchaient la solution du même problème dans l'emploi de moyens en apparence plus simples. Un grand nombre de mécaniciens s'occupaient d'établir un système rapide de correspondance, en combinant divers signaux formés dans l'espace et visibles à des distances éloignées. Les difficultés sans cesse renaissantes que l'on rencontrait dans le maniement pratique de l'électricité encourageaient naturellement les efforts des partisans de la télégraphie aérienne. Enfin, dans les dernières années du XVIIIe siècle, la persévérance et le génie d'un mécanicien français mirent un terme à ces luttes. La découverte du télégraphe de Chappe, qui remplit d'une manière si remarquable les conditions les plus variées et les plus difficiles de l'art, consacra le triomphe de la télégraphie aérienne. C'est alors que fut adopté et établi le système de télégraphes aériens qui couvrent aujourd'hui de leur réseau la surface de la France et des grands États de l'Europe.

Cependant, depuis cette époque, la physique s'est enrichie d'admirables conquêtes; l'électricité a révélé à nos savants des propriétés inattendues. Ces caractères, ces aptitudes nouvelles, si heureusement découverts dans l'agent électrique, ont permis de le manier et de l'assouplir comme le plus docile de nos instruments. Dès lors la télégraphie électrique a pu regagner le terrain qu'elle avait perdu, elle n'a pas tardé à mettre en évidence son incontestable supériorité sur la télégraphie aérienne, et partout aujourd'hui elle tend à se substituer à sa rivale. Il sera donc nécessaire de comprendre ici, dans la même étude, l'histoire de ces deux inventions. Elles ont marché simultanément, s'atteignant, se dépassant entre elles au milieu des fortunes les plus diverses, s'empruntant mutuellement le secours de leurs méthodes, se disputant à des titres divers le succès et la faveur publique. Leur marche, leurs progrès, leurs perfectionnements successifs sont si étroitement unis, qu'à les disjoindre, à les considérer isolément, on courrait le risque d'être inexact ou inintelligible.

CHAPITRE PREMIER.

Premiers essais de télégraphie. — Amontons. — Guillaume Marcel. — Télégraphe acoustique de dom Gauthey.

Les premiers essais de télégraphie ne remontent qu'à la fin du XVIIe siècle. Chez tous les peuples et dans tous les temps on a employé, il est vrai, divers systèmes de signaux destinés à transmettre rapidement des avis d'un point à un autre ; mais ces moyens imparfaits ou grossiers n'offraient aucune combinaison qui pût suffire à exprimer plus de trois ou quatre pensées bien déterminées d'avance. L'art des signaux que l'on rencontre à divers degrés de perfectionnement chez toutes les nations civilisées ne pouvait se développer et s'étendre que par les progrès de l'optique. Pour écrire de loin, il faut voir de loin : la découverte des lunettes d'approche et des télescopes pouvait donc seule permettre de créer la télégraphie.

C'est à un physicien français, Guillaume Amontons, que revient l'honneur d'avoir appliqué le premier les instruments d'optique à l'observation des signaux aériens. Dans l'*Eloge d'Amontons*, Fontenelle a décrit son invention avec assez d'exactitude :

« Peut-être, dit Fontenelle, ne prendra-t-on que pour un jeu d'esprit, mais du moins très ingénieux, un moyen qu'il inventa de faire savoir tout ce qu'on voudrait à une très grande distance, par exemple de Paris à Rome, en très peu de temps, comme en trois ou quatre heures, et même sans que la nouvelle fût sue dans tout l'espace d'entre-deux. Cette proposition, si paradoxe et si chimérique en apparence, fut exécutée dans une petite étendue de pays, une fois en présence de Monseigneur, et une autre en présence de Madame. Le secret consistait à disposer dans plusieurs postes consécutifs des gens qui, par des lunettes de longue-vue, ayant aperçu certains signaux du poste précédent, les transmissent au suivant, et toujours ainsi de suite, et ces différents signaux étaient autant de lettres d'un alphabet dont on n'avait le chiffre qu'à Paris et à Rome. La plus grande portée des lunettes faisait la distance des postes, dont le nombre devait être le moindre qu'il fût possible; et comme le second poste faisait des signaux au troisième à mesure qu'il les voyait faire au premier, la nouvelle se trouvait portée de Paris à Rome presque en aussi peu de temps qu'il en fallait pour faire les signaux à Paris. »

Amontons était un des physiciens les plus habiles du XVIIe siècle. Ses travaux sur le thermomètre à air, sur le baromètre conique et sur l'hygrométrie, ont exercé sur les progrès de la physique une influence puissante. Il était né inventeur. Mais s'il avait le génie qui dicte les découvertes, il était loin de réunir les qualités d'esprit qui font le succès et la fortune des inventions. Hors de ses livres et de ses machines, c'était l'homme le plus gauche et le plus ennuyeux du monde. Ajoutez qu'il était sourd. Il ne voulut jamais essayer de guérir sa surdité : « Il se trouvait bien, dit Fontenelle, de ce redoublement d'attention et de recueillement qu'elle lui procurait, semblable en quelque chose à cet ancien que l'on dit qui se creva les yeux pour n'être pas distrait dans ses méditations philosophiques. » Ceci était admirable pour faire des découvertes, mais peu avantageux pour les faire connaître au dehors. Aussi est-il probable que la machine à signaux qu'il imagina vers 1690, serait restée à jamais inconnue, si le hasard ne s'en était mêlé.

Mademoiselle Chouin, maîtresse du premier dauphin, fils de Louis XIV, entendit parler à Versailles de la découverte d'Amontons. En sa qualité de favorite, mademoiselle Chouin avait ses caprices; elle eut la fantaisie de voir fonctionner la machine du savant. Mais mademoiselle Chouin avait d'autres qualités; elle avait du cœur, elle s'intéressa à la fortune du pauvre inventeur ignoré; elle ne manquait pas d'ailleurs d'un certain esprit d'intrigue, ce qui fit qu'en dépit de l'indolence et de l'apathie du dauphin, elle obtint de lui la promesse d'une expérience publique. L'expérience eut lieu dans le jardin du Luxembourg, mais elle tourna fort mal. La présence du dauphin, les brillants costumes des seigneurs qui l'entouraient, tout cet étalage solennel et inusité, troublèrent le savant. Sa surdité augmentait sa confusion. Il manœuvra tout de travers et ne put transmettre aucun signal; le prince se mit à bâiller, tous les courtisans l'imitèrent, et la séance se termina sur cette triste impression.

Cependant mademoiselle Chouin ne se découragea pas : elle obtint une seconde épreuve qui se fit en présence de la dauphine. Cette fois les choses marchèrent mieux, mais tout le crédit de la favorite ne put aller plus loin. Que pouvait-elle obtenir de plus de la nullité d'un prince qui, au rapport de Saint-Simon, depuis qu'il était sorti des mains de ses précepteurs, « n'avait de sa vie lu que l'article *Paris* dans la *Gazette de France*, pour y voir les mariages et les morts? » Amontons, découragé, abandonna sa découverte. Il se consola de cet échec, en prenant place, quelques années plus tard, sur les bancs de l'Académie des sciences.

On a beaucoup vanté les encouragements et les honneurs qui furent accordés sous Louis XIV aux lettres et aux beaux-arts. Il faudrait ajouter, pour tout dire, que les sciences participaient rarement de ces hautes faveurs. Quand Louis XIV eut fondé l'Académie, lorsqu'il l'eut installée au Louvre, et qu'il eut ainsi fait aux académiciens la politesse royale de les recevoir chez lui, il se crut suffisamment acquitté envers la science. Cinq ou six pensions accordées à quelques savants bien en cour, adulateurs émérites, de la trempe de Fontenelle ou de Fagon, en de rares occasions quelques visites solennelles aux académiciens assemblés, voilà à peu près à quoi se réduisit la protection du grand roi. On cesse d'être surpris de la lenteur qu'a présentée, au XVIIIe siècle, le développement des sciences, quand on songe qu'elles avaient Fontenelle pour interprète et Louis XIV pour protecteur. On vient de voir comment fut accueillie l'idée d'Amontons, qui renfermait le germe de la télégraphie moderne; quelques années après, un autre inventeur se présenta avec une découverte semblable, et il ne fut pas mieux traité.

Cet autre inventeur s'appelait Guillaume Marcel; il occupait à Arles la place de commissaire de marine. Après plusieurs années de recherches, il était parvenu à construire une machine qui transmettait des avis dans le seul intervalle de temps qu'il aurait fallu pour les écrire. Les expériences faites à Arles, et dont le procès-verbal existe encore, ne laissent aucun doute à cet égard. Les mouvements de la machine s'exécutaient, dit-on, avec une rapidité égale à la pensée. En outre, l'appareil fonctionnait de nuit aussi bien que de jour; il représentait donc le phénix tant cherché de la télégraphie nocturne.

L'inventeur se refusa à publier sa découverte; il voulut d'abord la mettre sous l'invocation et la protection de Louis XIV. Marcel avait déjà servi le grand roi. Avocat au conseil, il avait suivi M. Girardin à l'ambassade de Constantinople; nommé ensuite commissaire près du dey d'Alger, il y conclut le traité de 1677, qui rétablit nos relations commerciales dans le Levant. C'est en récompense de ses services qu'il avait obtenu la place de commissaire de la marine à Arles. Il voulut donc présenter au roi l'hommage et les prémices de son invention : il lui adressa un mémoire descriptif avec les dessins de son appareil; il ne demandait rien d'ailleurs, et sollicitait seulement le transport de sa machine à Paris. Ce mémoire resta sans réponse; le roi était vieux, il commençait à négliger, pour les choses du ciel, son royaume terrestre. Marcel écrivit lettres sur lettres aux ministres; mais Colbert n'était plus là, il n'y avait plus que Chamillard, et le pauvre homme avait assez à faire avec la coalition européenne à combattre et madame de Maintenon à ménager. Marcel attendit longtemps. Un jour, fatigué d'attendre et dans un moment de désespoir, il brisa sa machine et jeta au feu ses dessins. A quelques années de là, il mourut, emportant son secret. Il ne laissa ni plan, ni description de ses instruments, et l'on ne trouva dans ses papiers que son *Livre des signaux* (*Citatæ per aera decursiones*), dont sa femme et un de ses amis avaient seuls la clef.

Le nom de Guillaume Marcel est à peu près oublié aujourd'hui, ou du moins il n'est resté attaché qu'à quelques ouvrages qu'il a laissés concernant l'histoire sacrée ou profane, et la chronologie. C'était le premier chronologiste de son siècle. Il réunissait toutes les qualité de l'état; sa mémoire tenait du prodige. Le *Journal des savants* de 1678 (où il est désigné, par erreur typographique, sous le nom de Marcet) nous apprend qu'il « faisait faire l'exercice à un bataillon, nommant tous les soldats par le nom qu'ils avaient pris en défilant une fois devant lui, » et qu'il exécutait de mémoire une opération d'arithmétique, fût-elle de trente chiffres. On ajoute qu'il dictait à la fois à plusieurs personnes en six ou sept langues différentes.

L'histoire des premiers essais de la télégraphie nous amène à dire quelques mots des expériences de télégraphie acoustique faites en France vers la fin du siècle dernier.

Le 1er juin 1782, l'Académie des sciences tenait sa séance au Louvre, lorsque l'on vit entrer, conduit par Condorcet, un moine revêtu de la robe des Bénédictins : c'était dom Gauthey, religieux de l'abbaye de Cîteaux. Dans les loisirs du cloître, il avait imaginé un moyen de correspondance entre les lieux éloignés, et il venait en faire l'exposition devant l'Académie. Dom Gauthey avait vingt-cinq ans à peine : il était d'une taille élevée, et son visage était empreint d'une douceur et d'un charme inexprimables. Quand il prit la parole pour faire connaître les principes de son invention, son élocution contenue et grave produisit sur la docte assemblée l'effet le plus heureux. Son succès fut complet ; il dépassa bientôt les limites de l'enceinte académique. Pendant quelques jours, le jeune bénédictin fut le héros de la cour et de la ville. Condorcet écrivit à ce sujet un rapport plein d'éloges, et Louis XVI s'empressa d'ordonner l'essai public du système de dom Gauthey. Ce système consistait à établir, entre des postes successifs, des tubes métalliques d'une très grande longueur, à travers lesquels la voix se propageait sans perdre sensiblement de son intensité. Dom Gauthey affirmait pouvoir transmettre ainsi, dans une heure, un avis à deux cents lieues de distance.

Les expériences ordonnées par Louis XVI eurent lieu, sur une longueur de huit cents mètres, dans un des tuyaux qui conduisaient l'eau à la pompe de Chaillot. Elles ne laissèrent aucun doute sur la vérité des assertions de dom Gauthey. À la suite de ce premier essai, l'inventeur demanda l'épreuve de son système acoustique sur une échelle plus étendue. Il proposa de poser des tubes enchâssés les uns dans les autres de manière à former un tuyau non interrompu ; il prétendait, avec trois cents tuyaux de mille toises chacun, faire passer, en moins d'une heure, des dépêches à cent cinquante lieues. Cependant cette expérience fut jugée ruineuse, et la munificence royale recula devant les dépenses qu'elle devait entraîner.

Dom Gauthey se tourna alors d'un autre côté; il ouvrit une souscription, mais elle fut insuffisante pour couvrir les frais probables de l'entreprise. Pendant cet intervalle, l'engouement du public avait disparu. Dans cette société frivole, les impressions se formaient et s'effaçaient avec la même promptitude; le caprice d'un jour avait élevé la fortune du jeune bénédictin, elle s'envola au premier souffle contraire. Au bout de six mois, dom Gauthey était si parfaitement oublié, qu'il ne put trouver en France un imprimeur qui consentît à publier, même à prix d'argent, l'exposé de son système.

En désespoir de cause, le pauvre inventeur s'embarqua l'année suivante pour l'Amérique; il y fit connaître sa découverte et demanda des souscriptions. Mais il ne put trouver qu'un imprimeur qui voulût bien publier son *Prospectus*, qui parut à Philadelphie en 1783.

Les idées de dom Gauthey étaient cependant beaucoup plus rationnelles qu'on ne le penserait peut-être au premier aperçu. Rien n'indique dans la théorie mathématique du mouvement de l'air, que le son doive s'affaiblir en parcourant de longs tuyaux, aussi est-il probable que les expériences de dom Gauthey, reprises d'une manière sérieuse, amèneraient d'utiles résultats. Le son parcourt trois cent quarante mètres par seconde, ou trois cent six lieues par heure; on conçoit donc que s'il peut se transmettre sans s'altérer dans des tuyaux cylindriques, on pourrait obtenir en disposant un certain nombre de postes aux distances convenables, un moyen de correspondance qui ne serait pas sans valeur.

Non seulement, en effet, les tubes propagent très bien le son, mais ils en accroissent singulièrement la puissance. Un coup de pistolet tiré à l'une des extrémités d'un tube, fait entendre à l'autre extrémité le bruit du canon. M. Jobard a reconnu que le mouvement d'une montre, qui n'est pas sensible à la distance de seize centimètres, s'entend très bien au bout d'un tuyau métallique de seize mètres, sans que la montre touche le métal et même lorsqu'elle en est éloignée de plusieurs pieds. Dom Gauthey avait déjà reconnu le même fait avec un tuyau de cent dix pieds. MM. Biot et Hassenfratz ont fait des expériences plus décisives encore et qui confirment parfaitement les faits avancés par le moine de Cîteaux. Ils ont reconnu qu'à travers les tubes souterrains, la voix se propage sans rien perdre de son intensité à un kilomètre de distance (1).

Le son peut d'ailleurs se transporter à des distances considérables sans l'intermédiaire d'aucun conducteur.

(1) Ces curieuses expériences ont été faites à l'aide des tubes cylindriques qui servent à l'écoulement souterrain des eaux de Paris. Au moyen de ces tubes, M. Biot put soutenir une conversation à voix basse avec une personne placée à près d'un kilomètre de distance; ni lui ni son interlocuteur n'eurent besoin de poser l'oreille sur le tuyau, tant la perception était aisée. Les sons leur parvenaient dans toute leur pureté; on les entendait même deux fois très distinctement : une fois dans le tube, une autre fois à travers l'air extérieur. « Les mots, dits aussi bas que lorsqu'on parle en secret à l'oreille, étaient reçus et appréciés. Des coups de pistolet, tirés à l'une des extrémités, occasionnaient à l'autre une explosion considérable; l'air était chassé du tuyau avec assez de force pour jeter à plus d'un demi-mètre des corps légers, et pour éteindre des lumières..... Enfin, ajoutent les

Le docteur Arnoldt a raconté que pendant son retour d'Amérique en Europe, à bord du paquebot, tout à coup un matelot s'écria qu'il entendait le son des cloches. Ceci fit beaucoup rire l'équipage : on était à cent lieues de la côte. Cependant le docteur prit la chose plus au sérieux. Il remarqua qu'il régnait une brise de terre assez forte, et que dans ce moment la voile du vaisseau était concave. Il se plaça au foyer de la voile et entendit parfaitement la volée des cloches. Il tint note du jour et de l'heure. Six mois après, de re-

auteurs de cette expérience, le seul moyen de ne pas être entendu à cette distance eût été de ne pas parler du tout. » (*Mémoires de la Société d'Arcueil*, t. II.)

M. Jobard a répété et a beaucoup étendu ces expériences. Il fit placer 600 pieds de tubes de zinc de 3 pouces de diamètre dans un vaste atelier. Ces tubes, dont les diverses portions étaient mal jointes, formaient entre eux onze coudes à angle droit : ils montaient et descendaient d'étage en étage ; une partie était suspendue aux murs, une autre couchée sur le plancher. Plusieurs centaines de personnes ont constaté qu'on s'entendait ainsi parfaitement, même en causant à voix basse. Ce dernier fait a mis hors de doute un point que MM. Biot et Hassenfratz n'avaient pas résolu : c'est que le bruit extérieur n'entrave pas les communications acoustiques ; en effet, pendant cette expérience, des machines à vapeur marchaient, des tours, des limes et des marteaux ébranlaient tous les étages de l'atelier, sans nuire aucunement à la perception des sons.

Des ingénieurs distingués ont étudié, en Belgique, la question de l'établissement des tubes acoustiques. On a reconnu que les conditions de succès résident dans la nature des tubes, qui doivent être composés de métaux sonores et dans leur isolement le plus complet possible par rapport au sol. Le gouvernement belge a depuis longtemps accordé l'autorisation d'établir le long des routes des tubes de ce genre. Il n'est pas douteux qu'on pût parvenir à correspondre ainsi entre des villes fort éloignées l'une de l'autre. Le savant Babbage se fait fort de causer de Londres avec une personne résidant à Liverpool, qui en est éloignée de 70 lieues. Rumford était plus hardi, il pensait que la voix humaine peut franchir ainsi des centaines de lieues.

tour en Amérique, il apprit qu'au jour et à l'heure qu'il avait notés, il y avait eu à Rio-Janeiro un branle-bas des cloches à l'occasion de la fête de la ville. Un autre jour, le docteur Arnoldt, se trouvant sur le bord d'un lac de sept lieues de large, entendit d'une rive à l'autre le cri des marchands d'huîtres et le bruit des rames. Au rapport de Franklin, des globes de feu formés par des météores à plus d'une lieue d'élévation dans les airs, produisent, en éclatant à cette hauteur, un bruit que l'on entend sur la terre vingt-cinq lieues à la ronde (1). Le traducteur de Franklin ajoute qu'il a entendu à Paris des coups de canon tirés à Lille.

C'est d'après ces faits que quelques personnes ont proposé d'établir des télégraphes au moyen du langage parlé. Il serait facile, selon le docteur Arnoldt, de créer un service télégraphique fondé sur ces principes. Tout l'appareil consisterait en une sorte de miroir métallique concave placé sur une éminence à l'une des extrémités de la ligne; à quelques lieues de là, à l'autre extrémité de la ligne, un porte-voix parabolique serait dirigé vers cette surface. On recueillerait les sons envoyés par le porte-voix en se plaçant au foyer du miroir. Ce serait là évidemment un moyen de correspondance fort peu dispendieux. Malheureusement la démonstration pratique a manqué jusqu'ici au système proposé par le docteur Arnoldt.

Le désir de justifier les idées de dom Gauthey, à peu près oubliées aujourd'hui, nous a entraîné à une

(1) *Lettre de Franklin*, 20 juillet 1762.

digression un peu longue. Revenons à la série des essais télégraphiques.

CHAPITRE II.

Première application de l'électricité à la transmission des signaux. — Lesage. — Lomond. — Reiser. — Bettancourt. — François Salva. — Retour à la télégraphie aérienne. — Linguet. — Dupuis. — Bergstrasser.

La découverte des phénomènes généraux de l'électricité vint changer la direction des essais entrepris jusqu'à cette époque pour la création ou le perfectionnement de l'art des signaux.

Les phénomènes de l'électricité statique ne sont connus que depuis le milieu du siècle dernier. C'est vers l'année 1750 que Grey en Angleterre, et Dufay en France, découvrirent les faits qui devaient servir de base à toute une science nouvelle. L'observation du transport à distance de l'électricité, celle des corps conducteurs et non conducteurs, les curieuses propriétés de l'étincelle électrique, tous ces faits si remarquables et si nouveaux excitaient au plus haut degré l'attention des savants. Les découvertes arrivaient de tous les côtés. Mussenbroek construisait la bouteille de Leyde; Lemonnier observait les singuliers effets de l'électricité statique sur le corps de l'homme et des animaux; on essayait, en France et en Angleterre, d'apprécier la vitesse de transmission de l'électricité, et l'on voyait avec un étonnement profond ce fluide franchir, dans un temps inappréciable, la distance de deux lieues. Peu de temps après Franklin découvrait au sein de l'atmosphère la présence de l'électricité libre; préludant à la plus éclatante des découvertes humaines, il s'apprêtait à aller conjurer au sein des nuées orageuses les terribles effets de l'électricité météorique.

Au milieu de cet élan général vers l'étude des phénomènes électriques, il était impossible que l'idée si élémentaire et si simple d'appliquer l'électricité à la transmission des signaux ne vînt pas à se produire. Dès l'année 1750, on conçut, dit-on, en Angleterre, l'idée d'un télégraphe mis en action par l'électricité; cependant ce projet resta sans exécution. L'honneur d'avoir réalisé pour la première fois cette belle application des phénomènes électriques, appartient à un savant Genevois d'origine française, nommé Georges-Louis Lesage. C'était un physicien habile qui a laissé des travaux estimés; il vivait à Genève du produit de quelques leçons de mathématiques. C'est vers l'année 1760 que Lesage conçut le projet d'un télégraphe électrique qu'il établit à Genève en 1774. Cet instrument, qui n'était qu'un appareil de démonstration ou d'essai, se composait de vingt-quatre fils métalliques séparés les uns des autres et noyés dans une substance non conductrice. Chaque fil allait aboutir à un électromètre particulier formé d'une petite balle de sureau suspendue à un fil de soie. En mettant une machine électrique ou un bâton de verre électrisé en contact avec l'un de ces fils, la balle de l'électromètre qui y correspondait était repoussée, et ce mouvement indiquait la lettre de l'alphabet que l'on voulait désigner d'une station à l'autre.

Lesage était en correspondance avec les savants les plus distingués de l'Europe, et particulièrement avec d'Alembert. C'est ce dernier sans doute qui lui suggéra l'idée de faire hommage de sa découverte au grand Frédéric, qui aurait aisément fait la fortune de l'invention. Lesage se proposait en effet d'offrir sa découverte au roi de Prusse ; il avait même préparé la lettre suivante, qui devait accompagner l'envoi de ses instruments :

« Ma petite fortune est non seulement suffisante pour tous mes besoins personnels, mais elle suffit même à tous mes goûts, excepté un seul, celui de fournir aux besoins et aux goûts des autres hommes. Ce désir-là, tous les monarques du monde réunis ne pourraient me mettre en état de le satisfaire pleinement. Ce n'est donc pas au patron qui peut donner beaucoup que je prends la liberté d'adresser la découverte suivante, mais à celui qui peut en faire beaucoup d'usage. »

Mais Frédéric se trouvait à cette époque au milieu des embarras de la guerre de sept ans ; Lesage abandonna son projet.

Cependant l'idée de la télégraphie électrique avait déjà si bien pénétré dans tous les esprits, qu'on la trouve quelques années après, réalisée à la fois en France, en Allemagne et en Espagne. En 1787, un physicien, nommé Lomond, avait construit à Paris une petite machine à signaux fondée sur les attractions et les répulsions des corps électrisés. C'est ce que nous apprend Arthur Young dans son *Voyage en France* :

« M. Lomond, dit-il, a fait une découverte remarquable dans l'électricité. Vous écrivez deux ou trois mots sur du papier, il les prend avec lui dans une chambre, et tourne une machine dans un étui cylindrique au haut duquel est un électromètre avec une jolie petite balle de moelle de plume; un fil d'archal est joint à un pareil cylindre placé dans un appartement éloigné, et sa femme, en remarquant les mouvements de la balle qui y correspond, écrit les mots qu'ils indiquent ; d'où il paraît qu'il a formé un alphabet du mouvement. Comme la longueur du fil d'archal ne fait aucune différence sur l'effet, on pourrait entretenir une correspondance de fort loin, par exemple, avec une ville assiégée, ou pour des objets beaucoup plus dignes d'attention ou mille fois plus innocents : entre deux amants à qui l'on défendrait des liaisons plus intimes. Quel que soit l'usage qu'on en pourra faire, la découverte est admirable. »

En Allemagne, Reiser proposa en 1794 d'éclairer à distance, au moyen d'une décharge électrique, les diverses lettres de l'alphabet, que l'on aurait découpées d'avance sur des carreaux de verre recouverts de bandes d'étain. L'étincelle électrique devait se transmettre par vingt-quatre fils correspondant aux vingt-quatre lettres ; on aurait isolé les fils en les enfermant sur tout leur parcours dans des tubes de verre.

En Espagne, Bettancourt avait déjà essayé en 1787 d'appliquer l'électricité à la production des signaux, en se servant de bouteilles de Leyde, dont il faisait passer la décharge dans des fils allant de Madrid à Aranjuez. Mais quelques années plus tard, la télégraphie électrique était beaucoup plus avancée dans le même pays. En 1796, François Salva établit à Madrid un télégraphe électrique. François Salva était un médecin catalan qui s'était acquis dans la Péninsule une grande réputation par le courage et la persévérance qu'il avait montrés comme propagateur des progrès de la vaccine. Il lutta pendant toute sa vie contre l'ignorance du peuple et l'entêtement des moines. Ce médecin, qui savait, comme on le voit, reconnaître et servir les découvertes utiles, présenta à l'Académie des sciences de Madrid un mémoire sur l'application de l'électricité à la production des signaux. Le prince de la Paix voulut examiner ses appareils, et charmé de la promptitude de leurs effets, il les fit fonctionner lui-même en présence du roi. A la suite de ces essais, l'infant don Antonio, fils de Ferdinand, fit construire, dit-on, un télégraphe de ce genre qui embrassait un espace étendu.

Toutefois, hâtons-nous de le dire, un télégraphe électrique, fondé sur les seuls phénomènes d'électricité que l'on connaissait à la fin du dernier siècle ne pouvait, dans aucun cas, être considéré comme un appareil sérieux. On pouvait en faire une curieuse machine de cabinet, un instrument propre à fournir quelques expériences intéressantes, mais il était impossible de penser à l'appliquer au dehors à une correspondance télégraphique. A cette époque, on n'avait encore découvert que l'électricité *statique,* c'est-à-dire celle qui est dégagée par le frottement et fournie par les machines électriques. Or l'électricité provenant de cette source ne réside qu'à la surface des corps, et tend continuellement à s'en échapper. C'est une électricité animée d'une grande tension, comme on le dit en physique. Il résulte de là qu'elle abandonne ses conducteurs sous l'influence des causes les plus indifférentes; l'air humide, par exemple, suffit pour la dissiper. Un agent aussi difficile à contenir ne pouvait donc, en aucune façon, être utilisé pour le service de la télégraphie. C'est dire assez que toutes les tentatives faites jusqu'à la fin du dernier siècle pour plier l'électricité au besoin de la correspondance durent être frappées d'une impuissance radicale. Après trente ans de travaux inutiles, on abandonna cette idée comme impraticable, on fut contraint de revenir aux signaux formés dans l'espace et visibles à de grandes distances.

C'est à cette époque, c'est à la suite de ces travaux infructueux, que le télégraphe aérien aujourd'hui en usage en Europe fut découvert en France par la patience et le génie de Claude Chappe. Mais avant d'en venir à une découverte qui a si dignement marqué dans l'histoire de la civilisation moderne, il convient de signaler quelques recherches intermédiaires qui l'ont précédée, sinon préparée.

Dans ses *Mémoires sur la Bastille*, le journaliste Linguet revendique l'honneur de la découverte du télégraphe français. Par suite de son humeur agressive et inquiète, Linguet passa, comme on le sait, plusieurs années de sa vie à la Bastille. Dans les loisirs forcés de la captivité, son ardente imagination continuait de se donner carrière. Comme il s'était occupé de tout, Linguet avait fait certaines études sur la lumière; il a même publié quelques pages sur cette question. C'est à la suite de ses observations d'optique qu'il fut conduit à imaginer un plan de télégraphe aérien. Il proposa au gouvernement d'en dévoiler le secret en échange de sa liberté; il ne donnait cependant aucune description de sa machine, disant seulement qu'elle avait beaucoup d'analogie avec un outil très employé dans les ateliers. On ne voulut pas écouter le journaliste, et peu de temps après, le ministère le laissa sortir sans conditions. Une fois dehors, Linguet oublia sa découverte; il ne s'en souvint qu'au bout de plusieurs années, pour revendiquer à l'encontre de Chappe la découverte du télégraphe.

En 1788, l'auteur de l'*Origine des cultes*, François Dupuis, habitait Belleville, tandis que son ami Fortin avait fixé sa résidence à trois lieues de Paris. Pour correspondre avec son ami à travers la distance qui les séparait, il imagina et fit placer au-dessus de sa maison une machine télégraphique. Cette machine devait avoir quelque valeur, car elle subsista longtemps. Cependant, à l'apparition du télégraphe de Chappe, Dupuis la fit enlever.

En Allemagne, un savant de Hanau, nommé Bergstrasser, a consacré sa vie presque entière à la télégraphie. Il a écrit sur ce sujet quelques ouvrages estimés, et a construit un grand nombre d'appareils télégraphiques. Le mérite principal de ses travaux réside dans les perfectionnements qu'il apporta au vocabulaire de la correspondance. Il représentait les mots par des chiffres; seulement, comme le système ordinaire de numération aurait exigé un trop grand nombre de caractères, il faisait usage de l'arithmétique binaire ou quaternaire, qui n'emploie que deux ou quatre signes pour représenter tous les nombres. C'est le système qu'ont adopté plus tard les ingénieurs anglais pour leur télégraphe aérien.

Cependant Bergstrasser se proposait moins de construire un télégraphe que d'expérimenter les divers moyens de transmettre au loin la pensée. Il avait étudié dans cette vue tous les procédés de correspondance imaginés avant lui. Il employait le feu, la fumée, les feux réfléchis sur les nuages, l'artillerie, les fusées, les explosions de poudre, les flambeaux, les vases remplis d'eau, signaux des anciens Grecs, le son des cloches, celui des trompettes et des instruments de musique, les cadrans, les drapeaux mobiles, les fanaux, les pavillons et les miroirs. Nous n'avons pas besoin de faire remarquer tout ce qu'avait d'impraticable la combinaison de tant de moyens différents. L'arithmétique binaire exige que l'on répète un très grand nombre de fois les deux signes qui représentent les différents nombres, lorsque ces nombres sont un peu élevés; il résultait de là que, pour transmettre une phrase de quelques lignes, il fallait reproduire à l'infini le même signal. Si l'on faisait usage du canon ou de fusées, pour une phrase composée d'une vingtaine de mots, Bergstrasser faisait tirer vingt mille coups de canon ou vingt mille fusées. L'excentricité allemande ne perd pas ses droits : Bergstrasser fut un moment sur le point de voir adopter ses vingt mille coups de canon.

Il ne manquait à sa gloire que d'avoir composé un télégraphe vivant. C'est ce qu'il fit en 1787, en dressant un régiment prussien à transmettre des signaux. Les soldats exécutaient les manœuvres télégraphiques par les divers mouvements de leurs bras. Le bras droit étendu horizontalement indiquait le numéro 1; le gauche placé de la même manière, le numéro 2; les deux bras ensemble, le numéro 3; le bras droit élevé verticalement, le numéro 4, et le bras gauche en l'air, le numéro 5. Ces télégraphes animés manœuvrèrent en présence du prince de Hesse-Cassel. Le régiment obtint un succès de fou rire.

A part ces bizarreries, Bergstrasser a rendu à la télégraphie de notables services. Ses calculs pour la combinaison des chiffres représentatifs des mots étaient d'une rare justesse. Sa prévoyance n'était jamais en défaut. Il embrassait même le cas où les interlocuteurs ne pourraient s'apercevoir entre eux, bien qu'ils fussent assez près pour se toucher. Alors il armait leurs mains d'un miroir avec lequel ils dirigeaient les rayons du soleil sur un objet placé à l'ombre; la répétition de ce signal à intervalles fixes était, dans ce cas, la base de l'alphabet.

Un autre original, le baron Bouchercœder fut jaloux de l'une des inventions de Bergstrasser, c'est-à-dire de ses télégraphes animés. Il était colonel d'un régiment de chasseurs hollandais, et en 1795 il dressa ses soldats à des manœuvres télégraphiques. Mais le régiment prit peu de goût à ces exercices, car la moitié déserta, et l'autre moitié entra à l'infirmerie. Au sortir de l'hôpital, les soldats refusèrent de recommencer; le colonel, furieux, alla se plaindre à l'empereur François qui lui rit au nez, ce qui occasionna, dit-on, au savant guerrier une telle colère, qu'il en mourut.

C'est ce même Bouchercœder qui, dans son traité de l'*Art des signaux* imprimé à Hanau en 1795, prétend que la tour de Babel n'avait d'autre objet que d'établir un point central de communications télégraphiques entre les différentes contrées habitées par les hommes.

Ainsi jusqu'à la fin du siècle dernier, l'art télégraphique ne présentait que des principes confus et vagues, entièrement privés de la sanction pratique. Toutes ces idées, dont la plupart sont restées sans application, n'enlèvent donc rien à l'originalité des travaux de Chappe, qu'il est juste de considérer comme le seul inventeur de la télégraphie aérienne.

CHAPITRE III.

L'abbé Chappe. — Ses expériences télégraphiques. — Établissement des premiers télégraphes aériens. — La télégraphie aérienne adoptée en Europe.

Claude Chappe était fils d'un directeur des domaines de Rouen; il était le neveu de l'abbé Chappe d'Auteroche que son dévouement à la science a rendu célèbre, et qui, envoyé par l'Académie des sciences dans les déserts de la Californie pour observer le passage de Vénus sur le disque du soleil, y périt victime du climat de ces contrées. Claude Chappe était né à Brûlon, dans le département de la Sarthe. Cadet d'une famille nombreuse, il entra dans les ordres. Il avait obtenu à Bagnolet, près de Provins, un bénéfice d'un revenu assez considérable qui lui fournissait les moyens de se livrer à son goût pour les recherches de physique. A l'âge de vingt ans, il faisait déjà partie de la Société philomatique, qui commençait à cette époque à prendre beaucoup d'importance.

La révolution française l'arrêta dans ses travaux. Il perdit son bénéfice et retourna à Brûlon au milieu de sa famille, où il retrouva quatre de ses frères, dont trois venaient aussi de perdre leurs places. Dans ces circonstances, il lui vint à la pensée de mettre à profit quelques essais qui remontaient aux premières années de sa vie. Il espéra pouvoir tirer parti, dans l'intérêt de sa famille, d'une sorte de jeu qui avait fourni des distractions à sa jeunesse.

L'abbé Chappe avait été élevé dans un séminaire près d'Angers, tandis que ses frères étaient placés dans une pension à une demi-lieue du séminaire. Pour tromper les ennuis de la séparation et de la solitude, il avait imaginé une manière de correspondre avec eux. Une règle de bois tournant sur un pivot et portant à ses extrémités deux règles mobiles de moitié plus petites, tel était l'instrument qui leur avait servi à échanger quelques pensées. Par les diverses positions de ces règles, on obtenait cent quatre-vingt-douze signaux qu'il était facile de distinguer avec une longue-vue. Claude Chappe pensa que l'on pourrait tirer un certain parti de ces signaux, en les appliquant, sur une échelle étendue, aux rapports du gouvernement avec les villes de l'intérieur et de la frontière. Il proposa donc à ses frères de perfectionner ce moyen de correspondance et de l'offrir ensuite au gouvernement. Il fit adopter ses vues à sa famille, et décida ses frères à le seconder dans ses recherches.

Le système des règles mobiles, qui avait fonctionné heureusement lorsqu'il ne s'était agi que d'une correspondance entre deux points, rencontra des difficultés insurmontables quand on voulut multiplier les stations. On renonça donc à cette combinaison pour essayer l'électricité. Dans ses travaux de physique, l'abbé Chappe s'était surtout occupé d'électricité, et cet agent paraissait satisfaire si bien à toutes les conditions du problème télégraphique, que des essais de cette nature étaient pour ainsi dire commandés. Son cabinet de physique permit d'entreprendre les expériences; mais les frais qu'elles occasionnaient ne tardèrent pas à s'élever si haut, qu'il fallut vendre tous les instruments. D'ailleurs, ces essais, exécutés nécessairement avec l'électricité statique, n'amenaient aucun résultat avantageux.

On en vint alors à se servir d'un corps opaque, isolé dans l'atmosphère et qui, par son apparition et sa disparition successives, indiquait l'instant précis où il fallait marquer le chiffre désigné par deux pendules placées aux deux stations, et parfaitement concordantes entre elles. On put, par ce moyen, correspondre régulièrement et avec une grande promptitude à trois lieues de distance. Ces résultats furent parfaitement constatés par des expériences spéciales dont le procès-verbal existe encore, et qui furent exécutées en présence des officiers municipaux et des notables du pays, au château de Brûlon.

Muni de ces procès-verbaux, l'abbé Chappe vint à Paris vers la fin de 1791, et après bien des difficultés et des démarches, il obtint la permission d'élever un de ses télégraphes sur le petit pavillon de gauche de la barrière de l'Étoile. Deux de ses frères le secondaient dans ces expériences qui donnaient les meilleurs résultats. Mais une nuit plusieurs hommes masqués envahirent le pavillon et enlevèrent le télégraphe.

Cette mystérieuse disparition de leur machine, qui n'a jamais été bien expliquée, découragea les inventeurs et refroidit leur zèle. Ils auraient probablement renoncé pour jamais à l'entreprise sans un événement qui vint leur rendre quelque espoir. L'aîné des frères Chappe fut nommé, par le département de la Sarthe, membre de l'Assemblée législative. Comptant sur le crédit du nouveau député, l'abbé Chappe retourna à Paris, et obtint l'autorisation d'établir un autre télégraphe dans le beau parc que Lepelletier de Saint-Fargeau possédait à Ménilmontant. Ce nouvel appareil consistait en une sorte de grand tableau de forme rectangulaire qui présentait plusieurs surfaces de couleurs différentes, et dont l'axe pivotait de telle sorte que ces surfaces paraissaient et disparaissaient à volonté. Ce n'était pas encore là, comme on le voit, le télégraphe actuel; c'est néanmoins la disposition qui a servi de modèle au télégraphe aérien qui est encore en usage en Angleterre et en Suède.

Les frères Chappe travaillaient avec ardeur à perfectionner et à régulariser le jeu de cet instrument, lorsqu'un matin, au moment où ils entraient dans le parc, ils virent accourir vers eux le jardinier tout épouvanté, qui leur criait de s'enfuir. Le peuple s'était inquiété du jeu perpétuel de ces signaux; on avait vu là quelque machination suspecte, on avait soupçonné une correspondance secrète avec le roi et les autres prisonniers du Temple, et l'on avait mis le feu à la machine. Le peuple menaçait de jeter aussi les mécaniciens dans les flammes. Les frères Chappe se retirèrent consternés.

Cependant Claude Chappe ne se laissa point abattre. Il voulut poursuivre jusqu'au bout une découverte dont la première pensée lui appartenait. Pour la troisième fois, il demanda l'autorisation d'établir, à ses frais, de nouvelles machines, et il l'obtint grâce au crédit de son frère le député. Il disposa donc trois postes, dont l'un fut placé à Ménilmontant, l'autre à Écouen, village à cinq lieues de Paris, et le troisième à Saint-Martin-du-Tertre, à quatre lieues d'Écouen. C'est à cette époque que furent arrêtées entre les frères Chappe les dispositions et les combinaisons du télégraphe actuel. Le mécanisme des trois règles mobiles et le vocabulaire qui se rapporte à ces signaux furent alors mis en pratique pour la première fois.

Quand les stationnaires furent convenablement exercés à toutes les manœuvres de la ligne, l'inventeur demanda au gouvernement l'examen public de son appareil. Un an s'écoula sans amener de réponse. En d'autres temps peut-être ce retard eût été indéfini, et le projet de Chappe, enseveli dans les cartons d'un ministère, serait resté à jamais oublié. Mais à une époque où plusieurs armées, éparses sur divers points du territoire, avaient besoin de pouvoir communiquer librement et rapidement entre elles, un agent de correspondance précieux à tant d'égards devait appeler l'attention des dépositaires de l'autorité publique. Un député, nommé Romme, qui avait quelques notions de sciences, découvrit l'exposé de Chappe dans les bureaux du comité de l'instruction publique. Frappé de la lucidité de ce travail et comprenant son importance, il le signala avec éloge au comité. Nommé rapporteur du projet, le 4 avril 1793, Romme monta à la tribune, le mémoire de Chappe à la main, et obtint de la Convention qu'une somme de six mille francs fût consacrée à l'essai de ce système télégraphique.

Les expériences eurent lieu le 12 juillet suivant.

Daunou et Lakanal, commissaires de la Convention, se tenaient à Saint-Martin, l'un des postes extrêmes, avec Abraham Chappe; Arbogast et quelques autres députés se trouvaient, avec l'abbé Chappe, à Ménilmontant. Les expériences durèrent trois jours. A la distance de sept lieues, toutes les dépêches furent transmises avec une précision et une promptitude extraordinaires. De retour à Paris, les commissaires firent à la Convention un rapport qui détermina l'assemblée à ordonner sans autre retard l'établissement d'une ligne télégraphique de Paris à Lille. L'abbé Chappe fut chargé du soin d'organiser cette première ligne; la Convention crut devoir l'honorer à cette occasion du titre peu euphonique d'*ingénieur télégraphe*.

Les travaux pour la construction de cette ligne durèrent plus d'une année. Nous n'avons pas besoin de dire quels obstacles il fallut surmonter, quelles ressources, quelle activité il fallut déployer dans l'organisation d'un système si nouveau. Ces difficultés ne pouvaient être vaincues que par le courage, la persévérance et l'accord d'une famille intéressée au succès d'une création dont la gloire devait lui revenir tout entière.

La ligne télégraphique fut inaugurée par l'annonce d'une victoire. Dans la séance du 30 novembre 1794, Carnot apporta à la Convention la nouvelle, expédiée par le télégraphe, de la prise de Condé sur les Autrichiens. Aussitôt les applaudissements éclatèrent sur tous les bancs de l'assemblée. La Convention transmit immédiatement cette réponse : « L'armée du Nord a bien mérité de la patrie. » Elle envoya en même temps un décret par lequel le nom de la ville de Condé était changé en celui de *Nord-Libre*. La dépêche, la réponse et le décret furent transmis avec une telle promptitude, que les ennemis crurent que la Convention elle-même siégeait au milieu de l'armée.

En 1798, on construisit la ligne de Strasbourg. En 1799, le Directoire commença la ligne du Midi, qui s'arrêta à Dijon et ne fut pas mise immédiatement en activité. En 1805, Napoléon décréta la ligne de Paris à Milan. Celle de Lyon à Toulon a été construite sous la Restauration. Toutes ces lignes ont été organisées par les frères Chappe, qui furent mis dès le début à la tête de l'administration des télégraphes.

L'abbé Chappe est mort sous l'empire. A la suite d'un dîner de savants où les convives s'étaient un peu animés, il se laissa choir dans un puits qu'il n'avait pas aperçu. Il eut la fin de l'astrologue de la Fable, avec lequel il n'est pas sans avoir eu quelque ressemblance durant sa vie.

Ses deux frères, René et Abraham, restèrent, après lui, à la tête de l'administration jusqu'en juillet 1830, époque à laquelle le gouvernement provisoire les mit à la retraite. Abraham Chappe fut destitué pour avoir refusé, le 31 juillet 1830, de faire passer dans les départements les dépêches du gouvernement provisoire. René Chappe fut renvoyé tout simplement parce que l'on avait besoin de sa place. Il avait cependant prêté serment au gouvernement nouveau, « comme j'en avais prêté dix autres », ajoute-t-il assez piteusement dans sa brochure publiée en 1840 au Mans, où il s'était retiré.

Il faut convenir que, dans cette affaire, la sévérité fut poussée bien loin. Le nom des Chappe était une des gloires de la France; leur découverte avait excité l'envie et l'admiration de l'Europe; leur fortune s'était épuisée dans de longues et dispendieuses études; ils avaient donné à l'administration quarante ans de leur vie : ils avaient bien acquis le droit de mourir à leur poste. Mais si les gouvernements sont ingrats, la conscience publique reste fidèle au souvenir des gloires nationales. Quand on entre dans le cimetière de l'Est, on aperçoit, dans un coin retiré, un monument très simple qui porte pour tout emblème un télégraphe de fonte : c'est la tombe de l'abbé Chappe. Les hommes n'ont pas élevé d'autre monument à sa mémoire; mais celui-là suffira, dans sa simplicité éloquente, pour rappeler le nom du savant laborieux et modeste dont la vie n'a pas été sans influence sur nos destinées contemporaines.

La découverte du télégraphe français produisit en Europe une sensation très vive; tous les peuples étrangers s'empressèrent de l'adopter ou de l'imiter. Notre télégraphe fut établi en Italie et en Espagne. Dans les pays septentrionaux, les brumes particulières à ces climats rendent difficilement visibles les signaux allongés; on préféra se servir de volets mobiles, dont les combinaisons sont assez variées pour offrir une multitude de signaux. On a vu d'ailleurs que Chappe avait pendant quelque temps employé cette disposition. En Angleterre et en Suède, les télégraphes aériens sont construits d'après ce système.

Le télégraphe suédois construit par M. Endelerantz se compose d'un grand cadre offrant des volets placés à égale distance et disposés sur trois rangées verticales; chacun de ces volets est fixé sur un axe mobile; ils peuvent prendre une position horizontale ou verticale; en s'ouvrant ou se fermant de cette manière, ils forment 1,024 signaux qui suffisent aux besoins de la correspondance. Les premiers essais du télégraphe suédois furent faits entre Drottningholm et Stockholm, le 30 octobre 1794. En 1796, on disposa trois télégraphes pour servir à la correspondance des deux bords d'Aland, à la distance de huit lieues.

Le télégraphe suédois était à peine établi, que le gouvernement anglais en adopta un à peu près semblable, qui fut élevé, en 1796, sur l'hôtel de l'Amirauté. C'était une sorte de grille occupée par six volets très rapprochés. Mais cette disposition, qui expose trop aisément à confondre les signaux placés à côté ou au-dessus les uns des autres, jointe d'ailleurs à l'existence habituelle des brouillards sous le climat défavorable de l'Angleterre, empêcha de retirer du télégraphe aérien tous les avantages qu'il procure dans les pays méridionaux. On a prétendu que le premier télégraphe établi à Londres en 1796 ne pouvait servir que vingt-cinq jours au plus dans l'année. Diverses modifications apportées à cet appareil ont amélioré, depuis cette époque, l'état de la télégraphie aérienne, sans l'amener cependant à un degré suffisant de valeur. C'est précisément en raison des insuccès répétés de la télégraphie aérienne que la télégraphie électrique devait plus tard prendre en Angleterre un essor si rapide.

La découverte française se répandit plus lentement en Allemagne. Bergstrasser, qui n'abandonnait pas aisément la partie, dépeça, mutila le télégraphe français, et en fit une machine assez informe qui ne put jamais être employée. Il allait chercher toutes les raisons du monde pour donner le change à ses compatriotes sur le mérite de l'invention française. Et parfois il rencontrait de singuliers arguments : « Au reste, dit-il dans un ouvrage dédié à l'empereur François II, je pense que les Français n'emploient pas leur télégraphe à autre chose qu'à un but politique : on s'en sert pour amuser les Parisiens, qui, les yeux sans cesse fixés sur la machine, disent : *Il va, il ne va pas.* On profite de cette occasion pour détourner l'attention de l'Europe, et en venir insensiblement à ses fins. » Cependant on ne tint pas compte d'aussi bonnes raisons, et le télégraphe de Chappe est le seul appareil aérien qui fonctionne aujourd'hui dans les États allemands.

Le télégraphe aérien fut sur le point de s'installer en Turquie. L'ambassadeur ottoman fit demander pour son souverain un modèle de télégraphe au gouvernement français. Les appareils furent envoyés, mais personne, à Constantinople, ne put réussir à les faire fonctionner.

La découverte de Chappe devait trouver en Égypte un accueil plus heureux. Méhémet-Ali, désireux de doter son pays de cette nouvelle conquête de la civilisation européenne, chargea un ingénieur, M. Abro, d'établir une ligne télégraphique du Caire à Alexandrie. On fit venir de France les modèles, les lunettes d'approche et tous les instruments nécessaires. M. Abro, accompagné de M. Coste, un des ingénieurs du pacha, fit la reconnaissance des lieux et présida à la construction des tours. La ligne télégraphique créée par Méhémet-Ali fonctionne très bien en Égypte; on reçoit en quarante minutes à Alexandrie les nouvelles du Caire, au moyen de dix-neuf stations.

La télégraphie rencontra plus de difficultés en Russie; ce n'est guère qu'en 1834 qu'elle put s'y établir d'une manière définitive. Cependant l'utilité d'un tel agent de correspondance se faisait sentir en Russie plus que dans toute autre partie de l'Europe. L'immense étendue de cet empire est un obstacle continuel à la transmission des ordres envoyés de la capitale; il faut des mois entiers pour les faire parvenir et pour être informé de leur exécution. La distance qui sépare les divers peuples soumis à l'autorité du czar est si considérable, qu'ils ne peuvent former entre eux de relations suivies, et qu'ils sont pour la plupart comme étrangers les uns aux autres. Toutes ces circonstances devaient donner à l'établissement de la télégraphie chez les Russes un prix inestimable. Aussi l'Empereur attachait-il la plus haute importance à cette question. Malheureusement les résultats répondirent mal à son impatience et à ses désirs. Un grand nombre de personnes avaient essayé à Saint-Pétersbourg de construire des télégraphes, mais leurs tentatives avaient été si mal combinées, qu'il en reste à peine des traces. Nous ne connaissons de ces essais infructueux que l'esquisse de machine télégraphique qui fut proposée au czar par l'abbé Haüy, connu par sa méthode d'éducation des aveugles. Dans une brochure publiée en 1805, Haüy annonce: « qu'il vient d'appliquer heureusement sa méthode à la composition d'un système et d'une machine télégraphique dont il a accommodé le service exprès pour l'usage de l'empire de Russie. »

Il est difficile de comprendre comment une méthode imaginée pour des aveugles peut servir à apercevoir des signaux. Cette idée n'eut aucune suite.

Les journaux annoncèrent en 1808 qu'un M. Volque allait enrichir Saint-Pétersbourg d'un télégraphe aérien. Cet appareil devait mal remplir les vues du gouvernement, puisque son auteur crut devoir l'année suivante le transporter à Copenhague. Cependant, en 1809, le consul de Danemarck fit au gouvernement français la demande d'un télégraphe, ce qui ne plaide pas en faveur de l'appareil de M. Volque.

Tous les essais entrepris en Russie pour la création d'une ligne télégraphique avaient donc échoué, et depuis vingt ans une commission officielle, instituée en vue de cette question, n'avait encore rien produit, lorsqu'en 1832, un ancien employé de la télégraphie française vint proposer au czar de doter son empire du moyen de correspondance depuis si longtemps cherché. C'était M. Chatau, qui, au moment de la révolution de juillet, avait été destitué avec Abraham Chappe. Le système qu'il imagina est une modification du télégraphe de Chappe qui a pour principal avantage de diminuer le nombre des signaux. M. Chatau a établi en Russie deux lignes de télégraphie aérienne, l'une de huit postes entre Saint-Pétersbourg et Cronstadt, et une seconde de cent quarante-huit postes entre Saint-Pétersbourg et Varsovie. La première a été ouverte à la fin de février 1834, la seconde en mars 1839.

La ligne télégraphique de Varsovie est la plus étendue de l'Europe; elle a 300 lieues de longueur. Son organisation est entièrement militaire. Chacun des postes renferme une chambre à coucher, une cuisine, deux remises, une cave, une vaste cour, un jardin et un puits. Quatre employés sont attachés au service de chacune des stations. Cette ligne donne d'excellents résultats ; M. de Barante et le général Lamoricière ont rendu témoignage des parfaites conditions du service organisé par M. Chatau. Après avoir doté la Russie de cet établissement remarquable, notre compatriote est rentré en France honoré d'une pension de l'Empereur.

CHAPITRE IV.

Principes du télégraphe aérien. — Mécanisme des signaux. — Vocabulaire. — Inconvénients de la télégraphie aérienne. — Télégraphie de nuit.

« Le télégraphe de Chappe, dit M. Jules Guyot, homme fort compétent en cette matière, est le plus parfait de tous ceux qui ont été inventés soit avant, soit après son établissement. Non seulement il est plus parfait, mais il dépasse encore d'une perfection infinie tous ceux qu'on a essayé d'établir ou qu'on a établis après lui tant en France qu'en Europe (1). »

Essayons de faire comprendre le mécanisme du télégraphe de Chappe et les principes sur lesquels

(1) *De la télégraphie de jour et de nuit*, par le docteur Jules Guyot, p. 31.

repose son vocabulaire. Il est d'autant plus utile d'entrer à cet égard dans quelques détails, que la télégraphie aérienne est encore aujourd'hui un art fort peu connu. On s'imagine en effet qu'elle constitue un des secrets de l'État; c'est une erreur: les principes de la télégraphie n'ont rien de mystérieux; le gouvernement ne réclame que le secret de ses dépêches, qui n'est en rien compromis par la publicité donnée aux règles de cet art.

Le télégraphe proprement dit, ou la partie de la machine qui forme les signaux, se compose de trois branches mobiles : une branche principale de quatre mètres de long, appelée *régulateur*, et deux petites branches longues d'un mètre, appelées *indicateurs* ou *ailes*. Le régulateur est fixé par son milieu à un mât qui s'élève au-dessus du toit de la maisonnette où se trouve placé le stationnaire. Ces branches mobiles sont disposées en forme de persienne, c'est-à-dire composées d'un cadre étroit, dont l'intervalle est rempli par des lames minces, inclinées les unes au-dessus des autres. Cette disposition a l'avantage de donner aux pièces une grande légèreté; elle leur permet auss de résister aux vents et de combattre les mauvais effets de la lumière. Les branches mobiles sont peintes en noir, afin qu'elles se détachent avec plus de vigueur sur le fond du ciel. L'assemblage de ces trois pièces forme un système unique, élevé dans l'espace et soutenu par un seul point d'appui, l'extrémité du mât, autour duquel il peut librement tourner. Les pièces du télégraphe se meuvent à l'aide de cordes de laiton. Ces cordes communiquent, dans la maisonnette, avec les branches d'un autre télégraphe, qui est la reproduction en petit du télégraphe extérieur. C'est ce second appareil que l'employé manœuvre; le télégraphe placé au-dessus du toit ne fait que répéter les mouvements imprimés directement à la machine intérieure.

Le régulateur est susceptible de prendre quatre positions : verticale—horizontale—oblique de droite à gauche—oblique de gauche à droite. Les ailes peuvent former avec lui des angles droits, aigus ou obtus ; ces signaux sont clairs, faciles à apercevoir, faciles à écrire, il est impossible de les confondre.

Voici maintenant les conventions et les principes qui règlent la formation des signaux. Les frères Chappe ont décidé qu'aucun signal ne serait formé sur le régulateur placé dans la situation horizontale ni perpendiculaire; les signaux ne sont valables que quand ils sont formés sur le régulateur placé obliquement. Ils ont encore décidé qu'aucun signal n'aurait de valeur et ne devrait par conséquent être écrit et répété que lorsque, étant formé sur l'une des deux obliques, il serait transporté tout formé soit à l'horizontale, soit à la verticale. Ainsi le guetteur qui voit former le signal le remarque pour se préparer à le répéter, mais il ne l'écrit point ; aussitôt qu'il le voit porter à l'horizontale ou à la verticale, il est certain que le signal est bon, alors il le répète et le note. On appelle cette manœuvre, *assurer* un signal. Cette manière d'opérer a pour but de bien marquer au stationnaire quel est, au milieu de tous les mouvements successifs des pièces du télégraphe, le signal définitif auquel il doit s'arrêter pour le reproduire.

Les diverses positions que peuvent prendre le régulateur et les ailes donnent 49 signaux différents ; mais chaque signal peut prendre une valeur double, selon qu'il est transporté à l'horizontale, ou à la verticale : ainsi 49 signaux peuvent recevoir 98 significations, en partant de l'oblique de droite, pour être affichés horizontalement ou verticalement ; de même pour l'oblique de gauche : ce qui donne en tout 196 signaux. Les frères Chappe ont arrêté que la moitié de ces 196 signaux serait consacrée au service des dépêches, et l'autre moitié à la police de la ligne, c'est-à-dire aux avis et indications à donner aux stationnaires. Les 98 signaux formés sur l'oblique de droite servent à la composition des dépêches, les 98 signaux formés sur l'oblique de gauche sont destinés au règlement de la ligne.

Maintenant, comment ces différents signaux peuvent-ils transmettre l'expression de la pensée? C'est ici que le génie de l'inventeur va se montrer avec toute la simplicité qui le distingue. Les frères Chappe ont consacré 92 des signaux de l'oblique de droite à représenter la série des 92 nombres, depuis 1 jusqu'à 92 ; ensuite ils ont composé un vocabulaire de 92 pages, dont chaque page contient 92 mots. On est convenu que le premier signal donné par le télégraphe indiquera la page du vocabulaire, et que le second signal indiquera le numéro porté dans cette page répondant au mot de la dépêche. On peut ainsi, par deux signaux, exprimer 8,464 mots. C'est là le *vocabulaire des mots*.

Cependant 8,464 mots seraient insuffisants pour traduire toutes les pensées et pour répondre aux cas imprévus ; d'un autre côté, il est des idées qui doivent revenir fréquemment dans le cours de la correspondance; on a donc composé un second vocabulaire, que l'on nomme *vocabulaire des phrases*. Il est formé, comme le précédent, de 92 pages, contenant chacune 92 phrases ou membres de phrases, ce qui donne 8,464 idées. Ces phrases s'appliquent particulièrement à la marine et à l'armée. Il est bien entendu que, pour se servir de ce vocabulaire, le télégraphe doit donner trois signaux : le premier, pour indiquer qu'il s'agit du vocabulaire phrasique; le second, pour indiquer la page du vocabulaire, et le troisième, pour le numéro de cette page.

On a créé enfin sur les mêmes principes un autre vocabulaire, nommé *géographique*, qui porte la désignation des lieux.

Depuis 1830, on a refondu en un seul les trois vocabulaires de Chappe, que l'on a d'ailleurs fort étendus. Les phrases et les mots sont disposés dans un ordre plus simple qui facilite considérablement la composition et la traduction des dépêches. Il est inutile de dire que l'administration a soin de changer très souvent, pour dérouter les observations indiscrètes, la clef du vocabulaire.

Quant aux signaux destinés simplement à la police de la ligne, on comprend que l'emploi de tout vocabulaire serait superflu. Les 192 signaux formés sur l'oblique de gauche, qui ont cette destination, sont connus de tous les employés. Ils expriment les avis que transmet l'administration : l'urgence, le but, la destination de la dépêche, les congés d'une heure, d'une demi-heure, l'erreur commise sur un signal, l'absence d'un employé; en un mot, tous les cas qui peuvent être prévus, depuis l'absence ou le retard d'un stationnaire, jusqu'à la destruction d'un télégraphe par le vent ou la foudre. Ces sortes d'avis parcourent la ligne avec la rapidité de l'éclair, et l'administration est instruite en un clin d'œil de la nature de l'obstacle qu'a rencontré la dépêche et du lieu précis où elle s'est arrêtée.

La France est couverte aujourd'hui d'un vaste réseau de télégraphes aériens, dont l'artère principale, partant de Paris, traverse Dijon et descend jusqu'à Lyon et Avignon, puis, prenant à l'ouest, passe par Montpellier et Toulouse, remonte vers le nord-ouest pour gagner Bordeaux et de là revient à Paris par Poitiers et Tours. Grâce à cette continuité non interrompue, les dépêches d'un point quelconque de cette ligne peuvent atteindre Paris par deux routes différentes, disposition qui peut devenir d'une grande utilité lorsque, par suite d'obstacles ou d'accidents imprévus, la communication se trouve arrêtée sur l'un des points du trajet.

La vitesse de transmission des dépêches varie suivant les lignes. On reçoit à Paris les nouvelles de Calais (68 lieues) en trois minutes, par trente-trois télégraphes; celles de Lille (60 lieues) en deux minutes, par vingt-deux télégraphes; celles de Strasbourg (120 lieues) en six minutes et demie, par quarante-quatre télégraphes; celles de Brest (150 lieues) en huit minutes, par cinquante-quatre télégraphes ; celles de Toulon (267 lieues) en vingt minutes, par cent télégraphes.

Cinquante ans d'expérience ont suffisamment montré toute l'étendue des services que l'on retire de la télégraphie aérienne; cependant cette télégraphie a ses imperfections, et nous devons les signaler. Les signaux se transmettent à travers l'atmosphère, par conséquent ils sont soumis à tous les accidents, à toutes les vicissitudes atmosphériques. Les brouillards, les pluies abondantes, la fumée, le mirage, les brumes du matin et du soir, paralysent le jeu du télégraphe aérien. Claude Chappe avait constaté que, de son temps, le télégraphe ne pouvait parfaitement fonctionner que 2.190 heures durant l'année, c'est-à-dire six heures par jour, terme moyen. Aussi affirmait-il que sur douze dépêches envoyées par les ministres et les autorités à l'administration télégraphique ou aux directeurs du télégraphe en province, six restaient dans les cartons ou étaient envoyées par la poste; trois ne parvenaient à leur destination que six, douze ou vingt-quatre heures après avoir été remises, et trois seulement arrivaient aussi promptement que possible. Cependant, par suite des perfectionnements apportés dans le service depuis cette époque, ces observations de Chappe ont beaucoup perdu de leur vérité, et la pratique démontre que le télégraphe aérien suffit, dans la généralité des cas, à tous les besoins de l'administration.

Le vice fondamental de la télégraphie aérienne ne réside donc pas précisément dans le trouble accidentel que les variations de l'atmosphère apportent au passage des signaux; ce système de télégraphie présente un inconvénient plus sérieux, et que, depuis trente ans, on essaie inutilement de combattre. On devine qu'il s'agit de l'absence des signaux pendant la nuit. Le repos forcé du télégraphe pendant toutes les nuits laisse dans le service une lacune funeste, puisqu'il diminue de moitié le temps de la correspondance. Pendant seize heures sur vingt-quatre en hiver, le télégraphe aérien est condamné à l'immobilité. En mai et septembre, il ne peut fonctionner que douze heures, et durant les jours les plus longs de l'été, il doit encore se reposer huit heures. Aussi toutes les dépêches que l'on apporte au ministère après le coucher du soleil sont-elles forcément renvoyées au lendemain. Alors, le salut d'une armée dût-il en dépendre, l'État fût-il en péril, la révolte eût-elle arboré son étendard triomphant dans nos rues ensanglantées, nulle puissance humaine ne pourrait arracher le télégraphe à son fatal repos. Aux premières ombres du soir il a replié ses ailes; comme un serviteur paresseux, il dort jusqu'au lever de la prochaine aurore. Et cependant de quelle importance n'aurait pas été, en tant d'occasions de notre histoire, l'existence d'une bonne télégraphie nocturne! La bataille ou l'émeute sont suspendues aux approches de la nuit; dans ces heures de silence et de trêve, l'autorité publique a le temps d'organiser ses mesures. Les masses dorment, les chefs doivent veiller; par leurs soins, sous l'ombre protectrice de la nuit, les ordres s'élancent dans toutes les directions avec la rapidité de la pensée, et le lendemain, quand le soleil monte sur l'horizon, la défense est prête ou l'attaque concertée.

Les données fournies par la science montrent sous un autre aspect les avantages de la télégraphie nocturne. La météorologie nous apprend que les nuits limpides sont plus fréquentes que les jours sereins.

Presque tous les phénomènes atmosphériques qui, dans le jour, contrarient la transmission des signaux, perdent leur influence pendant la nuit. Jusqu'au lever du soleil, les fleuves, les bois, les marais, cessent de fournir des vapeurs. Le mirage est nul, les brouillards tombent avec le crépuscule. La nuit abaisse les vapeurs que le soleil avait élevées; la nuit, les villes, les villages, les usines ne répandent plus de fumée. Le refroidissement du soir précipite, il est vrai, l'eau répandue en vapeur dans l'atmosphère, et la résout en un brouillard léger; mais ce phénomène ne se passe qu'à quelques pieds du sol, et n'atteint jamais la hauteur des régions télégraphiques. Il faut remarquer de plus que presque toujours des nuits sereines succèdent à des jours pluvieux, et réciproquement. En supposant donc la télégraphie nocturne établie conjointement avec la télégraphie de jour, il serait difficile que l'intervalle de vingt-quatre heures s'écoulât sans laisser quelques moments favorables au passage des signaux.

Ces considérations ont été si bien appréciées par toutes les personnes qui ont mis la main à l'administration des télégraphes, que depuis trente ans on a fait de continuels efforts pour arriver à créer la télégraphie nocturne. Les frères Chappe n'avaient jamais perdu de vue cet objet capital. Il résulte des recherches assidues auxquelles ils se livrèrent, que le problème de la télégraphie nocturne ne peut se résoudre que par ce moyen : éclairer pendant la nuit les branches du télégraphe ordinaire. Malheureusement les essais pour cet éclairage ont presque tous échoué, et il est aisé de le comprendre, car les conditions à remplir sont aussi nombreuses que difficiles. Il faut que le combustible employé donne une lumière assez intense pour que la distance des postes télégraphiques ne lui fasse rien perdre de son éclat (cette distance est en moyenne de trois lieues); il faut que, sans entretien et sans réparation, cet éclat reste invariable pendant toute la durée des nuits; il faut que la flamme résiste à l'impétuosité des vents et des courants atmosphériques qui balaient les hauteurs; il faut enfin qu'elle suive sans vaciller les branches du télégraphe mises en mouvement par les manœuvres.

La plupart des combustibles essayés ont présenté chacun des inconvénients particuliers. Les graisses, les résines, la bougie, donnent peu de lumière et une fumée abondante qui masque et offusque les branches du télégraphe. Le gaz employé pour l'éclairage de nos rues donnerait une lumière d'une intensité convenable, mais il serait impossible de le distribuer à tous les postes télégraphiques. Selon M. Jules Guyot, l'huile ne soutient pas la flamme dans les mouvements de l'appareil, la lumière vacille et disparaît par intervalles. Le gaz tonnant, c'est-à-dire le mélange explosif des gaz hydrogène et oxygène, fut essayé à l'époque où Napoléon armait le camp de Boulogne et préparait sa descente en Angleterre. Les expériences faites sur la côte de la Manche eurent les plus beaux résultats : le volume de lumière était énorme; au milieu de l'obscurité des nuits, le télégraphe brillait comme une étoile détachée des cieux; mais le maniement de ce mélange explosif pouvait causer des accidents terribles : on renonça à en faire usage.

Plus récemment, M. le docteur Jules Guyot a montré que l'*hydrogène liquide*, combustible nouveau qu'il a découvert, brûlé dans des lampes de son invention, suffirait à toutes les exigences de la télégraphie nocturne. On a trouvé cependant que la pose de ces lampes serait peut-être, par les mauvais temps, très difficile ou même impossible, et par suite de ce fâcheux système qui consiste à exiger qu'une découverte atteigne du premier coup la perfection absolue, le projet de M. Guyot, qui aurait pu offrir à l'État des ressources utiles, a été abandonné. Le problème de la télégraphie nocturne est loin cependant d'être insoluble. Il est résolu en Russie depuis plus de dix ans, puisque la ligne télégraphique de Varsovie à Cronstadt établie par M. Chatau fonctionne de nuit aussi bien que de jour (1).

Toutefois, il faut le dire, les essais de télégraphie nocturne auraient été poursuivis avec plus de persé-

(1) Dans sa petite brochure publiée en 1842 sous le titre de *Télégraphe de jour et de nuit*, M. Chatau donne les détails suivants sur la disposition qu'il a adoptée en Russie pour éclairer le télégraphe pendant la nuit :

« Mes lanternes et mes feux ne laissent rien à désirer. L'huile est le seul combustible employé. Les réservoirs sont à l'abri des froids les plus intenses. Les lampes sont à niveau constant, à mèche plate. Le foyer lumineux ne craint ni la pluie, ni le vent le plus violent, ni les mouvements les plus rapides du télégraphe. Ce foyer se maintient à un degré d'éclat suffisant durant vingt heures, sans demander aucun soin, pourvu qu'on emploie de l'huile bien épurée et de bonnes mèches. Bien que la largeur des mèches ne soit que de 12 millimètres, tous les signaux sont distingués à la distance de 30 kilomètres; ainsi on obtient une très bonne transmission à 12 kilomètres, la plus grande distance qui doive exister sur une ligne télégraphique.

» Si une lanterne s'éteint, le stationnaire le sait à l'instant, et cette lanterne est bientôt rallumée ; mais un pareil accident est extrêmement rare avec mon télégraphe, et je doute qu'il arrive trois fois par an sur une ligne de cent cinquante postes. Les lanternes portent un signe vérance par les inventeurs, accueillis avec plus de faveur par le gouvernement et les chambres, si des conditions capitales et toutes nouvelles n'étaient venues apporter dans la question un élément d'une influence irrésistible. Pendant que la télégraphie aérienne cherchait péniblement à accomplir de nouveaux progrès, la télégraphie électrique avançait à pas de géant dans la carrière. Longtemps délaissée, elle grandissait tous les jours en puissance, et un jour vint où il fallut sérieusement compter avec cette rivale à moitié vaincue et presque oubliée.

CHAPITRE V.

Découverte de l'électro-magnétisme. — Son application au jeu des télégraphes. — Télégraphes de Schilling et d'Alexander. — Découverte de l'aimantation temporaire du fer. — Télégraphe de M. Morse. — La télégraphie électrique aux États-Unis.

Tous les essais entrepris avant les premières années de notre siècle pour appliquer l'électricité au jeu des télégraphes ne s'écartaient guère des conditions d'une

qui indique le côté de Varsovie; chacune d'elles a, excepté aux postes extrêmes, deux réverbères, deux réservoirs et deux foyers. ...... Si un verre se casse (ce qui arrive très rarement), il faut quinze secondes pour enlever la porte dont le verre est cassé, et quinze secondes pour mettre une nouvelle porte, qui est toujours prête; mais les verres sont à l'abri de tout accident, une fois que mes lanternes sont posées au télégraphe. Quelle que soit la rapidité des mouvements du télégraphe, aucune lanterne ne peut s'ouvrir, ni se détacher, ni donner contre un poteau. »

belle utopie philosophique. L'électricité statique est un agent si capricieux, si difficile à manier, que l'on ne pouvait en espérer aucun avantage pour un service régulier et continu. La découverte de la pile de Volta vint changer subitement la face de cette question. On sait que la pile électrique, découverte par Volta en 1800, fournit une source constante d'électricité, électricité sans tension, c'est-à-dire qui n'a aucune tendance à abandonner ses conducteurs. La pile voltaïque offrit donc un moyen de faire agir ce fluide à travers un espace fort étendu sans déperdition pendant le trajet.

Mais pour appliquer l'électricité fournie par la pile de Volta à la transmission de signaux, il fallait trouver un moyen de rendre sensible à distance la présence du fluide, en provoquant, à l'une des stations, une action mécanique, un mouvement quelconque. Parmi les phénomènes auxquels la pile de Volta donne naissance, celui qui attirait le plus l'attention, au début de cette grande découverte, c'était la décomposition de l'eau. Tel est le fait qui fut choisi comme moyen indicateur de la présence de l'électricité dans le circuit. Le télégraphe électrique que le physicien Soëmmering fit connaître en 1811, dans une séance d'Académie de Munich, était fondé sur ce principe. Cet appareil, fort remarquable pour l'époque, offrait les dispositions suivantes. A l'une des stations était établie une pile à colonnes qui constituait la source d'électricité. Cette pile servait à former trente-cinq circuits voltaïques, composés chacun d'un double fil, l'un pour l'aller, l'autre pour le retour du fluide. Sur tout le parcours, ces fils étaient isolés par une enveloppe de soie, et le faisceau résultant de leur ensemble était recouvert d'un vernis isolateur; tous ces fils pouvaient de cette manière être parcourus par le fluide sans s'influencer ni se troubler mutuellement. A l'autre station, ces trente-cinq circuits venaient se rendre chacun dans un petit vase plein d'eau distillée : ces différents vases étaient destinés à représenter les vingt-cinq lettres de l'alphabet allemand et les dix chiffres de la numération. Lorsque, à la station où se trouvait la pile, on faisait passer l'électricité dans l'un des circuits, l'eau se décomposait instantanément dans le vase correspondant placé à la station extrême, et l'on pouvait ainsi désigner à volonté et à travers toute distance les différentes lettres de l'alphabet.

Le projet de Soëmmering eût présenté dans la pratique des difficultés considérables; cependant l'ingénieux physicien, qui en avait conçu l'idée, avait parfaitement saisi, dès cette époque, les avantages de la télégraphie électrique. Soëmmering faisait remarquer dans son mémoire que ce nouveau moyen de correspondance fonctionne de nuit aussi bien que de jour, et que les brouillards ni les nuages ne peuvent retarder son action. Il ajoutait que le télégraphe électrique présente sur le télégraphe aérien une supériorité immense, puisqu'il permet d'exprimer les signaux avec une rapidité incalculable, qu'il fonctionne, sans que rien décèle au dehors le passage des signaux, qu'il n'exige la construction d'aucun édifice particulier, qu'il peut aboutir en tel lieu que l'on veut choisir, enfin, qu'il rend superflu le langage compliqué et le vocabulaire secret de la télégraphie aérienne. Bien qu'il n'eût pas déterminé la vitesse de transmission de l'électricité, Soemmering avait reconnu qu'une différence de deux mille pieds dans la longueur du conducteur n'apportait aucun retard appréciable à la décomposition de l'eau; il concluait de ce fait que l'action de son télégraphe pourrait s'étendre à une distance quelconque sans exiger de stations intermédiaires.

En énumérant les avantages du curieux instrument qu'il avait imaginé, le physicien de Munich montrait qu'il comprenait tout l'avenir de la télégraphie électrique. Seulement, l'appareil qu'il proposait offrait trop d'imperfections pour être adopté dans la pratique. Le fait de la décomposition de l'eau qu'il avait choisi comme l'indice de la présence du fluide, était insuffisant pour remplir un tel objet. Pour satisfaire aux conditions du problème de la télégraphie électrique, il fallait substituer au phénomène faible et obscur d'une action chimique un effet mécanique d'une certaine intensité.

Un intervalle assez long s'écoula avant que la science pût fournir les moyens de satisfaire à cette condition indispensable. Cependant ce dernier pas fut heureusement franchi par la découverte de l'électro-magnétisme. Œrsted observa en 1820 le fait fondamental qui sert de base à l'électro-magnétisme. Ce physicien reconnut qu'un courant voltaïque circulant autour d'une aiguille aimantée agit à distance sur cette aiguille et la détourne de sa position naturelle. Si l'on fait circuler autour d'une aiguille aimantée un courant voltaïque, on voit aussitôt l'aiguille dévier brusquement, osciller pendant quelques instants, et abandonner sa direction vers le nord. La possibilité d'appliquer ce fait remarquable à l'art télégraphique fut bien vite saisie par les physiciens. Voici, par exemple, ce qu'écrivait Ampère le 2 octobre 1820, très peu de temps après la découverte d'Œrsted :

« D'après le succès de cette expérience, on pourrait, au moyen d'autant de fils conducteurs et d'aiguilles aimantées qu'il y a de lettres, et en plaçant chaque lettre sur une aiguille différente, établir, à l'aide d'une pile placée loin de ces aiguilles, et qu'on ferait communiquer alternativement par ses deux extrémités à celles de chaque fil conducteur, une sorte de télégraphe propre à écrire tous les détails qu'on pourrait transmettre, à travers quelques obstacles que ce soit, à la personne chargée d'observer les lettres placées sur les aiguilles. En établissant sur la pile un clavier dont les touches porteraient les mêmes lettres, et établiraient la communication par leur abaissement, ce moyen de correspondance pourrait avoir lieu avec assez de facilité, et n'exigerait que le temps nécessaire pour toucher d'un côté et lire de l'autre chaque lettre (1). »

Cependant les courants voltaïques produisent sur l'aiguille aimantée un si faible effet mécanique, qu'il fut à peu près impossible d'appliquer ce phénomène à l'usage de la télégraphie tant que l'on ne posséda pas le moyen d'augmenter l'intensité de cet effet. Tel est précisément le résultat qui fut obtenu par la découverte du *multiplicateur* ou *galvanomètre*. Le physicien Schweiger reconnut qu'un courant voltaïque circulaire agit par toutes ses parties pour diriger dans le même sens une aiguille aimantée qu'il enveloppe de toutes parts, de telle sorte que si l'on enroule sur lui-même le fil conducteur d'un pile, en l'isolant sur toute

(1) *Annales de chimie et de physique*, t. XV, p. 72.

son étendue par une enveloppe de soie, et que l'on place l'aiguille aimantée au milieu de cet assemblage, on peut produire, avec cent tours par exemple, un effet cent fois plus grand qu'avec un fil d'un seul tour. Le galvanomètre de Schweiger permit donc d'augmenter l'intensité de l'action magnétique d'un courant de manière à la rendre applicable aux usages de la télégraphie.

L'action d'un courant voltaïque s'exerçant, grâce à l'emploi du multiplicateur, sur une aiguille aimantée, ne tarda pas à être mise à profit pour la construction d'un télégraphe électrique. Le télégraphe de Schilling et celui d'Alexander, d'Edimbourg, étaient fondés sur ce principe.

En 1833, le baron Schilling, amateur distingué des sciences, fit à Saint-Pétersbourg plusieurs essais curieux avec un appareil magnéto-électrique. Cet appareil se composait de cinq fils de platine, isolés au moyen de la gomme laque, et contenus dans une corde de soie : ces fils unissaient les deux stations. A la station extrême, se trouvaient cinq aiguilles aimantées placées chacune au milieu d'un multiplicateur. A la station du départ était une espèce de clavier dont chaque touche, en rapport avec l'un des fils, servait à y diriger le courant, et à mettre ainsi en action l'aiguille magnétique correspondante située à la station extrême. Les dix mouvements formés par les cinq aiguilles magnétiques servaient à désigner les dix chiffres de la numération, lesquels, à l'aide d'un dictionnaire spécial, représentaient les divers signaux télégraphiques.

Schilling fit avec ce télégraphe plusieurs expériences sous les yeux de l'Empereur de Russie ; mais la mort de ce savant, survenue quelque temps après, empêcha de continuer les essais sur une échelle plus étendue.

Le télégraphe d'Alexander, d'Édimbourg, qui ne fut exécuté d'une manière définitive qu'en 1837, se composait de trente fils de cuivre venant circuler, à la station extrême, autour de trente aiguilles magnétiques. Quand on frappait, à la station du départ, l'une des touches d'un clavier assez semblable à celui d'un piano, le courant s'établissait dans le fil touché, l'aiguille correspondante était déviée aussitôt, et son mouvement déplaçait un écran qui découvrait la lettre que l'on voulait désigner. On pouvait ainsi montrer à distance, à une personne placée au-devant de l'appareil, les différentes lettres qui composaient les mots d'une dépêche.

Tout le monde voit cependant que ces deux appareils présentaient un vice capital : c'était la nécessité d'employer un grand nombre de fils métalliques pour faire apparaître les lettres de l'alphabet. On ne pouvait songer à introduire dans la pratique une combinaison si compliquée. Ainsi, le problème n'était pas encore résolu, et pour atteindre son point de perfection, la télégraphie électrique réclamait de nouvelles découvertes dans les propriétés de l'agent électrique : ces découvertes ne se firent pas attendre.

M. Arago observa, en 1820, ce fait fondamental, que l'électricité circulant autour d'une lame de fer doux, c'est-à-dire de fer parfaitement pur, communique à ce métal les propriétés de l'aimant. Si l'on enroule autour d'une lame de fer doux un long fil de cuivre, recouvert sur toute son étendue d'une enveloppe de soie, substance non conductrice de l'électricité, afin d'isoler les différentes parties du conducteur et d'empêcher l'électricité de passer de l'une des spires à l'autre, — et que dans ce fil on fasse passer un courant électrique, en mettant ses deux extrémités en communication avec une pile en activité, — aussitôt la lame de fer doux qui n'a, comme on le sait, aucune de propriétés de l'aimant, acquiert ces propriétés d'une manière instantanée, elle devient un aimant artificiel, et peut, comme l'aimant naturel, attirer un morceau de fer placé à une certaine distance. Si l'on suspend le passage de l'électricité dans le fil entourant le fer doux, c'est-à-dire si l'on interrompt sa communication avec la pile, le fer doux perd aussitôt son aimantation, il revient à son état naturel, et le morceau de fer, un moment attiré, retombe aussitôt. Tel est l'important phénomène que l'on désigne en physique sous le nom d'*aimantation temporaire*. Ce qu'il y a de très remarquable dans ce fait, c'est la prodigieuse rapidité avec laquelle le fer doux peut successivement recevoir et perdre l'aimantation. Aucun intervalle appréciable ne peut être saisi entre le moment où l'électricité s'introduit dans le conducteur et celui où l'aimantation commence : la communication n'est pas plutôt établie entre le fil conducteur et la pile, que l'on voit se manifester l'attraction magnétique ; dès que la communication est suspendue, le fer revient à son premier état ; de telle sorte que, dans une seconde par exemple, on peut produire plusieurs fois, dans le fer doux, ces alternatives d'aimantation et d'état naturel.

Tous les appareils de télégraphie électrique qui fonctionnent aujourd'hui sont fondés sur ce grand fait de l'aimantation temporaire du fer par les courants électriques. Le lecteur va comprendre comment on peut se servir de ce phénomène pour produire à travers toutes les distances un effet mécanique, et résoudre ainsi le problème général de la télégraphie électrique.

Supposons qu'il s'agisse d'établir une communication électrique entre Paris et Rouen. Plaçons à Paris une pile voltaïque en activité, étendons jusqu'à Rouen le fil conducteur de la pile, et enroulons à Rouen l'extrémité de ce fil conducteur autour d'une lame de fer doux. Le fluide électrique, circulant autour de la lame de fer, l'aimantera, et si l'on place au-devant de cette lame ainsi artificiellement aimantée un disque de fer mobile, aussitôt ce disque sera attiré et viendra se coller contre l'aimant. Maintenant, que l'on interrompe le courant électrique, en supprimant la communication du fil conducteur avec la pile, aussitôt la lame de fer doux revient à son état habituel, elle cesse d'être aimantée, elle n'attire plus le disque de fer. Or, si pour se porter vers l'aimant, la pièce de fer a eu à vaincre la résistance d'un petit ressort, comme on le voit dans la figure ci-dessous, dès que le courant sera

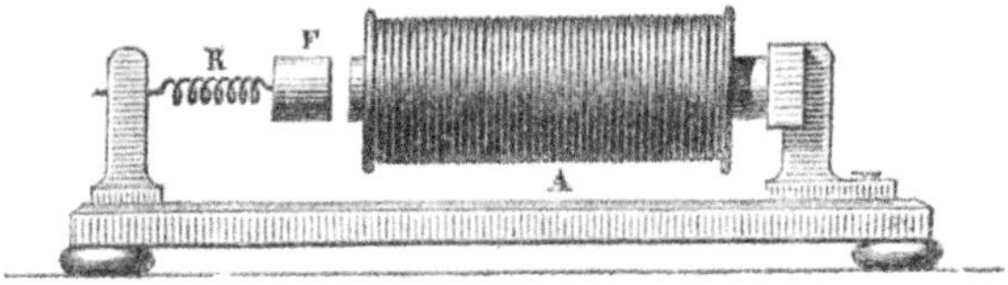

interrompu, le ressort R ramènera la pièce de fer mobile F à sa position primitive, car la puissance de l'électro-aimant A ne contre-balancera plus la tension du ressort. Ainsi, chaque fois que l'on établira et que l'on interrompra le courant, la pièce de fer sera portée en avant, puis repoussée en arrière; par la seule action de la pile, on pourra exercer de Paris à Rouen une action mécanique qui donnera naissance à un mouvement de va-et-vient.

Ainsi l'aimantation temporaire du fer par un courant électrique donne le moyen d'exercer, à travers l'espace, un mouvement d'attraction et de répulsion; la pile de Volta permet, à travers toute distance, de mettre un levier en mouvement. Tel est le principe fondamental de la télégraphie électrique. En effet, ce mouvement de va-et-vient une fois produit, la mécanique nous offre vingt moyens différents d'en tirer parti pour l'appliquer au jeu des télégraphes.

Rien de plus varié que les procédés que l'on a mis en œuvre pour utiliser cette action mécanique; les nombreuses combinaisons imaginées pour l'application de l'électricité à l'art des signaux ont donné naissance à autant de télégraphes particuliers, qui, bien qu'identiques dans leur principe, diffèrent cependant beaucoup entre eux par les détails de leur mécanisme. Nous n'entreprendrons pas de décrire en particulier chacun de ces instruments. Les personnes que cette question intéresse trouveront la description des divers appareils de ce genre dans l'excellent ouvrage publié sur cette matière par M. Moigno (1). Il nous suffira d'exposer, selon l'ordre historique, la constitution des systèmes de télégraphie électrique

(1) *Traité de télégraphie électrique* par M. Moigno, 1852, 1 vol. in-8, 2e édition.

établis successivement aux État-Unis, en Angleterre, en Allemagne et en France.

Le télégraphe électrique qui fonctionne depuis huit ans aux États-Unis a été imaginé et construit par M. Samuel Morse, professeur à l'université de New-York. M. Morse a été longtemps regardé comme le premier inventeur du télégraphe électrique ; cette gloire lui est cependant disputée aujourd'hui par de nombreux rivaux. On nous permettra de ne pas toucher ici à cette question de priorité débattue avec passion de part et d'autre. Il est bon, il est juste de rapporter à leur véritable auteur la gloire de ces découvertes immortelles qui changeront un jour les destinées de l'humanité ; mais quand une question de ce genre est obscure, complexe, hérissée de difficultés de tout genre, il est permis d'en suspendre l'examen. M. Wheatstone disait, en 1838, qu'il avait recueilli pour sa part les noms de soixante-deux prétendants à la découverte du télégraphe électrique. Jusqu'à plus ample informé, nous nous en tiendrons aux allégations de M. Morse, en laissant toutefois reposer sur lui la responsabilité de ses assertions.

M. Morse, qui prétend à l'honneur d'avoir le premier conçu l'idée de la télégraphie électrique telle qu'elle est établie aujourd'hui, assure qu'il imagina son télégraphe le 19 octobre 1832. Il revenait de France aux États-Unis, à bord du paquebot *le Sully*. Dans une conversation avec les passagers, on parla d'une expérience de Franklin, qui avait vu l'électricité franchir, dans un instant inappréciable, la distance de deux lieues. Il lui vint aussitôt en pensée que, si la présence du fluide pouvait être rendue visible dans une partie du circuit voltaïque, il ne serait pas difficile de construire un système de signaux par lesquels une dépêche serait transmise instantanément. Pendant les loisirs de la traversée, cette idée grandit dans son esprit; elle devint fréquemment l'objet des conversations du bord. On opposait à M. Morse difficultés sur difficultés; il les surmontait toutes. Au terme du voyage, le problème pratique était résolu dans sa pensée. En quittant le paquebot, il s'approcha du capitaine William Pell, et lui prenant la main :

— Capitaine, dit-il, quand mon télégraphe sera devenu la merveille du monde, souvenez-vous que la découverte en a été faite à bord du *Sully*.

Une semaine après son retour, M. Morse s'occupa de soumettre à l'expérience son nouveau système de télégraphie. Cependant, en raison de difficultés aisées à concevoir, ce ne fut que cinq ans après qu'il put faire fonctionner ses appareils. Les premières expériences publiques qu'il exécuta, à l'invitation du Congrès des États-Unis, eurent lieu le 2 septembre 1837, sur une distance de quatre lieues, en présence d'une commission de l'Institut de Philadelphie et d'un comité pris dans le sein du Congrès. Sur les rapports favorables de ces deux commissions, le Congrès, par un acte passé le 3 mars 1843, accorda à M. Morse une somme de 30,000 dollars (150,000 francs) pour de nouvelles expériences sur une échelle plus étendue. C'est à la suite de ces derniers essais, dont les résultats furent sans réplique, que le système télégraphique de M. Morse fut établi tel qu'il existe aujourd'hui aux États-Unis.

Nous donnerons ici la description du télégraphe électrique américain.

Le télégraphe américain est construit de manière à écrire lui-même les dépêches qu'il transmet : c'est un *télégraphe écrivant*. Les dispositions à l'aide desquelles M. Morse est parvenu à ce résultat se trouvent indiquées dans la figure ci-jointe ; on a seulement supprimé dans cette figure quelques parties accessoires, afin de montrer dans tout leur jour les pièces essentielles du mécanisme.

AA, représente un électro-aimant double ; chacun de ces deux électro-aimants se compose, comme on l'a dit plus haut, d'un long fil de cuivre recouvert de soie, enroulé un grand nombre de fois autour d'une lame de fer doux, laquelle doit s'aimanter par l'action du courant voltaïque. Au-dessus, et à une faible distance de l'aimant, se trouve placé un morceau de fer C D E offrant à peu près la forme d'un fer à cheval: c'est la lame de fer qui doit être attirée par l'électro-aimant quand l'électricité circulera dans le conducteur. A ce fer à cheval se trouve lié un levier métallique horizontal D F H. Quand l'électricité circule dans le fil, ce fer à cheval est instantanément attiré et vient se mettre en contact avec la petite plate-forme métallique C B E, qui fait partie de l'électro-aimant. Par suite de cette attraction, le levier horizontal D H bascule autour du centre auquel il est fixé; pendant que son extrémité D s'abaisse, son extrémité libre H s'élève. Or, au-dessus de ce levier, en regard et presque en contact avec une pointe H que l'on a garnie d'un crayon, se trouve disposée une bande de papier. Par suite de son mouvement d'élévation, sous l'influence de l'attraction magnétique, le crayon H vient donc se mettre en contact avec le papier, et peut y laisser une empreinte Si l'on suspend le passage de l'électricité à travers les spires de l'électro-aimant, l'aimantation cesse, le fer de cheval C D E n'est plus attiré. Mais le levier D H, qui fait suite à l'électro-aimant, est muni à sa partie inférieure d'un long ressort d'acier F I, agissant en sens contraire de l'électro-aimant et qui, par son élasticité, a pour effet d'abaisser le levier D H, et par conséquent de relever le fer à cheval C D E et de le ramener à sa position primitive, dès que l'influence électro-magnétique ne contre-balance plus sa propre traction. Ainsi, ces deux effets, d'une part l'attraction magnétique, d'autre part le ressort d'acier, s'exerçant chacun d'une manière alternative, ont pour résultat d'imprimer au crayon H un mouvement successif d'élévation ou d'abaissement et de le mettre successivement en contact avec le ruban de papier qui entoure le rouleau G. Or, grâce à une combinaison ingénieuse, le ruban de papier qui passe sur le rouleau G est une sorte de lanière continue qui, à l'aide de rouages d'horlogerie, marche continuellement et vient ainsi présenter à l'action du crayon les différentes parties de sa longueur. Par les contacts successifs du crayon avec ce ruban de papier mobile, on peut donc former sur le papier une série de points ou de signes.

Le mécanisme destiné à produire la marche continuelle du ruban de papier se trouve indiqué dans la figure que le lecteur a sous les yeux, qui représente dans

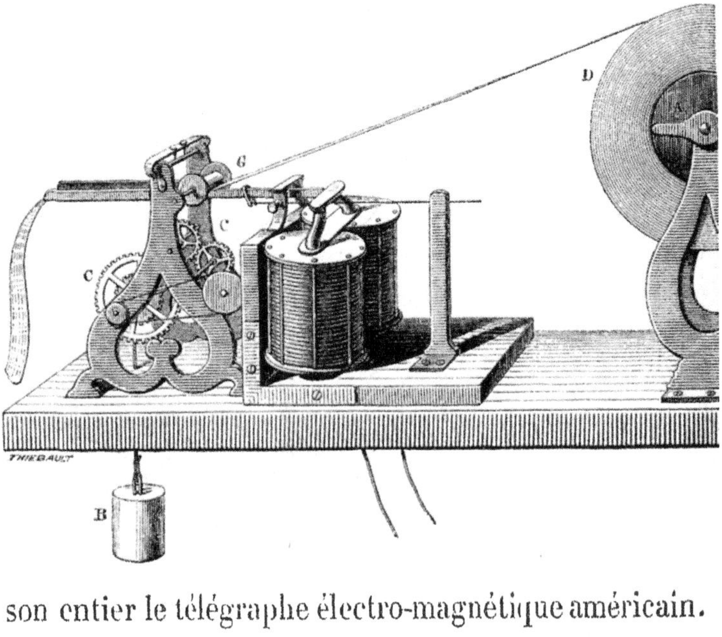

son entier le télégraphe électro-magnétique américain.

A, est un cylindre de bois mobile autour de son centre. Sur ce cylindre se trouve enroulée toute une provision de papier D, coupée en un ruban mince et continu et dont l'extrémité vient passer sur la poulie G. Le poids B met continuellement en action les rouages d'horlogerie CC qui font tourner la poulie G et ont pour effet d'attirer et de dérouler peu à peu le papier disposé au tour du cylindre de bois A, et de faire ainsi marcher constamment ce papier autour de la poulie et au-devant du crayon.

On comprend maintenant comment le crayon du télégraphe peut imprimer une série de marques sur le papier quand le courant est successivement établi ou interrompu. Il reste à indiquer comment on peut à volonté provoquer ces alternatives du courant voltaïque, et produire ainsi les mouvements du crayon. Voici la disposition qui fut d'abord employée par M. Morse pour obtenir ce résultat.

La pile était placée à la station du départ, le télégraphe à la station opposée : le conducteur réunissait les deux stations. A la station du départ, le fil électrique était interrompu sur un point de son trajet à une petite distance de la pile, et les deux extrémités disjointes du fil conducteur venaient plonger dans une coupe pleine de mercure. Pour établir le courant voltaïque, il suffisait de plonger les deux extrémités disjointes du conducteur dans la coupe remplie de mercure, ce qui donnait une communication instantanée; pour interrompre le courant, on retirait hors de la coupe les deux extrémités du fil.

Il est facile de comprendre que le courant voltaïque établi ou interrompu par ce moyen, permet de tracer à distance des signes sur le papier mobile placé à la station extrême. En effet, quand on établit le courant, en plongeant dans la coupe de mercure les deux extrémités du fil conducteur, la pièce de fer dans l'appareil télégraphique représenté page 178, est aussitôt aimantée; elle attire le levier CDE et, par ce mouvement, le crayon, en s'élevant, vient porter sur le papier tournant; quand le circuit est interrompu, le magnétisme disparaît et le crayon s'éloigne du papier. Lorsque le circuit est ouvert et fermé rapidement, il se produit sur le papier de simples points; si au contraire il reste fermé pendant un certain temps, la plume trace une ligne d'autant plus longue que la durée du circuit a été plus prolongée; enfin, rien n'est tracé sur le papier tant que le courant est interrompu. Ces points, ces lignes et ces espaces blancs conduisent à une grande variété de combinaisons.

Les caractères télégraphiques adoptés par M. Morse, pour représenter les lettres de l'alphabet, sont les suivants:

Lettre	Signe
A	.—
B	—...
C	.. .
D	—..
E	.
F	.—.
G	——.
H	....
I	..
J	—.—.
K	—.—
L	——
M	——
N	—.
O	. .
P	.....
Q	..—.
R	. ..
S	...
T	—
U	..—
V	...—
W	.——
X	.—..
Y	.. ..
Z	... .
ETC.	. ...

Cependant l'emploi de la coupe de mercure pour établir ou interrompre le courant électrique, présentait dans la pratique certaines difficultés. M. Morse a remplacé cette partie de l'appareil par un instrument plus simple que nous représentons dans la figure qui suit. Il se compose d'une sorte de petite enclume métallique A, dont le bout inférieur placé au-dessous de la plate-forme B C est soudé au fil conducteur de

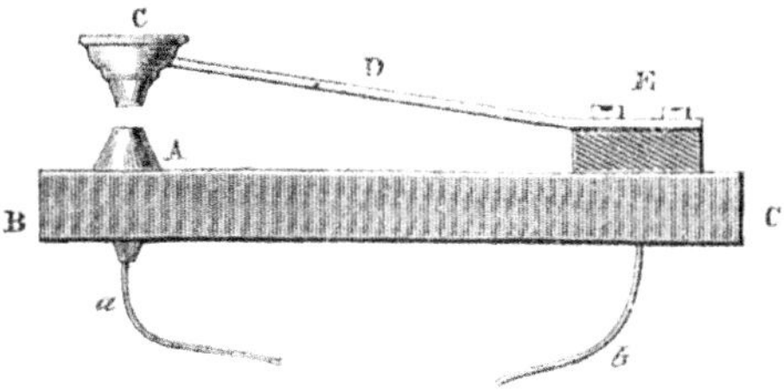

la pile *a*, et d'une sorte de marteau métallique C, fixé à l'extrémité d'un ressort d'acier D, soudé lui-même au bloc métallique E ; le fil de la pile *b*, qui sert à compléter le circuit, est soudé à ce dernier bloc métallique. Lorsque le marteau repose sur l'enclume, le courant voltaique est établi ; il est au contraire suspendu quand le marteau est séparé de l'enclume par l'action du ressort qui tend constamment à le soulever. Il suffit donc de toucher légèrement le marteau avec le doigt pour établir le courant, et de retirer le doigt pour l'interrompre. Ce petit instrument est aujourd'hui le seul employé par M. Morse comme *clef* du télégraphe, c'est-à-dire pour former, par l'établissement ou l'interruption du courant, la série de signes qui correspondent aux lettres de l'alphabet.

Dans le premier modèle du télégraphe américain, on se servait, pour tracer les signes sur le papier, d'un crayon de mine de plomb. Comme il fallait à chaque instant aiguiser ce crayon, on le remplaça par une plume à laquelle un réservoir fournissait constamment de l'encre. Cette plume donna d'assez bons résultats, mais l'écriture était confuse; d'ailleurs, si l'instrument s'arrêtait quelque temps, l'encre s'évaporait et laissait dans la plume un sédiment qu'il fallait retirer avant de la mettre de nouveau en activité. Ces difficultés forcèrent l'inventeur à chercher d'autres manières d'écrire. Après beaucoup d'expériences, il s'arrêta à l'emploi d'un levier d'acier à trois pointes, qui imprime sur le papier tournant des traces nettes et durables. Ces pointes métalliques laissent sur le papier, qui est très épais, des marques qui ne le percent pas, mais qui s'y impriment en relief, comme les caractères à l'usage des aveugles (1).

C'est au mois de mai 1844 que fut établie, aux États-Unis, la première ligne télégraphique entre Washington et Baltimore, sur une longueur de seize lieues. Elle transmit avec tant de rapidité les nouvelles relatives à l'élection du président, que tout le monde fut dès ce moment convaincu des immenses avantages de ce nouveau moyen de communication. Tout aus-

(1) L'emploi du crayon est cependant bien préférable à celui des pointes d'acier, auxquelles M. Morse a été contraint d'avoir recours, par suite de la difficulté qu'il a éprouvée à faire retailler le crayon à mesure qu'il s'use par le travail. M. Froment a parfaitement résolu cette difficulté. Il a construit un appareil de ce genre portant un crayon qui se taille lui-même en écrivant, parce qu'il tourne continuellement sur son axe, tout en exécutant ses mouvements; ce frottement contre le papier use le crayon dans le sens convenable pour l'entretenir constamment lié. Les signes formés par ce télégraphe présentent la forme suivante :

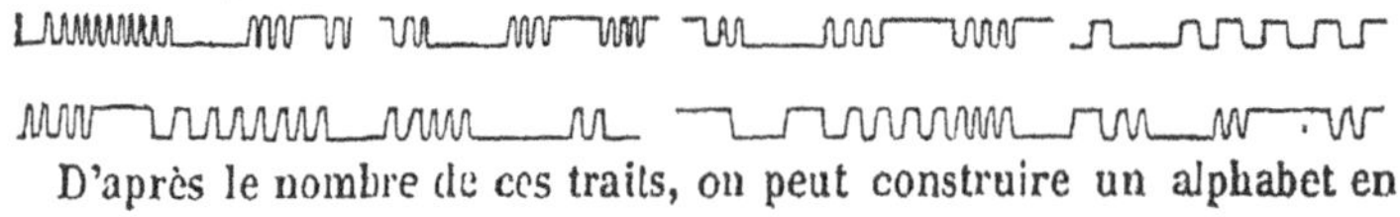

D'après le nombre de ces traits, on peut construire un alphabet en chiffres qui suffit à toutes les nécessités de la correspondance.

sitôt, se formèrent plusieurs compagnies particulières pour doter le pays de cet inappréciable bienfait. La ligne de Washington à Baltimore fut bientôt prolongée jusqu'à Philadelphie et New-York, sur une étendue de cent lieues. En 1845, elle atteignait Boston, et formait la grande ligne du Nord sur laquelle d'autres lignes vinrent plus tard s'embrancher.

Le réseau télégraphique embrasse aujourd'hui aux États-Unis un territoire immense; il relie le golfe du Mexique aux forêts du Canada. L'une des lignes télégraphiques partant de Burlington-Vermont, sur la frontière du Canada, traverse Boston, New-York et Washington, en passant par Baltimore et Philadelphie; elle parcourt la Virginie, la Caroline, la Géorgie, et descend par Richemond, Raleigh, Colombia, Augusta et Mobile jusque vers le golfe du Mexique, et jusqu'à l'embouchure du Mississipi, qu'elle atteint à la Nouvelle-Orléans. Une seconde ligne principale part de cette dernière ville et remonte les vallées du Mississipi et de l'Ohio jusqu'à Louisville. Quelques autres partent des côtés de l'Océan pour se diriger vers le centre du pays, en remontant vers les grands lacs qui le bornent au nord. La ligne de Burlington-Vermont présente une étendue considérable, en raison de la grande distance qui sépare les diverses villes qu'elle embrasse. Entre Burlington-Vermont et Boston, elle a 116 lieues à parcourir; entre Boston et New-York, 102 lieues; entre New-York et Washington, 137 lieues; entre Washington et Colombia, 205 lieues; entre Colombia et la Nouvelle-Orléans, 485 lieues. La ligne de la Nouvelle-Orléans à Louisville présente, y compris les embranchements, une étendue de 460 lieues.

Voici d'ailleurs le relevé exact de l'état des lignes de télégraphie électrique dans l'Union américaine au mois de juillet 1849 :

	Milles (1).
De Washington à la Nouvelle-Orléans, par Richmond.	1716
De Washington à New-York, par Baltimore et Philadelphie	245
De Washington à New-York, par Frederik (Maryland). .	45
De Harpers-Ferry à Vinchester (Virginie).	32
De Baltimore, par Pitsburg et Wheeling, à Cumberland.	324
De Baltimore à Harrisburg, par York.	72
De York à Lancaster, par Colombo.	22
De Philadelphie à Levistown (Delaware).	12
De Philadelphie à New-York.	120
De Philadelphie à Pitsburg, par Harrisburg.	309
De Philadelphie à Pottsville, par Reading	98
De Reading à Harrisburg.	51
De New-York à Boston, par Newhaven et Spingfield . .	240
De New-York à Buffalo, par Troy et Albany.	500
De New-York à Fredonia (sur le lac Érié), Newburg, Orégon, etc.	450
De Bridgeport (Connecticut) à Bennington, par Pittsfield	150
De Boston à Newbury-Port, par Saleno.	34
De Boston à Portland, par Dover.	110
De Vorcester à New-Bedfort, par Providence.	97
De Vorcester à New-London, par Norwich	74
De Portland à Calais (Maine)	260
De Calais à Saint-John (New-Brunswick).	75
De Troy à Witehall, par Salem.	72
De Troy à Montréal (Canada), par Rutland et Burlington	278
De Syracuse à Oswego (New-York).	38
De Auburn à Elmira par Ithaca	75
De Binghampton à Ithaca, par Owego	48
De Buffalo à Queenstown (Canada), par Lockport. . .	48
De Buffalo a Milwankie (Wisconsin), par Érié, détroit de Chicago.	812
A reporter. .	6407

(1) Le mille américain vaut 1609,3 mètres,

Report. .	6407
De Queenstown à Montréal, par Toronto et Kingston .	466
De Montréal à Québec (Canada).	180
De Cleveland à Pittsburg, par Alkom (Ohio).	150
De Pittsburg à Cincinnati, par Colombo.	310
De Pittsburg à Columbia (Tenessée), par Wheeling. . .	680
De Columbia à Memphis (Tenessée)	205
De Columbia à la Nouvelle-Orléans, par Tusorembia et Natchez	638
De la Nouvelle-Orléans à Balise,'embouchure du Mississipi	90
De Colombo à Chillicote (Ohio).	45
De Cincinnati à Maysville, par Riplay.	60
De Cincinnati à Saint-Louis, par Vincennes.	410
De Saint-Louis à Chicago, par Alton	330
De Alton à Galena, par Quincy.	380
De Québec à Halifax	700
Total.	11051

milles, ou 4446 lieues de France.

Il faut ajouter, comme renseignement plus récent, qu'il résulte d'un rapport adressé en novembre 1852, par M. Jules Coutin, au Ministre de l'intérieur à Paris, que la longueur totale des lignes de télégraphie électrique dans les États-Unis et le Canada est de 19,000 kilomètres (4,750 lieues de France). Ce réseau met en communication environ 550 centres de population, grands ou petits.

Depuis l'année 1845, dans tous les états de l'Union américaine, le télégraphe électrique a été mis à la disposition du public. Au mois de décembre 1844, M. Morse écrivait au Congrès des États-Unis pour l'engager à s'emparer du télégraphe électrique dans un but d'intérêt général, et comme source importante de revenu pour le trésor. Quelques mois après, le *Comité des routes*, dans un rapport au Congrès, concluait au monopole du télégraphe électrique par l'État, en le considérant comme une branche nouvelle du *post-office* (poste aux lettres), et par suite, comme un cas prévu par la Constitution. Mais l'existence d'un tel monopole ne s'accordait pas avec les habitudes et les mœurs libérales de la république américaine. Le Congrès rejeta cette proposition, et abandonna à la concurrence industrielle l'exploitation du service général de la nouvelle télégraphie; le gouvernement se réserva seulement l'usage d'un ou de deux fils sur les lignes établies. Aussi la concurrence n'a-t-elle pas tardé à multiplier singulièrement le nombre des lignes et à perfectionner les appareils; entre certaines villes, il existe quelquefois deux ou trois établissements rivaux pour l'exploitation de la correspondance électrique. Grâce à ces circonstances, la télégraphie électrique a pris aux États-Unis un développement rapide et, depuis plusieurs années, elle rend au commerce, à l'industrie, aux relations privées des citoyens, des services qui sont de tous les jours et de tous les instants. Grâce à cet agent merveilleux, les commerçants américains sont instantanément informés du départ et de l'arrivée des navires dans les ports de l'Océan, des mercuriales, du prix des cotons et des cafés dans les différentes villes du littoral et de l'intérieur. Les producteurs du pays qui expédient des blés, des cotons, des bestiaux et des fourrures, par les fleuves l'Ohio et le Mississipi, sont avertis, pendant tout le cours de cette longue navigation, des différentes particularités et des accidents qui peuvent signaler le voyage, des variations du temps pendant la traversée, et du moment précis de l'arrivée des bateaux. Les particuliers ont très fréquemment recours au télégraphe électrique; cet instrument est ponr eux une seconde poste aux lettres, qui souvent n'est guère moins occupée que son aînée. Aussi la plupart des lignes télégraphiques, surtout dans les villes importantes, telles que New-York, Boston et Washington, sont-elles presque toujours employées au service public; il faut souvent attendre plusieurs heures son tour de transmission, et il arrive quelquefois que les bureaux doivent rester ouverts une partie de la nuit. Les journaux américains, si nombreux et si utilement remplis, donnent chaque jour un grand nombre de renseignements arrivés par la même voie. Il est même assez remarquable que, grâce au télégraphe électrique, les nouvelles d'Europe sont connues à New-York deux jours avant l'arrivée du bateau-poste d'Europe, et voici comment: en arrivant en Amérique, le paquebot touche à Halifax; là, on fait rapidement un résumé des nouvelles qu'il apporte, et ce résumé, immédiatement transmis à New-York par le télégraphe électrique, arrive par conséquent dans cette dernière ville avant le paquebot lui-même, qui doit employer deux jours pour cette dernière traversée.

Un voyageur anglais, M. Vatkin, a publié récemment, en Angleterre, un ouvrage plein d'intérêt sur les divers états de l'Union américaine; cet ouvrage renferme, au sujet de la télégraphie électrique, quelques renseignements curieux que nous reproduisons:

« Le télégraphe électro-magnétique, dit M. Vatkin, a opéré partout une révolution, mais aucun pays n'a éprouvé ses effets comme l'Amérique; aucun autre ne possède une aussi longue ligne télégraphique, et ne peut se vanter d'autant de bon marché et de régularité dans la transmission des dépêches. Chez nous, le télégraphe a été jusqu'à présent l'instrument de la bourse, l'esclave des commerçants et des riches, plutôt qu'un agent universel employé par toutes les classes de la population.

» J'ai vu avec intérêt les grandes perches rouges ou blanches, surmontées par des isoloirs, liées ensemble par de longues lignes de fils télégraphiques, et plantées comme des arbres dans les principales rues de New-York, de Boston, de Philadelphie, de Baltimore. A travers les forêts, loin de toute contrée défrichée, le long des chemins qui sortent en droite ligne des bois pendant plusieurs milles, il y avait aussi de simples perches et un seul petit fil s'élançant au loin dans l'espace, il y avait des fils sous et sur les rivières, à travers les prairies et sur les montagnes. Le fil télégraphique simple, élevé au prix de 20 à 30 livres par mille, chemine partout en avant de la population, sorte de pionnier de la civilisation.

» Il y a maintenant plus de 11,000 milles de ligne télégraphique aux États-Unis. Vous pouvez transmettre une dépêche de Québec à Montréal au nord, à la Nouvelle-Orléans au midi (distance de 2,000 milles, ou de 4,000, aller et retour), et vous avez la réponse dans deux heures environ, tout compris. Vous pouvez écrire par le télégraphe de New-York à Fond-du-Lac, à Wisconsin (distance télégraphique de 1,500 milles, ou 3,000, aller et retour), et recevoir la réponse dans une heure, tout compris. En Amérique, on se sert du télégraphe pour vendre, pour acheter, pour commander son lit dans les hôtels, pour faire venir de chez soi son linge propre, pour tous les besoins domestiques urgents; c'est comme une baguette magique au moyen de laquelle les parents et les amis éloignés peuvent se parler, comme s'ils etaient à leur fenêtre ou à leur porte. Une vieille femme, mère d'un laboureur de Wisconsin, me demandait, sur le bateau à vapeur du lac Érié, de m'informer si le télégraphe allait jusqu'à Fond-du-Lac. Elle était venue seule de quelque lieu écarté du Maine, et se rendait à Fond-du-Lac pour rejoindre son fils; elle désirait lui écrire par le télégraphe de New-Buffalo, sur la côte orientale du lac Michigan, de venir la voir à Chicago. Or, New-Buffalo est séparé de Chicago par 60 milles d'eau, et Fond-du-Lac est à 350 milles au nord de Chicago. Fond-du-Lac est un endroit créé d'hier, et déjà, pour les relations, il est à quelques minutes de New-York, Boston, ou de Philadelphie.....

» Le point de vue le plus important de cette question est la relation du télégraphe avec la presse. Il y a, en Amérique, environ 2,500 journaux publiés par jour, par semaine, ou avec une autre périodicité. La circulation totale de ces journaux est, en moyenne, d'un million d'exemplaires par jour. Voyez maintenant le résultat du bas prix du télégraphe. Le bateau à vapeur venant d'Angleterre arrive à New-York, à Boston, par exemple, à deux heures; à quatre heures moins un quart, les principaux articles de nouvelles sont imprimés et mis en circulation à New-York, dans 30,000 numéros du soir. Dans deux heures, les mêmes nouvelles sont transmises, imprimées et en circulation dans toutes les parties de l'Union où il y a un télégraphe et un journal quotidien... Les communications télegragraphiques ne sont dépassées que par la diffusion de la lumière, et comme dans ce beau phénomène de la nature la rapidité du progrès conduit à l'universalité, l'Union entière, partout où l'on peut parvenir, est ainsi frappée en même temps des mêmes faits, pleure des mêmes malheurs, se réjouit des mêmes succès, et discute le même jour les mêmes nouvelles politiques. »

A ces renseignements nous pouvons ajouter les suivants publiés cette année dans un journal politique, par M. de Courcy :

« Aux États-Unis, dit M. Courcy, l'industrie particulière s'est emparée de cette idée nouvelle, et il n'y aura bientôt plus de village qui ne soit relié aux grands centres par un télégraphe, comme il l'est déjà par une voie de fer ou par un fleuve. De plus, la concurrence élève déjà plusieurs lignes entre les mêmes points. Il existe trois télégraphes entre New-York et Boston, et trois autres compagnies desservent la ligne de New-York à Philadelphie. Il en est résulté une baisse de prix à l'avantage du public, et le tarif est maintenant, entre les villes, de 1 franc par dix mots, au lieu d'être de 2 fr. 50, comme il y a quelques années.

» Dans les premiers mois de cette réduction, les finances des compagnies s'en sont ressenties; mais l'augmentation du nombre des dépêches, résultat inévitable de toute baisse de prix, a déjà fait relever les recettes, et les trois lignes se maintiennent concurremment. L'une de ces lignes, celle de New-York à Boston, dont j'ai visité en détail les livres, les appareils et les opérations, est établie sur un capital de 500,000 fr., divisé par actions. Le premier semestre, où elle avait le monopole, elle a réparti un dividende de 7 pour 100 entre ses actionnaires, l'intérêt de leur argent compris. Le second semestre, où elle se trouva en présence de deux lignes rivales, elle ne déclara pas de dividende, mais elle put présenter un excédant de 10,000 fr. sur ses dépenses. Aujourd'hui, malgré la concurrence, elle promet un dividende pour l'exercice courant.

» La ligne de New-York à Boston a 250,000 milles (455 kilomètres); elle transmet une moyenne de 500 communications particulières par jour, la plupart ne dépassant pas le minimum de dix mots, soit 500 francs de recette; elle a, de plus, la soirée et la nuit employées à télégraphier les nouvelles pour les journaux, et elle leur fournit ainsi chaque nuit de 4 à 8,000 mots, à raison de 5 centimes par mot. C'est donc une recette de 800 fr. par jour, ou 290,000 fr. par an pour une seule ligne de télégraphe, et il y en a une douzaine convergeant toutes vers New-York. La presse de chaque ville forme une association, et la même rédaction de nouvelles électriques est distribuée à tous les journaux. La première page est chaque jour entièrement couverte de dépêches télégraphiques reçues de tous les points de l'Union ou du Canada. Lorsque des débats importants ont lieu à Washington ou à Albany, les discours entiers, remplissant plusieurs colonnes, sont transmis par cette voie, et le bourgeois qui déploie sa feuille le matin, apprend à la fois ce qui s'est passé la veille au soir à New-York, aussi bien que l'événement intéressant de Saint-Louis, de Québec ou de la Nouvelle-Orléans, à 500 lieues de distance.

» Il y a en ce moment 15,000 milles (27,000 kilomètres) de télégraphes en opération aux États-Unis, et le capital engagé dans cette industrie est évalué à 20 millions de francs, répartis entre cinquante compagnies. Le télégraphe de Halifax (Nouvelle-Ecosse à la Nouvelle-Orléans (Louisiane), passant par New-

York, est la ligne la plus importante de toutes, et elle n'a pas moins de 1,300 lieues de longueur. C'est la grande artère commerciale des États-Unis ; les vapeurs qui vont de Liverpool à Boston touchent à Halifax deux jours avant d'atteindre le terme de leur traversée; et aussitôt le télégraphe est en opération pour transmettre en Louisiane et dans toute l'Union les cours commerciaux de la Grande-Bretagne. Quand quelques centimes de hausse ou de baisse dans le prix de la livre de coton peuvent causer la fortune ou la gêne de toute une contrée, on conçoit l'importance de la promptitude des nouvelles, et la quantité des communications qui doivent être expédiées sur ce sujet. Aussi deux des compagnies, sur cette route, répartissent annuellement de 12 à 16 pour 100 de dividende, et quoique toutes ne soient pas également prospères, quoiqu'il s'en trouve dans le nombre de mal administrées, qui travaillent à perte, l'industrie des télégraphes est reconnue comme étant essentiellement lucrative aux États-Unis. La ligne de Halifax à la Nouvelle-Orléans, dont je viens de parler, est partagée entre huit différentes compagnies, dont les tronçons se relient l'un à l'autre. A chaque extrémité du parcours d'une de ces entreprises particulières, il y a solution de continuité dans le fil de fer, et le message doit être copié à la main pour être confié à la ligne suivante. Ce travail amène un ralentissement obligé dans la transmission des dépêches; mais cependant, grâce à la bonne organisation du service, la vitesse ne laisse guère à désirer, et j'ai moi-même écrit de New-York à la Nouvelle-Orléans à neuf heures du matin, et reçu la réponse à trois heures le même jour : c'est une distance de 3,500 milles entre le départ et le retour. »

La faible élévation des prix du tarif américain pour la transmission des dépêches électriques, peut expliquer en partie la rapide extension de ce procédé de communication et l'usage fréquent qu'en font les particuliers dans les états de l'Union. Le tableau suivant représente les tarifs adoptés par les compagnies américaines.

De Washington à New-York.

De Washington à :	Nombre des Milles.	Premiers dix mots.	Chaque mot en plus.
Baltimore	40	10 cents (1).	1 cent.
Philadelphie	156	30	3 cents.
Trenson (New-Jersey). . .	184	45	4
Princetow (*Id.*)	194	50	5
New-York.	343	50	5

De Washington à New-Orléans (Louisiane).

Georges-Town.	2	15	1 cent.
Alexandria (Virginie). . .	10	16	1
Frédéricksbourg (*Id.*) . .	60	21	1
Richemond (*Id.*). . . .	121	27	1
Petersburg (*Id.*). . . .	143	29	1
Raleigh (Caroline du nord).	292	44	2
Fayetteville (*Id.*). . . .	349	50	3
Cheraw (Caroline du sud).	419	57	3
Camden (*Id.*).	476	63	3
Columbia (*Id.*).	509	66	3
Charles-Town (*Id.*) . . .	644	79	4
Augusta (Géorgie). . . .	782	93	5
Savannah (*Id.*).	914	106	5
Macan (*Id*).	1107	126	6
Columbus (*Id.*)	1200	135	7
Montgommery (Alabama).	1299	145	7
Cahawba.	1351	150	8
Mobile	1523	167	8
New-Orléans (Louisiane).	1716	200	10

Le prix moyen d'une dépêche n'est que la moitié du tarif français, et le tiers environ du tarif anglais

(1) Le dollar vaut 5 fr. 42 c., et le cent 0 fr. 0,54.

CHAPITRE VI.

La télégraphie électrique en Angleterre. — Télégraphe électrique à cinq aiguilles, de M. Wheatstone pour le service des chemins de fer. — Télégraphe à cadran de M. Wheatstone pour la correspondance générale. — Nouveau télégraphe à aiguilles. — État actuel de la télégraphie électrique en Angleterre.

La plupart des lignes de télégraphie électrique qui fonctionnent aujourd'hui sur les chemins de fer anglais, ont été créées par M. Wheatstone, dont le nom mérite une place à part dans l'histoire de la grande invention qui nous occupe. S'il n'est pas prouvé que M. Wheatstone ait le premier conçu l'idée de la télégraphie électro-magnétique, on ne peut lui contester l'honneur d'avoir le premier rattaché deux villes entre elles par un lien de correspondance électrique.

M. Wheatstone, l'un des physiciens les plus distingués de notre époque, fut conduit à l'invention de ses appareils télégraphiques par les expériences qu'il fit en 1834, sur la vitesse de transmission de l'électricité. Il s'assura que cette vitesse est de 333,800 kilomètres par seconde, ou, si l'on veut, que l'électricité pourrait faire, dans l'espace d'une seconde, huit fois le tour du globe. Pour exécuter ces expériences, M. Wheatstone avait employé des fils de plusieurs lieues. Les effets produits, à d'aussi grands distances, lui prouvèrent que les communications télégraphiques par l'électricité étaient non seulement possibles, mais très praticables. Il se mit donc à rechercher les appareils les plus convenables pour réaliser ce projet, et il arriva bientôt aux résultats les plus satisfaisants.

Le premier télégraphe construit par M. Wheatstone fut établi, en 1838, sur une partie du chemin de fer de Londres à Liverpool. Fondé, comme les télégraphes d'Alexander et de Schilling, sur le principe de la déviation de l'aiguille aimantée par le courant voltaïque, il se composait de cinq fils qui servaient à faire apparaître instantanément les diverses lettres de l'alphabet.

Cependant ce télégraphe ne représentait guère que l'enfance de l'art. L'emploi de cinq conducteurs était une source de complications dans le jeu de l'appareil et d'augmentation de dépense pour son établissement; suffisant pour les besoins du service d'un chemin de fer, il n'était point applicable à un service étendu de communications quotidiennes. C'est en effet pour l'usage des chemins de fer que M. Wheatstone avait construit cet instrument qui fut en usage, depuis l'année 1838 jusqu'à l'année 1846, sur les rail-ways du Great-Western, de Blackwal, de Manchester à Leeds, d'Edimbourg à Glascow, de Norwich à Yarmouth, et de Dublin à Kingstown.

Les résultats avantageux obtenus avec les appareils de M. Wheatstone sur les chemins de fer du Great-Western et de Blackwal, décidèrent la rapide extension que la télégraphie électrique ne tarda pas à prendre en Angleterre. Pendant l'année 1846, se forma à Londres, sous le nom de *Compagnie du télégraphe électrique*, une compagnie puissante qui se proposait d'étendre ce genre de communications à toutes les villes importantes de l'Angleterre et de l'Écosse. Le système adopté sur la plupart de ces lignes fut le *télégraphe à cadran* que M. Wheatstone avait imaginé en 1841. Ce système étant, selon nous, le plus parfait, nous le décrirons avec soin.

Le télégraphe américain dont nous avons donné la description plus haut est un *télégraphe écrivant*, c'est-à-dire qui transcrit lui-même, sur un ruban de papier, les dépêches qu'il expédie. Le télégraphe à cadran est fondé sur une combinaison toute différente. Indiquons d'abord le principe général sur lequel repose son mécanisme.

Aux deux extrémités de la ligne télégraphique, sont installés deux cadrans circulaires parfaitement semblables et qui portent inscrits sur leur circonférence les vingt-quatre lettres de l'alphabet et les dix chiffres de la numération. Ces deux cadrans communiquent entre eux par le fil conducteur de la pile. A l'aide de dispositions mécaniques que nous décrirons plus loin, chacune des lettres du cadran placé à la station d'arrivée peut, par l'action du courant voltaïque établi ou interrompu, apparaître au-devant d'une sorte de fenêtre. Les deux cadrans sont liés entre eux de telle manière que les mouvements qui s'exécutent sur l'un sont répétés exactement et au même instant par l'autre. D'après cela, si l'on fait passer l'électricité fournie par la pile dans le conducteur qui relie les deux cadrans, et qu'à la station d'où partent les dépêches on amène successivement les diverses lettres de l'alphabet devant un point d'arrêt qui existe sur le cadran indicateur, les mêmes lettres apparaîtront instantanément à la fenêtre du cadran de la station extrême.

Quelles sont les dispositions mécaniques qui permettent de faire reproduire sur le cadran de l'une des deux stations les divers mouvements que l'on imprime au cadran de l'autre station? C'est ce que nous allons exposer en donnant la description complète de l'instrument.

La figure que nos lecteurs ont sous les yeux ne représente ni le plus parfait, ni le plus commode des télégraphes à cadran, mais elle a l'avantage de faire saisir assez facilement les principes généraux sur lesquels repose la construction de ce genre d'appareils.

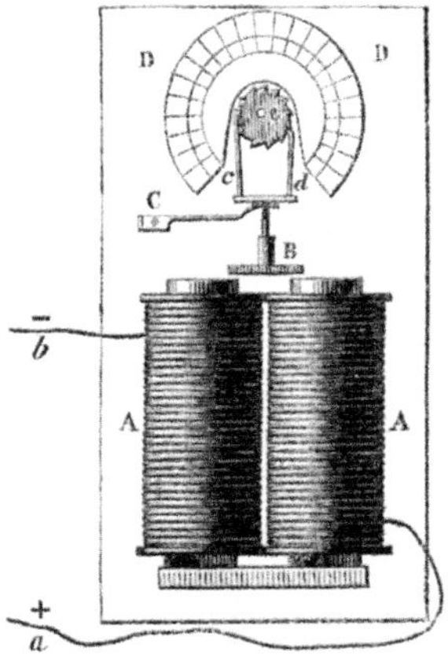

AA, représente un électro-aimant double formé de deux cylindres de fer doux parcourus, suivant le procédé ordinaire, par un long fil de cuivre qui donne passage au courant. Ces deux cylindres ont une longueur d'environ deux pouces et un demi-pouce de diamètre; le fil de cuivre qui les entoure est long de 25 à 30 mètres: les extrémités de ce fil *a*, *b*, communiquent avec les conducteurs de la ligne télégraphique. La pile voltaïque, qui donne naissance au courant, et que l'on n'a pas représentée sur la figure, est nécessairement placée sur leur trajet. Quand le courant électrique vient circuler autour des deux cylindres, il les transforme en aimants artificiels, et par l'effet de l'attraction magnétique, le disque de fer B, placé à quelque distance au-dessus d'eux est instantanément attiré; lorsque le courant voltaïque est interrompu, l'attraction magnétique cesse et le disque B est ramené à sa position primitive par l'action d'un ressort d'acier C qui le relève dès que son action n'est plus contrebalancée par l'attraction magnétique. Ainsi, en établissant et rompant alternativement le circuit voltaïque, on peut imprimer au disque B un mouvement de va-et-vient dans le sens vertical. Ce mouvement vertical, on le transforme en un mouvement circulaire à l'aide de la disposition très simple que l'on voit représentée sur la figure. Le disque de fer B est muni de deux petites tiges montantes *c*, *d*, dont les extrémités sont en contact avec les dents d'une petite roue à rochet *e*. Quand le disque s'abaisse, la tige *c* tire la dent à laquelle elle est fixée, quand il se relève, la tige *d* pousse une autre dent; il résulte de ce double mouvement que la roue *e* tourne d'un pas toutes les fois que l'attraction et la répulsion magnétiques sont établies ou suspendues. Or, un disque de papier D D, recouvert d'un cadran portant différentes lettres, est fixé sur cette roue et la suit dans ses mouvements ; par conséquent ce disque de papier ou ce cadran tourne autour de son centre, par l'effet de l'attraction et de la répulsion magnétiques, il avance d'un pas à chacun de ces doubles nouvements. Sur la circonférence de ce cadran, on a inscrit les vingt-quatre lettres de l'alphabet ou différents autres signes en nombre double du nombre des dents de la roue d'échappement; enfin une plaque de cuivre, qui ne peut être représentée sur la figure, est placée au-devant du cadran et porte seulement une petite ouverture qui ne permet d'apercevoir à la fois qu'un seul des caractères qui viennent successivement apparaître à cette sorte de fenêtre. En établissant ou suspendant le courant voltaïque un nombre suffisant de fois, on peut donc amener à volonté chacune des lettres devant cette ouverture de manière à les montrer à un employé placé en station devant l'instrument, et chargé de lire les différentes lettres composant la dépêche, à mesure qu'elles apparaissent à la fenêtre du cadran. Cette première partie du télégraphe porte le nom d'*indicateur* : elle est placée à la station extrême où les dépêches sont reçues. La seconde partie de l'appareil télégraphique, désignée sous le nom de *communicateur*, est placée à la station du départ; elle est destinée à faire mouvoir à distance les lettres de l'indicateur. Voici la disposition de cette seconde partie essentielle du télégraphe à cadran.

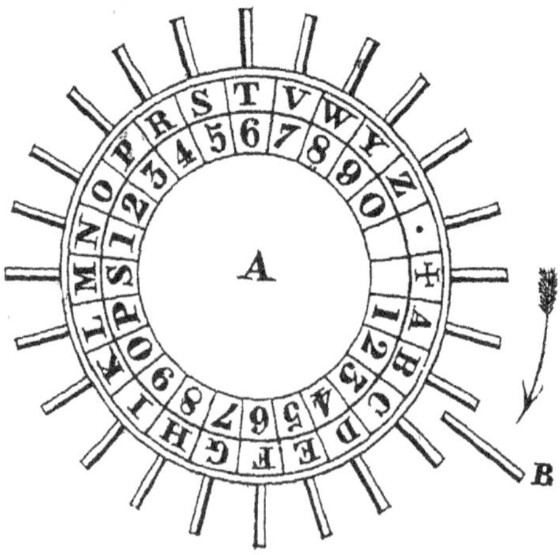

A, est un disque de bois mobile autour de son axe, sur lequel on a gravé, entre deux cercles concentriques, deux rangées de lettres et de chiffres. Autour de sa circonférence, on a planté une série de petites tiges de bois placées en face de chaque lettre; en saisissant une de ces tiges saillantes, on peut faire tourner le disque A de manière à amener une lettre quelconque du cadran en face d'une pièce fixe ou arrêt, B. Mais comment peut-on faire répéter, à la station extrême, par le cadran indicateur, la lettre amenée au-devant du point d'arrêt B sur le *communicateur?* La figure suivante, qui représente une coupe, dans le sens vertical du communicateur, dont la figure précédente représentait l'élévation, va le faire comprendre.

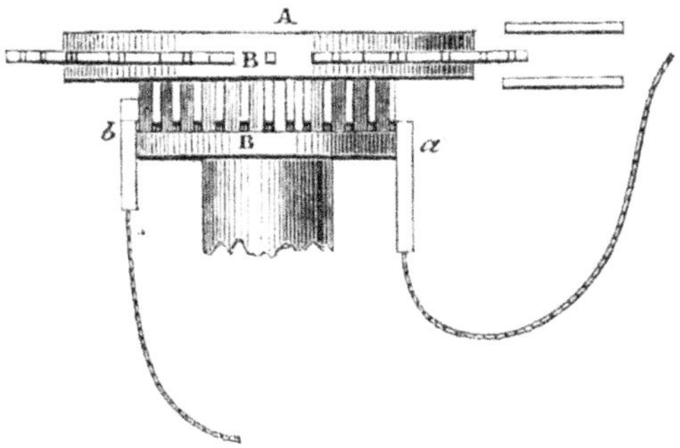

Au-dessous du disque tournant A, et lui servant de support, se trouve un cylindre métallique BB, mobile autour de son centre, lequel, à l'aide de la tige métallique *a*, établit la communication avec le fil conducteur du télégraphe. Ce cylindre métallique est pourvu, sur sa circonférence, d'un certain nombre de petites bandes de bois ou d'ivoire, corps qui ne conduisent pas l'électricité. Ces bandes sont en *nombre exactement correspondant à celui des lettres du cadran.* Ce cylindre est donc formé mi-partie de substances conductrices, et mi-partie de substances non conductrices de l'électricité. Or, une sorte de ressort métallique *b* auquel est attaché, par son extrémité inférieure, le second fil conducteur de la pile, se trouve en contact immédiat avec ce cylindre formé de substances alternativement conductrices et non conductrices; quand on fait tourner le disque, le courant voltaïque doit donc être établi puis interrompu, à chacun des contacts du ressort métallique *b* avec les différentes bandes conductrices et non conductrices. Toutes les fois, par exemple, que le ressort *b* touche une des portions métalliques du cylindre, le courant électrique s'établit dans l'appareil, puisque le circuit est alors tout entier formé de substances conductrices de l'électricité; lorsque, au contraire, ce ressort est en contact avec l'ivoire, le courant électrique s'interrompt. Le circuit voltaïque est donc alternativement établi ou suspendu, selon qu'il passe devant le ressort *b* une bande de métal ou une bande d'ivoire. Or, et c'est là le point important à remarquer pour l'intelligence de l'instrument, les bandes conductrices et non conductrices sont exactement, comme nous l'avons déjà fait observer, en même nombre que les lettres des cadrans; il en résulte qu'à chaque lettre qui passe devant le ressort *b*, le courant voltaïque est établi ou suspendu. Mais on se rappelle que d'après la disposition de l'*indicateur* représenté sur la figure de la page 198, à chacune des interruptions et des rétablissements successifs du courant, le cadran de l'indicateur marche d'une lettre; par conséquent, les deux cadrans une fois mis d'accord, toutes les fois que l'on amènera une lettre quelconque au-devant de l'arrêt B dans le communicateur, la même lettre apparaîtra instantanément à la fenêtre du cadran placé à la station extrême; de telle manière qu'il suffira d'amener un signe quelconque en face de ce point d'arrêt à la station du départ, pour que la même lettre apparaisse instantanément à la station d'arrivée sur le cadran de l'indicateur. Admettons, par exemple, qu'on veuille transmettre d'une station à l'autre le mot Paris; voici les différentes manœuvres qu'il faudra exécuter. Avant de transmettre aucun signe, il faudra commencer par mettre d'accord les deux cadrans, c'est-à-dire les disposer tous les deux de telle manière que la lettre qui se montre à l'ouverture du cadran indicateur, soit la même que celle qui se trouve au point d'arrêt du communicateur. L'instrument ainsi réglé, on fera tourner le disque du communicateur de manière à amener la lettre P au-devant du point d'arrêt. On fera la même manœuvre pour les lettres suivantes, et toutes ces lettres viendront à tour de rôle se reproduire dans le même ordre sur le cadran de la station d'arrivée. Le signe + porté sur le cadran indique la fin d'un mot; le point marque la fin d'une phrase.

Telles sont les dispositions principales du télégraphe à cadran. Cet appareil est d'une grande simplicité dans la pratique. Ajoutons que les modifications qu'on lui a fait subir en France, ont eu pour résultat d'assurer encore la certitude de ses indications et prévenir certains dérangements auxquels il serait exposé avec le système un peu trop simple que nous venons de décrire.

Depuis quelques années, en Angleterre, la *Compagnie du télégraphe électrique* a renoncé à l'emploi des télégraphes à cadran, en raison de certaines difficultés pratiques que l'on croyait avoir remarquées dans le mécanisme destiné à faire marcher les cadrans. Le nouveau système dont on fait usage aujourd'hui sur la plupart des lignes anglaises, a été imaginé par M. Wheatstone et diffère en tous points de celui dont il vient d'être question. Cet appareil, qui porte le nom de *télégraphe à aiguilles*, est l'instrument télégraphique réduit à sa plus simple expression; l'intelligence de l'opérateur y tient, pour ainsi dire, lieu de mécanisme.

Le *télégraphe à aiguilles* de M. Wheatstone se compose tout simplement de deux aiguilles fixées chacune au centre d'un cercle; ces aiguilles peuvent se mouvoir autour du cercle en s'arrêtant à volonté à l'un des points de sa circonférence; elles sont mises en mouvement à l'aide de deux manivelles ou poignées que l'opérateur tient dans les mains. Grâce à un mécanisme assez analogue à celui que nous avons décrit pour le télégraphe à cadran, le mouvement imprimé aux manivelles établit ou interrompt le courant électrique, et l'aiguille peut, de cette manière, prendre sur la circonférence du cercle toutes les dispositions que l'on désire. Ces deux aiguilles et leurs cadrans sont fixés sur le panneau antérieur d'une sorte de grande boîte offrant à peu près l'aspect d'un tombeau antique.

La figure suivante représente l'ensemble du télégraphe à double aiguille de M. Wheatstone. A, A, sont les deux aiguilles que mettent en mouvement, par l'intermédiaire du courant électrique, les deux manivelles B, B. La caisse supérieure C, renferme la *son-*

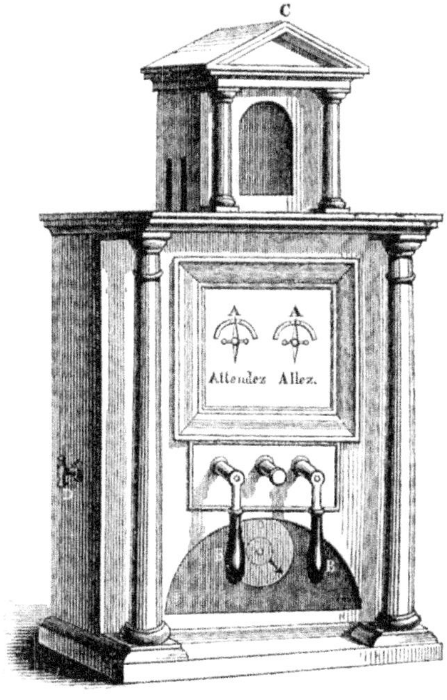

nerie, ou le timbre qui, par sa résonnance, doit attirer l'attention de l'employé ; D, est une autre manivelle qui fait agir la sonnerie en mettant son conducteur en communication avec la pile.

Les positions combinées que peuvent prendre les deux aiguilles ont servi à former un alphabet. Les signes adoptés pour la désignation des lettres, sont les suivants :

A, un coup à gauche de l'aiguille à gauche.
B, deux coups de la même aiguille à gauche.
C, trois coups de la même aiguille à gauche.

D, quatre coups de la même aiguille à gauche.

E, un coup de l'aiguille de gauche et deux de l'aiguille de droite.

F, un coup de l'aiguille de gauche et trois de l'aiguille de droite.

C'est, comme on le voit, un alphabet de sourd et muet; on forme, avec les deux aiguilles du télégraphe, des signes tout à fait analogues à ceux que le sourd-muet exécute avec ses doigts. M. Wheatstone a compté sur l'adresse, sur l'habitude particulière des employés pour suppléer à l'insuffisance du mécanisme de son instrument et à la simplicité de son vocabulaire. L'expérience a d'ailleurs parfaitement justifié la confiance que l'inventeur avait mise dans les ressources de l'organisation humaine servie et réglée par l'intelligence. Le moyen physiologique supplée ici de la manière la plus heureuse à l'imperfection de la combinaison mécanique.

Pour faire manœuvrer les aiguilles des cadrans, on a choisi, en Angleterre, de jeunes garçons de quinze ou seize années ; on comptait avec raison sur la vivacité et la délicatesse de mouvements naturelles à cet âge, pour se plier plus vite aux conditions si nouvelles et si particulières de ce service. Ces enfants n'ont pas tardé, en effet, à acquérir une habileté prodigieuse à comprendre le vocabulaire télégraphique et à exécuter les signaux qui le composent. Rien n'égale leur dextérité dans le maniement pratique de ce langage de sourd et muet. Les aiguilles s'agitent sous leurs doigts avec la promptitude de la pensée ; les mouvements sont si pressés et si rapides, que l'œil a de la peine à les suivre. On lit en gros caractères sur les murs de la salle : « *Ne dé-*

rangez pas les employés quand ils sont occupés à leurs appareils. » Cet avis est assez superflu, car on voit les enfants, pendant le cours de leur travail, causer, rire et s'occuper de ce qui se passe autour d'eux, comme s'ils exécutaient la besogne la plus simple et la plus indifférente; il leur arrive même, pendant l'expédition d'un message, de faire des *à parte* télégraphiques et d'assaisonner les dépêches qu'ils sont occupés à transcrire de quelques plaisanteries à l'adresse de leur camarade.

On a observé, en effet, que les jeunes employés du télégraphe finissent par faire, en quelque sorte, connaissance avec leurs correspondants des autres stations. Cette espèce d'intimité est si bien établie entre eux, qu'ils savent reconnaître, aux premiers mouvements des aiguilles, celui de leurs camarades qui se dispose à leur écrire. On entend quelquefois un des employés de Londres s'écrier, en remarquant les mouvements de son appareil que l'on commence à faire agir de Manchester, par exemple : « Ah! voilà George revenu! » Un autre, en voyant les premières oscillations de ses aiguilles que l'on fait marcher de Liverpool, prend sa place d'un air de contrariété et de mauvaise humeur, en disant : « Allons! c'est encore ce brutal de John qui est là-bas! » Ces sentiments d'antipathie qui s'établissent ainsi entre les employés d'une même ligne vont quelquefois au point de forcer l'administration à les séparer ; c'est ce que l'on a fait récemment sur la ligne de Londres à Birmingham, où deux jeunes gens étaient sans cesse occupés à se quereller et à échanger des injures par le télégraphe.

Le langage télégraphique permet d'obtenir une vitesse de transmission telle, que l'on expédie facilement en trois secondes un mot d'une longueur ordinaire, ce qui revient à une vingtaine de mots par minute. En cas d'accident arrivé à l'appareil, on peut écrire avec une seule aiguille au moyen d'un alphabet différent préparé pour ces sortes de cas. Mais alors la vitesse n'est plus que de huit à neuf mots par minute.

On lira peut-être avec intérêt le récit suivant, fait par le journal *Household-Words*, d'une visite faite au bureau central des télégraphes de la Compagnie du Sud-Est.

« Dans la salle du télégraphe, à Tonbridge, point central des télégraphes de la Compagnie du Sud-Est, nous avons trouvé, dit le *Household Words*, le directeur, M. Valker, assis devant une table couverte de papiers et qui ne présente rien de particulier au premier abord. L'appartement est petit, la science n'a besoin que de peu de place. Sur une tablette sont disposés quelques spécimens de divers appareils. Le long d'un des côtés de la muraille, s'étendent de nombreux fils de métal qui viennent se réunir au-dessus d'une espèce de buffet ou de comptoir en acajou, sur lequel se trouve disposée une rangée d'instruments télégraphiques, et qui rappelle assez, par sa forme, la façade d'une petite église avec une grande horloge.

Au-dessous de ce meuble, vous pouvez apercevoir un certain nombre de batteries galvaniques, baquets de bois remplis alternativement de lames de cuivre et de zinc, qui plongent dans du sable saturé d'acide sulfurique et d'eau. Ces batteries produisent le fluide électro-galvanique qui parcourt les fils de métal, et dont la course interrompue sert à mettre en mouvement l'aiguille destinée à transmettre les communications sur tous les points de la voie.

— Demandons à Douvres de nous lire quelques lignes du journal paru ce matin, dit M. Walker à son aide, le jour de la visite que nous lui fîmes à Tonbridge.

L'employé se dirigea aussitôt vers le meuble que nous avons décrit.

— Appelez Douvres, reprit M. Walker.

Ici se fit entendre le petit bruit sec de la machine. Douvres est appelé.

— Douvres répond : « Allez », dit l'employé.

— Dites-lui de faire sonner notre cloche.

En un instant la cloche placée dans la salle de Tonbridge fut mise en branle et commença à s'agiter de la plus étourdissante façon. Le fluide électrique faisait consciencieusement son devoir.

Quand la cloche fut arrêtée, le directeur transmit une autre invitation :

— Demandez à Douvres de lire le premier article du journal de ce matin.

En une seconde la demande fut transmise. Nous avions pris, de notre côté, un numéro qui se trouvait sur la table, pour suivre l'expérience ; l'employé s'était placé devant le cadran, l'œil fixé sur l'aiguille pour y lire la réponse de Douvres, et à chaque mot qui se succédait, il agitait les poignées, pour signaler qu'il comprenait le sens de ce qui lui était dit.

L'aiguille se balançait, et l'employé, la main sur les poignées, lisait les mots épelés par Douvres ; les sons nous les transmettaient aussi rapidement qu'on eût pu les lire dans un livre même.

— « La — (bruit de la machine) — chambre — (nouveau bruit) — des communes. »

Il y eut un instant d'arrêt.

— Allez donc ! cria M. Walker.

Mouvement de la machine.

— Douvres dit, répondit l'employé, que quelqu'un frappe à sa porte.

— Demandez qui c'est ?

— Douvres répond qu'il était occupé à nous parler, lorsqu'un exprès apportant un message est venu frapper chez lui, et l'on faisait tant de bruit qu'il a été contraint de s'arrêter. Il va faire passer le message à Londres, et il reprendra ensuite l'entretien.

Tout cela était dit aussi rapidement que si Douvres se fû trouvé réellement dans la même pièce que nous à Tonbridge, et nous eût donné toutes ces explications de vive voix.

Nous avons déjà vu que Douvres et Londres ont des poignées

différentes sur l'instrument, mais il faut observer, de plus, que la main de chaque employé, dans une station où ils sont deux ou trois, est aisément reconnue à la manière plus ou moins rapide dont il fait fonctionner la machine.

Il y eut encore un temps d'arrêt.

— Douvres cause maintenant avec Londres, dit M. Walker. Il avait à peine prononcé ces paroles, que le signal fut donné : « Attention ! » et l'entretien recommença.

« Il était — quatre — heures — du matin — quand — la — séance — s'est — terminée — par — le — vote. »

— Le mot « vote? » demanda M. Walker.

— Oui, attention ! fut la réponse.

Mais avant que ces mots ne fussent prononcés, Douvres avait repris notre histoire. Il nous en lut à peu près trente lignes.

C'est alors que, nous tournant vers l'horloge et faisant notre calcul, nous nous aperçûmes que deux cent trente-sept mots avaient été transmis et lus dans un espace d'à peu près quatorze minutes. »

Personne n'ignore qu'en Angleterre la télégraphie électrique est exploitée aujourd'hui sur une échelle considérable. Depuis 1846, la *Compagnie du télégraphe électrique* a fait élever un établissement magnifique dans la cité de Londres, à proximité de la Bourse et du quartier de la Banque. Ces bâtiments forment le point de jonction où viennent aboutir les lignes télégraphiques qui rayonnent de soixante villes importantes. Londres se trouve ainsi en communication instantanée avec Cambridge, Norwick, Portsmouth; avec Birmingham, Stratford, Derby, Nottingham, Liverpool, Manchester, Glascow, Édimbourg, etc.; elle communique aussi de la même manière avec Folkstone et Douvres. Le bureau central de la Compagnie se trouve relié avec toutes les têtes des chemins de fer qui ont des bureaux de télégraphie électrique, par des fils qui passent dans les rues à travers des conduits souterrains. Ce bureau central communique ainsi avec toutes les lignes électriques d'Angleterre, et il correspond dans ce moment avec cent dix-huit stations ou bureaux électriques situés dans Londres et les autres villes importantes de la Grande-Bretagne. Depuis l'année 1847 jusqu'à cette année, la Compagnie a étendu d'une manière remarquable les fils du réseau électrique. D'après un relevé donné récemment par M. Walker, 2,218 milles anglais (917 lieues de France) sont aujourd'hui occupés par les fils du télégraphe électrique, ce qui revient à dire qu'en Angleterre, presque tout le parcours des chemins de fer se trouve muni de ces précieux appareils.

La liste suivante, qui contient les villes les plus importantes de l'Angleterre, fait connaître les divers points où se trouvent les stations de télégraphie électrique :

Abbey-Wood.
Alnwick.
Ambergate.
Ashford.
Barnsley.
Berwich-on-Tweed.
Beverley.
Birmingham.
Bishopstoke.
Blackheath.
Bradford.
Bridlington.
Broxbourne.
Burton-on-Trent.
Cambridge.
Canterbury.
Charlton.
Chelmsford.
Cheltenham.
Chesterfleld.
Chilham.
Colchester.
Darlington.
Dartford.
Deal.
Derby.
Douvres.
Dunbar.
Durham.
Edenbridge.
Édimbourg.
Ely.
Erith.
Farleigh.
Folkstone.
Glasgow.
Gloucester.
Godstone.
Gospord.
Graveshend.
Greenhite.
Halifax.
Headcorn.
Hertford.
Hull.
Hythe.
Ipswich.
Leeds.
Leicester.
Leith.
Lewisham.
Lincoln.
Liverpool.
Londres.
Loughborough.
Lowestoffe.
Maidstone.
Malton.
Manchester.
March.

Marden.
Margate.
Melton.
Merstham.
Minster.
Morpeth.
Newark.
Newcastle.
Newmarket.
Norwich.
Normanson.
Northallerton.
Northfleet.
Nottingham.
Paddock Wood.
Penshurst.
Peterborough.
Pluckley.
Ramsgate.
Reigate.
Rochester.
Rochdale.
Romford.
Rotherham.
Rugby.
Sandwich.
Scarborough.
Selby.
Scheffield.
Skipton.
Slough.
Southampton.
Southshields.
Staplehurst.
Stamford.
Saint-Ives.
Stortford.
Sunderland.
Tamworth.
Tesford.
Thirsk.
Todmorden.
Tonbridge.
Tunbridge Wells.
Wakefield.
Ware.
Wateringbury.
Wisbeach.
Witham.
Woolwich.
Worcester.
Yarmouth.
York.

Mieux éclairée et plus libérale que la nôtre, l'administration anglaise a mis, dès les premières années, le télégraphe électrique à la disposition du public. Tandis qu'en France nous ne jouissons que depuis dix-huit mois de ce précieux privilége, il existe en Angleterre depuis plus de six années. La *Compagnie du télégraphe électrique* qui, en Angleterre, a le monopole de toutes les communications télégraphiques, est chargée de l'exécution de ce service. Les correspondances du gouvernement ont lieu, comme celles du public, par le bureau central de la Compagnie; seulement le gouvernement obtient, *par déférence*, la priorité pour le passage de ses dépêches. On assure même que ce privilége peut lui être contesté.

Comme l'organisation des établissements publics de télégraphie électrique est de nature à intéresser nos lecteurs, nous donnerons une idée des dispositions intérieures du *Télégraphe central de Londres*.

Le *Télégraphe électrique central* est situé dans la rue Lothbury, en face du mur extérieur de la Banque. Quand on entre dans l'établissement, on trouve d'abord une grande salle commune éclairée par le haut et contenant trois galeries superposées. Au milieu de la salle règne une longue table divisée par des rideaux verts en six compartiments ou pupitres. C'est là que le public est admis à écrire les communications destinées à être expédiées par le télégraphe. Les messages doivent être inscrits sur une feuille de papier à lettre, dont près de la moitié est déjà remplie par une formule imprimée, avec des blancs destinés à recevoir le nom et l'adresse de l'expéditeur, celui de la personne à qui la communication est adressée, le prix du message et celui de la réponse, la date et l'heure de la réception de la dépêche, enfin la date et l'heure à laquelle la transmission a été commencée et terminée.

A mesure que les messages sont écrits, ils sont passés l'un après l'autre, par un guichet vitré, dans une petite pièce nommée *bureau d'enregistrement*. Là on en prend note, et on les marque d'un numéro d'ordre; l'employé qui vient de faire cet enregistrement les place ensuite dans une petite boîte et tire le cordon d'une sonnette. Au même instant la boîte s'envole par une espèce de cheminée de bois et transporte son contenu à la partie supérieure de l'édifice dans la *salle des instruments*.

Si l'on rejoint la dépêche en suivant la voie plus lente, mais plus commode, de l'escalier, on arrive dans une assez grande pièce où se trouvent disposés huit appareils télégraphiques destinés à transmettre les messages dans les différentes directions. Chacun de ces appareils porte les noms de six ou huit stations avec lesquelles il correspond. Un employé suffit pour desservir trois de ces appareils.

Quand les différents messages sont arrivés à l'étage des instruments, on les place sur l'appareil qui doit en faire l'expédition, et le jeune garçon chargé de ce travail se met aussitôt à l'œuvre. Il commence par faire sonner, à l'aide du courant électrique, une petite sonnette, qui donne simultanément l'éveil à toutes les stations de la ligne. Mais tout en attirant ainsi l'attention des agents placés à chacune des stations, le bruit produit par les sonnettes cesse presque immédiatement partout, excepté à la station vers le nom de laquelle l'enfant dirige l'aiguille indicatrice. A ce signal, l'agent de cette station sait que le message qui va arriver n'est adressé qu'à lui, et au moyen d'un signal correspondant, il fait savoir à la station de Londres qu'il est à son poste, prêt à recevoir la communication annoncée. Notre jeune garçon saisit alors de ses deux mains les manivelles qui font mouvoir les aiguilles, et se met à transcrire la dépêche, en faisant rapidement manœuvrer en divers sens cette poignée, qui imprime à ses aiguilles et à celles de son correspondant des mouvements saccadés désignant telle ou telle lettre de l'alphabet électrique. Le message reçu à la station où il a été envoyé, est immédiatement copié et porté à son adresse par un piéton attaché à l'établissement.

Les dépêches expédiées des différentes stations du royaume et aboutissant à Londres sont reçues dans la même *salle aux instruments*, dont nous venons de voir partir un message. La manœuvre pour la réception est tout aussi simple que celle de l'envoi. Deux employés se tiennent au-devant de l'appareil qui transmet la dépêche. L'un d'eux lit les mots à mesure qu'ils se présentent, et les dicte à son camarade. Cette dictée est si rapide que la plume a de la peine à la suivre. Quand un mot n'a pas été bien compris, l'employé en informe son correspondant par un signal particulier, et celui-ci recommence. La dépêche terminée, celui qui l'a reçue relit le manuscrit pour s'assurer qu'aucune erreur n'a été commise. L'heure et la minute de la réception sont notées ; la copie est signée et elle descend au bureau d'enregistrement, où elle est transcrite sur un registre, et enfin envoyée à son adresse par un facteur.

Il nous reste à faire connaître les prix adoptés par la *Compagnie du télégraphe électrique* pour la transmission des dépêches. Ces prix, encore assez élevés, ont été jusqu'ici un obstacle à l'emploi très général du télégraphe électrique. Le tarif anglais devra subir de grandes réductions, si l'on veut que la correspondance électrique rende en Angleterre les services infinis qu'elle procure aujourd'hui en Amérique.

Le tarif anglais actuel n'admet que deux taxes suivant la distance des stations. Dans la première classe on range les villes les plus rapprochées de Londres, pour lesquelles la taxe d'une dépêche de vingt mots est fixée à 3 fr. 25 ; dans la seconde sont comprises les villes plus éloignées, et pour lesquelles la taxe est de 6 fr. 50 pour le même nombre de mots.

Liste des villes pour lesquelles la taxe est de 3 fr. 25 c., en partant de Londres :

Banbury.	Glocester.	Portsmouth.
Birmingham.	Gosport.	Rugby.
Brighton.	Hersford.	Southampton.
Buckingham.	Leicester.	Stamford.
Cambridge.	Lowestoff.	Tamworth.
Chelmsford.	Macclesfield.	Tring.
Cheltenham.	Melton.	Winchester.
Chesterfield.	Newmarket.	Wisbeach.
Colchester.	Norwich.	Wolverton.
Coventry.	Oxford.	Yarmouth.
Dorchester.	Peterborough.	
Ely.	Poole.	

Liste des villes pour lesquelles la taxe est de 6 fr. 50 c., en partant de Londres :

Bangor.	Haddington.	Nottingham.
Birkenhead.	Halifax.	Rochdale.
Berwick.	Harrogate.	Scarborough.
Bradfort.	Holyhead.	Sheffield.
Burton.	Huddersfield.	Shields (South).
Chester.	Hull.	Stafford.
Conway.	Leeds.	Stockport.
Crewe.	Leith.	Stoke-on-Trent.
Darlington.	Lincoln.	Sunderland.
Derby.	Liverpool.	Swinton.
Durham.	Malton.	Uttoneter.
Édimbourg.	Manchester.	Walsall.
Gateshead.	Matlock.	Wakefield.
Glasgow.	Newcastle.	York.
Granton.	Normanton.	

Si la dépêche excède vingt mots, son prix est déterminé en ajoutant une demi-taxe pour chaque dix mots. Ainsi une dépêche composée de trente mots, de Londres à Liverpool, par exemple, coûterait 9 fr. 75 ; une dépêche de quarante mots, 13 fr., etc. Il faut ajouter à ce prix le port du message au domicile du destinataire. Ce port est de 1 fr. 25, aux diverses stations de la province. Dans l'intérieur de Londres, le prix de la remise du message varie selon l'éloignement du quartier : 1 fr. 25 pour le premier mille, 1 franc de plus par chaque mille en sus (1).

Indépendamment de la transmission des messages particuliers, la *Compagnie du télégraphe électrique* a établi, au centre des principales villes du royaume, des bureaux où l'on peut recevoir et d'où l'on peut expédier à toutes les autres stations des renseignements et des communications de différente nature. Il y a à chacune de ces stations une salle pour les abonnés, dans laquelle on affiche sur des tableaux, au fur et à mesure qu'elles arrivent, toutes les informations d'un intérêt public ou commercial, telles que le cours de la bourse de Londres, les mercuriales des différents marchés, le prix courant des marchandises dans les principaux centres manufacturiers, l'état de la mer et de l'atmosphère pris à neuf heures du matin dans les divers ports, l'arrivée et le départ des navires, les sinistres de mer, les nouvelles du *sport* et du parlement, les nouvelles générales, etc. Les communications de cette nature sont confiées, dans l'établissement central de Londres, à un département spécial nommé *département des nouvelles*, distinct du *département des messages privés*, et qui a pour mission exclusive de fournir des nouvelles aux salles de souscription d'Edimbourg, de Glascow, de Liverpool, de Leeds, de Manchester, de Hull, de Newcastle, etc. A sept heures du matin, tous les journaux de Londres sont apportés au chef de ce

(1) Le mille terrestre anglais, comme le mille américain, est de 1 kilomètre 609 mètres.

département, qui en extrait, pour être transmises sous forme abrégée, aux différentes stations provinciales, les informations qu'il juge devoir être plus particulièrement utiles à chacune d'elles. Les journaux de ces diverses localités attendent, pour mettre sous presse, l'arrivée des dépêches électriques, et c'est ainsi que le négociant de Manchester reçoit, à huit heures du matin, des nouvelles que le chemin de fer n'apporterait qu'à deux heures moins un quart, et qui ne parviendront à Edimbourg, par cette même voie, qu'à neuf heures et demie du soir. La plupart des journaux de province ont des abonnements au télégraphe électrique de Londres pour recevoir instantanément les nouvelles de la journée. Il en résulte pour eux une avance notable sur les journaux de la capitale.

Telles sont les dispositions intérieures de l'établissement central du télégraphe électrique à Londres. Ajoutons que l'édifice est décoré sur sa porte extérieure d'une horloge mise en mouvement par l'électricité. Si la compagnie adoptait pour son éclairage la lumière électrique au lieu du gaz, l'établissement, on le voit, serait complet en son genre.

Nous n'ajouterons rien au récit de ces faits. Pour les admirer, il suffit de les connaître.

CHAPITRE VII.

La télégraphie électrique en France. — Lignes télégraphiques établies en Allemagne, en Belgique et en Italie.

Quand on se propose de faire connaître l'établissement de la télégraphie électrique en France, l'histoire de ses progrès en Amérique et en Angleterre est un préambule d'un assez fâcheux effet. A côté de l'initiative hardie, des expériences brillantes, des résultats magnifiques obtenus à l'étranger, il faut se résigner à signaler chez nous des essais tardifs, timides, embarrassés, une réussite presque contestable. A de telles comparaisons, l'amour-propre national court les risques de plus d'un mécompte.

Tandis qu'en Angleterre et dans le nouveau monde la télégraphie électrique se jouait, grâce au génie de Wheatstone et de Morse, de la distance et de l'espace, elle rencontrait en France une résistance obstinée. Enchaînée par ses habitudes de routine, notre administration fermait les yeux à la lumière des plus éclatants progrès. Sans la persévérance du savant qui eut la gloire de découvrir les phénomènes physiques sur lesquels repose le mécanisme du télégraphe électrique, il est probable que nous en serions encore à envier à nos voisins la possession de cet instrument merveilleux. C'est en effet à l'initiative de M. Arago que nous sommes redevables de l'existence dans notre pays de la télégraphie électrique.

Au mois de juin 1842, le gouvernement présenta à la chambre des députés une demande de crédit pour perfectionner la télégraphie aérienne. Il s'agissait d'expériences de télégraphie nocturne, et si nous ne nous trompons, on se proposait d'essayer le système d'éclairage de M. Jules Guyot. M. Pouillet était rapporteur du projet. Dans un rapport de ce genre, il était difficile de se taire sur l'existence de la télégraphie électrique, dont les journaux étrangers apportaient par intervalles les plus étonnants récits. M. Pouillet en parla en effet, mais ce fut pour déclarer que la télégraphie électrique n'était qu'une utopie brillante qui ne se réaliserait jamais. Une telle assertion, émise par un juge aussi compétent, semblait devoir retarder indéfiniment l'installation, en France, de la télégraphie électrique. Heureusement M. Arago prit en main les droits de la science. Il énuméra les avantages de la télégraphie électrique, il fit connaître les admirables résultats obtenus en Amérique par les instruments de M. Morse, il prouva enfin qu'il était facile de créer en France des établissements analogues. Dès ce jour, les incertitudes, les résistances de l'administration durent cesser, et peu de temps après, le gouvernement envoyait en Angleterre M. Foy, administrateur en chef des lignes télégraphiques, avec mission d'y étudier les nouveaux appareils.

A la suite des rapports de M. Foy, le gouvernement s'entendit avec M. Wheatstone pour l'établissement en France d'une ligne de télégraphie électrique. On stipula le prix qui serait accordé à l'inventeur pour l'emploi de ses procédés et la fourniture des instruments. M. Wheatstone vint à Paris. Mais au moment de prendre les arrangements définitifs, des difficultés regrettables s'élevèrent inopinément. M. Arago et les savants français prétendaient que les lignes établies en Angleterre n'embrassaient pas une étendue suffisante pour décider *à priori* que les communications entre deux villes très éloignées, telles que Paris et le Havre, Paris et Lyon, pussent se faire sans aucune station intermédiaire; on exigeait donc des expériences spéciales. M. Wheatstone assurait, au contraire, que tout essai de ce genre était superflu, parce qu'il avait expérimentalement prouvé que le télégraphe électrique peut transmettre une dépêche à cent quarante lieues de distance sans aucune station intermédiaire. Les doutes de nos savants blessèrent un inventeur que huit années de travaux et de triomphes incontestés semblaient devoir affranchir d'un pareil contrôle. Ces premières difficultés en amenèrent d'autres; bref, le conflit dégénéra en rupture complète. La commission instituée par le gouvernement pour l'établissement d'une ligne télégraphique de Paris à Rouen crut pouvoir se passer des lumières du physicien anglais, et M. Wheatstone quitta Paris.

Pour l'avenir de nos établissements de télégraphie électrique, il ne pouvait rien arriver de plus fâcheux. On va voir, en effet, à quels regrettables errements s'est laissé entraîner la commission livrée à ses seules lumières, et privée du concours du savant illustre qui a doté l'Angleterre de son système actuel de télégraphie.

Il y avait bien des manières d'établir en France la télégraphie électrique. On pouvait adopter l'appareil américain, dont la pratique attestait tous les jours la parfaite convenance. On pouvait employer le système à cadran que nous croyons, pour notre compte, le dernier mot de l'art. On pouvait prendre, en les modifiant, les combinaisons mécaniques adoptées par M. Steinheil ou par M. Jacobi, dans les télégraphes construits par ces savants en Allemagne et en Russie. La commission repoussa tout cela. M. Foy, qui présidait la commission, et qui paraît avoir eu la haute main dans la direction de ses travaux, s'arrêta à l'idée étrange et bizarre de *faire exécuter par le télégraphe électrique les signaux ordinaires du télégraphe aérien*. Comment une idée pareille a-t-elle pu être accueillie par une commission formée d'hommes instruits et familiers avec toutes les difficultés et les exigences de la télégraphie électrique? Nous l'ignorons; toujours est-il que le projet de M. Foy fut adopté. M. Bréguet construisit deux petits télégraphes longs de quelques pouces, mis en action, grâces à un mécanisme assez ingénieux, par le courant voltaïque. On plaça ces deux appareils aux deux extrémités de la ligne; on tendit deux fils métalliques aboutissant à chacune des ailes de ces télégraphes, et après de très longs essais préalables, ce système fut définitivement installé le 9 décembre 1844. Il fonctionne aujourd'hui sur toutes nos lignes.

On se serait proposé de chercher le plus imparfait de tous les systèmes de télégraphie électrique, certes on n'aurait pas trouvé mieux. Nous allons essayer de le prouver.

En premier lieu, le télégraphe Foy-Bréguet exige l'emploi de deux courants voltaïques et de deux conducteurs, au lieu d'un seul courant et d'un seul fil que présentent tous les appareils employés aujourd'hui. En effet, pour faire agir une des branches de ce petit télégraphe aérien, il faut une pile, un courant, un fil conducteur, un mécanisme d'horlogerie formant les signaux; pour faire agir l'autre branche, il faut une autre pile, un autre courant, un autre conducteur, un autre mécanisme d'horlogerie. Il faut faire travailler côte à côte ces deux appareils jumeaux qui cependant sont indépendants l'un de l'autre. On comprend tous les inconvénients qui découlent de cette malencontreuse complication. Les dépenses sont doublées; mais ce qu'il y a de plus grave, c'est que les chances d'erreurs sont illimitées par suite des embarras continuels qu'amène la manœuvre de ces deux instruments isolés et cependant liés entre eux.

Un autre inconvénient du système de M. Foy, et qui a tout autant de gravité que le précédent, c'est que le nombre des signaux est excessivement restreint. Quand on voit manœuvrer ces télégraphes en miniature, on est assez naturellement porté à croire qu'ils reproduisent fidèlement tous les signaux de l'instrument de Chappe; c'est là cependant une erreur qu'un peu d'attention fait reconnaître. Les télégraphes de M. Foy ne donnent que tout juste la moitié des signaux consacrés à la correspondance du télégraphe aérien. Ceci exige, pour être compris, une courte explication. Le télégraphe de Chappe se compose, nous l'avons dit, de *trois pièces mobiles* : le régulateur et les deux ailes. Les ailes peuvent prendre quarante-neuf positions; ces quarante-neuf combinaisons graphiques sont vues sous deux aspects différents, selon que le régulateur est porté à l'oblique de droite ou à l'oblique de gauche :

de là, deux fois quarante-neuf ou quatre-vingt-dix-huit signaux dans la télégraphie aérienne. Or, le télégraphe électrique de M. Foy ne possède que *deux pièces mobiles*, les ailes. En effet, le régulateur, qui n'existe que pour la forme, est *fixé dans la position horizontale*, au lieu d'être mobile autour de son point d'appui, comme dans le télégraphe de Chappe. Ce régulateur ne peut donc plus servir, comme celui du télégraphe aérien, à doubler, par ses deux positions, le nombre des combinaisons qui résultent de la situation des ailes. Le télégraphe électrique de M. Foy reproduit très bien les quarante-neuf signaux du télégraphe aérien, dans lesquels le régulateur est horizontal; mais il ne peut représenter un seul des signaux dans lesquels le régulateur est oblique ou vertical. Le vocabulaire du télégraphe de Chappe destiné à la composition des dépêches se compose, comme nous l'avons vu, de quatre-vingt-dix-huit figures. Le télégraphe Foy-Bréguet ne donne que quarante-neuf de ces figures; il ne fournit donc que la moitié des signaux qui forment le vocabulaire de la télégraphie aérienne.

Pour justifier l'emploi du système qu'il a fait adopter sur les lignes françaises, M. Foy invoquait ce motif, qu'il désirait ne rien changer au personnel des employés de la télégraphie. Mais il est facile de montrer, au contraire, que tout employé ayant l'habitude de manœuvrer le télégraphe aérien est par cela même impropre au service électrique. La raison en est simple. La manivelle qui fait tourner les ailes du télégraphe de Chappe se meut dans tous les sens, et l'employé doit, d'après le mécanisme de l'instrument, la tourner tantôt à droite, et tantôt à gauche; au contraire, dans le télégraphe électrique de M. Foy, la manivelle doit constamment tourner dans le même sens, et si l'employé, obéissant à l'empire de l'habitude, la ramène dans le sens contraire, l'aiguille est déplacée d'un cran et tout le système des signaux se trouve compromis.

On a dit encore en faveur du télégraphe Foy-Bréguet, que les tronçons de lignes électriques devant se souder aux lignes aériennes dans la partie de la France où le réseau électrique n'est pas encore terminé, il sera plus commode, pour le service, que le signal ne change pas de forme pendant le trajet. Cette observation serait fondée si le signal conservait sa forme, mais nous avons vu que le télégraphe de M. Foy ne donne que la moitié des signaux du télégraphe Chappe. Comme on ne peut pas s'astreindre à se priver ainsi volontairement sur les lignes aériennes de la moitié du vocabulaire, il est évident que les signaux doivent se transformer pour passer du système électrique au système aérien. D'ailleurs, il doit exister tout au plus trois ou quatre de ces soudures, et cet état ne peut durer que quelques années; il serait peu logique, pour un avantage d'une durée si faible, de laisser s'établir parmi nous un système dont les inconvénients et les impossibilités parlent à tous les yeux.

Il nous paraît donc indispensable d'abandonner le système que M. Foy a fait établir sur les lignes françaises; les embarras, les inconvénients sans nombre des dispositions actuellement adoptées en font une loi. Les appareils à cadran nous semblent appelés à remplacer la vicieuse combinaison en usage aujourd'hui. Si, néanmoins, l'administration tenait absolument à conserver pour le télégraphe électrique l'usage des signaux aériens, on pourrait dessiner ces signes sur un appareil à cadran et les faire successivement apparaître ainsi dessinés à la station extrême ; on pourrait tracer sur un même cadran deux ou trois segments concentriques portant deux ou trois séries des signaux de Chappe. M. Froment a construit et livré à l'étranger quelques télégraphes électriques sur ce modèle. On pourrait encore, comme le propose M. Moigno, employer un certain nombre de cadrans portant tous des signes différents ; quatre-vingt-douze cadrans, si l'on veut, pour correspondre aux quatre-vingt-douze pages du vocabulaire phrasique de l'administration. Remplacer un cadran par un autre serait une opération de quelques secondes ; on indiquerait, par un signal particulier, celui des cadrans que l'on doit installer actuellement, celui des segments dont les signes vont être transmis et doivent, par conséquent, être remarqués et notés.

Nous ne voyons pas néanmoins pourquoi on s'obstinerait plus longtemps à conserver dans la télégraphie électrique l'usage des signaux aériens. Il n'y a qu'une utilité très contestable à combiner entre eux ces appareils qui ont été institués chacun en vue d'exigences très diverses. Les inconvénients de cette fusion sont, au contraire, de la nature la plus grave. On limite en effet, par là, les ressources de la correspondance au répertoire très borné du vocabulaire de Chappe. Et quelle nécessité d'enchaîner ainsi la langue des communications télégraphiques dans ce cercle étroit d'où elle ne pourra jamais sortir (1) ?

(1) M. Bréguet a adressé à l'Académie des sciences de Paris, le 23 fé-

Le meilleur parti à prendre, serait d'abandonner sans retard le système mixte employé par M. Foy, et d'adopter le télégraphe à cadran ; le perfectionnement admirable récemment apporté à ce genre d'appareils par M. Froment, en a fait un instrument si régulier dans son jeu, si commode dans son maniement, si certain dans ses résultats, que l'on a peine à comprendre qu'il ne fonctionne pas aujourd'hui sur toutes nos lignes. Le principal perfectionnement apporté par notre habile compatriote au télégraphe à cadran, consiste dans l'addition d'un clavier destiné

vrier 1852, une lettre dans laquelle il se plaint de ce que les appareils télégraphiques de l'administration française sont « maltraités dans certaines publications. » En sa qualité de constructeur de ces appareils, M. Bréguet croit devoir prendre leur défense. Il cite, comme preuve de l'excellence de ses instruments, le nombre de signaux qu'ils peuvent exécuter en une minute. Personne n'a prétendu que les appareils de MM. Foy et Bréguet aient pour résultat de retarder la vitesse de transmission de l'électricité, et d'empêcher que ce fluide ne fasse en une seconde huit fois le tour du globe. Tout ce que l'on veut prouver, c'est qu'on peut obtenir les mêmes effets beaucoup plus sûrement et à moins de frais, — que l'emploi de deux fils est une complication déplorable, ruineuse, et qui n'existe que sur les lignes françaises, — que la combinaison du télégraphe électrique et des signaux du télégraphe aérien est une idée au plus haut degré malheureuse, — que la mutilation que l'on a été contraint de faire subir au vocabulaire de Chappe est à la fois une profanation et une source d'embarras pratiques, — enfin que la France est le seul pays du monde où cet étrange système ait pu trouver faveur. Qu'il nous soit permis d'ajouter, d'ailleurs, en ce qui concerne M. Bréguet, que les reproches que l'on est en droit d'adresser aux appareils français, ne compromettent en rien son habileté d'artiste. M. Bréguet a reçu, des mains de l'administration, des dessins qu'il a dû exécuter, et qu'il a exécutés avec tout le talent qui le distingue. Que le système adopté aujourd'hui vienne à changer, ce que nous espérons, et M. Bréguet montrera mieux encore toutes les ressources de son esprit inventif, parce qu'il ne l'exercera plus dans une voie stérile.

à la transmission de la dépêche. Ce clavier est semblable à celui d'un piano; chaque touche porte une lettre ou un chiffre ; il suffit de poser le doigt sur une des touches pour que l'aiguille du cadran placé à la station d'arrivée vienne se fixer sur la lettre correspondante. La main la moins exercée peut envoyer une dépêche en touchant sur le clavier les lettres qui la composent, sans craindre d'erreur provenant de l'appareil. Une touche frappée mal à propos n'amène aucune altération dans les signes suivants, et la disposition mécanique est si parfaite, que l'on peut promener au hasard et tant qu'on veut les doigts sur le clavier, sans introduire le moindre désaccord entre les signes suivants.

La figure suivante représente le *télégraphe à clavier*

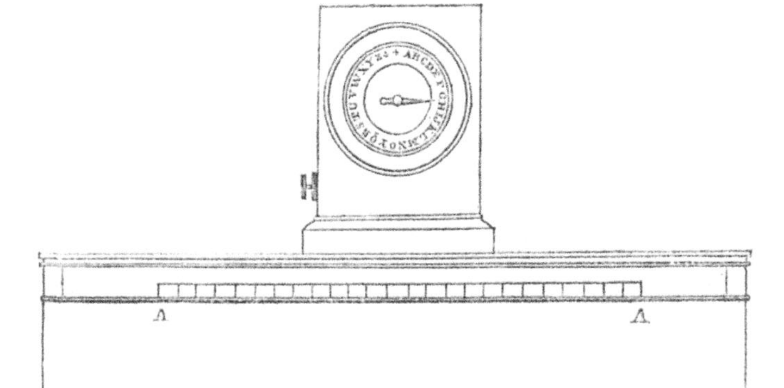

de M. Froment. AA, est un clavier rectiligne comme celui d'un petit piano à quatre octaves. On voit au-dessus de la caisse du clavier une petite boîte quadrangulaire semblable à celle d'une pendule; cette boîte communique avec le clavier par le fil conducteur de la pile. Elle est munie, comme une pendule, d'un cadran vertical et d'une aiguille qui peut s'arrêter devant toutes les lettres ou signes tracés sur la circonférence du cercle. Des signes semblables sont reproduits dans le même ordre sur les touches du clavier. Quand l'instrument est réglé, c'est-à-dire lorsque l'aiguille du cadran et la touche du clavier marquent le même signe, si l'on veut transmettre une dépêche, on pose le doigt sur la touche qui porte la première lettre dont la dépêche se compose; aussitôt l'aiguille se met en mouvement et vient s'arrêter vis-à-vis le même signe du cadran. La même manœuvre s'exécute pour les lettres suivantes. Quand on place le doigt sur les touches portant les différentes lettres, l'aiguille vient montrer à l'employé de la station extrême, le deuxième, le troisième, le quatrième signe, etc. Ainsi l'employé qui reçoit un message a sous les yeux un appareil en tout semblable à celui qui existe à la station du départ. Mais son rôle se borne à porter les yeux sur l'aiguille de son cadran et à conserver dans sa mémoire les signes qu'on lui transmet du point de départ de la ligne; il peut écrire ou dicter chacun des mots qui lui sont ainsi expédiés. C'est seulement quand il veut prendre à son tour la parole qu'il met le doigt sur les touches de son clavier pour correspondre avec l'autre station. La transmission d'une dépêche s'exécute donc à peu près comme un morceau de musique sur un instrument à touches.

D'après M. le baron Séguier, président de la dernière commission établie en France pour l'étude des télégraphes électriques, cet appareil est le plus simple et le plus parfait qu'il lui ait été donné d'examiner, tant en France qu'en Angleterre. Aussi nous paraît-il difficile que son adoption générale sur toutes les lignes françaises se fasse longtemps attendre.

C'est à grand tort que l'on objecterait qu'avec un appareil à cadran, le secret des dépêches ne serait pas suffisamment assuré. Tout le monde comprend que pour réunir toutes les garanties nécessaires sous ce rapport, il suffirait de prendre pour le vocabulaire de la correspondance une clef de convention, c'est-à-dire, d'attacher aux lettres une valeur différente de leur signification habituelle, ainsi qu'on le fait pour les messages diplomatiques. Il faut bien remarquer d'ailleurs que cette question du secret des dépêches, si grave lorsqu'il s'agit de la télégraphie aérienne, n'a qu'une faible importance dans la télégraphie électrique. Le télégraphe aérien étale ses signaux à tous les yeux, il les déploie librement à la face du public, dont il semble provoquer sans cesse et irriter la curiosité. Aussi doit-on prendre des précautions de tout genre pour déjouer les surprises de commentaires intéressés. Mais avec le télégraphe électrique, rien ne transpire au dehors; non seulement personne ne peut observer les signaux au passage, mais même aucun indice extérieur ne trahit le moment où la correspondance est en action. Toute surprise étrangère est donc impossible, et l'on n'a à se prémunir que contre l'indiscrétion de quelques employés. La question du secret des dépêches, si grave quand on fait usage du télégraphe de Chappe, n'est donc qu'infiniment accessoire avec les appareils électriques.

En résumé, nous croyons pouvoir conclure avec assurance que le système de télégraphie électrique aujourd'hui usité en France, ne saurait être plus longtemps conservé. Des intérêts de toute nature en prescrivent l'abandon. Il sera bon alors de soumettre à un examen sérieux les appareils de M. Froment, ou plutôt il sera plus convenable et plus juste d'adopter une mesure depuis longtemps réclamée par les mécaniciens français et les constructeurs étrangers ; il faudra ouvrir un concours de télégraphes électriques, en choisissant pour juges les savants les plus compétents sur la matière. Il appartiendrait au gouvernement éclairé qui nous régit de prendre l'initiative de cette mesure, qui serait à la fois conforme à la justice et importante pour l'avenir de nos établissements de télégraphie.

Il serait d'autant plus urgent de s'occuper des perfectionnements que réclame le mécanisme de ces instruments que, depuis quelques années, la télégraphie électrique a reçu en France une extension considérable, et qu'elle semble vouloir regagner au milieu de nous le temps qu'elle a perdu. A l'heure où nous écrivons, cinquante de nos villes sont reliées par des conducteurs électriques, et ce système est destiné à acquérir bientôt un développement beaucoup plus grand. En mettant les télégraphes électriques à la disposition du public, la loi du 29 novembre 1850 a donné une satisfaction légitime à des besoins depuis longtemps exprimés; tout perfectionnement qui permettra de rendre plus sûr, plus commode et plus rapide le jeu de nos appareils électriques, sera donc reçu avec reconnaissance, parce qu'il constituera un nouveau et remarquable service rendu à la fois à l'administration et au public.

La télégraphie électrique s'étend aujourd'hui sur

tous nos chemins de fer en cours d'exploitation. Nos principales lignes sont les suivantes :

1° La ligne du nord, de Paris à Valenciennes, par Amiens, Arras, Douai, Lille, avec embranchement sur Dunkerque, Calais, Boulogne.

2° La ligne du sud, de Paris à Chateauroux, par Orléans, Blois, Tours, Bourges, avec prolongement arrêté jusqu'à Bordeaux d'une part, et Nantes de l'autre.

3° La ligne de l'est, de Paris à Strasbourg.

4° La ligne de Paris au Havre, par Rouen et Dieppe.

5° La ligne de Montereau à Troyes.

6° La ligne de Metz et Nancy.

7° La ligne de Paris à Châlon-sur-Saône et Lyon.

On voit cependant, d'après ce tableau, que la télégraphie électrique est encore chez nous entièrement solidaire des chemins de fer. Les fils ne s'établissent que sur des lignes terminées, de telle sorte que la télégraphie électrique est aujourd'hui entièrement liée à l'état et au progrès de nos voies ferrées; elle s'avance avec elles, s'arrête avec elles, les atteint quelquefois, mais ne les dépasse jamais. Or, si pour accorder à toutes les villes de la France le bienfait de la télégraphie électrique, il fallait attendre l'achèvement complet de nos chemins de fer, son établissement général serait menacé de subir chez nous des retards considérables. C'est donc une haute pensée d'utilité publique que le gouvernement actuel a réalisée, en décrétant, au mois de janvier dernier, l'exécution, sur une vaste échelle, d'un système complet de télégraphie électrique, indépendant des chemins de fer. D'après ce projet, entre les villes encore dépourvues de voies ferrées, les fils du télégraphe seraient établis le long des grandes routes ; ces fils seraient ensuite reportés sur les chemins de fer à mesure que s'achèveraient les différents tronçons de ces chemins. Grâce à ce moyen, Lyon et Marseille, par exemple, pourraient être mis dans quelques mois en communication instantanée avec Paris de la manière suivante. La ligne électrique qui s'arrête aujourd'hui à Châlon, serait continuée sur la route nationale jusqu'à Avignon, où elle viendrait rejoindre le chemin de fer d'Avignon à Marseille, pour aboutir avec lui à cette dernière ville. Le décret présidentiel qui prescrit cette grande mesure ne se borne pas à la ligne de Paris à Marseille. Il annonce la construction d'un télégraphe électrique sur la ligne de Bayonne, en disposant les fils le long de la grande route. Une ligne toute semblable serait établie entre Bordeaux et Cette, le long du canal ; arrivée à Cette, la ligne télégraphique suivant les chemins de fer du Gard, irait rejoindre Marseille et se trouverait par là reliée avec Paris. Ce serait donc comme une ceinture électrique qui enserrerait le Nord, le Midi et le Sud-Ouest.. Le même décret a encore pourvu aux besoins des lignes de l'Est, et a statué d'une manière particulière sur la création d'un grand nombre de lignes secondaires (1).

Hâtons-nous d'ajouter que, grâce à l'active impulsion que les travaux publics ont reçue en France depuis le 2 décembre, l'exécution a suivi de près l'annonce

(1) Voyez à la fin du volume (Note IX) le beau rapport adressé sur cette question par M. de Morny au Président de la République, et le décret qui fait suite à ce rapport.

de cette utile mesure. Les poteaux et les fils télégraphiques sont déjà établis sur toute l'étendue de la grande route entre Lyon et Avignon.

Conformément à la loi du 29 novembre 1850, le télégraphe électrique a été mis depuis le 1er mars 1851 à la disposition du public. C'est au ministère de l'Intérieur que se trouve le bureau qui doit recevoir et expédier les dépêches de la télégraphie privée. Au fond de la grande cour du ministère, sous le télégraphe qui la décore, existe une grande voûte servant de passage; c'est à droite de cette voûte, au bout d'un corridor obscur, que l'on trouve un petite salle consacrée au service de la télégraphie privée. Cette pièce est divisée en deux parties par une cloison grillée et vitrée; derrière ce vitrage, trois ou quatre employés attendent le public. Tout se passe là assez bourgeoisement. Un employé vous présente une feuille de papier blanc sur laquelle vous inscrivez, en termes aussi laconiques que possible, votre missive que vous signez et dont vous acquittez le prix. La dépêche est ensuite portée dans la pièce suivante, où se trouvent deux petits télégraphes Foy-Bréguet. Traduite en signaux selon le vocabulaire de Chappe, elle est immédiatement transmise à sa destination.

L'extension assez rapide qu'a prise à Paris depuis un an le service de la télégraphie privée, a nécessité l'établissement d'une succursale de ce bureau central (1). Cette station supplémentaire est placée dans la rue Richelieu, en face de la Bourse, dans un lieu voisin

(1) Les recettes effectuées dans les bureaux de la télégraphie privée pendant le mois d'octobre dernier, se sont élevées à 60,000 francs.

du centre des affaires. On y reçoit, comme au bureau du ministère de l'Intérieur, les dépêches envoyées par les particuliers.

Indépendamment de cet établissement placé sous la direction de l'Etat, il existe à Paris deux entreprises industrielles connues sous le nom d'*offices télégraphiques*, qui ont pour but de recevoir, par la voie des télégraphes électriques étrangers et par le télégraphe français, des nouvelles des points les plus importants de l'Europe. Les agents de ces établissements vont tous les jours recevoir, au bureau du télégraphe public, les dépêches que leur expédient leurs correspondants de l'étranger. Nos journaux ont des abonnements aux *offices télégraphiques*, et c'est par cette voie que les cours des principales bourses de l'Europe, et quelques nouvelles politiques ou commerciales, sont mis depuis quelque temps sous les yeux du public. Le cours de la bourse d'Autriche, expédié de Vienne à quatre heures de l'après-midi, est ainsi connu à Paris dans la soirée.

La taxe des dépêches électriques pour l'usage des particuliers est établie d'après le tarif suivant arrêté par le gouvernement français.

De Paris à	De 1 à 20 mots.	Par dizaine de mots en plus.
Amiens.	4,80	1,20
Angers.	7,20	1,80
Arras	5,64	1,41
Bar-le-Duc.	6,12	1,53
Blois.	5,28	1,32
Boulogne.	6,36	1,59
Bourges.	5,88	1,47
Calais.	7,56	1,89
Châlons-sur-Marne. . . .	5,16	1,29

Châlon-sur-Saône	7,68	1,92
Châteauroux.	6,24	1,56
Dieppe.	5,52	1,38
Dijon..	6,84	1,71
Dunkerque.	7,32	1,83
Le Havre.	5,76	1,44
Lille.	6,36	1,59
Lyon	9,12	2,28
Mâcon.	8,40	2,10
Metz.	7,95	2,05
Nancy.	7,35	2,15
Nantes.	8,28	2,07
Nevers.	6,72	1,68
Orléans.	4,56	1,14
Poitiers.	7,08	1,77
Rouen.	4,68	1,17
Saint-Omer	7,08	1,77
Strasbourg.	9,20	2,15
Tonnerre.	5,40	1,35
Tours.	5,88	1,47
Valenciennes.	5,36	1,49
Frontière belge.	6,48	1,62

La loi du 29 novembre 1850 qui règle les rapports du public avec l'administration des télégraphes, renferme plusieurs dispositions qui ont été l'objet de critiques assez vives et d'ailleurs parfaitement fondées (1). La nécessité de faire constater son identité pour être admis à expédier une missive, l'obligation d'écrire en *termes parfaitement intelligibles pour les employés*, enfin la faculté exorbitante accordée à ces derniers d'accepter ou de refuser la dépêche, sont des mesures marquées au coin d'une rigueur administrative des plus exagérées. Ces en-

(1) On trouvera à la fin du volume (Note X) le texte de cette loi.

traves, nous l'espérons, sont destinées à disparaître. Nous ne pouvons penser que l'administration n'ait consenti à accorder au public l'usage d'un moyen de correspondance si précieux à tant d'égards, qu'à la condition de rendre son exécution difficile et parfois impossible. Malheureusement les considérations politiques ont toujours dominé, en France, les questions d'intérêt public. Il serait temps cependant de comprendre que le gouvernement n'est pas une abstraction posée en face de la société, avec un but distinct et des intérêts opposés; mais, au contraire, que le gouvernement n'est que la société elle-même, administrant avec unité les intérêts communs à tous les citoyens, et que, par conséquent, tout ce qui contribue à augmenter les moyens d'action, les ressources et le bien-être des individus, doit tourner en même temps au profit de l'Etat. Aucune entrave n'est apportée, en Angleterre et aux Etats-Unis, au droit de se servir des appareils télégraphiques; on a pensé, dans ces pays, que la signature de l'expéditeur apposée au bas de la dépêche, est parfaitement suffisante pour sauvegarder tous les intérêts. Les conditions sont-elles assez différentes entre ces deux peuples et nous, pour justifier des mesures aussi contraires?

M. de Courcy a publié cette année, dans un journal politique, quelques réflexions pleines de verve et de justesse contre les entraves inutiles dont l'administration française a cru devoir entourer la télégraphie privée. Nous reproduisons une partie de ces judicieuses remarques.

« Le gouvernement, dit M. de Courcy, a récemment ouvert

quelques lignes de télégraphes électriques en France, et, contrairement à ses habitudes de monopole, il a bien voulu donner aux particuliers la faculté de se servir de cette voie pour la transmission de leurs dépêches. Mais, d'après le résultat financier de la première quinzaine d'opérations, qui accuse une recette d'un millier de francs, il est à craindre que ce mode de communication ne devienne jamais populaire et usuel, et ne couvre pas même les frais de son installation. Les télégraphes devraient être cependant une source de recettes pour le Trésor, comme la poste, et il en serait ainsi si le tarif n'était pas à un taux exorbitant, et si la bureaucratie ministérielle n'avait pas retenu d'une main ce qu'elle semblait donner de l'autre. Un règlement muni d'une quantité d'articles interminables détermine les nombreuses conditions qu'il faut remplir pour avoir le droit de transmettre un message sur les fils conducteurs de la pensée. Ce sont autant d'entraves destinées à empêcher l'usage du télégraphe de pénétrer dans les mœurs, comme il s'est naturalisé aux États-Unis.

» Supposons que j'arrive d'Amérique au Havre ou à Boulogne. Le tricorne du gendarme et l'habit vert du douanier, voguant jusqu'au large pour s'emparer du navire avant son entrée au port, ont fait battre mon cœur des premières émotions de la mère-patrie. Après un interrogatoire minutieux comme si j'étais un criminel, je réussis à retirer ma personne des mains de ces intéressants fonctionnaires, en leur laissant toutefois mon passe-port et mes effets, qu'ils se proposent d'examiner avec plus de loisir. Enfin, je débarque ; mais il est trop tard pour prendre le chemin de fer ; je brûle d'arriver à Paris, où ma famille inquiète m'attend avec une vive impatience. Je veux au moins leur apprendre mon arrivée, et je cours au bureau du télégraphe. Un personnage compassé, qui se croit administrateur parce qu'il est tracassier, me tient à peu près ce langage : « Avez-vous votre passe-port? — Il est entre les mains des bons » gendarmes. — Avez-vous une autorisation de M. le maire pour » vous servir du télégraphe? — Le maire doit être couché. — » Avez-vous le certificat de deux notables constatant que vous » êtes irréprochable dans vos mœurs? Êtes-vous assisté de deux » témoins pour établir votre identité? — J'étais, il y a deux » heures, en mer, et je ne connais personne au Havre. — En

» ce cas, monsieur, vous repasserez demain. » Et si le lendemain, muni de tous les papiers voulus, je m'obstine à vouloir user de cette voie expéditive, il me faut écrire ma dépêche sur un certain papier à tête imprimée, la recopier sur un certain registre, apposer ma signature sur plusieurs livres à souche (il y a beaucoup de souches dans ces bureaux); puis, mon billet attendra son tour. J'aurais le temps d'être à Paris avant que ma dépêche, portée sur l'aile de la foudre, y pût arriver.

» Quelle est donc l'utilité de tout ce luxe de formalités, et quels services de telles entraves procurent-elles au public? C'est, dira-t-on, pour empêcher l'agiotage et pour sauvegarder le gouvernement contre des complots anarchistes. Mais c'est le monopole qui a toujours offert ces dangers, et non la liberté dans la transmission des nouvelles, qui porte avec elle son remède. Du moment que tout le monde peut savoir à Rouen qu'à telle heure le 5 pour 100 était à 90 à Paris, et que la rue était libre d'émeute, personne ne se laisse entraîner dans des spéculations désastreuses, ni duper par un révolutionnaire compromettant. A la bourse de New-York, les agents de change reçoivent chaque jour, pendant leurs séances, plusieurs centaines de dépêches télégraphiques transmettant des ordres d'achat ou de vente. On connait minute par minute les cours de Boston et de Philadelphie, et le taux des remises se nivelle aussi instantanément dans ces trois centres commerciaux, sans fluctuations trop sensibles.

» Dans ce fameux règlement français, tous les articles sont destinés à ralentir les messages ; il n'y en a pas un seul qui ait pour but de les activer, pas un qui fixe un maximum de durée pour la transmission électrique, et punisse l'opérateur négligent. C'était cependant la seule chose vraiment essentielle. Aux États-Unis, il n'y a qu'un registre dans les offices de télégraphe, en outre de ceux de la comptabilité : c'est le livre que porte le facteur, et sur lequel les destinataires inscrivent l'heure et la minute de la réception de leurs missives, afin que l'administration sache si son agent a été ponctuel, et le réforme au besoin. Aussi, grâce à cette promptitude et à cette absence de formes, on peut, en Amérique, correspondre à cent et deux cents lieues de distance, recevoir une première réponse, faire ses observations et recevoir une réponse définitive, tout cela dans la même journée. On termine en deux heures, et sans être vu, une affaire qui aurait demandé par la poste huit jours et plus ; en cas d'incendie, on demande des secours aux villes les plus éloignées ; en cas de vol, on donne le signalement du malfaiteur à toutes les polices environnantes, et le voleur est arrêté au moment où il se croit sûr de l'impunité ; en cas de tempête au sud on en donne avis au nord, afin que les navires ne prennent pas le large ; en cas d'inondation, le télégraphe en instruit tout le parcours du fleuve, pour que les riverains puissent sauver leurs bestiaux, leurs denrées et se sauver eux-mêmes. L'électricité marche plus vite que le débordement des eaux. Pas de service que le télégraphe ne rende ; il est en Amérique une des nécessités de la vie, et son usage dans les affaires est encore moins répandu que dans les familles, où cette invention prodigieuse devient la Providence des amis qui se séparent, et des maris qui sont contraints de s'absenter. J'ai moi-même confié à ce fluide mystérieux plus d'un message affectueux, et je jouissais de la pensée que quelques paroles, fendant l'espace, allaient porter une consolation instantanée, faisaient disparaître la distance, et me donnaient l'étrange privilége de l'ubiquité. J'ai vu, à un concert de Jenny Lind, le régisseur se présenter à la rampe et prononcer ces mots : « Si M. William Brown est dans la salle, il est prié de passer au bureau, où il trouvera une dépêche très importante à son adresse, reçue à l'instant de Chicago. » Aussitôt un gentleman se lève et quitte sa place. Sa famille savait sans doute qu'à cette heure il serait au concert, et le télégraphe permettait de l'informer d'une nouvelle dont l'arrivée plus ou moins prompte pouvait causer sa fortune ou sa ruine.

» .... Du moment où l'on admet que le secret des lettres confiées à la poste ne doit pas être violé par le gouvernement, il n'y a aucune raison valable pour exiger l'identité des signataires de dépêches, pour contrôler l'exactitude des signatures, ou pour dévoiler le mystère des correspondances télégraphiques en les copiant sur des registres timbrés et paraphés. Toutes ces minuties font créer de nouveaux emplois, et grèvent d'autant le budget sans rendre de services appréciables. En Amérique, il n'est pas de négociant qui ne se serve journellement et régulièrement du télégraphe ; mais la plupart ont un langage emblématique, un alphabet en chiffres ou un vocabulaire grotesque dont leur correspondant a la clef, et qui leur permet de ne pas divulguer leurs affaires au premier venu. On signe, de plus, presque toujours par un pseudonyme de convention, ce qui est le meilleur moyen d'éviter l'usurpation des signatures; et il nous semble que l'administration française, en voulant prémunir le public contre la fraude, éloignera de ses télégraphes les grandes affaires, au lieu de se les attirer. Une autre facilité dont nous recommandons l'adoption, c'est qu'on peut, en adressant une dépêche, payer en même temps pour la réponse, en sorte que la personne à qui l'on écrit n'a pas de prétexte pour se dispenser de dire ce qu'on lui demande, et le facteur réclame cette réponse en délivrant le message. »

Sous leur forme légère, les pages précédentes contiennent des remarques d'une vérité incontestable, et des indications dont l'administration française pourrait tirer un utile parti.

Pour compléter le relevé de l'état actuel de la télégraphie électrique dans les deux mondes, nous jetterons un regard rapide sur l'ensemble des lignes électriques qui fonctionnent en ce moment en Allemagne, en Belgique, et en Italie.

La télégraphie électrique est assez avancée en Allemagne, car ce pays suivit, l'un des premiers, la voie si heureusement ouverte par le génie américain. C'est, en effet, en Prusse que fut établie la première correspondance connue de télégraphie électrique. En juillet 1837, M. Steinheil établit à Munich une communication électrique entre son observatoire et un faubourg de Munich, sur une distance de plus d'une lieue (1).

(1) Voyez à ce sujet une note intéressante de M. Steinheil, dans les *Comptes rendus de l'Académie des sciences* du 10 septembre 1838.

Ce fut là la première réalisation pratique, faite en Europe, du nouveau procédé de communication qui devait faire bientôt de si rapides progrès.

La première ligne allemande fut installée dans le duché de Hesse entre Mayence et Francfort. Le succès de cette ligne éveilla l'attention du gouvernement prussien qui mit à profit le nouveau procédé télégraphique pour lier le palais de Berlin avec celui de Postdam. Aujourd'hui, le réseau télégraphique de la Prusse est de plus de six cents lieues; sa longueur est presque double de celle du réseau français. Voici la liste des principales lignes qui se trouvaient établies en Prusse au mois de juin 1850 :

1° De Berlin à Francfort, 180 lieues;

2° De Berlin par Cologne à Aix-la-Chapelle, par Postdam, Magdebourg, Ochsers-Leben, Brunswick, Hanovre, Minden, Hamm, Dusseldorf, Deutz, Cologne et Aix-la-Chapelle, 190 lieues;

3° De Dusseldorf à Elberfeld, 8 lieues;

4° De Berlin à Hambourg, par Wittenberge, Haguenau, Hambourg, 76 lieues;

5° De Berlin à Stettin, 36 lieues;

6° De Berlin à Oderberg (ville frontière de l'Autriche), par Francfort, Liegnitz, Breslau, Oppeln, Kosel, Ratibor et Oderberg, 144 lieues;

7° De Halle à Leipsig et de Leipsig à Berlin et Francfort, 200 lieues;

8° De Berlin à Kœnigsberg, communiquant avec Stettin et Swine-Munde.

Le système adopté en Prusse est le télégraphe à cadran et à vocabulaire alphabétique, assez heureusement modifié par M. Siemens, de Berlin. La plus grande partie des fils est enfermée sous le sol, le reste est disposé sur le bord des grandes routes.

L'Autriche est en possession des lignes suivantes :

1° De Vienne à Prague par Olmutz, 122 lieues;

2° De Vienne à Brünn, par Prague, 108 lieues;

3° De Vienne à Presbourg, 18 lieues;

4° De Vienne à Oderberg, par Prévau, 75 lieues;

5° De Vienne à Trieste, par Bruck, Cilli et Laybach, 146 lieues;

6° De Vienne à Salzbourg, par Linz, et communiquant avec les lignes télégraphiques de Bavière, 80 lieues.

7° De Prague aux frontières de Saxe, et des frontières à Dresde.

8° D'Oderberg à Cracovie; de Salzbourg à Inspruck; d'Inspruck à Bregenz; d'Inspruck à Botsen; de Steenbruck à Agram.

Les lignes établies en Saxe sont :

1° De Leipsig à Hof, 48 lieues;

2° De Leipsig à Dresde, 32 lieues;

3° De Dresde à Kœnigstein, 8 lieues;

4° De Dresde aux frontières de la Bohême, 14 lieues;

5° De Dresde à Hof, 48 lieues;

Les lignes de la Bavière sont établies :

1° De Munich à Salzbourg, 38 lieues;

2° De Munich à Augsbourg, 16 lieues;

3° D'Augsbourg à Hof, par Nuremberg et Bamberg, 100 lieues.

4° De Bamberg à Francfort, par Wurzbourg et Aschaffenbourg, 64 lieues;

L'Allemagne à encore quelques autres lignes : celles de Manheim à Bâle, d'Aix-la Chapelle aux frontières de la Belgique; de Hambourg à Cuxhaven, et de Brêmes à Bresnerhaven.

Les conditions libérales accordées aux Etats-Unis pour l'exploitation du télégraphe électrique, n'ont pas été imitées en Allemagne. En Prusse et en Autriche, ce moyen de correspondance est la propriété exclusive et le privilége de l'Etat; cependant le gouvernement le met, sous son contrôle et sous sa surveillance, au service du public.

Les télégraphes électriques qui existent en Hollande et en Belgique sont soumis aux mêmes conditions. Le télégraphe électrique belge a été mis depuis quelques années à la disposition des particuliers. Le tarif belge pour la transmission des dépêches est le suivant :

De Bruxelles à	Malines; de 1 à 20 mots. .	2 fr.	50
—	Anvers	2	50
—	Gand.	2	50
—	Ostende.	2	50
—	Liége.	7	50
—	Verviers.	2	50
—	Quievrain.	7	50

En Hollande et en Belgique, la télégraphie électrique n'a reçu encore qu'une extension assez faible; elle suffit néanmoins pour que, dans ce moment, Vienne, Berlin et Bruxelles soient rattachées par un lien électrique.

L'Italie n'est pas restée tout à fait en arrière des autres nations de l'Europe dans l'adoption du nouveau moyen de correspondance. Elle a créé quelques lignes qui sont encore d'un faible parcours, mais qui ne tarderont pas à s'étendre sur les nombreux chemins de fer auxquels on travaille en ce moment avec activité dans les divers Etats italiens. Les lignes électriques ont été installées en Toscane, en 1847, sous la direction de l'habile physicien M. Matteucci. Elles existent :

1° De Florence à Livourne.

2° D'Empoli à Sienne.

3° De Pise à Lucques.

4° De Florence à Patro.

Ces lignes n'embrassent qu'une étendue de 120 milles italiens, ou environ 60 lieues.

Pour résumer les détails qui précèdent concernant l'état de la télégraphie électrique dans les différentes parties de l'Europe, et pour donner en même temps des indications qui pourront devenir utiles, nous mettons sous les yeux du lecteur un tableau dressé par M. Sagansan, et qui contient la liste des principales villes de l'Europe avec lesquelles on peut correspondre de Paris et reciproquement, par l'intermédiaire du télégraphe électrique. On a joint à cette liste l'indication des prix perçus pour la transmission des dépêches partant de Paris et aboutissant à chacune des villes portées sur le tableau (1).

(1) *Carte des chemins de fer de l'Europe, avec l'indication des lignes de la télégraphie électrique*, par L. Sagansan, géographe de l'administration des postes. Paris, 1852.

Liste alphabétique des villes de l'Europe qui peuvent recevoir ou envoyer des dépêches par la télégraphie électrique.

	Taxe des dépêches télégraphiques.					
	De 1 à 20 mots.		De 21 à 30 mots (Angleterre). De 21 à 30 mots (autres pays).		De 51 à 100 mots.	
	fr.	c.	fr.	c.	fr.	c.
Adelsberg (Illyrie)	22	50	45	»	67	50
Agram (Hongrie)	22	50	45	»	67	50
Aix-la-Chapelle (Prusse). . . .	10	»	20	»	30	»
Altenbourg (duché d').	17	50	35	»	52	50
Ansbach (Bavière)	17	50	35	»	52	50
Anvers (Belgique).	5	»	10	»	15	»
Aschaffenburg (Bavière). . . .	15	»	30	»	45	»
Augsbourg (Bavière).	17	50	35	»	52	50
Bade (Grand-duché de).	17	50	»	»	»	»
Bamberg (Bavière).	17	50	35	»	52	50
Bergame (Lombardie).	20	»	40	»	60	»
Berlin (Prusse)	20	»	40	»	60	»
Berlin (Prusse)	20	»	40	»	60	»
Bielitz (Moravie).	22	50	45	»	67	50
Birmingham (Angleterre). . . .	18	50	24	38	»	»
Bodenbach (Bohême).	20	»	40	»	60	»
Botzen (Tyrol)	20	»	40	»	60	»
Bregens (Tyrol)	17	50	35	»	52	50
Brême (ville libre).	»	»	»	»	»	»
Brescia (Lombardie)	20	»	40	»	60	»
Breslau (Prusse).	22	50	45	»	67	50
Brighton (Angleterre)	18	50	24	38	»	»
Brixen (Tyrol)	20	»	40	»	60	»
Bromberg (Prusse)	22	50	45	»	67	50
Bruchsal (gr.-duché de Bade).	»	»	»	»	»	»
Bruges (Belgique).	5	»	10	»	15	»
Brunn (Moravie).	22	50	45	»	67	50
Brunswick (Duché de).	17	50	35	»	52	50
Bruxelles (Belgique).	5	»	10	»	15	»
Cambridge (Angleterre)	18	50	24	38	»	»

	Taxe des dépêches télégraphiques.					
	De 1 à 20 mots.		De 21 à 30 mois (Angleterre). De 21 à 50 mots (autres pays).		De 51 à 100 mots.	
	fr.	c.	fr.	c.	fr.	c.
Carlsrhue (gr.-duché de Bade).	17	50	»	»	»	»
Cassel (électorat de Hesse). . .	15	»	30	»	45	»
Cheltenham (Angleterre). . . .	18	50	24	38	»	»
Cilly (Styrie).	22	50	45	»	67	50
Colchester (Angleterre).	18	50	24	38	»	»
Cologne (Prusse rhénane) . . .	12	50	25	»	37	50
Cosel (Prusse)	22	50	45	»	67	50
Cothen (principauté d'Anhalt).	17	50	35	»	52	50
Coventry (Angleterre)	18	50	24	38	»	»
Cracovie (ville libre).	22	50	45	»	67	50
Derby (Angleterre).	21	75	29	25	»	»
Dessau (principauté d'Anhalt) .	17	50	35	»	52	50
Deutz (Prusse rhénane).	12	50	25	»	37	50
Dorchester (Angleterre).	18	50	24	38	»	»
Douvres (Angleterre).	12	»	15	25	»	»
Dresde (royaume de Saxe) . . .	20	»	40	»	60	»
Duisburg (Prusse rhénane). . .	12	50	25	»	37	50
Dusseldorf (Prusse rhénane). .	12	50	25	»	37	50
Edinburg (Écosse)	21	75	29	25	»	»
Eisenach (d. de Saxe-Weimar).	15	»	30	»	45	»
Elberfeld (Prusse rhénane). . .	12	50	25	»	37	50
Erfurt (Saxe prussienne). . . .	17	50	35	»	52	50
Feldkirch (Tyrol septentrional).	17	50	35	»	52	50
Francfort-s^{r}-le-Mein (v. libre). .	15	»	30	»	45	»
Francfort-sur-l'Oder (Prusse). .	20	»	40	»	60	»
Friedrichshafen (Wurtemb.). .	17	50	35	»	52	50
Gand (Belgique)	5	»	10	»	15	»
Giessen (grand-duché de Hesse).	15	»	30	»	45	»
Glasgow (Angleterre).	1	75	29	25	»	»
Gloggnitz (Autriche)	22	50	45	»	67	50
Gloucester (Angleterre).	18	50	24	38	»	»
Gorice ou Goriz (Illyrie). . . .	22	50	45	»	67	50
Gotha (Saxe ducale).	17	50	35	»	52	50

	Taxe des dépêches télégraphiques.					
	De 1 à 20 mots.		De 21 à 30 mots (Angleterre). De 21 à 50 mots (autres pays).		De 51 à 100 mots.	
	fr.	c.	fr.	c.	fr.	c.
Gratz (Styrie).	22	50	45	»	67	50
Guastalla (duché de Parme). .	22	50	45	»	67	50
Hagenau (Meckl.-Schwerin). .	17	50	35	»	52	50
Halle (Prusse).	17	50	35	»	52	50
Haltingen (gr.-duché de Bade).	22	50	»	»	»	»
Hambourg (ville libre).	17	50	35	»	52	50
Hamm (Prusse).	12	50	25	»	37	50
Hanau (électorat de Hesse). . .	15	»	30	»	45	»
Hanovre (royaume de Hanovre).	15	»	30	»	45	»
Harburg (Hanovre).	17	50	35	»	52	50
Heilbronn (Wurtemberg). . . .	15	»	30	»	45	»
Hof (Bavière).	17	50	35	»	52	50
Holyhead (Angleterre).	21	75	29	25	»	»
Hull (Angleterre).	21	75	29	25	»	»
Ibsbruk (Tyrol septentrional).	20	»	40	»	60	»
Juterbogk (Prusse).	17	50	35	»	52	50
Kell (grand-duché de Bade) . .	20	»	»	»	»	»
Klagenfurt (Styrie).	22	50	45	»	67	50
Kreutz (Autriche).	20	»	40	»	60	»
Kufstein (Autriche).	20	»	40	»	60	»
Laibach (Illyrie)	22	50	45	»	67	50
Landshut (royaume de Saxe). .	17	50	35	»	52	50
Leeds (Angleterre).	21	75	29	25	»	»
Leipzig (royaume de Saxe). . .	17	50	35	»	52	50
Lemberg (Gallicie)	25	»	50	»	75	»
Liége (Belgique).	5	»	10	»	15	»
Lieguitz (Prusse).	20	»	40	»	60	»
Lincoln (Angleterre).	21	75	29	25	»	»
Lindau (Bavière).	17	50	35	»	52	50
Linz (Haute-Autriche)	20	»	40	»	60	»
Liverpool (Angleterre).	21	75	29	25	»	»
Londres (Angleterre).	15	24	19	20	»	»
Mannheim (gr.-duché de Bade).	17	50	»	»	»	»

	Taxe des dépêches télégraphiques. De 1 à 20 mots.		De 21 à 30 mots (Angleterre). De 21 à 50 mots (autres pays).		De 31 à 100 mots.	
	fr.	c.	fr.	c.	fr.	c.
Magdeburg (Prusse)	17	50	35	»	52	50
Malines (Belgique)	5	»	10	»	15	»
Manchester (Angleterre). . . .	21	75	29	25	»	»
Mantoue (Lombardie)	20	»	40	»	60	»
Marburg (électorat de Hesse). .	15	»	30	»	45	»
Milan (Lombardie)	20	»	40	»	60	»
Minden (Prusse)	15	»	30	»	45	»
Modène (Duché de).	25	»	50	»	75	»
Mons (Belgique)	2	50	5	»	7	50
Munich (par Hof) (Bavière). . .	17	50	35	»	52	50
Munster (Prusse).	15	»	30	»	45	»
Murzzusghlag (Styrie)..	22	50	45	»	67	50
Neuhausel (Hongrie).	22	50	22	50	45	»
Newcastle (Angleterre).	21	75	29	95	»	»
Neumarket (Angleterre)	18	50	24	38	»	»
Norwick (Angleterre).	18	58	24	38	»	»
Nottingham (Angleterre). . . .	21	75	29	25	»	»
Nuremberg ou Nurnberg (Bav.).	17	50	35	»	52	50
Oderberg (Prusse).	22	50	45	»	67	50
Olmutz (Moravie).	22	50	45	»	67	50
Oppeln (Prusse).	22	50	45	»	67	50
Oschersleben (Prusse).	17	50	35	»	52	50
Ostende (Belgique).	7	50	15	»	22	50
Oxford (Angleterre).	18	50	24	38	»	»
Padoue (province vénitienne).	20	»	40	»	60	»
Peschiera (Lombardie).	20	»	40	»	60	»
Pesth (Hongrie).	25	»	50	»	75	»
Pirano (Illyrie).	22	50	45	»	67	50
Plauen (royaume de Saxe). . .	17	50	35	»	52	50
Portsmouth (Angleterre). . . .	18	50	24	38	»	»
Posen (Prusse).	22	50	45	»	67	50
Potsdam (Prusse).	20	»	40	»	60	»
Prague (Bohême).	20	»	40	»	60	»

	Taxe des dépêches télégraphiques.		
	De 1 à 20 mots.	De 21 à 50 mots (Angleterre). De 21 à 50 mots (autres pays).	De 51 à 100 mots.
	fr. c.	fr. c.	fr. c.
Presburg (Hongrie).	22 50	45 »	67 50
Przemysl (Gallicie).	25 »	50 »	75 »
Ratibor (Prusse).	22 50	45 »	67 50
Ratisbonne (Bavière).	17 20	35 »	52 50
Reggio (duché de Modène). . .	22 50	45 »	67 50
Roveredo (Tyrol méridional). .	20 »	40 »	60 »
Rugby (Angleterre).	18 50	24 38	» »
Bzeszow (Gallicie).	25 »	50 »	75 »
Saltzburg (Haute-Autriche). . .	20 »	40 »	60 »
Sheffield (Angleterre)	18 50	24 38	» »
Southampton (Angleterre). . .	21 75	29 25	» »
Stettin (Poméranie prussienne).	20 »	40 »	60 »
Stuttgard (Wurtemberg)	15 »	30 »	45 »
Swinnemunde (Prusse).	20 »	40 »	60 »
Tarnow (Gallicie).	25 »	50 »	75 »
Trente ou Triente (Tyrol mérid.)	20 »	40 »	60 »
Trévise (province vénitienne).	20 »	40 »	60 »
Trieste (Illyrie)	22 50	45 »	67 50
Troppau (Moravie).	22 50	45 »	67 50
Trubau (Moravie)	22 50	45 »	67 50
Udine (province vénitienne). .	20 »	40 »	60 »
Ulm (Wurtemberg).	17 50	35 »	52 50
Venise (province vénitienne). .	22 50	45 »	67 50
Vérone (province vénitienne). .	20 »	40 »	60 »
Verviers (Belgique).	7 50	15 »	22 50
Vicence (province vénitienne).	20 »	40 »	60 »
Vienne (Autriche)	22 50	45 »	67 50
Weimar (Saxe ducale).	17 50	35 »	52 50
Werdau (royaume de Saxe). .	17 50	35 »	52 50
Wittenberge (Prusse).	17 50	35 »	52 50
Wurtzburg (Bavière).	15 »	30 »	45 »
Yarmouth (Angleterre).	18 50	24 38	» »
York (Angleterre)	21 75	29 25	» »

CHAPITRE VIII.

Le télégraphe sous-marin. — Expérience de M. Valker sur la propriété isolante de la *gutta-percha*. — Pose du fil télégraphique entre Douvres et Calais en 1850. — Reprise et fin des travaux en 1851. — Télégraphe sous-marin entre l'Angleterre et l'Irlande.

Nous n'avons encore parlé que des télégraphes électriques établis sur la terre, nous n'avons considéré jusqu'ici que ces fils métalliques élevés dans l'espace, et abrités par la masse non conductrice de l'air, contre la déperdition du fluide pendant le trajet. Il nous reste à faire connaître l'entreprise extraordinaire qui a eu pour résultat de créer des communications du même genre à travers l'Océan, c'est-à-dire, au milieu de la substance la moins propre, en raison de son extrême conductibilité électrique, à servir au fluide de moyen de transmission. Considérée longtemps comme un beau rêve, cette œuvre glorieuse a été enfin réalisée avec un complet bonheur, et maintenant, deux contrées séparées par un bras de mer considérable sont en relation électrique continue, et correspondent d'une manière instantanée, comme si elles n'étaient séparées que par un intervalle de quelques lieues.

La théorie démontrait qu'il serait possible d'établir des communications électriques à travers l'Océan. Quelle que soit la conductibilité électrique de l'eau chargée de sels qui occupe le bassin des mers, un fil métallique n'a besoin pour la franchir, sans laisser disséminer l'électricité qui l'anime, que d'être revêtu sur toute son étendue d'une enveloppe isolante. Mais les difficultés pratiques étaient immenses pour la réalisation de ce projet, car les substances de nature à servir de fourreau isolateur, étaient toutes d'un prix élevé ou éminemment cassantes. Une matière nouvelle apportée en Europe par la mission envoyée en Chine, par le gouvernement français, la *gutta-percha*, vint fournir la substance si longtemps cherchée. La *gutta-percha* est un corps qui ressemble beaucoup au caoutchouc, mais qui a sur lui l'avantage capital, dans le cas qui nous occupe, d'être éminemment mauvais conducteur de l'électricité. M. Valker, en Angleterre, fut le premier à saisir l'importance des applications que l'on pourrait faire de la gutta-percha à l'isolement des fils d'un télégraphe. Il comprit que cette nouvelle substance allait offrir un moyen parfait pour l'établissement d'un fil télégraphique à travers les liquides, et, l'idée à peine conçue, il se hâta de la soumettre à l'expérience. Le 10 janvier 1849, un premier essai, tout incomplet qu'il fût, suffit pour faire voir l'immense parti que l'on pourrait tirer de la gutta-percha dans la télégraphie sous-marine. M. Valker raconte ainsi l'expérience intéressante qui l'amena à cette conclusion.

« J'avais choisi, dit M. Valker, deux milles de cuivre n° 16, garni de gutta-percha, et j'avais éprouvé moi-même le tout sous l'eau, bout par bout, ainsi que les divers joints. Après l'avoir enroulé sur une espèce de dévidoir en bois, on le porta à Folkstone.

» La description du port de Folkstone rendra plus clairs les détails de l'expérience. Un embranchement d'environ un mille de longueur descend de la ligne principale du chemin de fer au port, traversant la station sur un pont mobile. Le bureau du télégraphe est dans la dernière pièce des bâtiments, au delà de la station. Je plantai dans les sables un poteau plus élevé que la marque de l'eau, et qui me servit à établir un fil du bureau du télégraphe au bord de la mer. Le 9, au soir, j'essayai, pour la dernière fois, la conductibilité du fil en plaçant le dévidoir sur le sable et faisant communiquer le fil recouvert avec le fil venant de Londres. Alors, l'eau à nos pieds et à la lueur des lampes, au milieu d'un groupe mêlé et étonné de pêcheurs, de matelots, d'officiers et d'autres, nous reconnûmes que le circuit était bon, car nous pûmes entretenir une conversation avec les employés de Londres.

» Notre intention était de prendre le lendemain le dévidoir dans un petit bateau, de nous placer à peu près en ligne directe de la plage, de dévider et d'immerger notre fil tout en avançant, et d'attendre à l'ancre l'arrivée du train de Londres; alors le paquebot, avec nos amis et l'appareil télégraphique sur le pont, serait venu nous prendre avec le bout du fil. Mais l'aspect du temps changea dans la nuit ; le vent s'éleva, et la mer devint si houleuse, que non seulement c'eût été un essai stérile, pour des hommes qui ne sont pas marins, que de faire des recherches physiques sur un parquet aussi mal assuré qu'un bateau secoué par les vagues, mais qu'il eût été impossible d'éviter la rupture du fil. Alors donc, au lieu que le paquebot vînt retrouver le bateau, celui-ci s'en alla seul, fila le fil, et ramena le bout à la plage. Le fil le plus élevé des quatre fut continué, en ligne directe de sa terminaison actuelle, par le fil à gutta-percha, que l'on conduisit dans la mer plus loin que la jetée, et que l'on fila devant le port; il passait à l'entrée du port et aboutissait à l'instrument qui était sur le pont du paquebot amarré le long de la jetée, à l'endroit où on le voit dans le dessin. Ainsi les conditions de l'expérience étaient les mêmes, bien que l'effet ne fût pas aussi frappant, que si le paquebot eût été en pleine mer avec l'extrémité du fil.

» Il avait été entendu d'avance que ce jour-là le travail du télégraphe se ferait sur un fil n° 2, et que le n° 1 resterait libre pour ces expériences. Le bout du fil de Folkstone, comme je l'ai dit, était soudé au fil submergé dont l'autre bout communiquait alors avec un instrument à simple aiguille, qui était sur le pont et le circuit se complétait par une plaque de terre qui était dans la mer.

» Ces opérations se firent en présence de nos invités, qui se trouvaient à bord ; il ne s'était pas fait de *répétition*, et le fil se trouvait battu par les flots contre la jetée. J'avoue que je n'étais pas fort à l'aise d'avoir tant de témoins, venus de si loin, pour assister à une expérience dont le premier essai allait être fait en public; je redoutais quelque circonstance fatale. Tout étant prêt, je pris la poignée de l'instrument, et je fis la lettre L, signal d'appel de Londres; on eut instantanément connaissance du signal, et, à midi trois quarts, la première dépêche passa sous le canal britannique, en ligne directe pour Londres; elle portait : « M. Walker au directeur : — Je suis à bord de la » *Princesse Clémentine* : j'ai réussi. » Immédiatement une correspondance fut établie. Il s'échangea des communications avec d'autres stations de la ligne principale, et, après quelques heures d'immersion, le fil fut retiré sain et sauf. Il est maintenant placé dans le tunnel de Merstam, et a servi depuis à l'envoi de toutes nos dépêches importantes de Londres (1). »

L'expérience intéressante de M. Valker établissait suffisamment les avantages de la gutta-percha pour l'isolement d'un fil électrique sous-marin. Cependant ce n'était pas à M. Valker, mais à l'un de ses habiles compatriotes, M. Jacob Brett, qu'il était réservé d'exécuter cette belle entreprise.

Par une faveur toute spéciale, M. Jacob Brett obtint du gouvernement français le privilége exclusif de l'exploitation du télégraphe électrique qui serait établi entre Douvres et Calais. Un décret, en date du 10 août 1849, accorda à M. Brett le droit privilégié d'exploiter, pendant une durée de dix ans à partir du 1er septembre 1850, la communication télégraphique

(1) *Manuel de télégraphie électrique*, par M. Valker, directeur des télégraphes de la compagnie du Sud-Est, en Angleterre.

entre l'Angleterre et la France. Cette autorisation obtenue, une compagnie anglo-française se forma pour mettre le projet à exécution. Un fil de cuivre d'une longueur continue de 45 kilomètres, recouvert d'une enveloppe de gutta-percha de 6 millimètres et demi d'épaisseur, fut préparé pour servir de conducteur entre les deux villes. Les points choisis pour l'immersion du fil, étaient : la côte de Douvres en Angleterre; en France, le cap Grinez, situé à sept lieues de Douvres, entre Boulogne et Calais.

Tout étant prêt, le 28 août 1850, le bateau à vapeur anglais *le Goliath* sortit du port de Douvres pour se rendre à l'extrémité de la jetée. On avait disposé au milieu du bateau un immense treuil autour duquel s'enroulait toute la longueur du fil métallique recouvert de son fourreau de gutta-percha. Sur le bâtiment se trouvaient, M. Jacob Brett, MM. Wollaston et Crampton, ingénieurs chargés de l'exécution des appareils, MM. Francis Edwards, Reid et quelques autres savants ou principaux actionnaires de l'entreprise. La première opération devait consister à amarrer solidement le fil conducteur sur la côte. La portion du fil destinée à reposer sur le sol était contenue dans une enveloppe de plomb de la longueur de trois cents mètres, afin de la préserver du frottement contre le rivage. Cette opération terminée, et le bout du câble solidement fixé sur la terre, *le Goliath* se dirigea vers le cap Grinez. Au signal de *laissez tomber*, l'opération du dévidement et de la pose du fil commença. Le conducteur venait porter, au sortir du treuil, sur un rouleau de bois placé à l'avant du bateau; on le retenait de temps en temps pour en lester les portions successivement immergées. A cet effet, on le chargeait de poids de plomb de 8 à 12 kilogrammes, destinés à l'entraîner au fond de la mer; le nombre de ces poids était de 24 à 48 par lieue.

Les deux opérations du déroulement du fil et de son chargement s'exécutèrent avec une précision étonnante. *Le Goliath* était précédé d'un autre bateau à vapeur, *le Widgeon*, qui indiquait, par des bouées flottantes, la ligne à suivre. La profondeur de l'eau aux points choisis pour la submersion variait de 10 à 75 mètres. Tout en se dévidant et allant se fixer ainsi sur le fond de la mer, le fil conducteur était entretenu en communication constante avec la station de Douvres, et servait à envoyer et à recevoir des dépêches qui indiquaient les phases successives de la submersion.

Aux abords de la station de Douvres, se pressaient un nombre immense de curieux, avides de suivre, de minute en minute, la marche de l'opération. L'enthousiasme fut grand dans cette foule palpitante d'émotion et d'anxiété, lorsque, à 8 heures du soir, une dépêche télégraphique partie du cap Grinez, sur la côte de France, vint annoncer à Douvres l'heureuse fin de ce beau travail.

Pendant les jours suivants, un échange de correspondance s'établit entre les deux points unis par le magique lien. Mais, hélas! quelques jours après, une dépêche partie de Douvres ne parvenait pas à sa destination; le télégraphe restait muet, la dépêche s'était noyée dans le détroit. On reconnut bientôt que le fil s'était brisé près des côtes de France. Là, se trouvent des rochers constamment battus par les vagues et des écueils dangereux. On avait cru que le tube de plomb enveloppant le fil le préserverait des chocs résultant de l'action des lames contre les rochers situés près du rivage ; mais ce moyen de défense n'avait pas suffi.

Cet accident, qu'il eût été facile de prévenir, compromit le succès de cette grande entreprise et amena la dissolution de la société formée par M. Jacob Brett. Cependant, dix mois après, une compagnie nouvelle, autorisée par charte royale, était constituée avec un capital de 2,500,000 fr. Un nouveau fil fut construit, qui présentait cette fois des conditions rigoureuses de solidité. Cet appareil, qui devait réunir à une résistance considérable assez de souplesse pour s'enrouler sans peine autour d'un treuil, était disposé de la manière suivante. Quatre fils de cuivre de la grosseur d'un fil de sonnette ordinaire, contenus dans une gaîne de gutta-percha, étaient entrelacés avec quatre cordes de chanvre, et le tout était réuni par un mélange de goudron et de suif, de manière à former un cordon unique d'environ trois centimètres de diamètre. Une seconde corde de chanvre pareille à la précédente, sauf l'absence des fils de cuivre, enveloppait la première et lui servait de fourreau. Enfin, pour préserver de toute rupture l'appareil intérieur, le tout était fortement serré au moyen de dix fils de fer galvanisés. Ce système composait une sorte de câble métallique, souple et solide à la fois, offrant quatre pouces et demi de diamètre. Il avait été construit dans les ateliers de M. Bloke, à Wapping, et coûtait plus de trois cent mille francs.

MM. Wollaston et Crampton, les deux ingénieurs

chargés par la compagnie d'exécuter toutes les opérations relatives à l'installation du télégraphe sous-marin, choisirent pour le point d'arrivée du fil sur la côte de France, une dune située près du village de Sangatte, à une lieue et demie de Calais. Enfoui dans le sable à sa sortie de la mer, le conducteur devait cheminer sous terre jusqu'à la station de Calais. Le point choisi sur la côte anglaise fut le cap de Southerland, près de Douvres. Le bout du câble, enfermé dans un tuyau, descend perpendiculairement sous le sol par un puits creusé dans la falaise, et se dirige ensuite vers la mer par un petit tunnel formant un angle droit avec le puits; il s'avance de cette manière jusqu'à une assez grande distance dans la mer et se trouve ainsi préservé du choc des lames qui déferlent sur la plage.

Ces dispositions parfaitement entendues faisaient présager le succès qui couronna l'entreprise. Le 24 septembre 1851, le câble métallique fut enroulé sur le bateau à vapeur *le Blazer*, autour d'un vaste treuil où il formait un énorme cylindre de dix mètres de hauteur. Le lendemain, au point du jour, l'opération de la pose du fil commença sous la direction de MM. Wollaston et Crampton. Dans la soirée, le conducteur était déroulé tout entier et reposait au fond de la Manche. Mais l'opération terminée, on reconnut avec douleur que la longueur du fil avait été mal calculée et que son extrémité s'arrêtait à près d'un kilomètre de la côte de France. La nuit arriva; la mer était mauvaise, le câble exerçait sur le bateau à vapeur une traction violente qui menaçait à chaque instant de le faire chavirer; il fallut se décider à abandonner le fil à lui-même. On attacha donc une bouée à son extrémité et on le laissa tomber, non sans appréhensions, au fond de la mer. On prit sur le champ les dispositions nécessaires pour préparer en toute hâte un bout de câble provisoire. Ce cable supplémentaire ne fut terminé que le jour suivant. Tout faisait craindre que l'agitation de la mer et le choc des vagues contre le câble, abandonné deux jours au fond de la mer, n'eussent fait perdre le fruit de tant de travaux. Heureusement la bouée fut retrouvée à sa place, retenant encore, parfaitement intacte, l'extrémité du cable métallique. On hissa à bord ce bout libre. Une dernière fois, on essaya de tirer sur le conducteur, de manière à le rapprocher des côtes de France; n'ayant rien pu obtenir par ce moyen, on se contenta d'attacher fortement au câble la corde provisoire préparée la veille : c'était un petit câble enveloppé d'un mélange de goudron et de gütta-percha, et renfermant dans son intérieur quatre fils de cuivre qui furent soudés aux fils du câble principal. On put ainsi atteindre le cap de Sangatte. Aussitôt des dépêches furent échangées entre Calais et Douvres; les appareils transmirent les communications avec une entière facilité.

Pendant la semaine suivante, on s'occupa de fabriquer le bout de câble définitif nécessaire pour compléter le conducteur : ce morceau supplémentaire fut substitué à la corde provisoire, et le 13 novembre 1851, s'effectua l'intéressante cérémonie de l'inauguration du télégraphe sous-marin. Ce jour-là, le courant électrique, parti du rivage français, vint mettre le feu à un canon placé sur le rempart de Douvres. Une correspondance s'établit immédiatement entre la station anglaise et les bureaux du ministère de l'Intérieur à Paris, et l'on célébra à Douvres, dans un banquet solennel, le succès de cette merveille de notre siècle. La première dépêche électrique expédiée d'Angleterre à travers l'Océan fut déposée entre les mains du Président de la république française, juste hommage rendu au prince éclairé dont l'énergique et persévérant concours avait puissamment contribué à la réalisation de cette belle entreprise.

Pendant près d'une année, les communications entre l'Angleterre et la France se sont faites exclusivement de Douvres à Calais. Pour atteindre Londres ou Paris, les dépêches devaient passer de chaque station sous-marine à la ligne télégraphique de Douvres à Londres, ou de Calais à Paris. Depuis le 1er novembre 1852, les stations intermédiaires de Douvres et de Calais ont été supprimées, et le fil télégraphique, à l'aide de travaux nouveaux et de dispositions convenables, est réuni à la ligne ordinaire du télégraphe, de manière à faire communiquer Londres et Paris sans aucune station intermédiaire sur la côte. Le *Morning Advertiser* publiait le 2 novembre 1852 l'article suivant :

« Hier, en présence d'un nombreuse réunion d'élite, a eu lieu avec beaucoup de solennité, aux bureaux de la compagnie Cornhill, à Londres, l'ouverture du nouveau télégraphe sous-marin qui met l'Angleterre en communication *directe* avec le continent. Voici les messages qui ont été expédiés pendant les expériences.

De Paris à Londres : « M. Foy, directeur-général des télégraphes français, présente ses compliments à l'honorable F. Cadogan. » Bientôt après, a été reçu le message qui suit : « Temps brumeux à Paris. » Il a été transmis un autre message de Londres à Paris; c'est celui-ci : « Les étrangers visitent le London-Office; veuillez m'envoyer quelques mots. » Il a été répondu : « Attendez. » En peu de minutes est venue de Paris la réponse suivante : « Aujourd'hui, temps défavorable à la transmission entre Londres et Paris; atmosphère très humide. Nous allons essayer l'instrument à double aiguille qui est en communication directe entre Paris et Londres. » — A deux heures dix minutes (temps de Londres), on a transmis à Paris cette question : « Quelle heure est-il ? » — Il a été répondu : « Deux heures dix minutes après midi. »

On aurait pu être mieux inspiré dans la rédaction des dépêches qui devaient, pour la première fois, franchir d'un seul bond la distance de Londres à Paris. Le dernier message envoyé de Londres, pendant la même journée, répond plus dignement à l'idée de l'inauguration solennelle de cet instrument.

« Voici, dit le *Morning Advertiser* en terminant, le dernier message expédié aujourd'hui à Paris :

» Les directeurs de la compagnie du télégraphe sous-marin ont l'honneur d'offrir à S. A. le Prince-président leurs plus sincères remercîments pour l'appui qu'il a constamment prêté à l'établissement de ce moyen instantané de communication entre la France et la Grande-Bretagne. Puisse cette merveilleuse invention concourir puissamment, sous l'Empire, aux progrès de la prospérité du monde ! »

Depuis le 1er novembre 1852, le télégraphe électrique fonctionne de Londres à Paris, à travers l'Océan, avec une facilité merveilleuse. Un courant incessant de pensées s'échange d'un pays à l'autre, et ce lien qui rattache les deux rivages est comme une main fraternelle que se tendent deux peuples amis à travers la mer qui les sépare. Perdu au fond de l'Océan, cet humble fil de métal semble un obstacle bien fragile, mais que des circonstances, dont nous nous plaisons à écarter la pensée, viennent jamais à se produire, et l'on verra quelle barrière puissante il dresserait aussitôt contre tout esprit de divisions et de guerre !

Le succès du télégraphe sous-marin de Douvres à Calais, la certitude de braver avec ce merveilleux messager l'insulte des flots et la fureur des tempêtes, ont amené l'extension rapide de ce nouveau système.[1] Depuis six mois, un télégraphe sous-marin, semblable à celui de Douvres à Calais, réunit l'Angleterre et l'Irlande, en traversant le canal Saint-Georges, sur une distance supérieure encore à celle qui sépare Douvres et Calais. Le fil est établi entre Holyhead et Howth. Le câble ne se compose point de quatre fils métalliques, comme celui de Douvres; il consiste en un seul fil de laiton isolé au moyen de la gutta-percha, et recouvert extérieurement d'un assemblage de fils de fer galvanisés qui le préservent de toute atteinte extérieure. Afin de le mettre à l'abri du contact des rochers et de l'agitation produite par la marée montante, le câble est recouvert, sur chacun des deux rivages, d'une double enveloppe de fil de fer, et cette enveloppe se prolonge autour du fil jusqu'à une étendue considérable dans la mer.

C'est le 1er juin 1852 que la communication électrique a été complétée entre l'Angleterre et l'Irlande. On lisait dans le *Morning advertiser* du 2 juin l'article suivant :

« Le *Britannia* et le *Prospero* ont quitté, hier matin, Holyhead à quatre heures; le premier suivait le fil métallique avec une rapidité moyenne de cinq milles par heure, tandis que l'autre pilotait la marche. Le steamer ayant le câble à bord a atteint la chaussée Est de Howth peu après huit heures du soir; alors a été immédiatement effectuée la jonction avec la terre, et il y a eu sur-le-champ échange de messages entre Howth et Holyhead. Dès que le *Britannia* a eu atteint la côte d'Irlande, le fait a été communiqué à Holyhead. Alors le fil métallique a été appliqué à l'un des canons du navire, et la note transmise à Holyhead a reçu presque aussitôt une réponse par la détonation de l'un des canons du bâtiment. »

Ajoutons que la compagnie établie à Londres pour l'exploitation de la télégraphie sous-marine (*Sub-marine telegraph company*) fait confectionner en ce moment un câble conducteur, destiné à relier, entre Douvres et Ostende, l'Angleterre et la Belgique. On va enfin s'occuper prochainement de créer une communication du même genre entre l'Angleterre et la Hollande. D'après les journaux hollandais, M. Ruyssenden, de Rotterdam, a obtenu la concession d'un télégraphe sous-marin qui sera établi entre Schereningue (Hollande) et Harwich (Angleterre). On assure que les travaux nécessaires à l'exécution de ce projet sont dès aujourd'hui en cours d'exécution.

Au milieu de l'enthousiasme excité par le succès de ces entreprises brillantes, quelques hommes d'imagination ont conçu le projet gigantesque de réunir les deux mondes par un conducteur électrique jeté au travers de l'Océan. M. John Wilkes à New-York, et quelques autres en Europe, ont mis en avant cette idée en proposant certains moyens d'exécution. — Il n'est personne qui n'ait éprouvé le sentiment que nous allons décrire. Une pensée, objet de désirs ardents, occupe notre esprit : sa réalisation paraît impossible, mais elle s'environne d'un tel cortége de séductions et de charmes, cette fille de l'imagination fait briller à nos yeux tant de perspectives enchanteresses, que, malgré nous, le cœur nous y ramène, sans pouvoir trouver la force nécessaire pour la bannir. On emporte avec soi, on cache aux plus profonds replis de son âme, cette chimère adorée; mais on évite avec soin de la soumettre à un examen rigoureux, de peur de la voir s'évanouir sans retour au souffle de la raison. Qu'il en soit ainsi pour ce magnifique projet de la télégraphie transatlantique. Conservons cette secrète et magique espérance; fût-elle une illusion, laissons-la vivre. Mais ne la regardons pas de trop près, ne discutons ni ses moyens, ni ses plans; nous risquerions trop sans cela de voir cette grande pensée s'envoler aussitôt au pays des chimères.

CHAPITRE IX.

Description des appareils accessoires de la télégraphie électrique. — Pile voltaïque. — Poteaux. — Supports isolateurs. — Fil conducteur, etc. — Services rendus par la télégraphie électrique. — Messages télégraphiques.

L'ordre historique que nous avons adopté pour l'exposition des faits qui concernent la télégraphie électrique, nous a contraint de négliger certains détails généraux qui se rapportent à la construction et à l'installation des appareils. Nous allons réparer cette omission en décrivant, dans ce dernier chapitre, les instruments accessoires qui sont indispensables pour établir un télégraphe électrique, quel que soit d'ailleurs le système que l'on adopte pour le mécanisme destiné à former les signaux.

Pile.—Nous ne pourrons entrer ici dans aucun détail particulier sur la construction et les effets de la pile voltaïque, ce sujet devant être examiné avec étendue dans la dernière partie de cet ouvrage. Tout ce qu'il importe de noter en ce moment, c'est le genre particulier de pile électrique que l'on adopte selon le système télégraphique dont on fait usage. Ce choix est d'ailleurs assez indifférent, car de tous les instruments qui sont nécessaires au matériel d'un télégraphe électrique, la pile est celui dont on se préoccupe le moins, tant son emploi est simple et régulier. Bornons-nous à dire que dans les télégraphes où l'on fait usage d'un *courant électrique assez énergique*, on se sert de la pile de Bunsen modifiée par M. Archereau, qui constitue la plus énergique de toutes les piles à effets constants : un très petit nombre d'éléments suffit d'ailleurs pour donner au courant voltaïque l'intensité nécessaire. En Amérique, M. Morse fait encore usage de la pile de Grove qui offre cependant dans la pratique moins d'avantages que la précédente. Sur les lignes anglaises, où l'on n'emploie jamais que des courants d'une faible intensité, on se sert d'un appareil générateur connu sous le nom de *pile à sable*, et qui se compose d'un assemblage de lames de zinc et de cuivre, plongées dans de petites cellules dont les intervalles sont remplis par du sable imbibé d'une petite quantité d'eau acidulée par de l'acide sulfurique. Le nombre de couples est proportionné à la distance qui sépare les stations ; en général on emploie vingt-quatre couples pour une distance de quatre à six lieues, quarante-huit couples pour une distance de quinze à vingt lieues, etc. Montée avec soin, une pile de ce genre fonctionne pendant six à huit mois, sans qu'il soit nécessaire d'y toucher.

Fils conducteurs. — Les fils qui servent à réunir les stations télégraphiques peuvent se disposer de deux manières : sur des poteaux élevés à quelques mètres au-dessus du sol et munis de supports isolants, ou dans une tranchée profonde pratiquée dans le sol. Examinons d'abord la première de ces dispositions, la seule adoptée en France, et la meilleure sans aucun doute, puisqu'elle dispense d'isoler les fils sur toute leur étendue.

Au début de la télégraphie électrique, le cuivre fut le seul métal employé pour former la matière des conducteurs; on regardait ce métal comme le seul capable, en raison de son extrême conductibilité, de transporter commodément le fluide électrique à des distances considérables. Cependant on ne se sert plus aujourd'hui que de fil de fer, auquel on donne en France 4 millimètres de diamètre. Le fer a été galvanisé, c'est-à-dire plongé dans un bain de zinc fondu : il se recouvre ainsi d'une enveloppe de zinc; ce métal se combinant bientôt avec l'oxygène atmosphérique, donne naissance à un oxyde qui entoure le fil de toutes parts et le préserve d'une oxydation ultérieure. On pensait, à l'origine, qu'il serait nécessaire de recouvrir le fil, sur toute son étendue, d'une enveloppe de matière isolante, comme on le fait pour le fil des électro-aimants; mais on ne tarda pas à reconnaître que cette précaution est de tous points superflue, et que des supports, mauvais conducteurs de l'électricité, disposés sur les poteaux, et sur lesquels le fil vient reposer de distance à distance, suffisent pour assurer un isolement parfait. Seulement, lorsque plusieurs fils sont supportés par le même poteau, il faut ménager entre eux un certain intervalle, afin d'empêcher que les différents courants qui parcourent les fils placés l'un près de l'autre, ne s'influencent et ne se troublent mutuellement.

Si le conducteur d'un télégraphe peut être isolé par des moyens fort simples, quand on le tient élevé en l'air au moyen de poteaux, il n'en est plus de même quand on se propose de l'enfouir sous le sol. La conductibilité de la terre oblige, dans ce cas, d'apporter beaucoup de soins à isoler le métal sur toute son étendue. Cette opération présenta longtemps de grandes difficultés, tout en nécessitant des dépenses considérables. On recouvrait le fil de coton et de gomme-laque, on l'introduisait ensuite dans un petit tuyau de plomb, afin de le préserver de l'humidité du terrain. La découverte de la gutta-percha a beaucoup simplifié les procédés pratiques de la télégraphie souterraine. Aujourd'hui, pour assurer l'isolement des fils de cuivre enfouis sous le sol, on se contente de les recouvrir d'une gaîne de gutta-percha *vulcanisée*, c'est-à-dire mélangée, sous l'influence d'une haute température, à 3 ou 4 pour cent de soufre. Cette espèce de cordon est couchée au fond d'une tranchée d'environ un mètre de profondeur sur 40 à 50 centimètres de large. Les différentes portions du fil, qui sont ordinairement d'une longueur de 2 à 300 mètres, sont réunies par une soudure, et les soudures enveloppées de gutta-percha. Le fil est recouvert d'une couche de sable, et l'on s'assure, avant de combler la tranchée, que son isolement électrique est complet. Afin de pouvoir toujours s'assurer de l'état des conducteurs enfouis sous terre, on ménage de distance en distance, sur leur trajet, de petites ouvertures nommées *regards*. Si la communication électrique vient à être suspendue par suite de la rupture du fil ou de son altération, ces *regards* servent à rechercher la partie et le point de la ligne où l'accident s'est manifesté.

La plupart des lignes établies en Prusse fonctionnent au moyen de conducteurs de ce genre. Les lignes de télégraphie souterraine sont celles de Berlin à Cologne et à Aix-la-Chapelle ; — de Berlin à Hambourg ; — de Berlin à Magdebourg, Brunswick, Hanovre ; — de Berlin à Stettin ; — de Berlin à la frontière d'Autriche ; — de Halle à Leipsig et Francfort ; — de Berlin à Kœnigsberg et Dantzig.

La Saxe possède des télégraphes souterrains : de Leipsig à Dresde ; — de Dresde à Kœnigstein ; — de Dresde aux frontières de la Bohême ; — de Dresde à Hof. Ils présentent un parcours d'environ 400 kilomètres.

Les télégraphes souterrains achevés n'existent encore, en Autriche, que dans les principales villes, telles que Vienne, Lins, Trieste.

La Russie a fait exécuter un télégraphe souterrain de Moscou à Saint-Pétersbourg, sur un parcours de 200 lieues environ, et l'on se dispose à en établir un autre de Saint-Pétersbourg à Varsovie.

On s'occupe en ce moment, en Irlande, de la construction d'une ligne télégraphique souterraine sur un parcours de 200 milles d'Angleterre. Enfin, Londres est traversé, comme nous l'avons déjà vu, par un télégraphe souterrain qui relie cette ville aux diverses stations de la province.

La télégraphie souterraine donne le moyen d'établir les lignes électriques dans des pays encore dépourvus de chemins de fer : c'est là son principal avantage. Aussi quand on s'est occupé tout récemment, en France, d'établir un réseau de télégraphes électriques indépendant des voies ferrées, a-t-on examiné avec beaucoup de soin la question de la télégraphie souterraine. Cependant on s'est décidé à y renoncer par la crainte de rencontrer, avec ce système, beaucoup de difficultés pratiques, et l'on s'est arrêté à l'établissement des fils sur des poteaux disposés le long des grandes routes. Ce parti était le meilleur, par cette considération décisive que les poteaux et les fils conducteurs établis sur les routes, pourront être transportés sur les chemins de fer, sans nécessiter aucun changement, au fur et à mesure de la terminaison de ces nouvelles voies.

Poteaux. — Rien de plus simple que les moyens employés aux Etats-Unis pour élever au-dessus du sol le fil télégraphique. Des poteaux de bois, plantés le long de la voie des chemins de fer, chacun à la distance de 20 ou 30 mètres, le maintiennent en l'air à la hauteur de 2 ou 3 mètres. Chaque poteau est muni, à son sommet, soit d'un anneau de verre, soit d'une plaque de porcelaine ou de terre cuite, substances mauvaises conductrices de l'électricité et dont l'interposition suffit pour maintenir l'isolement du fil. De cinq cents mètres en cinq cents mètres, on place des poteaux plus forts nommés *poteaux de traction*, sur lesquels on établit des espèces de cabestans propres à tendre le fil et à prévenir de trop grandes inflexions.

Cependant cette disposition pour la pose des conducteurs n'est pas la seule adoptée aux Etats-Unis.

Comme on recherche avant tout l'économie, dans le but de multiplier les lignes, on prend en général la voie la plus courte, et l'on n'hésite pas à placer les conducteurs sur le bord des grandes routes, ou même à travers champs. Sur le trajet des routes, le fil est soutenu, comme le long des chemins de fer, par des poteaux de bois de sapin. Si la ligne prend à travers la campagne, on utilise souvent les arbres sur pied; on élague les branches, et le tronc, resté debout, sert de support au fil télégraphique. Si l'on rencontre une rivière, un bras de mer qu'on ne puisse franchir, on recouvre le fil de gutta-percha, et on le place tout simplement sous l'eau. C'est ainsi que le télégraphe de New-York à Washington a seize lieues de fils plongés sous l'eau salée. Comme les fils établis dans les champs ont besoin d'être surveillés, on a intéressé à leur conservation les propriétaires des terrains traversés, en leur accordant la faculté de transmettre gratuitement les dépêches qui les concernent. En retour de cet avantage, dont ils sont très jaloux, ils gardent et surveillent avec soin la portion de ligne établie sur leurs terres.

Les lignes télégraphiques américaines traversent souvent de vastes forêts et d'immenses étendues de terrains incultes et déserts. Le système de suspension et d'isolement du conducteur est alors plus simple encore que le précédent. De longs clous à tête recourbée sont plantés dans les arbres des forêts; à ces clous on suspend un anneau de verre qui donne passage au fil. Il est inutile de faire remarquer que ce système, par trop simple, de suspension, devient une source d'interruptions fréquentes dans le service de la ligne. La sève végétale qui vient mouiller le conducteur, rend l'isolement imparfait, et les communications sont en outre fréquemment arrêtées par la chute des troncs d'arbres pourris, les ouragans et les orages (1).

En France, les poteaux télégraphiques sont faits de bois de pin ou de sapin, de six à neuf mètres de longueur, que l'on a préalablement injectés, sur pied, d'une dissolution de sulfate de cuivre, selon le procédé du docteur Boucherie, afin d'augmenter leur durée. On les fiche en terre, les plus petits à une profondeur de un mètre et demi, les plus élevés à une profondeur de deux mètres : le sulfate de cuivre préserve de toute altération la partie enfouie dans le sol. Quand on doit franchir, sur un chemin de fer, un passage de niveau, ou passer par-dessus des bâtiments d'une station, on donne au poteau une longueur de neuf mètres et demi.

Le support destiné à isoler le fil est une sorte de clochette de porcelaine, que nous représentons dans les deux figures ci-dessous. Dans l'intérieur de la clo-

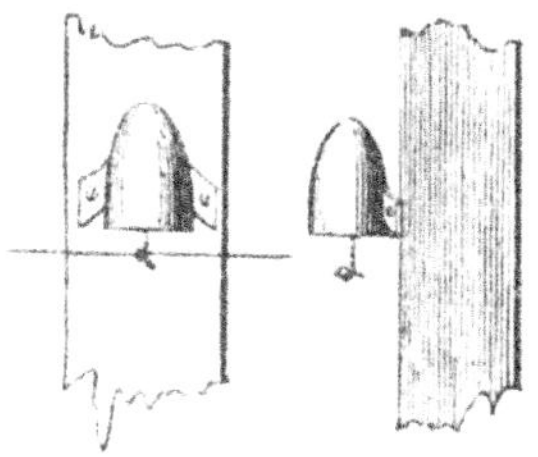

chette, on scelle, au moyen du soufre, un crochet de fer dont l'extrémité libre se contourne de manière à venir former un anneau dans lequel passe le fil

(1) Pour surveiller les fils et les poteaux établis loin des villes ou des lieux habités, on répartit un certain nombre de gardes sur divers

conducteur. En même temps qu'ils assurent l'isolement du fil, ces petits toits de porcelaine le protégent contre la pluie. Cette précaution est d'ailleurs indispensable, car s'il arrivait que les poteaux fussent mouillés et que les supports isolateurs le fussent également, l'isolement serait imparfait, il s'établirait des courants dérivés, et il faudrait des piles beaucoup plus énergiques pour conserver au courant principal une intensité suffisante. A chaque demi-kilomètre, on place un *poteau de traction* muni d'un petit treuil qui est destiné à maintenir et à assurer l'extension parfaite du fil conducteur.

La figure ci-jointe représente le poteau le plus employé en Angleterre comme soutien du fil télégraphique. Une plaque de bois posée sur une plaque pareille de faïence brune qui sert de corps isolant, est fixée contre le poteau à l'aide de boulons de fer. Cette plaque porte quatre petits cylindres de faïence. Les fils conducteurs traversent l'axe de ces cylindres et se trouvent ainsi parfaitement isolés.

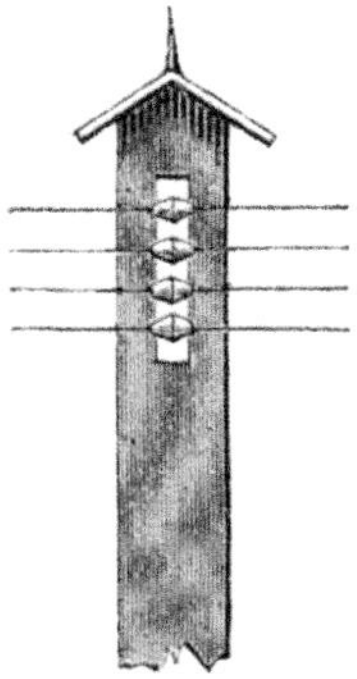

Un pareil système est établi de l'autre côté du poteau qui peut ainsi supporter huit fils. Les deux plaques fixées de chaque côté du poteau sont maintenues au moyen d'une vis commune et de deux écrous. Enfin un petit toit de faïence ou d'ar-

points de la ligne. Ces cantonniers sont munis des outils nécessaires pour réparer les fils en cas de dommage. Dans les pays où la population est assez compacte, on place ces surveillants à d'assez grandes distances, à 10 ou 20 lieues l'un de l'autre. Mais sur les lignes qui traversent les épaisses forêts du sud, on a reconnu prudent de ne pas les séparer de plus de 30 à 40 kilomètres.

doise recouvre le poteau et l'abrite contre la pluie.

Une particularité de la figure précédente n'échappera point au lecteur ; c'est la petite pointe métallique qui surmonte le toit du poteau. Cette partie de l'appareil est loin d'être indifférente ; c'est un véritable *parafoudre* destiné à prévenir les effets perturbateurs que l'électricité atmosphérique pourrait exercer sur le courant qui traverse les fils.

L'électricité qui existe à l'état libre dans l'atmosphère, peut en effet exercer une certaine influence sur les conducteurs électriques : cette question offre assez d'importance pour être examinée ici en passant.

Les perturbations que l'électricité météorique peut introduire dans le jeu des appareils télégraphiques, varient selon l'état de l'atmosphère. Par un ciel serein, l'électricité répandue dans l'air n'exerce aucune action appréciable sur les instruments. Seulement, si le vent vient brusquement à changer, il s'établit un courant qui influence faiblement le conducteur : dès-lors, l'appareil parle, c'est-à-dire que les signaux, subitement mis en jeu, exécutent pendant quelques instants de brusques oscillations. Si le ciel est couvert et les nuages fortement électrisés, quand le vent vient à les chasser dans la direction du fil, ces nuages agissent sur le conducteur, et les signaux se mettent encore en branle. Dans ces deux cas cependant, ces effets n'ont rien de fâcheux ; ils ne peuvent aucunement troubler le service, car les employés tiennent aisément compte de ces perturbations passagères.

Mais si la foudre éclate, si l'étincelle électrique, partant d'un nuage fortement électrisé, vient à frapper le sol, le fil métallique du télégraphe offrant à l'écoulement du fluide un passage facile, le conducteur peut être foudroyé. Quels sont les effets de ce coup de foudre? Quelquefois le fil est rompu, les communications sont alors interceptées entre les deux stations; mais ces événements sont extrêmement rares, le fil étant d'un trop fort diamètre pour être aisément fondu. Dans tous les cas, si le fil est fondu, il ne l'est jamais que sur quelques points de sa continuité, et tout se borne à cette rupture. Le plus souvent, la foudre, en frappant le conducteur, n'a d'autre effet que de fondre, à l'une des stations télégraphiques, le fil très fin qui s'enroule autour de l'électro-aimant, c'est-à-dire de l'appareil qui forme les signaux; alors les communications sont arrêtées.

Quand la foudre vient frapper un conducteur, tout le dommage est habituellement supporté par les poteaux. Ils sont renversés ou mis en pièces. M. Baumgartner a rapporté quelques faits de ce genre observés sur la ligne de Vienne. Le 17 août 1849, un orage qui avait éclaté à Ollmütz se propagea jusqu'à Triebitz, c'est-à-dire à une distance de 10 milles : un ouvrier, occupé à cette station à monter les fils, ressentit une secousse qui le renversa, et éprouva une véritable brûlure aux doigts qui avaient touché le métal. Le 25 août, par suite d'un autre orage à Ollmütz, l'électricité, conduite par les fils du télégraphe, foudroya un support aux environs de Brodek. Une partie du courant s'échappa dans le sol le long de ce support, une autre partie fila jusqu'à Prague ; on put s'en assurer par l'inspection du conducteur dont l'extrémité était fondue. Dans la nuit du 18 au 19 juin 1849, un violent orage éclata entre

Brunn et Reigem; la foudre brisa complétement deux supports et en endommagea neuf autres. Le 9 juillet, la foudre anéantit trois poteaux situés entre Kindberg et Krieglach, dans la Styrie, et respecta le conducteur. C'est encore aux environs de Kindberg que le tonnerre détruisit les supports télégraphiques le 19 juillet 1850. Les ouvriers occupés à proximité éprouvèrent un éblouissement, et l'on observa, à l'extrémité d'un des fils situés le long d'un poteau, une aigrette lumineuse. Ainsi, dans ces divers cas, les poteaux de bois avaient seuls supporté les effets de la décharge électrique.

Si le coup de foudre n'a pas assez de violence pour endommager les supports placés le long de la voie, ou pour rompre le fil de l'électro-aimant, il peut cependant produire encore certains effets désagréables. La présence, dans les conducteurs, d'un excès d'électricité étrangère fait que l'électro-aimant est à diverses reprises fortement attiré, et qu'il s'établit ainsi, dans l'appareil destiné à former les signaux, une série d'oscillations folles qui persistent pendant plusieurs minutes. Sur le télégraphe américain, qui, comme on le sait, écrit lui-même ses dépêches, on voit quelquefois l'instrument, subitement mis en action par l'électricité atmosphérique, inscrire sur le papier une série de signes confus et précipités : c'est l'éclair qui envoie son message et qui consigne lui-même sa présence par écrit.

Ajoutons enfin que l'appareil télégraphique peut être influencé, bien que la foudre n'ait pas directement frappé le conducteur. Quand un nuage électrisé se décharge à quelque distance du fil du télégraphe, il s'établit aussitôt dans le conducteur un de ces courants électriques que les physiciens appellent *courant d'induction*, et qui est provoqué par le voisinage de la décharge atmosphérique; ce nouveau courant fait encore parler les appareils, mais ce dernier accident n'a aucune importance.

Ainsi les troubles que peuvent provoquer les phénomènes électriques de l'atmosphère dans le sein des appareils télégraphiques n'ont, en définitive, rien de grave, et ne peuvent que très rarement compromettre le service. L'expérience a bien vite éclairé les employés sur la nature de ces perturbations accidentelles, et la transmission des dépêches ne peut jamais en être compromise d'une manière durable. Pour combattre les mauvais effets de la présence de l'électricité atmosphérique sur les fils conducteurs, il suffit presque toujours d'augmenter l'intensité du courant de la pile, au point de le rendre supérieur au courant perturbateur. Aussi les irrégularités du genre de celles qui nous occupent, n'ont-elles été remarquées que dans les télégraphes dans lesquels le courant électrique se trouve réduit à la plus faible intensité possible; dans ceux où l'on emploie des courants énergiques, les troubles de ce genre sont rares ou insignifiants. C'est pour cela que sur les lignes françaises où l'on fait usage, comme nous l'avons dit, de courants électriques d'une intensité notable, on se dispense de munir les poteaux d'appareils destinés à combattre les effets de ce genre. Les pointes métalliques qui, sur les lignes télégraphiques de l'Angleterre, surmontent les petits toits placés sur chaque poteau, suffisent pour détruire l'influence fâcheuse de l'électricité météorique. Comme ces pointes communiquent avec la terre par le poteau qui les supporte, l'électricité atmosphérique s'écoule ainsi, comme par un petit paratonnerre, dans la masse conductrice du sol, et ne peut exercer sur les appareils aucune influence fâcheuse. Ce petit instrument peut même préserver le poteau d'un coup de foudre quand la décharge atmosphérique n'est pas trop violente.

Nous voudrions, pour terminer cette exposition, donner quelques indications précises sur les frais d'installation des télégraphes électriques; mais ces données varient trop, selon les pays, pour se prêter à une évaluation générale. C'est ainsi qu'aux États-Unis les frais d'établissement des télégraphes changent selon la contrée; dans l'Ouest, où la main-d'œuvre et les matériaux sont d'un prix élevé, la ligne télégraphique revient à 466 fr. par kilomètre; dans l'Est, où les matériaux sont sans valeur, mais où la main-d'œuvre est chère, le prix s'élève à 503 fr. par kilomètre. Selon M. Jules Coutin, le prix moyen d'évaluation pour une ligne dans les conditions ordinaires serait fixé, en Amérique, à 621 francs par kilomètre.

En Angleterre, le télégraphe électrique, monté sur poteaux, revient à 770 fr. par kilomètre.

En France, la construction d'une ligne électrique, formée de cinq fils de fer, revient, dit-on, avec les appareils, la pose des fils, etc., à environ 800 fr. par kilomètre.

Les frais d'établissement pour la télégraphie souterraine ont été évalués à 848 fr. pour la même distance.

Toutefois, les frais de construction d'un télégraphe électrique fussent-ils beaucoup plus considérables qu'ils ne le sont, cette considération ne pourrait, dans aucun cas, opposer à son établissement un obstacle sérieux. La question des frais d'installation est ici entièrement secondaire, car les télégraphes livrés au public, deviennent pour l'État la source d'un revenu important qui couvre une grande partie de ses avances. D'un autre côté, la vitesse prodigieuse de l'expédition représente une autre source d'économie. Aujourd'hui, la télégraphie aérienne coûte encore annuellement près d'un million au budget; le gouvernement ne s'en inquiète guère, car cette dépense est couverte, en grande partie, par les économies que l'on réalise sur les estafettes et les courriers. Qu'est-ce donc lorsque la vitesse est centuplée, et quand le télégraphe peut fonctionner en toute saison, à toute heure de la nuit, à toute heure du jour, sans rien perdre de sa prodigieuse rapidité?

Nous n'avons pas la prétention d'étonner nos lecteurs en leur parlant de la merveilleuse promptitude avec laquelle les dépêches sont transmises par le télégraphe électrique. Nous ne pouvons cependant nous dispenser de citer ici quelques exemples susceptibles de donner, en quelque chose, la mesure de cette vitesse. Nous nous bornerons, toutefois, à un petit nombre de faits, dont la plupart même se rapportent à l'époque des débuts de la télégraphie électrique.

Le discours prononcé en 1846 par le président des États-Unis, annonçant la déclaration de guerre contre le Mexique, discours qui occupait deux longues colonnes en petit caractère, dans un journal de la plus grande dimension, fut transmis en entier par le télégraphe de M. Morse, et copié en moins de trois heures. Pendant cette longue communication, le télégraphe transcrivait 84 lettres par minute, c'est-à-dire le double de ce que l'inventeur avait promis.

Le discours de Henri Clay sur la guerre du Mexique, prononcé en 1849, dans le Congrès des États-Unis, fut transmis en deux heures de Cincinnati à New-York, avec une exactitude inappréciable, quoique le résumé n'occupât pas moins d'une colonne et demie d'un journal, petit texte.

Un journal américain, le *New-York Express*, rapportait en 1849 que le volumineux message du président Polk, contenant plus de 50,000 mots, fut transporté en un jour de Baltimore à Saint-Louis, alimentant de copies sur son passage dix-sept villes des États-Unis. Encore faut-il en déduire deux heures perdues à la suite d'un orage.

Le discours du roi des Belges, à l'ouverture des chambres de 1849, était entièrement parvenu à Anvers quarante-sept minutes après avoir été prononcé à Bruxelles. Ce discours ne comprenait pas moins de 842 mots formant 4,600 lettres. La transmission de cette dépêche avait donné lieu à 11,660 mouvements télégraphiques.

Le discours de la reine d'Angleterre pour la prorogation du Parlement, en 1849, fut expédié de Londres à Norwick, à la distance de 61 lieues, en moins de dix-huit minutes.

Citons maintenant quelques uns des nombreux services rendus jusqu'à ce jour par le télégraphe électrique.

Cet instrument a déjà été mis à profit pour la détermination des longitudes. Au mois de juin 1844, la différence de longitude entre Washington et Baltimore fut déterminée par ce moyen, sous la direction de M. Morse. Un signal télégraphique permit à deux personnes en station, l'une à Washington, l'autre à Baltimore, de comparer au même instant deux horloges mises respectivement à l'heure exacte de chacune de ces villes.

Le télégraphe électrique est quelquefois employé sur les longues lignes américaines pour annoncer les tempêtes. Il y a peu de temps, le télégraphe électrique de Chicago signala aux patrons de navires des ports de Cleveland et de Buffalo, ainsi qu'aux navires qui parcouraient le lac Outarié, l'approche d'une tempête venant du nord-ouest. L'ouragan ne traverse l'atmosphère qu'avec une rapidité d'environ 25 lieues à l'heure; il est donc facilement devancé par le télégraphe électrique. Un navire qui s'apprête à partir de New-York pour la Nouvelle-Orléans peut apprendre, par ce moyen, vingt heures à l'avance, qu'une tempête règne dans le golfe du Mexique.

Sur les chemins de fer, le télégraphe électrique est d'une utilité immense. Les services qu'il rend dans ce cas particulier sont beaucoup plus étendus qu'on ne l'imagine. On pourra s'en convaincre en lisant les pages suivantes, empruntées au *Manuel de télégraphie électrique* de M. Valker.

« La télégraphie électrique, dit M. Valker, est grandement redevable aux chemins de fer pour la main amicale qu'ils lui ont tendue, et pour la protection qu'ils lui ont donnée : sans eux, cette invention serait restée longtemps à l'état de conception sans application; ils lui ont offert des sentiers tout tracés qui ont permis de mettre sa valeur en évidence. Mais l'enfant n'a pas été ingrat envers son père : il lui a rendu dix fois plus qu'il n'en a reçu. Les paisibles poteaux et les conducteurs, le zinc et le vitriol, le cuivre, l'ivoire, la poterie et la gutta-percha entrent pour une plus grande part dans l'économie d'un chemin de fer que ne peuvent le supposer les actionnaires.

» Pour avoir une idée des services que peut rendre cette invention aux chemins de fer, prenez le travail fait à la station de Tonbridge pendant les trois mois d'août, septembre et octobre 1848. En se rapportant au livre des messages, où il est d'habitude d'inscrire toutes les communications, on voit qu'il est passé dans cet intervalle plus de *quatre mille* messages, que j'ai soigneusement classés comme suit :

1° concernant les	trains ordinaires	1,468
2° —	trains spéciaux.	429
3° —	voitures et différents ustensiles. .	795
4° —	employés de la compagnie . . .	607
5° —	machines.	150
6° —	divers sujets.	162
7° Messages adressés	à d'autres stations	499
	Total. . . .	4,110

» Il serait trop long de faire l'analyse complète de ces sept groupes; le lecteur s'imagine facilement qu'en ce qui concerne les convois, tout ce qui touche à la marche ou à la sûreté d'un train a été mille fois l'objet des signaux télégraphiques, et cela depuis l'instant de son départ jusqu'à ce qu'il ait atteint le but de son voyage. Ces messages annoncent la marche et l'arrivée du convoi d'une manière aussi distincte et aussi palpable aux yeux de l'esprit que si on le voyait réellement passer avec ses propres yeux. Cela est si vrai, que nous sommes habitués à dire : *Je vois passer* le convoi à tel ou tel endroit, quand, en réalité, nous ne voyons que le *signal télégraphique*. Si les trains sont en retard, la cause en est connue; s'ils sont en détresse, ils ont bientôt du secours; s'ils sont pressés et s'ils ne vont que lentement, ils demandent du renfort qu'on leur envoie ou qu'on leur prépare; s'il y a quelque chose d'extraordinaire sur la ligne, ils en sont prévenus, et par conséquent mis à l'abri de tout embarras; s'ils sont arrêtés faute de pouvoir marcher, on n'a plus besoin d'envoyer une machine à la découverte : quelques déviations d'aiguilles donnent tous les renseignements nécessaires.

» Les *trains spéciaux* ne peuvent être réellement spéciaux que sur un chemin de fer ayant un télégraphe. Mon idée d'un tel train est qu'on puisse l'avoir à *souhait*, et que le *chemin soit libre* devant lui. Sur un chemin de fer comme celui du Sud-est, qui est la grande voie entre le continent et l'empire britannique, des courriers peuvent débarquer à toute heure, sans qu'on en soit nullement averti, et avoir besoin de se rendre immédiatement à Londres. Si le bateau à vapeur arrive à Folkstone avec des dépêches pour les journaux du matin, remplies de grands événements nouveaux qui se rapportent à la guerre ou aux apparences de guerre, aux trônes qui chancellent ou aux couronnes qui tombent, circonstances qui n'étaient pas rares dans l'année 1848, le courrier ne doit pas redouter de manquer le train, ni craindre d'arriver trop tard à Londres pour la première édition. S'il ne trouve pas de machine à Folkstone, le télégraphe lui en aura bientôt fait venir une d'où il s'en trouve en réserve; bien plus, il fera encore tenir la voie libre devant lui, en prévenant à temps le train qui le précède, de se ranger pour qu'il passe. Sur une ligne comme celle-ci, le voyageur qui se trouve dans le train en avant n'a pas à craindre qu'une machine impétueuse, portant avec elle la destruction et la mort, s'élance subitement sur lui. Les conducteurs de son train sont avertis par le télégraphe de ce qui vient derrière; ils savent l'heure et l'endroit où il faudra se ranger pour déblayer le chemin.

» Une somme donnée de travail s'accomplit avec un moindre fonds de roulement sur un chemin de fer à télégraphe, que sur un autre qui n'en est pas muni; on y dépense beaucoup moins de travail à parcourir inutilement la ligne. Cette économie produite par le télégraphe est grande. Journellement et presque à tout moment, les stations ont des besoins imprévus de voitures ou d'autres objets que peuvent leur procurer d'autres stations averties par le télégraphe. Dans l'espace de trois mois, il a été récemment fait environ mille demandes de voitures et autres objets. L'urgence et l'opportunité de ces demandes est parfois singulière. A une petite station, dite Leadcorn, il arriva inopinément une quantité de houblon du voisinage; il n'y avait ni trucks ni bâches, les dernières venaient d'être renvoyées, le temps était sombre et menaçant, de grosses gouttes commençaient à tomber ; le magasin et les tentes étaient pleins. On fit savoir l'embarras dans lequel on se trouvait à Ahsford, sans résultat; à Cantorbéry, presque en vain; à Tonbridge, qui ne put envoyer que quelques trucks, mais sans bâches pour les couvrir; au dépôt enfin, d'où l'on envoya tout ce qu'il fallait. Si toutes ces allées et venues s'étaient faites par lettres, envoyées par un train, le mal aurait été fait quand les objets destinés à l'éviter seraient arrivés, car la lettre aurait d'abord été adressée à l'administration générale, à Londres, où elle serait probablement restée jusqu'au départ du train pour une des stations, Cantorbéry, par exemple, où l'employé sait, par les rapports de mouvements, que les objets demandés se trouvent. A Cantorbéry, l'objet aurait pu se trouver occupé, ou même, en supposant qu'on pût le prêter, on n'aurait pas eu immédiatement à sa disposition les moyens de l'envoyer.

» Plus de six cents messages, en trois mois, entre l'administration, les directions et les subordonnés, prouvent assez l'espèce d'omniprésence que peut donner le télégraphe à une direction de chemin de fer. Il lui épargne de longues heures d'attente, lui évite des voyages, des allées et venues qu'il faudrait faire, et lui abrége ainsi bien des inquiétudes. Il résulte de ce fait beaucoup de confiance dans le service, parce que l'administration peut toujours donner les instructions inopinément nécessaires, et être à chaque instant consultée, au besoin, par ses employés de toutes les parties de la ligne. »

Les journaux anglais et américains se plaisent à raconter des faits particuliers qui viennent, par intervalles, prouver, d'une manière frappante, tous les avantages du télégraphe électrique dans les rapports privés des citoyens.

En 1848, un convoi du chemin de fer avait apporté à Norwich la nouvelle de la chute du pont suspendu de Yarmouth. Qu'on juge de l'inquiétude et de l'effroi des habitants! Ils avaient presque tous leurs enfants en pension à Yarmouth. Ils coururent en foule à la station du chemin de fer, demandant à grands cris des nouvelles de leurs enfants : « Tous les enfants sont sauvés ! » dit le télégraphe électrique.

Pendant la célébration d'une messe de mariage dans une paroisse d'Angleterre, l'une des demoiselles d'honneur de la mariée s'esquiva de l'église, et disparut avec l'un de ses admirateurs. Le télégraphe électrique fut aussitôt mis en réquisition sur toutes les lignes de chemins de fer, pour donner l'ordre d'arrêter les fugitifs, fortement soupçonnés d'aller invoquer l'assistance du forgeron de Gretna-Green. Le télégraphe ne fonctionna que trop bien, car, en même temps que les coupables étaient rejoints, quatre couples de jeunes époux, très légitimement unis dans la matinée, se trouvaient arrêtés sur d'autres points de la même ligne, et voyaient leurs excursions matrimoniales désagréablement suspendues par l'intervention de la police.

Un mariage clandestin fut célébré en 1846, par l'intermédiaire du télégraphe électrique, entre deux personnes dont l'une habitait Boston et l'autre Baltimore, et qui trouvèrent commode d'arranger, sans se déplacer, cette petite affaire. Mais la validité d'un tel mariage devint, à bon droit, la cause d'un procès.

On a vu plusieurs fois, en Amérique et en Angleterre, deux amateurs d'échecs, placés à cinquante lieues de distance, faire leur partie par le télégraphe, aussi facilement que s'ils étaient assis en face l'un de l'autre. « Pendant l'affreuse tourmente du 5 décembre

1846, dit M. Vail, au milieu de l'obscurité de la nuit, pendant que la pluie tombait à torrents et que le vent soufflait avec rage, une société assise tranquillement autour d'une table dans une chambre, à Washington, jouait paisiblement une partie d'échecs avec une autre société aussi commodément assise à Baltimore ; le télégraphe agissait malgré le vent, la pluie, l'orage et l'obscurité (1) . »

Au mois d'octobre 1846, un déserteur du vaisseau américain la *Pensylvania*, en rade à Norfolk, emporta au comptable du navire une somme de 3,000 francs et prit, avec le produit de ce vol, le chemin de fer de Baltimore. Le fait reconnu, le comptable se rendit en toute hâte à la station télégraphique de Washington et fit transmettre à Baltimore le signalement du coupable, avec l'ordre de l'arrêter. Dix minutes après, la police de Baltimore tenait entre les mains l'ordre d'arrestation, et au bout d'une demi-heure arrivait à Washington la dépêche suivante : « Le déserteur est arrêté, il est en prison ; que faut-il en faire ? »

Le télégraphe électrique a été mis quelquefois au service de la médecine. Le malade et le médecin étaient installés chacun à l'une des stations ; le malade transmettait les symptômes de son mal et le docteur donnait la réplique par l'envoi de son ordonnance. On lisait, dans un journal américain, l'article suivant :

« Hier, avant midi, un monsieur entra dans le cabinet du télégraphe, à Buffalo, et témoigna le désir de consulter le docteur Steven résidant à

(1) *Le télégraphe électro-magnétique américain*, par M. A. Vail.

Lockport. Prévenu de ce désir, le docteur se rendit au cabinet télégraphique de Lockport. Le monsieur lui annonça alors que sa femme était gravement malade, et lui fit connaître les symptômes caractéristiques de la maladie. Le médecin, indiqua les remèdes à employer. Tous deux convinrent ensuite, si la malade n'allait pas mieux, de se retrouver le lendemain matin aux extrémités de la ligne télégraphique. Le lendemain le monsieur ne reparut point. Sans doute, la consultation avait amené une guérison subite. » — Ou bien encore, osons-nous ajouter, la malade était morte.

Le 1er janvier 1850, le télégraphe électrique prévint en Angleterre une catastrophe terrible. Un train vide s'étant choqué à Gravesend, le conducteur fut jeté hors de la machine, et celle-ci continua à courir seule et à toute vapeur vers Londres. Avis fut immédiatement donné par le télégraphe à Londres et aux stations intermédiaires; ensuite le directeur s'élança sur la ligne, avec une autre machine, à la poursuite de l'échappée; il l'atteignit et manœuvra de manière à la laisser passer; puis il se mit en chasse après elle. Le conducteur de sa machine réussit enfin à s'emparer de la fugitive et tout danger disparut. Onze stations avaient déjà été traversées, et la locomotive n'était plus qu'à deux milles de Londres quand on l'arrêta. Si l'on n'avait pas été prévenu de l'événement, le dommage causé par la locomotive aurait surpassé la dépense de toute la ligne télégraphique. Ainsi le télégraphe paya ce jour-là le prix de son installation.

Un second fait du même genre arriva, pendant

la même année, sur le chemin de fer de Londres au Nord-ouest. Par un de ces jours sombres et brumeux si communs en Angleterre, une locomotive abandonnée, par mégarde, à elle-même, prit tout d'un coup son essor et s'élança, en pleine vapeur, avec une vitesse effrayante vers la gare d'Easton. Tous ceux qui la virent s'échapper sans guide sur un chemin parcouru par de nombreux convois, s'attendaient à des accidents terribles. Mais le télégraphe électrique eut bientôt dépassé la fugitive, et en quelques minutes l'événement était transmis à la station de Camden. On eut le temps de tourner les aiguilles de manière à diriger la locomotive égarée sur une voie latérale, où elle ne rencontra que quelques wagons de charge qui arrêtèrent sa course désordonnée.

Les journaux anglais ont raconté avec beaucoup de détails le fait suivant, qui produisit à Londres une vive sensation et qui fournit, en effet, une preuve éclatante de l'utilité du télégraphe électrique en matière criminelle.

Au mois de janvier 1844, un horrible assassinat fut commis à Salthil. L'assassin, nommé John Tawell, s'étant rendu précipitamment à Slough, y prit une place pour Londres dans le train du chemin de fer, qui passait, à cette station, à sept heures quarante-deux minutes du soir. La police, avertie du crime, était déjà à sa poursuite. Elle arriva à Slough, sur les traces du coupable, presque au moment où le convoi du chemin de fer devait entrer dans Londres. Mais le télégraphe électrique fonctionnait, et pendant que le meurtrier, confiant dans la vitesse extraordinaire du convoi, se croyait en sûreté parfaite, le message suivant volait sur les fils du télégraphe :

UN ASSASSINAT VIENT D'ÊTRE COMMIS A SALTHIL. ON A VU CELUI QU'ON SUPPOSE ÊTRE L'ASSASSIN PRENDRE UN BILLET DE PREMIÈRE CLASSE POUR LONDRES, PAR LE TRAIN QUI A QUITTÉ SLOUGH A SEPT HEURES QUARANTE-DEUX MINUTES DU SOIR. IL EST VÊTU EN QUAKER AVEC UNE REDINGOTE BRUNE QUI LUI DESCEND PRESQUE SUR LES TALONS. IL EST DANS LE DERNIER COMPARTIMENT DE LA SECONDE VOITURE DE PREMIÈRE CLASSE.

Arrivé à Londres, John Tawell se hâta de monter dans l'un des omnibus du chemin de fer. Blotti dans un coin de la voiture, il se croyait dès ce moment à l'abri de toutes les atteintes de la justice. Cependant le conducteur de l'omnibus, qui n'était autre chose qu'un agent de police déguisé, ne le perdait pas de vue, sûr de tenir son homme, comme un rat dans une souricière. Parvenu dans le quartier de la Banque, John Tawell descendit de l'omnibus, se dirigea vers la statue du duc de Wellington et traversa le pont de Londres ; il entra ensuite au café du Léopard, dans le Borough, et se retira enfin dans une maison garnie du voisinage. L'agent de police qui, attaché à ses pas, l'avait suivi dans toutes ses évolutions, entra après lui et tenant la porte entr'ouverte, lui demanda d'un ton fort calme :

— N'êtes-vous pas arrivé ce soir de Slough ?

A cette question si effrayante pour le coupable, John Tawell se troubla et balbutia un « Non » qui était l'aveu de son crime. Arrêté aussitôt, il fut mis en jugement, condamné comme assassin et pendu.

« A quelques mois de là, dit le journal *The family library*, nous faisions le trajet de Londres à Slough, par le chemin de fer, dans une voiture remplie de personnes étrangères les unes aux autres. Tout le monde gardait le silence, comme c'est assez généralement l'usage des voyageurs anglais. Nous avions déjà parcouru près de quinze milles sans qu'un seul mot eût été prononcé, lorsqu'un petit monsieur, à la taille épaisse, au cou court, à l'air d'ailleurs très respectable, qui était assis à l'un des coins de la voiture, fixant les yeux sur les poteaux et les fils du télégraphe électrique, qui semblaient voler dans un sens opposé au nôtre, murmura tout haut, en accompagnant son observation d'un mouvement de tête significatif :

— *Voilà les cordes qui ont pendu John Tawell!* »

LA GALVANOPLASTIE

ET

LA DORURE CHIMIQUE.

On a dit souvent que la sagesse et le génie de la création se manifestent avec autant d'évidence dans les faits les plus humbles du monde physique, que dans les plus imposants phénomènes dont la nature étale à nos yeux la magnificence et l'éclat. La structure intime du germe contenu dans un fruit, l'admirable disposition des yeux microscopiques de certains insectes, les premiers linéaments de la vie apparaissant au sein de la trame végétale, toutes ces actions presque invisibles qui s'accomplissent dans un espace inappréciable à nos sens, révèlent avec autant de force la prévision infinie de la nature, que le brillant aspect de nos campagnes décorées des riches présents de Dieu. Cette pensée ne perd rien de sa justesse transportée dans le domaine des sciences. Pour comprendre toute la valeur des sciences modernes, il n'est pas nécessaire d'invoquer leurs plus imposantes créations. Ni la locomotive ardente courant au fond de nos vallées, ni le navire immense se jouant sur les flots, grâce à la secrète impulsion de la vapeur, ni ces machines admirables, où la force d'un seul homme, appliquée au bout d'un levier, se trouve, par les combinaisons infinies de la mécanique, centuplée à l'autre extrémité, aucun de ces grands spectacles si justement admirés n'est nécessaire au but dont nous parlons. Pour deviner toute la portée future des inventions de notre époque, il suffit de jeter les yeux sur une plaque métallique de quelques centimètres : sur une lame d'argent portant une empreinte daguerrienne, ou sur une épreuve de cuivre galvanoplastique. La science qui, dans un instant indivisible, a su imprimer sur une surface inerte cette merveilleuse image des objets qui nous entourent, celle qui, par l'action obscure et insaisissable d'un courant électrique, a plié le métal rebelle à tous les caprices, à toutes les fantaisies de la volonté, est évidemment destinée à accomplir un jour des prodiges dont tous les progrès réalisés aujourd'hui seraient impuissants à nous fournir la mesure.

La galvanoplastie est, en effet, de toutes nos inventions, celle qui prépare à l'avenir les plus singuliers, les plus étonnants résultats. Dans un temps plus ou moins prochain, elle menace les formes et les procédés actuels de l'industrie de perturbations profondes. Par elle, la pile voltaïque, descendue du laboratoire du savant, est venue s'asseoir dans l'atelier, et les procédés scientifiques ont trouvé leur place dans les opérations des arts. Le rôle de la pile, comme agent de l'industrie, est destiné à acquérir tôt ou tard une importance infiniment plus sérieuse, et le moment n'est peut-être pas très éloigné où les courants électriques et les traitements par les réactifs remplaceront, dans nos usines, les grandes opérations par le feu. Alors les ateliers de la métallurgie présenteront un spectacle extraordinaire. Au lieu de ces foyers immenses qui dressent éternellement vers le ciel leurs tourbillons enflammés, un instrument presque informe, composé de l'assemblage de deux métaux sans valeur, accomplira les mêmes opérations sans dépense, sans bruit, sans appareil visible. Au lieu de ces bruyantes armées d'ouvriers qui s'agitent jour et nuit dans une fournaise ardente, consumés par le feu, noircis par la fumée, livrés aux labeurs les plus rudes, on verra, dans une série de beaux laboratoires, une légion de tranquilles opérateurs s'appliquer à manier en silence les appareils d'électricité, et soumettre les minerais et les métaux au jeu varié des affinités chimiques.

Cette pensée paraîtra sans doute à bien des lecteurs empreinte, pour ne rien dire de plus, d'une singulière exagération. C'est qu'en effet la galvanoplastie est encore parmi nous à peu près inconnue. Tandis qu'en Angleterre l'industrie s'est emparée de ces opérations si délicates, en France elles ne sont considérées encore que comme une sorte de jeu, et ne servent guère que de délassement à quelques amateurs des sciences. Il nous suffira donc, pour justifier notre pensée, de faire connaître les procédés de la galvanoplastie, l'état présent de cet art nouveau, et les applications qu'il a reçues. On comprendra, d'après les résultats obtenus aujourd'hui, ce que l'avenir peut attendre de cette nouvelle et brillante application des travaux contemporains.

On donne le nom de *galvanoplastie* à un ensemble de moyens qui permettent de précipiter sur un objet, par l'action d'un courant galvanique, un métal en dissolution dans un liquide, de manière à former à la surface de cet objet une couche continue qui représente exactement les détails de l'original avec toutes ses dimensions et ses courbures.

Les opérations galvanoplastiques permettent de reproduire les médailles, les monnaies, les sceaux, les cachets, les timbres, les bas-reliefs et les statues. Les chefs-d'œuvre de la sculpture, reproduits à peu de frais, peuvent ainsi devenir populaires, et, multipliés indéfiniment, braver les injures du temps et les atteintes des hommes. La galvanoplastie est donc à la sculpture ce que l'imprimerie est à la pensée humaine. La galvanoplastie peut multiplier à volonté une planche de cuivre gravée, et rendre ainsi éternel le type primitif sorti des mains de l'artiste. Elle est encore en mesure d'apporter de sérieux perfectionnements à l'art déjà si avancé de la typographie : elle donne le moyen de fabriquer des moules pour la fonte des caractères d'imprimerie et même des caractères pour l'impression. Dans une sphère différente, la galvanoplastie vient en aide aux besoins de la vie, en recouvrant, par des procédés simples et peu coûteux, nos ustensiles domestiques, d'une couche protectrice d'un métal inaltérable, comme l'or, le platine ou l'argent. Enfin, se prêtant à tous les caprices de l'art, elle permet de reproduire en cuivre les moules obtenus avec toute espèce d'objets naturels, tels que des fruits, des végétaux, des parties d'organes empruntées aux animaux ou aux plantes.

Tels sont, en quelques mots, les principaux objets qui forment le domaine de la galvanoplastie. Essayons maintenant d'exposer les recherches qui ont amené la création de cet art nouveau; nous ferons connaître ensuite les principes scientifiques qui lui servent de base, et les applications principales qu'il a trouvées jusqu'à ce jour dans la pratique des arts.

CHAPITRE PREMIER.

Découverte de l'électro-chimie. —Volta. — Brugnatelli. — M. De la Rive. — Travaux de M. Thomas Spencer et de Jacobi.

La métallurgie électro-chimique a eu la singulière destinée d'être découverte à la fois par deux physiciens placés aux deux extrémités de l'Europe, qui n'avaient eu mutuellement aucune connaissance de leurs travaux respectifs. Dans l'année 1837, M. Thomas Spencer en Angleterre, et le professeur Jacobi en Russie, découvraient, chacun de son côté, ses principes essentiels, et réalisaient ses applications les plus délicates.

Volta avait à peine accompli, au commencement de notre siècle, la découverte de la pile électrique, qu'il observa une de ses propriétés les plus remarquables, c'est-à-dire la décomposition chimique que cet appareil fait éprouver aux substances soumises à son action. Ce physicien célèbre constata, dès l'année 1801, que la dissolution d'un sel métallique, soumise à l'influence de la pile, se trouve aussitôt réduite en ses éléments, de telle sorte que le métal vient se déposer au pôle négatif. Ce grand phénomène devint plus tard l'objet d'un nombre considérable d'études et d'expériences théoriques qui devaient largement agrandir le champ de nos connaissances dans le domaine de l'électricité. Mais, au début, rien n'indiquait encore que la réduction des métaux par le fluide électrique pût devenir susceptible de quelques applications dans les arts. En effet, la substance qui se déposait sur les fils de la pile n'avait aucun des caractères physiques qui distinguent les métaux; c'était une poudre noire ou grise, sans cohérence, sans continuité, dépourvue d'éclat, et privée, en un mot, de tout caractère métallique. On ne découvrit que longtemps après que, dans certaines circonstances, les métaux formés par la voie galvanique peuvent présenter l'éclat, la cohérence, la continuité et tous les caractères propres aux métaux obtenus par fusion. Cette observation devait suffire pour donner naissance à l'électro-métallurgie.

Le fait essentiel sur lequel la galvanoplastie repose n'a été signalé d'une manière bien positive que dans l'année 1837; quelques chimistes avaient eu, il est vrai, l'occasion de l'observer avant cette époque; mais reconnu d'une manière accidentelle et dans le cours de recherches d'un autre ordre, imparfaitement étudié d'ailleurs et ignoré du reste des savants, il n'avait pas tardé à tomber dans l'oubli.

Brugnatelli, élève et collaborateur de Volta, avait réussi dès l'année 1801 à dorer l'argent au moyen de la pile, en conservant à l'or tout son brillant métallique. Mais le résultat obtenu par Brugnatelli n'avait à cette époque aucune importance scientifique, et l'intérêt que la galvanoplastie inspire de nos jours a pu seul conduire à chercher dans la poudre des recueils scientifiques de l'Italie, les traces de cette tentative oubliée. Le procédé de Brugnatelli ne se trouve décrit que dans un petit ouvrage presque inconnu en Italie, intitulé *Bibliotheca di Cagliardo*, publié en 1807, et qu'un savant italien, M. Grimelli, a récemment exhumé. Le résultat obtenu par le chimiste de Pise était donc ignoré des savants du reste de l'Europe et de ses compatriotes eux-mêmes. Le recueil, fort peu répandu d'ailleurs, publié à Bruxelles par Van Mons, sous le titre de *Journal de chimie et de physique*, avait, il est vrai, consacré quelques lignes au fait signalé par Brugnatelli ; mais il suffit de citer les termes dans lesquels cette observation est rapportée, pour comprendre qu'elle n'ait pas dû fixer beaucoup l'attention des physiciens.

« La méthode la plus expéditive, dit Brugnatelli, de réduire, à l'aide de la pile, les oxydes métalliques dissous, est de se servir, à cet effet, de leurs ammoniures ; c'est ainsi qu'en faisant plonger les extrémités de deux fils conducteurs de platine dans de l'ammoniure de mercure, on voit en peu de minutes le fil du pôle négatif se couvrir de gouttelettes de ce métal ; de cobalt, si l'on opère avec du cobalt, d'arsenic, si l'on opère avec de l'arsenic, etc. Je me servis de fils d'or pour réduire de cette manière l'ammoniure de platine, que j'ai dernièrement obtenu et examiné. Le platine ainsi réduit sur l'or a une couleur qui tourne vers le noir ; mais étant frotté entre deux morceaux de papier, il prend l'éclat de l'acier. Je fis usage de fils d'argent pour réduire l'or, ce qui réussit promptement (1). »

On trouve, dans une autre livraison du même re-

(1) *Journal de chimie et de physique*, de Van Mons, t. V, p. 80 (1802).

cueil, le passage suivant, qui fait partie d'une lettre adressée par Brugnatelli à Van Mons :

« Volta travaille toujours sur l'électricité; il a dernièrement construit différentes piles composées de seules substances salines de différentes matières, avec les solutions desquelles il imprégnait des disques d'or. Lorsqu'il aura terminé son travail, je vous le communiquerai.

» J'ai dernièrement doré d'une manière parfaite deux grandes médailles d'argent en les faisant communiquer à l'aide d'un fil d'acier avec le pôle négatif d'une pile de Volta, et en les tenant l'une après l'autre plongées dans des ammoniures d'or nouvellement faits et bien saturés (1). »

Les indications de Brugnatelli étaient, comme on voit, exprimées en termes beaucoup trop vagues pour engager les savants à poursuivre l'examen du fait qu'il annonçait. Les essais du physicien de Pise n'ont donc exercé aucune influence sur la création de l'électro-chimie.

La galvanoplastie aurait pu prendre peut-être plus facilement naissance à l'époque de la découverte de la nouvelle pile voltaïque imaginée par M. Daniell, et qui porte le nom de ce physicien. Lorsque M. Daniell fit les premiers essais de cette nouvelle disposition de la pile, il remarqua, en enlevant un fragment de cuivre qui s'était déposé au pôle négatif, que les éraillures du conducteur de platine se trouvaient fidèlement reproduites sur le cuivre précipité. Cette observation aurait pu conduire à la découverte de la galvanoplastie ; mais, comme M. Daniell portait alors toute son attention sur la marche et la construction

(1) *Ibidem*, p. 357.

de son instrument, il ne poussa pas plus loin l'examen de ce fait.

Une remarque du même genre peut s'appliquer à M. De la Rive, qui, de son côté, eut plus tard entre les mains le fait primitif qui sert de base à la galvanoplastie, et néanmoins le laissa passer sans soupçonner son importance. Peu de temps après la découverte de la pile de Daniell, M. De la Rive fit quelques expériences sur cet appareil. Dans un article inséré dans le *Philosophical magazine*, ce physicien, après avoir décrit une forme particulière de la pile de Daniell à laquelle il donne la préférence, fait l'observation suivante : « La plaque de cuivre est recouverte d'une couche de cuivre à l'état métallique, qui s'y est incessamment déposée par molécules, et telle est la perfection de la feuille de métal ainsi formée, que lorsqu'elle est enlevée, elle offre une copie fidèle de chaque éraillure de la plaque métallique sur laquelle elle reparaît. » M. De la Rive ne paraît pas avoir songé aux résultats remarquables auxquels devait conduire plus tard l'examen de ce fait en apparence si simple. Ce n'est que dix ans après, que cette observation, faite de nouveau en Angleterre et étudiée cette fois avec toute l'attention qu'elle méritait, eut pour conséquence d'amener la création de la galvanoplastie.

A la fin du mois de septembre 1837, un jeune physicien anglais, M. Thomas Spencer, s'occupait à Liverpool à répéter et à vérifier les belles expériences de M. Becquerel sur la formation artificielle des espèces minérales à l'aide de courants électriques d'une faible intensité ; c'est dans le cours de ces essais que le hasard lui fournit l'occasion de constater le fait qui devait donner naissance à la galvanoplastie. M. Spencer agissait avec un seul couple voltaïque formé d'un disque de cuivre uni par un fil métallique à un disque de zinc. L'élément cuivre plongeait dans une dissolution de sulfate de cuivre, l'élément zinc dans une dissolution de sel marin ; les deux dissolutions, placées dans des vases de terre, étaient séparées l'une de l'autre par une cloison poreuse de plâtre. C'est là, comme le savent les physiciens, le petit appareil construit par M. Becquerel pour produire un courant électrique faible et continu ; c'est une pile voltaïque réduite, pour ainsi dire, à son expression la plus simple. Le fil de cuivre qui, dans le petit appareil de M. Spencer, réunissait les deux métaux, était verni avec de la cire à cacheter ; or il arriva qu'en recouvrant ce fil de cire à cacheter, quelques gouttes de cire tombèrent sur le disque de cuivre et y adhérèrent, de telle sorte que, lorsque l'appareil fut mis en action, le cuivre réduit, en se déposant sur l'élément négatif, vint s'arrêter sur les bords des petites gouttelettes de cire tombées sur la plaque. Le métal précipité avait d'ailleurs l'éclat, la cohérence et toutes les propriétés du cuivre obtenu par fusion. « Je compris aussitôt, dit M. Spencer, qu'il était en mon pouvoir de guider à mon gré le dépôt de cuivre et de le couler en quelque sorte dans les sillons creusés avec une pointe sur une plaque de cuivre verni. »

M. Spencer prit donc une plaque de cuivre, il la couvrit d'un vernis résineux ; sur ce vernis il creusa des lettres avec un burin, et soumit la lame de cuivre ainsi préparée à l'action d'un courant voltaïque.

Le résultat fut tel qu'il l'avait prévu ; le métal réduit vint remplir les sillons tracés sur le vernis et forma de véritables caractères typographiques de cuivre en relief. M. Spencer parvint à rendre ce procédé assez pratique pour qu'une planche de cuivre recouverte de ces caractères en relief pût être soumise à la presse. Dès l'année 1838, des épreuves sur papier obtenues avec cette sorte de cliché d'origine électrique, furent distribuées dans le public.

Cependant, si les recherches de M. Spencer n'avaient pas eu de résultat plus utile, il est probable que la galvanoplastie n'aurait trouvé dans la pratique que de rares applications. Heureusement, un autre accident lui fit entrevoir sa découverte sous un aspect nouveau. Un jour, comme il avait besoin d'une plaque de cuivre pour former un de ses petits couples voltaïques, ne trouvant point sous sa main de disque de cuivre, il prit une pièce de monnaie qu'il réunit par un fil métallique à une rondelle de zinc. Ce couple fut disposé comme à l'ordinaire, et le dépôt commença à s'effectuer. Mais, comme après quelques heures écoulées l'expérience ne marchait pas suivant son désir, il démonta son appareil et se mit à arracher par morceaux le cuivre réduit qui recouvrait l'élément négatif. Il ne fut pas alors peu surpris de voir tous les accidents et tous les détails de la pièce de monnaie reproduits sur ces fragments de cuivre avec une fidélité extraordinaire. « Je résolus alors, dit M. Spencer, de répéter la même expérience en faisant usage d'une médaille de cuivre dont le relief serait considérable. J'en formai, comme auparavant, un couple voltaïque : j'y fis déposer une croûte de cuivre d'un millimètre d'épaisseur environ; puis je détachai avec soin, mais non sans quelque peine, le dépôt formé. J'examinai le résultat à la loupe, et je vis tous les détails de la médaille reproduits avec une merveilleuse fidélité sur la contre-épreuve voltaïque. »

Après une telle observation, la galvanoplastie était créée; il est inutile de dire, en effet, qu'après avoir ainsi moulé en creux des médailles et des pièces de monnaie, M. Spencer se servit de ces moules pour en obtenir des contre-épreuves qui étaient les fac-simile parfaits de l'original. Dans les premiers mois de 1838, des monnaies et des médailles ainsi obtenues étaient chose commune à Liverpool. On en soumit quelques unes à l'examen d'un habile frappeur de médailles de Birmingham. Cet expert déclara que les médailles soumises à son inspection étaient frappées au balancier; il faisait seulement remarquer qu'on avait « altéré le revers de ces médailles par l'emploi des acides. » L'expert ajouta charitablement qu'il conseillait à M. Spencer de ne pas compromettre sa réputation en prolongeant des mystifications pareilles.

Pendant que cette découverte s'accomplissait à Liverpool, le physicien Jacobi, en Russie, était conduit, par une autre voie, à des résultats presque identiques.

Ce fut à Dorpat, en février 1837, que Jacobi découvrit de son côté le fait capital de la plasticité du cuivre qui devint l'origine de tous ses travaux sur l'électro-chimie. Il trouva imprimées sur une feuille métallique quelques traces microscopiques de cuivre du dessin le plus régulier; c'est en recherchant le mode de formation de ces empreintes et en essayant de les reproduire, qu'il découvrit le fait de la plasticité du cuivre obtenu par la pile. Il soumit à l'action de courants électriques des plaques de métal sur lesquelles on avait tracé au burin des figures et des caractères; la décomposition du sulfate de cuivre donna naissance à des dépôts de cuivre qui offraient, en relief, l'empreinte exacte du dessin gravé en creux sur l'original. Par l'emploi de piles d'une faible intensité et d'un courant continu, il réussit bientôt à obtenir en relief l'empreinte d'une plaque de cuivre gravée au burin et de dimensions assez considérables. Cette plaque, premier résultat satisfaisant des travaux de Jacobi, fut présentée à l'Académie des sciences de Saint-Pétersbourg, le 5 octobre 1838 (17 octobre de notre style). Le ministre de l'instruction publique la présenta à l'Empereur, qui s'empressa de mettre à la disposition de Jacobi les fonds nécessaires pour poursuivre ses études. La découverte du savant académicien acquit dès lors en Russie un très grand retentissement.

Jacobi reconnut, comme M. Spencer et en même temps que lui, que la condition indispensable pour obtenir des dépôts réguliers et plastiques, c'est d'employer un courant d'une faible intensité, et d'agir sur des dissolutions toujours saturées; mais l'académicien russe laissa bien loin de lui l'expérimentateur anglais par la découverte qu'il fit, en 1839, du système connu aujourd'hui des physiciens sous le nom d'*anodes* ou d'*électrodes solubles*.

Lorsque Jacobi commença à opérer, l'objet à copier faisait lui-même partie de la pile galvanique, il formait l'élément négatif et plongeait dans la dissolution de sulfate de cuivre; mais la dissolution s'épuisait peu à peu, et il était nécessaire de l'entretenir au degré de saturation, en lui fournissant de nouveaux cristaux de sel au fur et à mesure de leur réduction. Or Jacobi trouva, en 1839, que si l'on attache le moule au pôle négatif, et *que l'on dispose au pôle positif une lame du métal même qui est en dissolution dans le bain*, cette lame, qui porte alors le nom d'*anode* ou d'*électrode soluble*, entre elle-même en dissolution dans le bain en quantité à peu près égale à celle qui se dépose sur le moule. Si, par exemple, on opère avec une dissolution de sulfate de cuivre, et que l'on attache au pole positif de la pile une lame de cuivre, l'oxygène mis en liberté par la décomposition de l'eau se porte au pôle positif, là il rencontre le cuivre et l'oxyde, c'est-à-dire le fait passer à l'état d'un composé susceptible de se dissoudre dans l'acide libre existant dans la liqueur, et par cette action continue, à mesure qu'il se fait au pôle négatif un dépôt de cuivre aux dépens de la dissolution saline, le cuivre métallique attaché au pôle positif se dissout dans le liquide à peu près dans les mêmes proportions.

La découverte des anodes exerça une influence immense sur les progrès de la galvanoplastie. Elle permit de séparer le couple voltaïque qui engendre le courant, de l'appareil dans lequel l'empreinte s'effectue. Le procédé galvanoplastique devint par là beaucoup plus simple, le succès plus assuré et le temps dans lequel les résultats peuvent être obtenus infiniment plus court. Enfin on put obtenir des dépôts métalliques de toute forme et de toute dimension.

Cependant la galvanoplastie ne pouvait recevoir encore des applications bien étendues, car on ne pouvait opérer que sur le cuivre. Une observation, faite en France par M. Bocquillon, en Angleterre par M. Murray, et bientôt aussi par MM. Spencer et Jacobi, permit d'effectuer les dépôts métalliques à la surface de presque tous les corps indifféremment. On reconnut que les corps qui ne conduisent pas l'électricité, et qui jusque-là n'avaient pu se prêter aux opérations de la galvanoplastie, peuvent recevoir le dépôt métallique, si l'on recouvre préalablement leur surface d'une couche pulvérulente d'un corps conducteur de l'électricité. La plombagine, ou mine de plomb, est la substance qui remplit le mieux cet objet. On put, dès ce moment, au lieu d'opérer uniquement sur un moule métallique, se procurer des empreintes de plâtre des objets à reproduire, et effectuer le dépôt sur ces moules rendus conducteurs par la plombagine. Ce dernier résultat obtenu, la galvanoplastie put recevoir les applications variées et étendues qui lui assurent une place si distinguée parmi les créations de la science moderne.

On voit, par ce résumé rapide, que la galvanoplastie n'est autre chose, en définitive, qu'une série d'applications des découvertes de la physique et de la chimie de notre époque : c'est le propre des sciences bien affermies, de tenir, contenues dans leurs principes, une longue série de conséquences et d'applications qu'il appartient au temps de développer, et qu'il ne manque jamais de développer.

CHAPITRE II.

Description des appareils employés dans la galvanoplastie. — Principales, opérations galvanoplastiques. — Applications diverses de ces procédés.

On se propose, dans la galvanoplastie, d'obtenir à l'aide de la pile voltaïque, sur un objet donné, la précipitation d'un métal dissous dans un liquide, de manière à obtenir à la surface de cet objet une couche continue, mais non adhérente, qui reproduise tous les détails du modèle. Si le dépôt se fait à l'intérieur, on obtient la reproduction *intérieure* du modèle, et la couche ainsi formée est destinée à servir de moule. Si le dépôt a lieu à l'extérieur, il a pour effet de provoquer sur ce moule la précipitation d'une couche métallique, qui, séparée du moule, est dès lors la reproduction *extérieure* du type primitif.

Donnons d'abord, d'une manière générale, la description des appareils en usage pour les opérations de la galvanoplastie; nous décrirons ensuite ces opérations elles-mêmes, et nous passerons enfin en revue la nombreuse série des applications qu'elles ont reçues.

Pour provoquer le courant électrique et pour recevoir le dépôt métallique, on peut se servir de deux appareils, l'*appareil simple* ou l'*appareil composé*. Dans le premier, l'objet destiné à être reproduit fait lui-même partie du couple voltaïque qui doit provoquer le courant. Dans le second, le courant se produit en dehors de la liqueur à décomposer, et le moule est simplement attaché au pôle négatif de la pile par un fil conducteur.

L'*appareil simple* le plus souvent employé est formé d'un vase de verre contenant la dissolution à décomposer, du sulfate de cuivre, par exemple, si c'est du cuivre que l'on veut précipiter. Au centre de ce premier vase, se trouve un second vase de porcelaine qui plonge dans le liquide et contient de l'acide sulfurique étendu de 12 à 15 fois son poids d'eau ; ce vase est fermé à sa partie inférieure par un morceau de vessie. On place dans l'acide sulfurique une lame de zinc que l'on fait communiquer, au moyen d'un fil de cuivre, avec le moule qui se trouve déposé au fond du vase de verre renfermant la dissolution de sulfate de cuivre. Le couple voltaïque engendré par le contact du cuivre et du zinc, donne naissance à un courant électrique faible et continu qui provoque lentement et graduellement la précipitation du métal. Le cuivre réduit vient se déposer peu à peu dans le moule placé au pôle négatif, et au bout de quelques jours il produit, en se modelant sur les diverses inégalités de sa surface, une couche métallique qui est la contre-épreuve parfaite de l'original. Comme la dissolution de sulfate de cuivre s'épuise au fur et à mesure de la réduction du sel, on l'entretient à un degré constant de saturation, en ajoutant de temps à autre à la liqueur de nouveaux cristaux de sulfate de cuivre.

La figure suivante représente une coupe de l'appareil galvanoplastique qui vient d'être décrit.

AA, est le premier vase contenant la dissolution de sulfate de cuivre ; le moule M est placé au fond de ce vase.

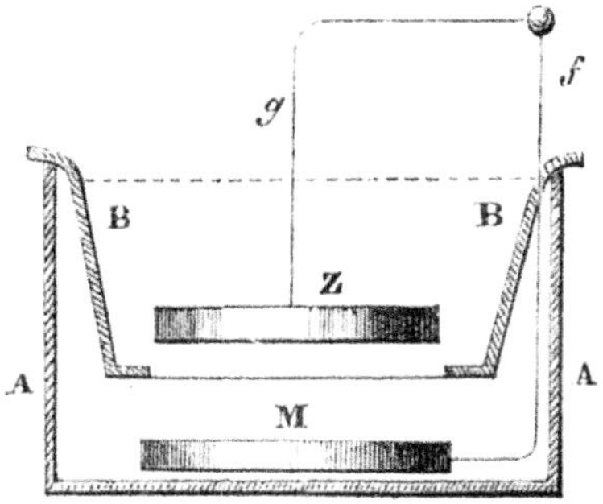

Ce moule est attaché à un fil de cuivre *f* qui sort du liquide pour venir se réunir à un deuxième fil *g*, lequel supporte la lame de zinc Z, plongée elle-même dans l'acide sulfurique affaibli qui remplit le second vase BB. Ce vase BB est fermé, comme nous l'avons dit, à sa partie inférieure, par un morceau de vessie qui sépare les deux liquides. Le fil de cuivre et le zinc forment par leur contact un couple voltaïque, et l'électricité ainsi produite décompose la dissolution de sulfate de cuivre placée dans le vase A ; le cuivre précipité par l'action du courant vient se déposer au fil négatif de la pile. Or, comme le moule M est attaché à ce pôle négatif, c'est sur lui que s'effectue le dépôt de tout le cuivre réduit : ce moule se trouve ainsi peu à peu recouvert et enveloppé dans toutes ses parties par le dépôt métallique. Ce petit appareil très commode pour la reproduction galvanique des objets de petite dimension, est connu sous le nom d'*électrotype de Spencer*.

L'*appareil composé* offre deux parties à considérer :

le vase dans lequel s'effectue le dépôt du métal, et la pile voltaïque placée en dehors de la liqueur.

Les dispositions adoptées pour la construction des piles en usage dans la galvanoplastie, varient beaucoup. Il serait superflu de les décrire ici d'une manière détaillée. Nous dirons seulement quelques mots de la pile de M. Smée, qui est le plus usitée en Angleterre, et de celle de M. Archereau, que l'on emploie presque exclusivement en France.

La pile de M. Smée, formée d'un seul ou de plusieurs éléments, se compose d'une lame d'argent enveloppée d'une lame de zinc. Ce système plonge dans un liquide formé d'acide sulfurique étendu d'eau. Il est terminé par deux fils métalliques qui constituent ses deux pôles. C'est, comme on le voit, un appareil d'une grande simplicité ; seulement, quand on emploie plusieurs couples, il devient assez dispendieux, et c'est là ce qui a empêché son usage de se répandre dans l'industrie.

La pile de M. Archereau, dont on fait usage en France pour les opérations de la galvanoplastie, de la dorure et de l'argenture, n'est qu'une modification avantageuse des piles de Grove et de Bunsen. Comme dans chacun de ces instruments, la source à laquelle on emprunte l'électricité est une action chimique et non le simple contact de deux métaux. Cette pile se compose d'un vase de verre contenant une lame circulaire de zinc qui plonge dans de l'acide sulfurique affaibli. Au centre de ce vase, et au milieu du liquide acide qu'il renferme, existe un second vase de porcelaine non verni, et par conséquent poreux et perméable aux gaz. On place dans ce cylindre de porcelaine de l'acide azotique. Le gaz hydrogène formé par la réaction de l'acide sulfurique sur le zinc, traverse la cloison poreuse de porcelaine, et vient réagir sur l'acide azotique, qu'il décompose en formant de l'eau et du gaz hypo-azotique. Cette double réaction provoque un dégagement considérable d'électricité. Pour amener au dehors l'électricité qui a pris ainsi naissance, on adapte au cylindre de zinc une lame de cuivre qui constitue l'un des pôles de la pile, et l'on fait plonger dans l'acide azotique un gros fragment de coke, corps très conducteur du fluide électrique, que l'on fait communiquer avec un fil métallique destiné à représenter l'autre pôle.

Le vase dans lequel doit s'effectuer le dépôt engendré par l'une de ces piles, n'offre aucune disposition qu'il soit nécessaire de signaler. Il contient la liqueur saline à décomposer : du sulfate de cuivre, du cyanure d'argent dissous dans du cyanure de potassium, si c'est du cuivre ou de l'argent que l'on se propose de réduire. La forme de ce vase est indifférente. On attache au pôle positif de la pile plongeant dans la liqueur, un *anode*, c'est-à-dire une lame de cuivre si l'on opère sur un bain de cuivre, une lame d'argent, si l'on agit sur un sel d'argent. Le métal attaché au pôle positif se dissout au fur et à mesure que marche l'opération, en quantité à peu près égale à celle qui se trouve réduite par le courant.

L'emploi d'un appareil composé a des avantages de toute nature, et il a seul permis de prêter aux opérations galvanoplastiques l'importance et la variété qu'elles ont acquises aujourd'hui. L'anode qu'il renferme permet d'entretenir la dissolution saline à un état constant de saturation, circonstance très utile au succès. En faisant usage d'éléments voltaïques plus ou moins énergiques, plus ou moins nombreux, on peut obtenir un courant animé de tous les degrés possibles d'intensité. Enfin cet appareil permet d'augmenter autant qu'on le veut le volume des pièces reproduites; il suffit pour cela de placer la liqueur dans des vases d'une dimension convenable. Il n'y a dès lors plus de limites pour la forme ni pour l'étendue de l'objet que l'on veut reproduire.

Les opérations galvanoplastiques présentent dans la pratique quatre circonstances essentielles d'où le succès dépend, et qui malheureusement sont encore loin d'être bien élucidées. Ce sont : l'intensité de la pile pour les différentes dissolutions, — le degré de concentration de la liqueur et sa conductibilité électrique, — sa température, — enfin la disposition et la grandeur relative entre les deux électrodes, c'est-à-dire entre la plaque de cuivre attachée au pôle positif et le moule qui termine le pôle négatif. Ces quatre circonstances peuvent donner, en variant selon les cas, des résultats très différents, et l'habitude fournit aux expérimentateurs des règles beaucoup plus sûres que tous les principes vagues que l'on a essayé d'établir jusqu'ici.

Pour prendre une empreinte galvanoplastique, on n'agit pas en général sur l'objet lui-même, qui courrait le risque d'être détérioré par son séjour dans des liqueurs acides; ordinairement on en prend un moule sur lequel on opère la reproduction. Les moules employés sont faits avec un métal ou avec une substance plastique que l'on rend conductrice de l'électricité en la recouvrant d'une couche très mince de plombagine, ou d'une poudre métallique. Le métal employé pour la confection des moules est l'alliage fusible de Darcet, la soudure des plombiers, ou l'alliage des clichés, qui est beaucoup plus dur. Mais le plus souvent on se sert de moules de plâtre que l'on commence par rendre imperméables à l'eau en les plongeant dans de la stéarine fondue. On étend ensuite sur leur surface, à l'aide d'un pinceau, une légère couche de plombagine destinée à la rendre conductrice. Pour établir la communication entre le moule et le pôle négatif de la pile, on entoure le moule d'une bande de cuivre.

Tel est l'ensemble des opérations qui s'exécutent dans la plupart des expériences galvanoplastiques. Passons maintenant en revue les différentes applications de ces procédés. Nous parlerons d'abord de la reproduction des monnaies et des médailles.

Pour reproduire une monnaie ou une médaille, on peut opérer de deux manières : 1° On agit directement sur la médaille que l'on veut reproduire en la plaçant au pôle négatif, après avoir pris les précautions suffisantes pour empêcher l'adhérence de l'empreinte avec l'original. Ces précautions consistent à passer sur la médaille une couche excessivement légère d'une substance grasse, telle que l'huile, la cire, la stéarine, le suif, etc. On obtient ainsi en creux une empreinte sur laquelle on opère de nouveau pour avoir la reproduction en relief. 2° On prend l'empreinte de la pièce avec du plâtre ou un alliage fusible ; de cette manière l'opération galvanoplastique donne immédiatement la médaille en relief. Quand on agit directement sur la médaille, il faut recouvrir de stéarine le revers, sur lequel il ne doit pas exister de dépôt; on la met ensuite en rapport avec le pôle négatif au moyen d'un fil de métal fixé sur son contour. Le revers est reproduit plus tard de la même manière en recouvrant de stéarine la face déjà prise. Cinquante ou soixante heures d'immersion donnent au dépôt une épaisseur convenable. L'opération achevée, on sépare la pièce du moule, auquel elle n'adhère que faiblement.

On reproduit, par ces moyens, les cachets, les timbres et les sceaux, en opérant sur des empreintes prises avec le plâtre ou la stéarine.

C'est par les mêmes procédés que l'on recouvre de cuivre une statuette, un groupe ou tout autre objet exécuté en plâtre. L'appareil de M. Spencer, que l'on a vendu à Paris sous le nom d'*électrotype breveté*, et dont nous avons donné la figure en parlant des appareils simples, est très commode pour les reproductions de ce genre. Cependant cette opération est assez puérile. Envelopper d'une couche de cuivre une statuette ou un médaillon de plâtre ne remplit aucune vue d'utilité particulière, et n'a rien de bien heureux sous le rapport de l'art.

En recouvrant de cuivre, par les mêmes procédés, des fruits, des légumes, des feuilles, des graines et d'autres produits naturels, on peut obtenir quelques ornements curieux en ce qu'ils conservent et traduisent exactement la forme et tous les détails les plus fins de l'objet galvanisé. Pour reproduire, par exemple, une pomme, une poire, une feuille d'arbre, etc., on frotte le fruit avec de la plombagine, et l'on enfonce vers la queue ou vers le germe une petite épingle ; on réunit cette épingle à un fil communiquant avec la pile, et l'on place le fruit dans la dissolution. Le cuivrage étant achevé, on retire l'épingle, qui laisse un petit trou par où les sucs du fruit peuvent s'évaporer. Disons cependant que ces espèces de cuivrage sont d'une parfaite inutilité, et ne sont guère propres qu'à donner la mesure de la perfection et de la délicatesse des opérations galvanoplastiques. Je me souviens avoir vu, dans le vestibule de l'Institut, un spécimen assez curieux des produits de cet art singulier. M. Soyer avait réussi à envelopper le cadavre d'un enfant nouveau-né d'une couche de cuivre. Bien que le résultat fût merveilleux de réussite, c'était un spectacle assez hideux. On disait autour de moi qu'il y aurait là un moyen d'élever aux grands hommes à la fois un tombeau et une statue d'une ressemblance authentique.

La galvanoplastie fournit à l'art du fondeur des applications d'une tout autre importance et qui sont destinées à recevoir un jour un développement remarquable. Voici en quelques mots l'ensemble des moyens qui permettent de réaliser, avec le seul secours de la pile voltaïque, les grands objets de sculpture, que l'on n'avait pu jusqu'ici obtenir qu'à l'aide de la fusion du métal.

On sait que pour obtenir une statue de bronze, de fonte ou de zinc, le sculpteur ayant livré son modèle d'argile, on en tire une épreuve au moyen du plâtre ; cette dernière épreuve sert ensuite à préparer le moule de sable où l'on coule le métal. Ces diverses opérations nécessitent un grand travail et ne sont pas sans danger à cause des explosions qui peuvent avoir lieu pendant la coulée; en outre, la copie métallique est loin d'être parfaite, elle exige pour être terminée de nombreuses retouches et un travail nouveau. Par la galvanoplastie, au lieu de faire un moule en relief avec du plâtre, et ensuite un moule en creux avec du sable, on commence par mouler le plâtre en creux, et l'on revêt ensuite de plombagine l'intérieur de ce moule. On le plonge alors dans une dissolution de sulfate de cuivre, et l'on fait passer le courant électrique; quand la couche déposée est d'une épaisseur suffisante, on enlève le moule qui laisse à découvert l'objet parfaitement reproduit. S'il s'agit d'une statuette en ronde bosse de petite dimension, on prend le creux de chaque moitié, on les revêt de plombagine, et l'on rapproche ensuite les deux moitiés que l'on réunit avec du plâtre; on fait communiquer le tout avec l'appareil voltaïque, en s'arrangeant de manière que le liquide puisse pénétrer dans l'intérieur du moule, et que le dépôt métallique s'y effectue. Si l'original avait de trop grandes dimensions, les vases à employer devraient présenter une capacité énorme; il est mieux alors de réunir entre elles avec de la cire les diverses parties du moule en creux, de manière à en former une sorte de capacité dans laquelle on place la dissolution même. Les parties séparées que l'on obtient ainsi sont ensuite soudées à l'argent ou à l'étain. Enfin ces soudures elles-mêmes sont galvanisées à leur tour. Il suffit, pour cela, de circonscrire la surface des soudures avec du mastic, de manière à en former une espèce d'auge que l'on remplit de la solution de sulfate de cuivre; à l'aide de la pile, on détermine un dépôt de cuivre qui recouvre et fait disparaître les traces de ces soudures. C'est par ces procédés que M. Soyer a exécuté les bas-reliefs galvanoplastiques qui ornent sa belle statue de Guttenberg.

Les statuettes, les bas-reliefs, les diverses figurines métalliques que quelques artistes de Paris commencent à répandre dans le commerce, et que les industriels anglais produisent depuis plusieurs années, sont obtenues par les mêmes moyens. Pour faire disparaître le ton rouge du cuivre, qui n'est que d'un effet assez médiocre, on recouvre ces différents objets d'une couche d'argent par l'action de la pile; l'éclat et le ton brillant de ce dernier métal leur donnent beaucoup de relief et de valeur.

L'application des procédés galvanoplastiques à la typographie n'a encore donné, au point de vue pratique, que des résultats d'une assez faible importance. La galvanoplastie ne pourra offrir d'avantages que pour former les moules ou matrices dans lesquelles on fond les caractères d'imprimerie. Quant aux caractères mêmes, rien ne peut remplacer, sous le rapport de l'économie, les procédés de l'industrie actuelle.

Les planches stéréotypées s'obtiennent à un prix si bas qu'il est difficile que la galvanoplastie puisse les fournir avec économie. On sait qu'on est dans l'usage, pour les livres qui sont d'un grand débit, et qui n'exigent pas de changements pendant un grand nombre d'années, tels que la Bible, les classiques anciens, etc., d'imprimer avec des planches stéréotypées. On prend avec le plâtre l'empreinte des pages d'imprimerie composées avec les caractères métalliques, on fait sécher cette empreinte, et en y coulant l'alliage d'imprimerie fondu, on obtient une planche métallique qui sert ensuite au tirage. La galvanoplastie pourrait intervenir pour la fabrication de cette dernière empreinte, mais elle ne pourrait le faire avec une économie suffisante.

Nous arrivons aux applications de la galvanoplastie qui méritent le plus l'attention, c'est-à-dire à l'emploi de ces procédés dans l'art de la gravure. Nous allons trouver ici un ensemble nouveau d'opérations assez importantes pour former toute une branche particulière des arts électro-chimiques, que l'on désigne sous le nom spécial d'*électrotypie*. En Allemagne l'électrotypie est déjà assez avancée. Elle a trouvé moins de faveur en France ; en général, les planches obtenues par les procédés électrotypiques se sont assez promptement altérées, et il a été difficile d'en tirer un bon parti ; elles s'oxydent, dit-on, avec une rapidité déplorable. Cet insuccès est dû sans doute à ce que, jusqu'à ce moment, peu de personnes se sont occupées, parmi nous, de cette partie si insolite des arts industriels. On s'est mal rendu compte des conditions nécessaires pour que les planches de cuivre obtenues par la galvanoplastie présentent les conditions exigées par les graveurs, et les essais de ce genre n'ont pas encore eu de suites bien sérieuses.

Voici les applications principales faites jusqu'à ce jour des procédés galvanoplastiques à l'art du graveur. L'électrotypie permet d'exécuter les opérations suivantes : 1° fabriquer des planches de cuivre pur à l'usage des graveurs ; 2° reproduire les planches gravées ; 3° graver directement par le courant galvanique.

Les planches de cuivre employées par les graveurs exigent des qualités que les procédés de l'industrie actuelle réalisent difficilement. Le cuivre même le plus pur, livré par le commerce, contient généralement de l'étain et d'autres métaux, qui rendent la gravure au burin difficile et la gravure à l'eau-forte incertaine dans ses résultats. Au contraire, le métal qui se dépose sous l'influence du fluide électrique est d'une pureté absolue; il est donc parfaitement approprié aux besoins de la gravure.

Le procédé pour obtenir les plaques de cuivre unies à l'usage des graveurs est extrêmement simple. Il suffit de se procurer une plaque de cuivre unie qui sert de moule, et sur laquelle on détermine, à l'aide de la pile, un dépôt de cuivre qui reproduit exactement l'original. La plaque de cuivre unie destinée à servir de moule est d'abord soudée, par sa face postérieure, à une petite lame d'étain, de plomb ou de zinc, qui ne sert qu'à établir la communication avec la pile. La pile la plus convenable à employer est celle de M. Smée. Le sulfate de cuivre est placé dans une auge verticale de bois qui contient les électrodes. Quelques manipulations et précautions particulières, décrites avec soin par M. Smée, et dans le détail desquelles il est inutile d'entrer, permettent d'arriver à un résultat avantageux, et d'obtenir une planche de cuivre unie, qu'il ne reste plus qu'à polir pour qu'elle puisse servir aux usages de la gravure.

Les planches de cuivre gravées par la main de l'artiste ne sont pas plus difficiles à reproduire que les plaques unies. En effet, une planche où se trouve tracé le dessin le plus compliqué, le travail le plus délicat et le plus fin, peut être copiée avec autant de facilité qu'une planche unie, puisque le dépôt métallique s'effectue, dans les deux cas, de manière à reproduire fidèlement l'original.

Les dessins gravés sur des plaques de cuivre sont creusés, comme on le sait, dans l'épaisseur du métal. Or le problème à résoudre consiste à obtenir une copie toute semblable, c'est-à-dire en creux. Il faut donc commencer par tirer un modèle en relief, qui sert ensuite à obtenir le même modèle en creux. On obtient cette copie de cuivre en relief, en opérant comme nous venons de l'indiquer pour les plaques unies. Ce moyen est le plus parfait et doit être préféré quand il s'agit de dessins très délicats; mais si l'on redoute de porter atteinte à une planche précieuse, ou si cette planche présente de trop grandes dimensions, on doit se servir du moyen suivant. On prend une lame de plomb très mince, et bien polie; on place cette lame de plomb sur la planche gravée et l'on soumet le tout à l'action d'une forte presse; par le fait de la pression, le dessin de la gravure s'imprime en relief de la manière la plus exacte sur la lame de plomb, et cette lame sert ensuite de moule pour obtenir en cuivre galvanoplastique une planche, en creux, qui reproduit exactement la planche originale sortie des mains du graveur (1).

(1) On a essayé de reproduire par des moyens semblables les planches gravées sur acier; mais comme la dissolution des sels de cuivre attaque profondément l'acier, on a dû employer des dissolutions d'une autre nature. Les tentatives que l'on a faites jusqu'ici dans cette direction n'ont pas encore donné de résultats satisfaisants.

Cette reproduction des planches gravées est, sans aucun doute, l'une des plus belles applications que puisse recevoir la galvanoplastie. On comprend, en effet, que si une planche de cuivre, terminée par le burin du graveur, peut être tirée à un certain nombre de types nouveaux identiques au premier modèle, l'œuvre de l'artiste est ainsi rendue éternelle, et le tirage ne connaît plus de limites. Aussi faut-il s'étonner de la faible extension qu'a encore reçue dans les arts ce moyen merveilleux de reproduction. Jusqu'ici nos graveurs ont reculé devant les dangers qu'ils croient attachés à ce procédé ; ils ne peuvent se résoudre à livrer une planche, ouvrage de plusieurs années de travail et de soins, aux chances d'une manipulation chimique qui exposerait à la détruire en quelques minutes. Nous n'oserions combattre trop vivement de telles appréhensions; nous nous bornerons à dire que M. Calamatta n'hésite point à confier à M. Zier la reproduction de ses planches gravées, et bien que cet opérateur agisse en plongeant directement la plaque dans le liquide galvanoplastique, il n'a jamais compromis une seule des œuvres précieuses qui lui ont été livrées.

Parlons enfin de la gravure directe des planches de cuivre par le courant galvanique. Tout le monde sait que, pour obtenir une gravure à l'eau-forte, on commence par recouvrir une planche polie de cuivre ou d'acier d'une couche de cire ou de vernis. Le graveur dessine alors sur cette couche avec une pointe fine, de manière à mettre le métal à nu. Il place ensuite cette planche dans un vase plat et verse dessus de l'acide azotique (eau-forte) étendu d'eau. L'acide attaque et dissout le métal jusqu'à une profondeur suffisante pour loger l'encre typographique. M. Smée a imaginé de remplacer l'eau-forte par l'action chimique qui s'exerce sur un métal quand on le place au pôle positif d'une pile voltaïque.

La plupart des opérations dont nous avons parlé jusqu'ici se forment au pôle négatif de la pile ; c'est là que s'accomplissent, comme on l'a vu, tous les dépôts métalliques. Mais il se passe au pôle positif une autre action chimique dont M. Smée a su très ingénieusement tirer parti. Dans la décomposition électro-chimique d'un sel, en même temps que le métal se trouve réduit au pôle négatif, l'oxygène et l'acide se rendent au pôle positif, et si, comme nous l'avons dit en parlant des *anodes solubles*, on dispose à ce pôle une lame métallique, celle-ci se trouve peu à peu attaquée et dissoute par l'action réunie de l'oxygène et de l'acide libres. Ce fait, sur lequel M. Jacobi a fondé l'emploi des anodes, a servi à M. Smée à obtenir ce curieux résultat de graver directement par le courant galvanique une planche de cuivre. Voici comment ce physicien recommande d'opérer. La planche métallique recouverte de cire ou de vernis sur ses deux faces, reçoit, comme à l'ordinaire, le dessin exécuté avec la pointe par l'artiste. Cette planche est alors placée dans une dissolution de sulfate de cuivre en communication avec le pôle positif d'une pile ; le circuit voltaïque est complété en mettant en rapport avec le pôle négatif une plaque de même dimension que la planche à graver. La décomposition ne tarde pas à s'effectuer ; l'oxygène et l'acide sulfurique se portent sur la plaque et dissolvent le cuivre dans les points où les traits ont été marqués.

Ce procédé de gravure présente, selon M. Smée, les avantages suivants : 1° on évite les exhalaisons nitreuses qui se dégagent dans le procédé ordinaire; 2° l'action est plus uniforme qu'avec l'acide; 3° les creux viennent plus rapidement et avec une plus grande perfection, et l'on peut leur donner toute la profondeur nécessaire; 4° les traits sont d'une plus grande netteté; 5° il ne se dégage aucune bulle de gaz, tandis que dans le procédé ordinaire, des bulles nombreuses adhèrent au métal et amènent une inégalité d'action. — La gravure galvanique est-elle appelée à remplacer dans nos ateliers la pratique habituelle? Il est difficile de le savoir, car les essais de ce genre de gravure n'ont pas encore été exécutés en France.

L'emploi d'un procédé analogue au précédent a permis d'arriver à ce résultat intéressant et curieux, de transformer une plaque daguerrienne en une planche propre à la gravure, et pouvant servir à donner, par le tirage typographique, des épreuves sur papier de l'image daguerrienne. Une épreuve photographique est composée, comme on l'a vu, de reliefs formés par le mercure, qui représentent les clairs, et de parties planes constituant les ombres, qui ne sont autre chose que l'argent de la lame métallique (1). Or, si l'on dépose du cuivre sur ces images, prises comme moules galvaniques, les reliefs devien-

(1) Voyez PHOTOGRAPHIE, page 28.

dront des creux, et réciproquement ; de sorte qu'en tirant des épreuves sur papier de ces planches recouvertes de cuivre, les clairs deviennent des ombres, et *vice versâ*. M. Grove est arrivé à remplir ces conditions d'une manière satisfaisante en se servant de la planche daguerrienne comme anode soluble attaché au pôle positif de la pile, et plongeant dans un liquide d'une nature chimique telle, qu'il puisse attaquer le mercure en respectant l'argent. Le liquide qui convient à cet objet délicat, de laisser l'argent inattaqué tout en dissolvant le mercure, est l'acide chlorhydrique étendu d'eau. Grâce à l'emploi de précautions et de soins particuliers, indiqués par le physicien anglais, on peut transformer une planche daguerrienne en une planche de graveur, et le tirage de cette planche donne sur le papier une épreuve sur laquelle on peut glorieusement écrire : *Dessinée par la lumière et gravée par l'électricité.*

Nous avons rapidement envisagé les applications diverses que l'on a faites jusqu'à ce jour de la galvanoplastie. Nous avons dû passer sous silence beaucoup de faits du même genre parce que la pratique n'a pas encore permis d'en apprécier suffisamment la valeur. On aimerait à pouvoir fixer dès aujourd'hui l'avenir réservé à ces moyens nouveaux. Cependant il est impossible de prévoir encore le rôle qu'ils sont appelés à jouer dans l'industrie moderne, et de marquer définitivement leur place parmi les conquêtes récentes de la science et des arts. Au début d'une invention naissante il est malaisé de raisonner sur l'avenir. Parmi les procédés et les perfectionnements de la galvanoplastie que nous voyons chaque jour se produire autour de nous, il en est qui sont destinés peut-être à opérer une révolution dans la métallurgie; il en est d'autres qui ne seront jamais que des jeux d'enfant. En France, jusque dans ces derniers temps, la galvanoplastie industrielle n'avait pris qu'un essor assez timide. Cependant, depuis un ou deux ans, elle commence à recevoir une extension plus sérieuse; l'habileté et le goût de nos artistes ont fini par triompher de l'indifférence du public. M. Zier a répandu dans le commerce quelques pièces de grande dimension, remarquables par leur fini et leur délicatesse, et qui l'emportent même, sous ce rapport, sur les produits de la ciselure et de la fonte. Nous avons vu, dans son atelier, une réduction de la colonne Vendôme, de deux mètres de hauteur, qui suffit à faire pressentir tout ce que l'on peut attendre un jour de l'emploi de l'électricité appliquée à la reproduction plastique. Quelques autres artistes exécutent à Paris des ouvrages de petite dimension qui permettent d'apprécier le degré extraordinaire de finesse et la perfection de modelé qui sont le propre des reproductions galvaniques. On trouve aujourd'hui dans le commerce divers objets tels que des porte-monnaie de luxe, des boîtes, des coffrets, etc., revêtus d'une planche galvanoplastique de cuivre argenté, qui sont de nature à fixer le goût du public sur ces intéressantes productions. Tout cela cependant ne constitue guère que les débuts d'une industrie curieuse qui prélude par de timides essais à des résultats plus sérieux, et qui est encore loin aujourd'hui d'avoir pris le rang élevé qu'elle occupera un jour. Les retards que rencontre parmi nous le développement de l'électro-chimie tiennent surtout à l'existence de divers brevets qui jettent dans cette industrie nouvelle toutes sortes d'hésitations et d'entraves. Lorsque les brevets pour la dorure et l'argenture galvanique et pour certains procédés de moulage, seront définitivement tombés dans le domaine public, nous ne doutons point que la galvanoplastie industrielle ne reçoive aussitôt une impulsion considérable. La métallurgie électro-chimique deviendra alors un accessoire des plus heureux de la fonte et de la ciselure des métaux, en attendant qu'elle devienne leur rivale.

CHAPITRE III.

Application des procédés galvanoplastiques à la dorure et à l'argenture. — M. de Ruolz et ses travaux. — M. Elkington. — Dorure par immersion. — Dorure par la pile voltaïque. — Emploi industriel des procédés de la dorure chimique. — Orfévrerie argentée et dorée par les procédés Elkington et de Ruolz.

Il y a quelques années, la profession de doreur sur métaux était considérée à bon droit comme l'une des plus insalubres des professions industrielles. Voici le procédé qui était suivi pour la dorure du bronze ou du cuivre. On dissolvait de l'or dans une certaine quantité de mercure, et l'amalgame ainsi formé servait à barbouiller la pièce métallique; en exposant ensuite le bronze amalgamé à l'action du feu, le mercure s'évaporait et laissait à la surface du métal une couche d'or, qu'il ne restait plus qu'à polir à l'aide du brunissoir. La nécessité de tenir les mains constamment en contact avec le mercure, et surtout la présence de ce métal en vapeurs dans l'atmosphère des ateliers, altéraient rapidement la santé des ouvriers doreurs ; le résultat presque constant de ces opérations dangereuses était la maladie connue sous le nom de *tremblement mercuriel*, auquel peu d'ouvriers pouvaient se soustraire, et qui compromettait leur existence de la manière la plus grave. A diverses époques, on avait essayé de parer à l'insalubrité de cette industrie. En 1816, un ancien ouvrier, devenu riche fabricant de bronzes, M. Ravrio, avait institué un prix de 3,000 francs pour l'assainissement de l'art du doreur. L'Académie des sciences décerna ce prix au chimiste d'Arcet, qui construisit, pour les ateliers de la dorure au mercure, des cheminées de forme et de dimensions particulières, calculées pour augmenter considérablement le tirage et entraîner au dehors toutes les vapeurs. Cependant, cette amélioration apportée à la disposition des ateliers n'avait qu'imparfaitement remédié au mal, car les ouvriers, avec leur insouciance ordinaire, ne tenaient aucun compte des précautions recommandées, et les fabricants eux-mêmes, bien que contraints par l'administration à construire leurs fourneaux dans le système de M. d'Arcet, se dispensaient de les faire fonctionner dans leur travail habituel. La statistique n'avait donc pas eu de peine à démontrer que la profession de doreur sur métaux était une de celles qui apportaient le contingent le plus triste au martyrologe de l'industrie.

La découverte de la galvanoplastie arriva sur ces

entrefaites ; de toutes parts on s'occupait de chercher et d'étendre ses applications. Il vint donc naturellement à l'esprit des industriels et des savants la pensée d'employer l'agent galvanique comme moyen de dorure. Dès l'année 1838, on commença à tenter les applications de la galvanoplastie à l'art du doreur, et dès ce moment, il devint probable que le succès couronnerait ces efforts. Mais ce qu'il était difficile de prévoir, c'est que l'application des moyens électro-chimiques pût donner immédiatement de si beaux résultats, que l'industrie de la dorure au mercure en fut presque totalement ruinée, et qu'à la place de ces pratiques si nuisibles à la santé des ouvriers, on vit s'élever en quelques années une industrie nouvelle, plus économique dans ses procédés, plus prompte dans ses opérations et tout à fait exempte de dangers. Ce résultat remarquable est dû principalement aux travaux de M. de Ruolz, dont la persévérance et le talent ont écrit une page des plus brillantes dans l'histoire de l'industrie contemporaine.

La dorure galvanique occupe aujourd'hui une si grande place dans l'industrie, le nom de son inventeur est si souvent et de tant de manières répété autour de nous, qu'il ne sera pas inutile de placer ici quelques détails sur les circonstances qui ont fait naître cette découverte. On nous permettra seulement de prendre un peu haut le récit.

Le 19 novembre 1834, on donnait, au théâtre Saint-Charles de Naples, la première représentation d'un opéra nouveau, intitulé *Lara*. C'était l'œuvre d'un jeune Français qui, redoutant les lenteurs et les difficultés que rencontre à Paris la représentation des ouvrages lyriques, était venu essayer son talent sur le théâtre de Naples. La pièce fut exécutée par les premiers artistes de l'Italie, par Duprez dont la réputation avait déjà grandi sur différentes scènes de la péninsule, par madame Persiani qui ne s'appelait encore que la Tachinardi, ce qui n'enlevait rien à la beauté de sa voix, par Ronconi qui, fort jeune encore, commençait néanmoins à être apprécié de ses compatriotes. L'opéra obtint le plus grand succès. Suivant l'usage italien, l'auteur fut rappelé à la chute du rideau, et Duprez vint présenter sur la scène le jeune compositeur.

Ce compositeur s'appelait Henri de Ruolz.

Dès ce moment, la carrière lyrique, avec toutes ses séductions et ses périls, lui était ouverte, car il avait réussi à obtenir, pour son début, un succès éclatant auprès du public le plus difficile de l'Europe. Cependant avant de rentrer en France, et pour se remettre des émotions et des fatigues de son triomphe, M. de Ruolz partit pour la Sicile et passa un mois à visiter Messine, Catane, Syracuse et Palerme. Au bout de ce temps, il revint à Naples. En rentrant chez lui, il trouva sur son bureau une lettre venue de Paris et qui l'attendait depuis trois jours.

Cette lettre lui annonçait la perte totale de sa fortune. Par une de ces catastrophes trop communes aujourd'hui, M. de Ruolz, qui tenait de sa famille une fortune considérable, se trouvait désormais à peu près dénué de ressources.

Si rude que fût le coup, M. de Ruolz ne se sentit pas abattu. Il venait de paraître avec éclat dans une carrière qui pouvait lui rendre avec usure ce que la fortune lui enlevait. Il se hâta donc de revenir en France, pour y tirer parti de son talent de compositeur.

M. de Ruolz avait toutes les qualités nécessaires pour réussir à Paris dans la carrière qu'il embrassait. Son succès de Naples avait eu en France un certain retentissement; il était jeune, il était spirituel et de manières charmantes. Outre cela, il était vicomte. Le gouvernement provisoire n'avait pas encore aboli les titres de noblesse, et rien ne faisait présager qu'un jour viendrait où M. Flocon et M. Marrast décapiteraient de leur particule les Montmorency et les Rohan. Toutes les portes du faubourg Saint-Germain s'ouvrirent donc à deux battants devant le jeune compositeur qui, selon le style en usage dans ces régions, pouvait faire ses preuves de 1399, et avait eu un aïeul maternel tué au combat des Trente. Il commença donc à suivre, dans les salons du noble faubourg, cette existence agitée et brillante où il espérait retrouver un jour sa splendeur éteinte et sa fortune évanouie. D'abord, tout commença par lui sourire. Sa réputation suffisamment établie par des succès de salon, il put songer au théâtre. Il écrivit un opéra, *la Vendetta*, qui fut joué à l'Académie royale, et obtint un brillant succès.

Cependant M. de Ruolz comprit bientôt qu'il n'était pas assez riche pour avoir d'autres succès au théâtre. Si les travaux de compositeur lui promettaient la gloire, ils ne lui assuraient pas la fortune, et malheureusement il en était à ce point, qu'avant tout il devait songer à vivre. Il se décida donc à changer de carrière.

Aux beaux temps de son éclat et de sa fortune, M. de Ruolz, poussé par un goût naturel, s'était occupé par intervalles de l'étude des sciences. Malgré les tentations de la richesse, il avait eu une jeunesse studieuse. Dans les laboratoires, il avait étudié la physique et la chimie; dans les écoles, il avait pris ses grades de médecin et d'avocat. Il espéra trouver dans ses connaissances scientifiques le moyen de relever l'édifice ruiné de sa fortune. Il y a de par le monde une opinion fort répandue, mais très hasardée à notre sens, c'est qu'un savant peut s'enrichir sans peine par des travaux de chimie industrielle. C'est dans cette voie que M. de Ruolz résolut de s'engager. Un fabricant de ses amis, M. Chappé, l'établit dans sa maison et le chargea de perfectionner certains procédés de teinture. Ce fabricant avait un frère joaillier. Or, le joaillier arriva un jour chez M. de Ruolz, portant sous son bras un paquet d'ouvrage en *filigrane* de cuivre. On appelle filigrane, dans le commerce de la bijouterie, ces petits objets de décoration en cuivre, fabriqués à l'estampage et qui, selon la mode du jour, ornent les étagères et les cheminées de nos salons. Le joaillier demanda à M. de Ruolz s'il ne pourrait parvenir à dorer ce filigrane par un procédé nouveau, la dorure au mercure ne pouvant s'appliquer à ces sortes de pièces à cause de leurs anfractuosités et du caprice de leur dessin; l'industriel ajoutait qu'il y aurait là quelque argent à gagner.

La question avait cependant beaucoup plus d'importance que l'industriel ne l'avait pensé. Si l'on parvenait à dorer le filigrane de cuivre, on pouvait évidemment dorer le cuivre sous toutes ses formes ; si l'on dorait le cuivre, on pouvait espérer de dorer aussi la plupart des autres métaux ; et si l'on réussissait à obtenir ainsi à volonté un dépôt d'or à la surface de tous les objets métalliques, sans recourir au procédé ordinaire de la dorure au mercure, on devait créer une branche d'industrie toute nouvelle, jusque-là sans exemple et sans analogue dans les arts. En même temps on débarrassait les ateliers de cette dangereuse et funeste pratique de la dorure au mercure. Il y avait donc là tout à la fois une découverte scientifique, une occasion de fortune et une œuvre d'humanité. Quelques années avant cette époque, tenter la solution de ce problème eût paru une témérité; mais en présence de la découverte et des progrès de la galvanoplastie, la difficulté était évidemment devenue très abordable.

En effet, comme on l'a vu plus haut, la science s'était déjà occupée de la dorure galvanique. En Angleterre et en Allemagne, cette question était devenue l'objet d'importants travaux. M. De la Rive, à Genève, était entré le premier dans cette voie qui devait conduire un jour à des résultats si remarquables.

Comme tous les esprits élevés, M. De la Rive affectionne particulièrement les travaux scientifiques dont les applications peuvent servir au bien-être de l'humanité. C'est à ce titre qu'il entreprit, en 1825, des recherches ayant pour but de substituer à la dorure au mercure la dorure par les courants électriques. Mais la science n'était pas encore assez avancée pour permettre une entière réussite. M. De la Rive ne résolut que fort imparfaitement le problème. Il ne put dorer que le platine, résultat d'une mince utilité. Son insuccès provenait surtout de l'insuffisance des piles voltaïques que l'on connaissait alors, et qui ne permettait pas d'obtenir les courants constants et réguliers que l'on produit si facilement aujourd'hui.

Cependant quinze ans après cette époque, guidé par les beaux résultats obtenus par M. Becquerel au moyen de courants électriques d'une faible intensité, encouragé aussi par les premiers succès de Spencer et de Jacobi, qui commençaient à faire dans le monde savant une certaine sensation, M. De la Rive reprit ses premières tentatives. Il fut plus heureux cette fois, bien qu'il ne pût résoudre encore qu'une partie du problème. Il parvint seulement à dorer l'argent, le cuivre et le laiton; le procédé qu'il imagina était loin d'ailleurs d'offrir toute la précision et tous les avantages désirables.

Voici comment opérait M. De la Rive. La dissolution qu'il employait était le chlorure d'or neutre, la source d'électricité, une pile simple; l'objet à dorer était placé, ainsi que la dissolution, dans un vase de verre fermé à sa partie inférieure par un morceau de vessie; on plongeait le tout dans un autre vase rempli d'eau acidulée; une lame de zinc était placée dans ce dernier vase et communiquait, au moyen d'un fil de cuivre, avec le métal à dorer.

Ce procédé était fort imparfait. La première couche d'or était assez épaisse et assez adhérente, mais les autres couches devenaient pulvérulentes; il fallait alors retirer la pièce, la frotter de manière à enlever la couche pulvérulente, puis la remettre dans la dissolution, et répéter ainsi l'opération un certain nombre de fois avant d'avoir une couche d'or suffisamment épaisse. En outre, on ne réussissait pas toujours à obtenir un ton de dorure convenable. Souvent le chlore, rendu libre par la décomposition du chlorure, venait attaquer et noircir la pièce, malgré la couche d'or dont elle était revêtue. Enfin, une grande portion de l'or se déposait sur la vessie, ce qui amenait une perte notable de ce métal précieux.

Les essais de M. De la Rive n'eurent donc pas de suite au point de vue industriel. Cependant les succès croissants de la galvanoplastie faisaient aisément comprendre qu'il ne serait pas impossible d'en tirer, en les perfectionnant, un parti avantageux. En effet, ce que Jacobi et Spencer avaient exécuté avec le cuivre, on pouvait espérer le reproduire avec l'or, métal d'une ductilité et d'une malléabilité bien supérieures à celles du cuivre. La non-réussite du procédé de M. De la Rive devait donc être attribuée à la nature des dissolvants employés par ce physicien, plutôt qu'à l'or lui-même, et le problème de la dorure galvanique était simplifié jusqu'au point de ne plus exiger que la recherche de dissolutions particulières de l'or, et l'application à ces composés de ces piles à courant constant et régulier, qui donnaient, dans les expériences galvanoplastiques, de si favorables résultats.

Pour un chimiste de fraîche date, l'occasion était magnifique. Il ne s'agissait ici ni de grands principes à découvrir, ni de combinaisons nouvelles à produire, ni d'appareils coûteux à installer. Il suffisait, en se guidant sur des principes parfaitement connus, de chercher, au milieu de la série des composés chimiques en usage dans les laboratoires, ceux qui obéiraient le mieux à l'action décomposante de la pile, ceux qui présenteraient les conditions les plus avantageuses pour l'opération industrielle de la précipitation des métaux. C'était donc une œuvre de patience et de sagacité plutôt qu'un travail de haute portée scientifique. Seulement il fallait se hâter, car cette question fixait en ce moment toute l'attention des industriels. Déjà un chimiste allemand, M. Bœttger, en perfectionnant l'appareil de M. De la Rive, et substituant au chlorure d'or simple le chlorure double d'or et de sodium, avait réussi à dorer les objets de fer et d'acier. Un autre chimiste, M. Elsner, avait reconnu la fâcheuse influence qu'exerce sur la dorure la présence de liqueurs acides; en ajoutant à la dissolution de chlorure d'or un alcali, le carbonate de potasse, il avait fait pressentir les avantages des liquides alcalins pour l'opération de la dorure, et fait ainsi avancer la question d'un grand pas. M. de Ruolz comprit donc que, sous peine d'être devancé dans sa découverte, il devait se hâter de se mettre à l'œuvre. Il dit adieu à son atelier de teinture et s'empressa de chercher dans Paris quelque réduit propre à servir à ses travaux.

Il trouva ce qu'il cherchait dans les combles d'une petite maison de la rue du Colombier; c'était une pauvre mansarde ouverte à tous les vents; mais cette mansarde avait autrefois servi de cuisine, il y avait encore une cheminée et une table, et cela pouvait à la rigueur passer pour un laboratoire, car les grandes découvertes de notre temps ne se sont pas toutes accomplies dans les fastueux laboratoires de nos savants en renom. Notre expérimentateur se mit alors, avec une patience et une ténacité sans exemples, à passer en revue toutes les substances de la chimie, afin de reconnaître celles qui se prêteraient le mieux aux opérations de la galvanoplastie industrielle.

Un an s'écoula dans ces travaux exécutés sans relâche. Au bout de ce temps, le problème était résolu dans ses limites les plus étendues. En effet, non seulement M. de Ruolz découvrit un grand nombre de composés chimiques propres à argenter et à dorer les métaux par la pile, mais il trouva encore les moyens d'obtenir à volonté la précipitation galvanique de presque tous les métaux les uns sur les autres. Il alla plus loin que Spencer et Jacobi ; car non seulement il put précipiter avec économie l'or sur le cuivre, l'argent, le platine, etc., mais il parvint aussi à réaliser, sur un métal donné, la précipitation de la série de tous les autres métaux. Ce dernier résultat dépassait de beaucoup les prévisions que la science permettait de concevoir à cette époque.

Ayant ainsi atteint le but qu'il s'était proposé, M. de Ruolz n'avait plus que deux choses à faire : présenter au public et à l'Académie le résultat de ses travaux, chercher des capitaux pour exploiter son invention. Le 9 août 1841, il lut à l'Académie des sciences un mémoire dont le souvenir est resté, et dans lequel il exposait les détails de sa découverte. Comme il s'agissait d'une grande question scientifique et industrielle, dont l'honneur devait rejaillir tout entier sur la France, M. Dumas se chargea de faire comprendre au monde savant la valeur et les conséquences du travail de M. de Ruolz. Le 29 novembre suivant, le célèbre chimiste lut à l'Académie des sciences un rapport étendu dans lequel il exposait les découvertes de M. de Ruolz. Le beau rapport de M. Dumas, qui fixe avec une précision remarquable l'état de la question de la dorure au double point de vue scientifique et industriel, fut un événement dans la science, et donna aux travaux de M. de Ruolz un retentissement considérable.

Sur la seconde question, M. de Ruolz rencontra plus de difficultés. On hésitait à avancer cent écus pour une affaire qui, quelques années après, rendait des bénéfices énormes. Heureusement, le fabricant qui autrefois lui avait ouvert ses ateliers de teinture vint encore à son aide. Les capitaux furent trouvés, et l'exploitation industrielle allait commencer sur une échelle convenable, lorsqu'il survint un véritable coup de théâtre. Au moment où la fabrique allait lancer dans le public ses premiers produits, il fut signifié à M. de Ruolz d'avoir à suspendre toute fabrication. On lui exhiba un brevet pris en France par un Anglais, M. Elkington, et ce brevet renfermait la description de procédés de dorure presque en tout semblables à ses propres procédés. M. Elkington exploitait depuis quatre ans, à Birmingham, un nouveau procédé pour dorer le cuivre sans mercure, procédé que nous décrirons plus loin, et qui consiste simplement à plonger dans la dissolution alcaline d'un sel d'or les pièces à dorer. Mais comme ce moyen de dorure s'appliquait uniquement aux objets de cuivre, M. Elkington avait dirigé, ou fait diriger sous ses yeux de nouvelles recherches dans le but de parvenir à dorer tous les métaux par la pile. Il avait résolu ce problème avec le même succès que notre compatriote, et sans doute en même temps que lui, car le brevet de dorure galvanique, exhibé à M. de Ruolz par les représentants de M. Elkington, portait la date du 19 décembre 1841 ; celui de M. de Ruolz était seulement du 8 du même mois.

Il était évident qu'un long procès allait s'engager, et que les capitaux des actionnaires français étaient menacés de disparaître avec ceux de l'entrepreneur anglais ; au milieu de tout cela, quelque frêlon de l'industrie se serait jeté sur l'invention tombée à terre pendant la lutte. Il ne faut jamais désespérer des gens d'esprit. MM. Elkington et de Ruolz comprirent vite le péril ; au lieu de se quereller, ils se tendirent la main, et se décidèrent à exploiter en France leur invention en commun.

C'est pour cela que quand on passe sur le boulevard de l'Ambigu, on voit, à gauche du théâtre, s'étaler sur une belle grille cette inscription : *Maison Elkington et de Ruolz*, qui témoigne de la prudence et du bon esprit des associés.

C'est encore pour cela qu'au mois de juin 1842, le prix de 12,000 francs, fondé par Montyon pour l'assainissement des arts insalubres, fut partagé entre MM. Elkington et de Ruolz (1).

Maintenant, si vous nous demandez ce que c'est que M. Elkington, c'est tout simplement un industriel anglais, qui avait eu la bonne inspiration d'acheter d'un chimiste de son pays, M. Wright, les procédés de dorure découverts par ce dernier. Aujourd'hui, M. Elkington inonde l'Angleterre et le Nouveau monde des admirables produits de son industrie, et il est en train de faire, dans son établissement de Birmingham, une fortune de nabab.

(1) Il faut ajouter que M. De la Rive obtint un prix de 4,000 fr. pour avoir préparé la découverte, et pour avoir « *appliqué le premier les forces électriques à la dorure des métaux.* »

Nous avons suffisamment parlé des inventeurs, passons maintenant à l'invention.

La nouvelle industrie de la dorure chimique se compose de deux branches distinctes, la *dorure par immersion* et la *dorure par voie galvanique*. La première, qui a été imaginée et mise en pratique en Angleterre par M. Elkington dès l'année 1836, ne donne qu'une couche métallique d'une excessive minceur; elle ne peut s'appliquer qu'au cuivre et à ses alliages, et sert exclusivement pour le filigrane de cuivre et les objets d'ornementation qui ne doivent pas être soumis à des frottements habituels. La dorure galvanique, due aux recherches simultanées de MM. Elkington et de Ruolz, s'applique à presque tous métaux, elle donne des couches de toute épaisseur et sert pour les objets destinés à de longs usages. Exposons rapidement les procédés de chacune de ces deux branches de la dorure chimique.

Toutes les fois que l'on plonge dans la dissolution d'un sel métallique un métal qui est plus oxydable que celui de la dissolution, ce dernier est précipité; il se dépose sur le métal immergé, qui lui-même se dissout alors dans le liquide. Que l'on place, par exemple, une lame de cuivre dans une dissolution d'azotate d'argent, la lame de cuivre se recouvrira d'argent métallique, et en même temps une portion de cuivre passant à l'état d'azotate, entrera en dissolution dans la liqueur pour remplacer l'argent précipité. Le même fait se reproduirait avec toutes les dissolutions des sels d'argent; il y aurait toujours précipitation de l'argent et dissolution d'une quantité correspondante de cuivre. Ce principe établi, il est facile de comprendre théoriquement le nouveau procédé de dorure par voie humide, qui est connu dans le commerce sous le nom de *dorure par immersion* ou *dorure au trempé*. L'opération s'effectue en plongeant les objets de cuivre dans la dissolution d'un sel d'or : il se fait aussitôt sur le cuivre un dépôt d'or métallique aux dépens d'une partie correspondante du métal de la pièce immergée. On comprend que la couche d'or déposée doit être excessivement mince, car le dépôt est dû à l'action du cuivre sur la dissolution d'or, action qui cesse dès que l'or recouvre exactement le cuivre et le met ainsi à l'abri de l'action de la liqueur.

C'est là le principe de la dorure par immersion; quant aux moyens pratiques, ils sont de la plus grande simplicité. La dissolution d'or sur laquelle on opère est du chlorure d'or que l'on fait bouillir pendant deux heures avec une grande quantité de bicarbonate de potasse; l'acide carbonique se dégage et le chlorure d'or se transforme en aurate de potasse, sel qui a la propriété de céder l'or au cuivre à la température de l'ébullition. Ce liquide étant entretenu bouillant dans une bassine de fonte, on y plonge les objets à dorer (préalablement bien nettoyés et décapés par un acide) en les suspendant à une tige de métal que l'opérateur tient à la main. L'objet est doré en quelques secondes. Rien n'est plus curieux que de voir les pièces de cuivre plongées dans le liquide et qui sortent du bain recouvertes aussitôt d'une couche d'or du plus bel éclat. L'objet ainsi doré est lavé dans une cuve d'eau et séché à la sciure de bois, selon une pratique en usage dans l'orfévrerie. Par cette nouvelle méthode, la dorure d'un kilogramme de cuivre en lames très minces ne coûte que de 18 à 20 francs; par l'ancien procédé elle coûtait souvent jusqu'à 120 francs pour les objets estampés; de plus, quand les pièces étaient minces ou délicates, elles résistaient difficilement à l'action du mercure.

La dorure *au trempé*, qui ne peut s'effectuer qu'avec le cuivre ou ses àlliages, ne donne qu'un vernis d'or d'une ténuité excessive. Passons à la dorure par voie galvanique qui s'applique à presque tous les métaux et permet d'obtenir une dorure à toute épaisseur.

La dorure électro-chimique est fondée sur les mêmes principes que la galvanoplastie. En ce qui concerne la théorie, nous n'aurons par conséquent rien à ajouter aux explications données plus haut à propos de la précipitation galvanique des métaux. Bornons-nous à indiquer les moyens pratiques qui permettent de mettre ces procédés à exécution.

La pièce à dorer est attachée au pôle négatif d'une pile d'Archereau, et les deux pôles de la pile plongent dans la dissolution du sel d'or; celle-ci est réduite sous l'influence du courant, et l'or vient se déposer au pôle négatif, c'est-à-dire sur la pièce à dorer. Au pôle positif qui plonge dans le bain, on attache une lame d'or, c'est-à-dire un *anode soluble* destiné à remplacer le métal au fur et à mesure de sa précipitation. Le succès de l'opération tient surtout à la nature des dissolutions d'or employées. Il ne suffit pas, en effet, d'obtenir un dépôt d'or métallique, il faut qu'il adhère assez fortement au métal pour subir l'action du brunissoir. Il faut encore que le dépôt conserve son adhérence, même lorsque la couche d'or présente une certaine épaisseur. La variété extrême de composés d'or que M. de Ruolz a essayés et mis en usage lui a permis de résoudre complétement ces difficultés. Le cyanure d'or dissous dans le prussiate jaune de potasse ou le cyanure simple de potassium, est le composé le plus employé dans la dorure galvanique. Le chlorure d'or et les chlorures doubles dissous dans les mêmes cyanures, le sulfure d'or, réussiraient également.

La dorure galvanique présente cet avantage capital, qu'elle peut s'appliquer à tous les métaux usuels.

L'argent se dore avec une telle facilité, que le vermeil s'obtient aujourd'hui presque tout entier par ce moyen. On varie à volonté l'épaisseur de la couche d'or; sur la même pièce on obtient à la fois de l'or mat et de l'or poli. En faisant des *réserves* à l'aide d'un vernis, on peut déposer alternativement sur la même pièce une couche d'or ou d'argent, et l'on réalise ainsi des mélanges extrêmement remarquables sous le rapport de l'art.

Le bronze et le laiton se dorent aussi bien que l'argent. Le commerce fabrique aujourd'hui avec ce dernier alliage des objets d'ornement et de décoration qui sont d'une élégance et d'une délicatesse exquises.

L'acier et le fer se dorent par cette méthode avec une grande solidité. Tout le monde sait qu'une foule d'objets usuels tels que les couteaux de dessert, les instruments de chirurgie, les ustensiles de laboratoire, les armes, les montures de lunettes et une foule d'objets de fer et d'acier, reçoivent avec avantage ce vernis d'or qui est susceptible de résister à un long usage, pourvu que la couche d'or présente une certaine épaisseur.

L'or n'est pas, avons-nous dit, le seul métal que

l'on puisse déposer en couches plus ou moins épaisses par les procédés galvaniques. Par l'emploi de dissolutions convenablement choisies, M. de Ruolz est parvenu à obtenir par les mêmes moyens des dépôts d'argent, de platine, de cuivre, de plomb, de cobalt, de nickel, de zinc, etc.

L'application de l'argent sur le cuivre, le laiton et le maillechort se fait avec une telle facilité, qu'elle remplace maintenant tous les anciens procédés d'argenture légère. Ce nouveau procédé d'argenture a diminué dans une proportion notable la fabrication du plaqué, et fait complétement abandonner le procédé d'argenture à la feuille.

L'argenture a pris, dans les ateliers de M. Christofle, une très grande extension (1); la vaisselle argentée constitue un des produits les plus importants de la nouvelle industrie électro-chimique. Cette industrie, exploitée aujourd'hui sur une très grande échelle, constitue une des branches les plus florissantes du commerce de Paris. M. Elkington possède en Angleterre un établissement plus considérable encore. Les avantages remarquables à plusieurs titres que présente l'usage de la vaisselle argentée par la pile, justifient et font comprendre ce succès. Malheureusement, le prix encore assez élevé de l'argenture galvanique empêche ces utiles produits de prendre toute l'extension qu'ils devraient recevoir dans les usages de l'économie domestique : la classe peu fortunée, pour la-

(1) Les procédés de MM. de Ruolz et Elkington pour la dorure des métaux par la voie galvanique ont été acquis en France par M. Christofle, qui a fondé à Paris un établissement des plus importants pour l'application des nouveaux procédés de la dorure chimique.

quelle ils offriraient tant d'avantages, est contrainte d'y renoncer. Tout porte à croire cependant qu'à l'époque de l'expiration des brevets actuellement en exploitation, une grande réduction s'établira dans leur prix.

M. de Ruolz ne s'est pas borné à l'application galvanique des métaux précieux; étendant ses procédés à tous les métaux usuels, il a réussi à cuivrer, à zinguer, à étamer, à plomber divers métaux.

L'application du cuivre, de l'étain, du plomb, du nickel et du cobalt, ne semble pas présenter jusqu'ici, dans les arts, d'utilité bien manifeste, et ne peut servir que dans certains cas spéciaux et limités; mais l'application galvanique du zinc est une opération industrielle d'une incontestable valeur. Le commerce fabrique, depuis plusieurs années, sous le nom impropre de *fer galvanisé*, divers objets de tôle, de fonte ou de fer, recouverts de zinc, par la simple immersion de ces objets dans un bain de zinc fondu. Ce fer zingué jouit de propriétés éminemment utiles, trop peu connues et trop peu appréciées encore des industriels de notre pays. L'enveloppe de zinc qui recouvre le fer préserve ce métal si oxydable de toute altération par le contact de l'air ou de l'eau, et l'expérience a démontré depuis longtemps les avantages extraordinaires que présente le fer galvanisé, sous le rapport de sa durée et de sa résistance aux agents extérieurs. Malheureusement la nécessité de déposer le zinc à chaud enlevait au fer une partie de sa ténacité; il est d'ailleurs difficile et souvent impossible d'appliquer cette enveloppe de zinc aux objets d'art et aux pièces délicates, dont elle détruit ou ensevelit les formes.

Le zincage du fer par la pile galvanique n'a aucun de ces inconvénients, car il s'exécute à froid et conserve ainsi la ténacité du métal; déposé en couches minces, il respecte les contours et les moindres détails des pièces métalliques. Le fer ainsi traité présente l'avantage de se conserver à l'abri de la rouille pendant de longues années, et il rendra, sous ce rapport, d'immenses services dans les arts.

Nous avons exposé l'état présent de la galvanoplastie et le rôle que jouent, dans l'industrie actuelle, les procédés de la dorure et de l'argenture électrochimiques. On comprend sans peine tous les services que ces moyens nouveaux promettent à l'ensemble des arts, l'impulsion neuve et féconde qu'en recevront le commerce et l'emploi des métaux précieux, enfin les avantages qu'ils assurent à l'économie usuelle et domestique. L'importance industrielle de l'électrochimie et des opérations qui s'y rattachent est évidemment destinée à s'accroître beaucoup dans l'avenir. Resterait-elle d'ailleurs renfermée dans ses limites actuelles, la galvanoplastie n'en serait pas moins digne d'être rangée parmi les découvertes les plus intéressantes de notre époque, par le nombre, la variété, l'étendue, la nouveauté de ses applications. Malheureusement, en toute chose humaine, le mal se trouve trop souvent placé à côté du bien. En matière d'industrie, nos forces ne peuvent s'agrandir et s'étendre sans fournir en même temps à la fraude des ressources nouvelles jusque-là inconnues. La galvanoplastie, qui promet à l'humanité d'incontestables avantages, apporte en même temps avec elle la menace d'imminents périls. Il y a rarement bénéfice à taire une vérité. Avouons donc, sans détour inutile, que la galvanoplastie, la dorure et l'argenture chimiques, mettent une arme nouvelle et une arme terrible aux mains du contrefacteur, du faux monnayeur et du faussaire. Sans entrer dans d'autres explications, il est facile de comprendre dans quelle situation se trouvent placés désormais la société, le commerce et l'industrie, en présence d'un art encore à peine ébruité qui permet de copier en quelques instants, et avec la plus parfaite exactitude, toutes les surfaces en relief; d'un art qui, avec l'objet resté seulement quelques minutes entre les mains du contrefacteur, permet d'en obtenir le moule, et avec ce moule de reproduire l'original avec une fidélité si entière, qu'il est impossible à l'œil le plus exercé de distinguer le modèle de la copie; d'un art, enfin, qui permet de dorer, d'argenter, de platiner toute matière métallique à toute épaisseur, sans altérer en rien ses formes, et dont les produits s'obtiennent sans bruit, sans dépense, sans appareil extérieur, sans secours étranger et dans l'emplacement le plus exigu. Les institutions de la société civilisée se trouvent donc en face d'un pressant danger, et d'un danger d'autant plus sérieux, que jusqu'à ce moment personne autour de nous ne semble comprendre ni sa gravité ni son étendue. Aussi est-il urgent que le gouvernement, l'administration et le commerce se mettent en mesure pour ne pas être surpris un jour par quelque terrible réveil. De son côté, la science ne doit pas rester inactive; elle possède et elle doit perfectionner les moyens de conjurer ces périls. Qu'elle s'applique donc à prévenir ou à détourner les effets de l'arme redoutable que le crime peut-être s'apprête à mettre en jeu, et qu'ainsi il lui soit donné de guérir elle-même le mal qu'elle a pu causer. Si, d'après la grande et juste image des Écritures, l'arbre de la science porte dans ses rameaux les fruits du bien mêlés aux fruits du mal, développons les germes heureux, et sachons élever hors de la portée de la main du crime les fruits empoisonnés.

LES POUDRES DE GUERRE

ET

LA POUDRE-COTON.

Les contes ridicules qui sont débités chaque jour sur l'origine de la poudre à canon sont un triste et frappant témoignage des préjugés qui remplissent encore l'histoire des sciences, et de l'état imparfait et chétif dans lequel a vécu jusqu'à ce jour cette branche de nos connaissances. Les historiens les plus graves continuent à attribuer à Roger Bacon la découverte de la poudre, et au moine Berthold Schwartz la création de l'artillerie. S'ils veulent cependant témoigner de connaissances plus précises à ce sujet, ils se hâtent d'ajouter que l'artillerie a été mise en usage pour la première fois par les Vénitiens, au siége de Chiozza en 1380, et qu'en France, un seigneur allemand fit présent à Charles VI de six pièces d'artillerie de fer qui furent employées en 1382 à la bataille de Rosbecque contre les Gantois. Quand ils veulent enfin obtenir un brevet d'érudition spéciale sur la matière, nos écrivains abordent les récits du feu grégeois, et c'est alors qu'arrivent toutes ces belles histoires sur ce terrible feu « qui embrasait avec une horrible explosion des bataillons, des édifices entiers (1); » — « qui dévorait les soldats et leurs armes (2); » — « que l'eau nourrissait au lieu de l'éteindre (3); » — « que l'on ne pouvait éteindre que par le sable ou le vinaigre (4); » enfin dont la composition s'est perdue au XIVe siècle et n'a jamais été retrouvée.

En vérité, on se demande, à la lecture de tant d'assertions erronées, comment on a pu altérer et obscurcir à ce point une question aussi simple. Rien de plus simple, en effet, que la découverte de la poudre à canon ; quelques mots suffisent pour en résumer les faits généraux.

De tout temps, dès l'antiquité la plus haute, le feu a été l'un des moyens d'attaque en usage à la guerre. Les écrivains latins nous ont transmis la description de certains mélanges inflammables qu'on lançait à l'ennemi avec des machines, ou que l'on attachait aux flèches et aux dards. Cette branche de l'art de la guerre fit peu de progrès en Europe, mais il en fut autrement en Asie. Les mélanges incendiaires déjà employés en Orient avant l'expédition d'Alexandre reçurent dans ces contrées un développement extraordinaire ; ils devinrent l'arme principale des combats. Au VIIe siècle, les feux de guerre furent transportés chez les Grecs du Bas-Empire et de là chez les Arabes. On connaît tous les avantages que retirèrent les

(1) Lebeau, *Histoire du Bas-Empire*, t. XIII, page 106.
(2) Michaud, *Histoire des croisades*, t. III, page 223, édit. 1828.
(3) Gibbon, t. X, page 356, édition 1828.
(4) Libri, *Rapport du comité historique des sciences* (5 décembre 1838).

Grecs, dans leurs guerres maritimes, de ces mélanges combustibles, qui prirent alors le nom de *feu grec* ou de *feu grégeois*. On sait également que, durant la période des croisades, les Arabes d'Afrique reçurent un puissant secours de l'emploi de ces mélanges inflammables qui produisaient sur les chrétiens l'impression de la plus profonde terreur. Le feu grégeois ne fut jamais entre les mains des Grecs et des Arabes qu'un moyen de provoquer ou de propager l'incendie, qu'une manière de multiplier les formes sous lesquelles le feu peut être employé comme agent offensif dans les combats. Mais il finit par se répandre en Europe, et dès lors une révolution complète s'opéra dans ses usages. On apprit dans l'Occident à extraire le salpêtre des terres où il se trouve formé, on réussit à le purifier ; ajouté aux ingrédients primitifs des mélanges incendiaires, le salpêtre accrut énormément leur puissance combustible. Enfin la propriété explosive de certains mélanges à base de salpêtre fut reconnue ; on l'appliqua à l'art de lancer au loin des projectiles, et c'est ainsi que vers la moitié du XIVe siècle, l'artillerie prit naissance en Europe.

Telle est, résumée en quelques mots, l'origine de la poudre à canon des temps modernes. A cette question : Quel est l'auteur de la découverte de la poudre? — question si souvent posée et en des termes si divers, — on ne peut donc répondre que par cette autre question de Voltaire : « Qui le premier inventa le bateau? » Personne n'a découvert la poudre, ou pour mieux dire tout le monde l'a découverte. C'est à la suite de perfectionnements successifs lentement apportés à la préparation des mélanges incendiaires, que s'est révélée, entre les mains des hommes, la propriété explosive de ces mélanges et leur force de projection. Ce n'est donc qu'après plusieurs siècles d'expériences et d'efforts que l'on a pu créer cet agent terrible, qui, en déplaçant dans les armées le siége de la force, a révolutionné l'art des combats.

En retraçant sommairement l'histoire de l'origine et des premiers emplois de la poudre à canon, nous avons indiqué par cela même le plan de cette Notice. Toutefois il est nécessaire, avant d'aller plus loin, d'établir à quelles sources ont été puisés les faits qui vont nous occuper. En 1845, MM. Reinaud et Favé ont publié sous ce titre : *Du feu grégeois et des feux de guerre*, un ouvrage d'une excellente érudition, rempli de consciencieuses recherches. L'interprétation des textes arabes et l'étude attentive des auteurs grecs et latins qui ont laissé des ouvrages de pyrotechnie leur ont permis de jeter un grand jour sur la nature des mélanges incendiaires employés en Orient, et sur l'origine de notre poudre à canon. Antérieurement, M. Ludovic Lalanne, dans un mémoire couronné par l'Académie des inscriptions et belles-lettres, avait su, par une heureuse combinaison de textes originaux, éclaircir l'histoire du feu grégeois, et fournir des renseignements pleins d'intérêt sur les effets de cette composition célèbre. Enfin, M. Lacabane, dans une dissertation sur l'*Introduction en France de la poudre à canon*, publiée en 1844, dans la *Bibliothèque de l'école des chartes*, a mis au jour d'utiles documents sur cette dernière question. Ces travaux remarquables ont fait justice d'erreurs que les siècles avaient consacrées. Malheureusement leur forme un peu aride ou certains défauts d'exposition, avaient empêché le public et les savants eux-mêmes de bien apprécier toute leur importance, et nous serons heureux si le résumé que nous en donnerons offre assez de précision et de clarté pour dissiper les préjugés nombreux qui continuent de régner sur cette curieuse partie de l'histoire des sciences.

CHAPITRE PREMIER.

Emploi des feux de guerre chez les Orientaux. — Leur introduction en Europe au VIIe siècle. — Composition du feu grégeois. — Moyens employés par les Grecs du Bas-Empire pour l'emploi du feu grégeois dans les combats maritimes.

La plupart des grandes inventions qui commencèrent au moyen âge l'affranchissement moral de l'humanité, sont originaires de l'Orient. Écloses sous le ciel de l'Asie, elles y demeurèrent des siècles entiers dans un état d'enfance; mais une fois établies sur le sol de l'Europe, secondées dès lors par l'active imagination et le génie des Occidentaux, elles ne tardèrent pas à s'y perfectionner et à recevoir des applications étendues. Toutes ces créations nouvelles qui devaient transformer les forces actives de la société, et changer ainsi la destinée des peuples, existaient en germe dans l'orient de l'Asie. La nature, si féconde sous le beau ciel de ces contrées, offrait spontanément à l'observation de l'homme certains faits qui, pour ainsi dire, apportaient avec eux leurs conséquences visibles. L'esprit des Orientaux les saisit de bonne heure, mais il fut impuissant à rien ajouter à ces données élémentaires. Arrêtées dès leur naissance, ces premières notions sommeillèrent pendant dix siècles. Il fallait les facultés actives des nations européennes pour en retirer tout le parti que l'on devait en attendre. Telle est l'histoire de l'invention de l'imprimerie, de la découverte de la boussole, de la fabrication du papier ; telle est aussi l'histoire de ces mélanges incendiaires qui, en usage chez les Orientaux dès les temps les plus reculés, ne reçurent qu'en Europe les modifications et les perfectionnements divers qui devaient donner naissance à la poudre à canon.

Le naphte, l'huile de naphte et quelques autres combustibles de la même nature, sont, en Asie, des produits naturels fort abondants ; il est donc tout simple que les Orientaux aient eu la pensée de les employer comme moyens offensifs. Mélangés avec des substances grasses ou résineuses, du goudron, des huiles, et autres corps combustibles, ils servaient à préparer diverses compositions inflammables que les Chinois, les Indiens et les Mongols ont consacrées depuis des temps reculés aux usages de la guerre. Ces mélanges combustibles avaient la propriété d'adhérer aux objets contre lesquels on les projetait, et constituaient ainsi un moyen assez dangereux d'attaque. Si l'on considère d'ailleurs que la sécheresse et la chaleur du climat de l'Asie rendaient ces agents de guerre plus efficaces et plus désastreux, on comprendra que les compositions de ce genre soient bientôt devenues d'un usage général chez les Chinois, les Indiens et les Mongols.

Cependant on a beaucoup exagéré le degré de

perfection auquel les feux de guerre seraient parvenus chez les Chinois. Le père Amyot (1), le savant Abel Rémusat (2), ont voulu établir que tous les emplois actuels de la poudre avaient été connus dans le céleste empire, et que, dès le xe siècle, on y faisait usage de canons. MM. Reinaud et Favé ont parfaitement prouvé que toutes les connaissances pyrotechniques des Chinois se réduisaient à l'emploi du pétard et de la fusée dont ils tiraient parti dans les feux d'artifice, et que leurs moyens de guerre se bornaient aux mélanges combustibles. Le père Amyot nous a laissé une longue description des diverses machines qui servaient, chez les Chinois, à jeter les compositions incendiaires. Les *flèches de feu*, les *nids d'abeille*, le *tonnerre de la terre*, le *feu dévorant*, la *ruche d'abeille*, le *tuyau de feu*, etc., étaient autant d'instruments ou d'engins divers destinés à lancer des flammes contre l'ennemi.

Personne n'ignore, d'un autre côté, que chez les Indiens, les feux d'artifice étaient connus depuis un temps immémorial et faisaient partie des réjouissances publiques. On a trouvé, dans des contrées très reculées des Indes, où les Européens n'avaient jamais pénétré, des espèces de fusées volantes que les naturels employaient à la guerre. L'usage, chez les Indiens, de mélanges de ce genre remonte d'ailleurs aux temps les plus reculés. Un commentaire des *Vedes*, ou livres sacrés des Indous, attribue l'invention des armes à feu à un artiste nommé Visvacarma, le Vulcain des

(1) *Mémoires concernant les sciences et les arts des Chinois*, t. VIII, page 331.

(2) *Relations diplomatiques des princes chrétiens avec les rois de Perse* (*Mémoires de l'Académie des inscriptions*, t. VII, page 416).

Indiens, qui fabriqua, selon les livres sacrés, les traits employés dans la guerre des bons et des mauvais génies. Enfin, le code des Gentoux défend l'usage des armes à feu ; or les lois rassemblées dans cette compilation datent de la plus haute antiquité et se perdent même dans la nuit des temps.

Ainsi, ces mélanges combustibles, qui plus tard, en se modifiant, devaient donner naissance à notre poudre à canon, sont originaires de l'Asie, bien qu'il soit impossible de citer avec exactitude la date première de leur emploi. Nous allons maintenant les voir pénétrer en Europe.

Ce n'est qu'au VIIe siècle que les mélanges incendiaires, depuis si longtemps en usage chez les Orientaux, furent introduits en Europe. Callinique, architecte syrien, avait appris à connaître ces substances en Asie. C'est à lui que les Grecs du Bas-Empire durent la connaissance de ces composés, qui furent désignés depuis ce moment sous le nom de *feu grégeois*, et qui devaient exercer une influence si puissante sur les destinées de l'empire d'Orient.

Callinique se trouvait en Syrie lorsque, en 674, pendant la cinquième année du règne de Constantin Pogonat, les Arabes, sous la conduite du calife Mouraïa, vinrent mettre le siége devant Constantinople. Callinique, passant secrètement dans le parti des Grecs, se rendit dans la capitale de l'empire, et vint faire connaître à Constantin les propriétés et le mode d'emploi des compositions incendiaires dont il se dit l'inventeur. Grâce à ce secours inattendu, l'empereur put repousser l'invasion des Sarrasins, qui, pendant cinq années consécutives, revinrent avec des forces nouvelles et des flottes considérables, mais furent chaque fois contraints de lever le siége.

Depuis le IXe siècle jusqu'à la prise de Constantinople par les Croisés en 1204, les Byzantins durent au feu grégeois de nombreuses victoires navales qui retardèrent la chute de l'empire d'Orient. Aussi les empereurs apportaient-ils la plus sévère attention à réserver pour leurs seuls États la possession de cet agent précieux. Ils ne confiaient sa préparation qu'à un seul ingénieur qui ne devait jamais sortir de Constantinople, et, selon M. Lalanne, cette fabrication était exclusivement réservée à la famille et aux descendants de Callinique.

La préparation du feu grégeois fut mise au rang des secrets d'État par Constantin Porphyrogénète, qui déclara infâme et indigne du nom de chrétien celui qui violerait cet ordre.

« Tu dois par-dessus toutes choses, dit l'empereur à son fils, dans son traité de l'*Administration de l'Empire*, porter tes soins et ton attention sur le feu liquide qui se lance au moyen des tubes; et si l'on ose te le demander, comme on l'a fait souvent à nous-même, tu dois repousser et rejeter cette prière, en répondant que ce feu a été montré et révélé par un ange au grand et saint premier empereur chrétien Constantin (1). Par ce message et par l'ange lui-même, il lui fut enjoint, selon le témoignage authentique de nos pères et de nos ancêtres, de ne préparer ce feu que pour les seuls chrétiens, dans la seule ville impériale, et jamais ailleurs; de ne les transmettre et de ne l'enseigner jamais à aucune autre nation, quelle qu'elle fût.

(1) Cependant l'empereur se contredit plus loin lorsque, dans un autre passage de son livre, il rapporte à Callinique l'invention du feu grégeois. Il justifie ainsi le jugement de Lebeau, qui appelle ce prince : « un grand conteur de fables. »

» Alors le grand empereur, pour se précautionner contre ses successeurs, fit graver sur la sainte table de l'église de Dieu des imprécations contre celui qui oserait le communiquer à un peuple étranger. Il prescrivit que le traître fût regardé comme indigne du nom de chrétien, de toute charge et de tout honneur; que s'il avait quelque dignité, il en fût dépouillé. Il déclara anathème dans les siècles des siècles, il déclara infâme, n'importe quel qu'il fût, empereur, patriarche, prince ou sujet, celui qui aurait essayé de violer une telle loi. Il ordonna en outre à tous les hommes ayant la crainte et l'amour de Dieu, de traiter le prévaricateur comme un ennemi public, de le condamner et de le livrer à un supplice vengeur.

» Pourtant une fois il arriva (le crime se glissant toujours partout) que l'un de nos grands, gagné par d'immenses présents, communiqua ce feu à un étranger ; mais Dieu ne put supporter de voir un pareil forfait impuni, et un jour que le coupable était près d'entrer dans la sainte église du Seigneur, une flamme descendue du ciel l'enveloppa et le dévora. Tous les esprits furent saisis de terreur, et nul n'osa désormais, quel que fût son rang, projeter un pareil crime, et encore moins le mettre à exécution. »

On observa ces injonctions sévères et le secret de la préparation du feu grégeois resta fidèlement gardé. Quand les princes d'Occident obtinrent de Constantinople le secours du feu grégeois, au lieu de leur communiquer les recettes de sa préparation, on leur envoyait les navires tout appareillés du produit.

Quelle était la composition du feu grégeois? Sous quelle forme, par quels artifices particuliers était-il employé à la guerre? Le feu grégeois était simplement formé de la réunion de plusieurs substances grasses ou résineuses d'une combustibilité excessive. Le naphte, le goudron, le soufre, la résine, l'huile, les graisses, les sucs desséchés de certaines plantes et les métaux réduits en poudre, formaient ses ingrédients ordinaires.

Selon des recherches particulières, publiées en 1849, par MM. Reinaud et Favé, dans le *Journal asiatique*, le salpêtre n'entrait point dans la composition du feu grégeois préparé chez les Grecs du Bas-Empire. Ce n'est que plus tard que les Arabes apprirent à retirer ce sel des terres où il se forme naturellement, et eurent l'idée de l'ajouter aux matières primitives.

Voici quelques recettes pour la composition du feu grégeois citées par MM. Reinaud et Favé d'après un manuscrit arabe de la bibliothèque de Leyde qui remonte à l'année 1225, et qui a pour titre : *Traité des ruses, des guerres, de la prise des villes et de la défense des défilés, d'après les instructions d'Alexandre, fils de Philippe.*

«*Feu qui brûle sur l'eau.*— Tu prendras de la résine ainsi que de la paille et de la poix noire, et tu les feras cuire ensemble ; quand le mélange sera fondu, tu y verseras du naphte blanc ; ensuite tu le répandras dans de l'eau quelle qu'elle soit. Si tu veux que la flamme soit bien pure, il faut ajouter du soufre et de la colophane.»

« *Drapeaux qui servent aux amusements.* — Tu peux faire usage d'une lance, dans la forme que je t'ai déjà décrite, et de la grandeur que tu voudras. Tu prendras de l'étoupe, à proportion de la grosseur de l'instrument, et tu en envelopperas la base des fers de lance en recouvrant toute la surface. Tu te procureras des morceaux de peau crue, n'importe l'espèce de peau, pourvu que ce ne soit pas une peau de menu bétail ; tu découperas cette peau en vue des drapeaux que tu veux faire, et tu la couvriras d'un enduit; suivant un auteur, l'enduit est inutile; ensuite tu y attacheras de l'étoupe. Les morceaux de peau auront des boutonnières, à l'aide desquelles on les fixera au bâton de la canne, sur une étendue de quatre coudées; ensuite tu arroseras le tout de naphte et tu verseras dessus du soufre, puis tu y mettras le feu, et tu déploieras cet appareil en présence des troupes. Tu feras diverses choses du même genre, selon les indications que j'ai données, s'il plaît à Dieu. »

« *Manière de frapper l'ennemi avec des seringues.* — Prends la partie creuse d'un roseau, que tu couperas empan par empan, et disposes-y une garde que tu puisses empoigner.

» Quant au drapeau, à la lance et aux matières dont on les recouvre dans les amusements, tu prendras une longue baguette armée d'une pointe, et cette pointe sera accompagnée de crochets et de quatre...... Ensuite tu prendras de l'étoupe, et tu la disposeras sur la surface; tu arroseras cette surface de naphte, et tu répandras dessus du soufre, puis tu y mettras le feu, et tu pousseras la lance en avant. Si tu frappes l'adversaire, tu le blesseras ou tu le brûleras; si la pointe n'entre pas, tu atteindras du moins l'adversaire, tu le saisiras avec les crochets, tu l'attireras à toi, et tu le feras prisonnier, s'il plaît à Dieu. »

« *Autre recette de préparation du feu grégeois.* — Tu prendras du naphte, la quantité que tu voudras, tu le distilleras, de manière qu'il n'y reste ni dépôt, ni bois, ni impureté, ni rien, en un mot, qui soit dans le cas de boucher le tube et son ouverture; prends ensuite une marmite de première qualité, et creuse dans la terre un fourneau au-dessus duquel tu placeras la marmite; tu enduiras la marmite d'argile, de manière qu'aucune étincelle ne puisse en atteindre le sommet et y mettre le feu; dispose, sur le foyer, un bouclier qui intercepte la flamme; tu verseras dans la marmite la quantité que tu voudras de naphte distillé; tu couvriras la tête de la marmite avec une étoffe grossière; prends ensuite du galbanum, qui n'est autre chose que de la poix liquide; pour chaque cent cinquante-cinq rotls (livres) de naphte, tu emploieras huit livres et demie de galbannm, avec quinze livres d'huile de graine; à défaut d'huile de graine, sers-toi de poix; fais apporter un grand pot de fer dans lequel tu verseras peu à peu du galbanum et des graines, mets en dissolution le galbanum à l'aide des graines, de sorte qu'il ne reste plus que la partie grossière du galbanum; s'il te reste un peu d'huile de graines, jette-la sur le galbanum en état de dissolution; tu verseras le tout sur le naphte dans la marmite; tu couvriras la marmite avec une étoffe grossière, tu allumeras un feu doux en faisant brûler des roseaux un à un, et d'après la quantité déterminée; ne fais pas beaucoup bouillir le mélange, car tu le consumerais et le gâterais; quand tu verras que la matière s'est amollie, éteins le feu et laisse refroidir; décante ensuite la matière dans des vases, ou, si tu aimes mieux, dans des flacons, et fais-en usage dans le besoin. Quand tu voudras te servir de cette composition, tu prendras du soufre en poudre, que tu placeras sur la tête du vase, au-dessus du naphte; tu le remueras, et tu atteindras ainsi ton ennemi, s'il plaît à Dieu (1). »

Il serait inutile de citer d'autres formules. Les recettes pour la préparation des compositions incendiaires chez les Grecs se résument toujours, comme on le voit, dans un mélange de soufre et de diverses substances de nature grasse ou résineuse, dont les proportions varient de mille manières.

Quel était le mode d'emploi de ces compositions combustibles, pour les usages de la guerre? Le feu grégeois fut surtout employé chez les Grecs du Bas-Empire dans la guerre de siége et les combats maritimes. Dans les siéges, on lançait le feu grégeois avec des balistes, des mangonneaux ou des arbalètes, contre les travaux de défense, les tours de bois, etc., que l'on voulait incendier. Dans les batailles navales, on disposait des brûlots remplis de cette matière enflammée, qui, poussés par un vent favorable, allaient consumer les vaisseaux ennemis. On disposait aussi sur la proue des navires de grands tubes de cuivre ou d'airain, à l'aide desquels on lançait le feu grégeois dans l'intérieur des vaisseaux; en outre, les soldats

(1) *Journal asiatique*, 1849, n° 16.

embarqués à bord des navires étaient armés de *tubes à main* qui servaient au même usage. Quelquefois on renfermait le mélange dans des fioles de verre ou dans des pots de terre vernissée, que l'on jetait contre l'ennemi après en avoir allumé la mèche. C'est ce que montrent clairement les textes originaux sur lesquels M. Lalanne a appelé l'attention dans son mémoire sur le feu grégeois. Voici quelques passages de ces textes curieux.

L'empereur Léon le philosophe, qui écrivit vers l'an 900 son livre des *Institutions militaires*, donne en ces termes des détails précis sur l'emploi du feu grégeois dans les combats maritimes.

« Nous tenons, tant des anciens que des modernes, divers expédients pour détruire les vaisseaux ennemis ou nuire aux équipages. Tels sont ces feux préparés dans des tubes, d'où ils partent avec un bruit de tonnerre et une fumée enflammée qui va brûler les vaisseaux sur lesquels on les envoie.....

» .... Vous mettrez sur le devant de la proue un tube couvert d'airain pour lancer des feux sur les ennemis; au-dessus vous ferez une petite plate-forme de charpente entourée d'un parapet et de madriers. On y placera des soldats pour combattre de là et lancer des traits.

» On élève dans les grandes dromones (1) des châteaux de bois sur le milieu du pont. Les soldats qu'on y met jettent dans les vaisseaux ennemis de grosses pierres, ou des masses de fer pointues, par la chute desquels ils brisent le navire ou écrasent ceux qui se trouvent dessous, ou bien ils jettent des feux pour les brûler.

» .... Il faut preparer surtout des vases pleins de matières enflammées, qui, en se brisant par leur chute, doivent mettre le feu au vaisseau. On se servira aussi de petits *tubes à main*, que

(1) Navires de course.

les soldats portent derrière les boucliers et que nous faisons fabriquer nous-mêmes : ils renferment un feu préparé qu'on lance au visage des ennemis.... On jette aussi avec un mangonneau de la poix liquide et brûlante, ou quelque autre matière préparée.

» .... Il y a plusieurs autres moyens qui ont été donnés par les anciens, sans compter ceux qu'on peut imaginer et qu'il serait trop long de rapporter ici. Il y en a même tels qu'il est à propos de ne pas divulguer, de peur que les ennemis, venant à les connaître, ne prennent des précautions pour s'en garantir, ou s'en servent eux-mêmes contre nous (1). »

Marcus, auteur grec dont la personnalité est fort incertaine, mais qui, selon MM. Reinaud et Favé, a écrit dans la première moitié du XIIIe siècle, fait connaître, dans son *Livre des feux pour brûler les ennemis* (*Liber ignium ad comburendos hostes*), les moyens employés par les Grecs du Bas-Empire pour incendier les vaisseaux.

« Prenez, dit Marcus, de la sandaraque pure une livre, du sel ammoniac dissous, même quantité; faites de tout cela une pâte que vous chaufferez dans un vase de terre verni et luté soigneusement. Vous continuerez à chauffer jusqu'à ce que la matière ait acquis la consistance du beurre, ce qu'il est facile de voir en introduisant par l'ouverture du vase une baguette de bois à laquelle la matière s'attache. Après cela vous y ajouterez quatre livres de poix liquide. On évite, à cause du danger, de faire cette préparation dans l'intérieur d'une maison.

» Si l'on veut opérer sur mer, on prendra une outre, une peau de chèvre, dans laquelle on mettra deux livres de la composition que nous venons de décrire, dans le cas où l'ennemi est à proximité; on en mettra davantage si l'ennemi est à une

(1) *Institutions militaires de l'empereur Léon le philosophe.* Traduction de Joly de Mauzeroy, 1778, t. II, p. 137.

plus grande distance. On attache ensuite cette outre à une broche en fer, dont toute la partie inférieure est elle-même enduite d'une matière huileuse; enfin on place sous cette outre une planche de bois proportionnée à l'épaisseur de la broche, et on y met le feu sur le rivage. L'huile s'allume, découle sur la planche, et l'appareil, marchant sur les eaux, met en combustion tout ce qu'il rencontre (1). »

Ainsi ces brûlots n'avaient pas de mouvement propre, ils devaient être dirigés par des nageurs ou poussés par le vent; la broche qui portait les ingrédients inflammables servait ensuite à fixer, par sa pointe, le feu contre les flancs du vaisseau. Comme le remarquent MM. Reinaud et Favé, cette disposition était fort habilement calculée pour le but qu'elle devait atteindre. Une substance enflammée, suspendue au-dessus de la surface de l'eau, protégée par son élévation contre l'atteinte des vagues, et qu'un vent léger suffisait à pousser vers les navires, était sans contredit un moyen d'incendie des plus redoutables, surtout quand on en faisait usage pour la première fois et avant que l'ennemi eût appris à se prémunir contre les attaques de ce genre. « Aujourd'hui, disent MM. Reinaud et Favé, l'on possède des moyens d'incendie qui agissent à de grandes distances, et l'on n'en connaît peut-être pas d'aussi efficaces à des distances rapprochées. »

On voit, par ce qui précède, que chez les Grecs du Bas-Empire, le feu grégeois fut employé surtout dans les combats sur mer et dans les siéges ; dans les combats sur terre, il ne reçut que de rares applications.

(1) Traduction de M. Hoëfer (*Histoire de la chimie*, t. I, page 285).

Mais son usage, dans la guerre maritime, devait avoir reçu des développements bien étendus, puisque, suivant une chronique anonyme citée par M. Lalanne, le nombre des navires armés de feu grégeois s'éleva jusqu'à deux mille, dans une expédition entreprise, sous Romain le jeune, contre les Sarrasins de l'île de Crète. Pour bien comprendre d'ailleurs ses effets, il ne faut pas perdre de vue qu'à cette époque les navires ne pouvaient s'attaquer que de près, et que les combattants en venaient tout de suite à l'abordage.

Cependant le feu grégeois fut employé en quelques occasions dans les combats sur terre ou pour l'attaque des forteresses. Le manuscrit arabe de la bibliothèque de Leyde, cité par MM. Reinaud et Favé, et que nous avons eu déjà l'occasion d'invoquer, fournit les détails suivants sur la manière de faire usage, dans ce cas, des mélanges incendiaires :

« *Chapitre des stratagèmes, et manière d'assurer les effets du feu.*—Prends, avec la faveur de Dieu et son secours, une certaine quantité de soufre jaune pulvérisé, mets-le dans des jarres vertes en y joignant le même poids de naphte bleu ; tu boucheras la tête des jarres avec du vieux linge, et tu les enterreras dans du crottin frais ; change le crottin dès qu'il se sera refroidi, et cela pendant quarante jours, jusqu'à la fin de l'opération. Prends de la marcassite jaune pilée, mets-la aussi dans des jarres vertes, et joins-y la même quantité d'urine d'enfant ; tu boucheras la tête des jarres avec du vieux linge, tu les enterreras dans du crottin frais, et tu changeras le fumier, quand il se sera refroidi, pendant quarante jours. Prends la marcassite en te couvrant la bouche, comme je t'ai dit de le faire au chapitre de la trempe du fer; tu retireras ensuite le naphte qui est combiné avec le soufre, et qui forme une substance noire tirant sur le vert ; pour la marcassite, elle est devenue noire et en partie consumée. Tu décanteras l'urine et le naphte à part l'un de l'autre et en les passant à un tamis de crin; tu les mêleras ensuite par portions égales, et tu y joindras le même poids d'un vinaigre fait avec un vin acide et vieux. Mets à part cette composition pour le moment où tu en auras besoin, s'il plaît à Dieu.

» Lorsque tu voudras renverser un château, un mur ou toute autre construction, soit en pierre, soit d'une toute autre matière, ordonne aux artificiers de tirer des vases une portion de ce naphte ainsi traité par le soufre, la marcassite, l'urine et le vinaigre de vin ; ils lanceront ce mélange sur l'objet que tu veux détruire. Aie soin de choisir le moment où le vent est tourné contre l'ennemi ; par là les artificiers ne se trouveront pas en face du vent, exposés à se faire mourir eux-mêmes. Après cela, tu feras avancer d'autres hommes avec du feu et du naphte. En effet, le feu du naphte, lorsqu'il a ressenti les exhalaisons de ce liquide, s'enflamme, s'étend, grandit, et produit un grand bruit avec un sifflement terrible. Le spectacle qui s'offrira à tes yeux sera horrible : tu verras le château, s'il est bâti en quartiers de pierre, s'ébranler et se fendre ; les blocs se précipiteront les uns à la suite des autres avec le bruit du tonnerre et un sifflement épouvantable. Si le château est bâti en pierres et en mortier, tu le verras, au bout d'une heure, démoli et consumé ; s'il reste quelque débris qui ne soit pas brûlé, fais approcher les artificiers avec le liquide préparé et du naphte ; le naphte prendra feu, et ce qui est dans l'intérieur sera consumé. Il s'élèvera une fumée noire et épaisse, et l'ennemi périra à la fois par la puanteur et par l'incendie ; il ne se sauvera que ceux qui auront pris la fuite avant de sentir la mauvaise odeur, et avant que le feu les ait atteints. Personne, pendant trois jours, ne pourra pénétrer sur le théâtre de l'incendie, à cause de sa fumée, de son obscurité et de sa puanteur. Si tu veux mettre en fuite les défenseurs de ce château, ramasse beaucoup de bois à la porte, et attends qu'il souffle un vent violent contre l'édifice ; tu ordonneras aux ouvriers en naphte de lancer du liquide préparé sur le bois, ensuite ils attaqueront le bois avec du feu de naphte. Quand les défenseurs du château sentiront l'odeur de cette eau, ils périront, et il ne se sauvera que ceux qui auront pris la fuite. On ne pourra pas se maintenir un seul instant dans le château à cause de la fumée, de l'obscurité, de l'odeur infecte et de la chaleur. Si la porte du château est en fer et que tu veuilles en forcer l'entrée, fais-y lancer de cette eau, puis tu l'attaqueras avec du feu de naphte ; la porte sera brisée, mise en pièces ; elle tombera par terre à l'heure même, s'il plaît à Dieu. »

CHAPITRE II.

Le feu grégeois introduit chez les Arabes au XIIIe siècle. — Son emploi durant les croisades. — Ses véritables effets.

Après la prise de Constantinople par les croisés en 1204, la connaissance du feu grégeois se répandit chez les Arabes. Faut-il penser, avec M. Lalanne, que les infidèles en durent la communication à quelque Grec fugitif, ou peut-être même à l'empereur détrôné Alexis III, qui, retiré en 1210 à la cour du sultan d'Iconium, en obtint une armée contre les princes grecs de Nicée, et aurait pu de cette manière chercher à payer au sultan son hospitalité? Il est, selon nous, plus probable que les Arabes empruntèrent aux Chinois l'art des compositions incendiaires. En effet, au VIIe siècle, certains rapports avaient commencé de s'établir entre les Arabes et les Chinois, et ce dernier peuple avait envoyé, au premier siècle de l'hégire, une ambassade à la Mecque. Au VIIIe et au IXe siècle de notre ère, les Arabes et les Persans entretenaient avec les Chinois des relations suivies ; ces rapports furent repris au milieu du XIIIe siècle, après la conquête de la Chine par les Mongols. Ce fut donc sans doute par cette dernière voie que les Sarrasins, qui avaient tant souffert des mélanges incendiaires, apprirent à leur tour à les manier à leur profit. Quoi qu'il en soit, dès les premières années du XIIIe siècle, nous voyons les Arabes en possession du feu grégeois.

Les mélanges incendiaires subirent à cette époque un perfectionnement des plus importants dans leur composition. C'est de ce moment, en effet, que date l'introduction du salpêtre dans les substances destinées à provoquer et à propager l'incendie.

Le salpêtre est dans plusieurs contrées de l'Asie, mais principalement en Chine, un produit naturel. Il y prend naissance spontanément, aux dépens des éléments de l'air. Formé à la surface du sol, sur les lieux élevés, il est dissous par les eaux pluviales qui l'entraînent le long des pentes, dans le fond des vallées; là il pénètre dans l'intérieur du sol; plus tard, par l'effet de la capillarité, cette dissolution, remontant peu à peu à la surface, y produit des efflorescences salines; il suffit de recueillir ces terres pour en retirer le salpêtre par un simple lessivage à l'eau. Cette opération, pratiquée de temps immémorial en Chine, fournit le salpêtre dans un certain état de pureté. Ainsi, dès les temps les plus reculés, les Chinois eurent connaissance de ce sel; ils observèrent, par conséquent, la propriété dont il jouit de fuser sur les charbons incandescents, c'est-à-dire de les faire brûler avec un très vif éclat et d'activer la combustion avec une grande énergie. Il est donc tout simple que les Chinois aient eu de bonne heure l'idée d'ajouter le salpêtre à leurs mélanges combustibles. Cependant il est impossible, selon MM. Reinaud et Favé, de fixer avec exactitude à quelle époque les Arabes empruntèrent aux Chinois la connaissance et l'emploi du salpêtre, et à quelle époque les Chinois eux-mêmes avaient appris à s'en servir. Il est seulement établi qu'avant l'année 1225, date du manuscrit arabe de la bibliothèque de Leyde, que nous avons cité plus haut, les compositions salpêtrées n'étaient pas encore connues. Mais tous les manuscrits arabes postérieurs à cette date renferment la description d'un grand nombre de recettes dans lesquelles le salpêtre entre comme agent essentiel. D'après les formules contenues dans ces traités, le feu grégeois employé chez les Sarrasins était formé de la réunion de diverses substances grasses ou résineuses, auxquelles venaient s'ajouter le salpêtre et le soufre. D'autres recettes prescrivent un mélange de soufre, de charbon et de salpêtre dans toutes les proportions imaginables. On trouve même indiqué parmi ces dernières le mélange de 12 $\frac{1}{2}$ de charbon, 12 $\frac{1}{2}$ de soufre et 75 de salpêtre qui forme notre poudre à canon.

Marcus donne les formules suivantes pour préparer les feux qu'il appelle *feux volants* (1) :

« Huile de pétrole, une livre; moelle de *couna ferula*, six livres; soufre, une livre ; graisse de bélier, une livre; huile de térébenthine, quantité indéterminée.

(1) Les *feux volants* dont parle Marcus étaient des espèces de fusées très analogues aux nôtres. On n'en faisait point usage comme arme de guerre ; on s'en servait seulement dans les feux d'artifice. On verra plus loin cependant que c'est par l'observation de leurs effets que l'on a été conduit plus tard à imaginer les premières armes à feu destinées à lancer des projectiles.

» Les feux volants, dit encore Marcus, peuvent être faits de deux manières :

» 1° On prend une partie de colophane, autant de soufre, et deux parties de salpêtre ; on dissout ce mélange pulvérisé dans de l'huile de lin ou de lamium ; on place ensuite cette composition dans un roseau ou dans un bâton creux, et l'on y met le feu. Aussitôt il s'envole vers le but et incendie tout.

» 2° On prend une livre de soufre pur, deux livres de charbon de vigne ou de saule, six livres de salpêtre ; on broie ces substances avec beaucoup de soin dans un mortier de marbre. On met ensuite la quantité que l'on voudra de cette poudre dans un fourreau destiné à voler dans l'air ou à éclater. »

Les Grecs du Bas-Empire avaient surtout appliqué le feu grégeois à la guerre maritime ; les Sarrasins n'en firent guère usage que dans les combats sur terre. Mais ils perfectionnèrent beaucoup ce genre d'application, et ce n'est pas sans étonnement qu'on lit dans l'ouvrage de MM. Reinaud et Favé la longue énumération des instruments, des machines, des engins de toutes sortes qui constituaient l'arsenal du feu grégeois. Chez les Arabes, les mélanges incendiaires étaient devenus l'un des principaux moyens d'attaque; on avait étendu leur emploi à toutes les armes, à tous les instruments de guerre. Les Sarrasins attachaient le feu grégeois à leurs lances, à leurs boucliers ; ils le lançaient avec des flèches et avec des machines. Le nombre de ces machines était d'ailleurs très considérable et leur mécanisme très varié. On employait les *arbalètes à tour* qui lançaient à l'ennemi le mélange enflammé ; les *machines à fronde* destinées à jeter divers projectiles remplis de feu grégeois, tels que des pots de terre, des marmites de fer et même des tonneaux. Il y avait encore les *lances à feu* et les *flèches à feu* dont les formes et les dispositions variaient beaucoup ; les *massues à asperger*, espèces de torches armées à leur pointe de feu grégeois brûlant, dont on couvrait son ennemi en brisant sur lui la massue ; on employait encore des *tubes à main* qui lançaient en avant un jet de matières enflammées à la manière des fusées. En un mot, selon MM. Reinaud et Favé, chez les Arabes, « le feu considéré comme moyen de blesser directement son ennemi était devenu l'agent principal d'attaque, et l'on s'en servait peut-être de cent manières différentes (1). »

Un autre moyen qu'ont employé les Arabes pour jeter le désordre et la terreur dans les armées, consistait à lancer contre les bataillons ennemis des cavaliers montés sur des chevaux enveloppés de flammes. Nous rapporterons ici un passage de l'ouvrage de MM. Reinaud et Favé qui explique les moyens employés chez les Orientaux pour ce genre d'attaque.

« L'invasion des Tartares donna lieu, disent MM. Reinaud et Favé, chez les musulmans de l'Égypte et de la Syrie, à l'emploi d'un autre moyen qui joua un rôle important, et dont les traités arabes d'art militaire parlent assez au long. On sait que, dès la plus haute antiquité, les Indiens firent usage de substances ou de compositions incendiaires pour faire peur aux éléphants, qui composaient jadis dans l'Inde une partie principale des armées. Ces animaux effrayés répandaient le désordre autour d'eux, et quelquefois il n'en fallait pas davantage pour décider du sort d'une grande bataille. Ce moyen était si bien connu, que lorsque après les conquêtes d'Alexandre les éléphants figurèrent dans les armées occidentales, on l'employa chez les Romains. Les musulmans d'Égypte et de Syrie, vivement pressés par les armées de Houlagou, eurent recours à des moyens analogues pour

(1) *Du feu grégeois et des feux de guerre*, page 51.

effrayer les chevaux de l'armée ennemie, et même pour brûler les cavaliers. Des artificiers armés de massues à asperger étaient chargés de répandre la terreur et le trouble par le bruit qu'occasionnait la combustion, et par la menace de répandre une matière brûlante sur le cheval et le cavalier; quelquefois les guerriers portaient sous l'aisselle des flacons de verre remplis de matières incendiaires qu'on lançait sur l'ennemi. Le bout du verre était enduit de soufre. Au moment voulu, on mettait le feu au soufre; le flacon, en tombant, se brisait, et le cheval avec son cavalier étaient enveloppés de flammes. En même temps on imgina des vêtements imperméables pour garantir les chevaux consacrés à ce service.

» On lit le passage suivant dans le manuscrit arabe de Saint-Pétersbourg :

» *Manière d'effrayer la cavalerie ennemie et de la faire fuir.* — » Ce procédé est de l'invention d'Alexandre. Tu revêtiras un bor- » nous de poil, et tu y disposeras des clochettes avec du naphte. » Voici comment. Tu prendras un cordon auquel tu attacheras » des boutons faits d'étoupe; ce bornous sera imbibé d'huile » grasse depuis la tête jusqu'en bas. Au-dessus de la tête, tu pla- » ceras un bonnet de fer garni d'un khesmanat de feutre rouge, » que tu arroseras de naphte. Tu prendras à la main une massue » à asperger, remplie de colophane en poudre, de sésame, de car- » thame, de touz et de diverses espèces de graines à huile. Au » feutre rouge arrosé de naphte et placé sur ta tête on ajoutera » des fusées.... Le cheval sera revêtu d'une manière analogue : » une couverture de poil lui enveloppera la croupe, le poitrail, le » cou et le reste du corps jusqu'au jarret. Il sera aussi chargé de » fusées. Tu prendras une lance garnie des deux côtés de feutre » rouge et de plusieurs fusées. L'étrier sera garni de quelque » chose propre à produire un cliquetis, ou de grosses sonnettes. Le » cavalier, en s'avançant, mettra le tout en mouvement. Tu mar- » cheras, accompagné de deux hommes à pied, vêtus de noir, et » portant des massues à asperger, telles qu'elles ont été décrites. » Partout où tu te présenteras, l'ennemi prendra la fuite. Dix » cavaliers ainsi équipés feraient fuir une troupe nombreuse. »

MM. Reinaud et Favé donnent d'après le même manuscrit d'autres détails sur ce procédé de guerre :

« *Manière de couvrir le cheval et le cavalier.* — On prend du
» feutre et l'on y applique une préparation protectrice ; puis ce
» feutre sert de doublure (ou de revêtement extérieur) à la che-
» mise (ou cotte), et aux couvertures (ou caparaçons). Cette prépa-
» ration se compose de vinaigre de vin, d'argile rouge, de talk
» dissous, de colle de poisson et de sandaraque. On a soin de
» bien mouiller la chemise, qui est de gros drap, avant d'y fixer
» les sonnettes ; on mouille aussi la doublure qui est appliquée
» sur le drap : cette doublure n'est pas autre chose que le feutre
» qui a reçu la préparation protectrice. Ce procédé est très propre
» à effrayer l'ennemi, surtout lorsqu'il est employé pendant la
» nuit, car il donne une apparence formidable au groupe qui est
» ainsi revêtu ; en effet, l'ennemi ne se doute pas de ce qui est
» caché sous ce déguisement qui offre, pour ainsi dire, un objet
» d'une seule pièce. C'est une ressource précieuse pour quiconque
» veut recourir à ce stratagème. Mais, d'abord, il est indispensa-
» ble de familiariser son cheval avec un équipement si étrange ;
» autrement, le cheval s'effaroucherait et renverserait son cava-
» lier. Voici le moyen qu'on emploie ; on bouche les oreilles du
» cheval avec du coton ; on tient prêtes les fusées..., avec les son-
» nettes, les massues et les lances ; on fait détoner un petit madfaa
» sur le cheval ; on fait fuser les fusées... ; ensuite on débouche
» les oreilles du cheval, l'une après l'autre. Cet essai se fait dans
» un lieu isolé, pour qu'on ne soit vu de personne. Même quand
» l'essai est terminé, on ne revêtira les chevaux du caparaçon
» que dans un lieu à part, et loin de tout regard. Étant ainsi ha-
» bitués, si l'on veut s'avancer au combat, les chevaux savent où
» on les mène, et s'animent à l'attaque. S'ils sont poussés contre
» un corps d'armée, quel qu'il soit, ils le rompent. Mais il faut
» que, devant chaque cavalier, un homme marche à pied, muni
» d'une massue à asperger. Ce fut le moyen le plus efficace qu'on
» employa pour repousser Houlagou. Les rois doivent entretenir
» dans leurs arsenaux ce qui est nécessaire pour en assurer l'ef-
» fet, surtout contre les ennemis de la religion ; si quelques uns
» ont négligé ce moyen, c'est qu'ils n'en ont pas connu la puis-
» sance. Quand le cavalier s'avance vers l'ennemi, les troupes
» doivent marcher derrière lui : c'est une raison pour qu'il évite
» de revenir sur ses pas ; autrement le désordre se mettrait dans
» les rangs, et il s'ensuivrait une défaite. Qu'il marche sans

» crainte; personne n'osera s'opposer à lui, ni avec l'épée, ni » avec la lance. »

» Il est dit, à la fin du passage, ajoutent MM. Reinaud et Favé, que lorsque l'artificier s'avance vers l'ennemi, toute l'armée doit se mettre en mouvement après lui. C'était pour profiter du désordre qui ne tardait pas à se mettre dans les troupes ennemies. Une autre chose que l'auteur arabe ne dit pas, et à laquelle il fallait veiller, c'est que les matières incendiaires qui devaient jeter la terreur chez l'ennemi devaient être assez bien ménagées pour qu'on eût le temps de produire l'effet voulu avant qu'elles fussent consumées. Pour cela, on mesurait la distance que l'artificier avait à franchir; et si l'on avait des raisons de croire que l'ennemi épargnerait une partie du chemin, on tenait compte de la différence. En pareil cas, la tactique de l'ennemi consistait à déjouer les calculs. En conséquence, il fallait que le général qui machinait cette espèce de surprise mît le plus grand mystère dans l'opération. C'est ce que fait entendre l'écrivain arabe, quand il dit que, même après que les chevaux étaient suffisamment dressés, on ne devait les revêtir du caparaçon chargé d'artifices que dans un lieu dérobé à tous les regards.

» Voici un exemple sensible de ce qui se pratiquait à cet égard. On était alors dans l'année 699 de l'hégire (1300 de J.-C.). L'armée du sultan d'Égypte en vint aux mains aux environs d'Émèse en Syrie, anec l'armée de Gazan, khan des Mongols de Perse. Suivant l'historien arabe Makrizi, au moment où l'action allait commencer, Gazan ordonna à ses troupes de rester immobiles, et de ne bouger que lorsqu'il en donnerait le signal. Tout à coup cinq cents mamelouks égyptiens, choisis parmi les artificiers, sortent des rangs de l'armée, leur naphte allumé, et s'élancent de toute la vitesse de leurs chevaux; mais, au bout d'un certain temps, comme les Mongols étaient restés à leur place, le naphte s'éteint, et les artificiers voient leurs espérances déçues. C'est alors que Gazan commande la charge (1). »

Ce ne fut point cependant contre leurs voisins que

(1) *Du feu grégeois* (*Journal asiatique*, 1849, n° 16).

les Arabes firent surtout usage du feu grégeois. L'art des feux de guerre avait depuis trop longtemps pris racine dans l'Asie pour que les Orientaux n'eussent point appris de bonne heure à se préserver de leur atteinte. Le feu grégeois fut principalement dirigé contre les chrétiens dont les croisades amenaient les incessantes irruptions sur le sol des infidèles. On connaît, par les récits des historiens de ces guerres, l'épouvante que ces moyens de combat semaient dans les rangs des croisés. Il est d'ailleurs facile de comprendre la surprise et la terreur que devaient éprouver les Occidentaux, habitués aux luttes loyales de leur pays, où le fer n'avait que le fer à combattre, lorsque tout d'un coup ils se trouvaient en face d'une attaque si étrange et si imprévue. Quel que soit le courage du soldat, il n'aime pas à braver les périls dont il ne connaît point la nature; les dangers qui s'environnent d'un caractère surnaturel ou mystérieux, glacent les plus intrépides cœurs. Or l'emploi de ces feux à la guerre avait quelque chose de magique en apparence, qui devait très vivement agir sur l'imagination des Européens. Qu'on se représente un chevalier chrétien enfermé dans son étroite armure, et qui tout d'un coup voit arriver sur lui, au galop de son cheval, un musulman armé du feu grégeois. Avec la *lance à feu*, le Sarrasin dirige la flamme ardente contre le visage de son ennemi: avec la *massue à asperger*, il couvre sa cuirasse du mélange enflammé, et le guerrier tremblant, éperdu à cette apparition magique, se croit avec horreur à demi consumé sous son armure brûlante.

Joinville, dans sa précieuse chronique, nous a laissé de curieux témoignages de l'impression produite par les feux des Sarrasins sur l'armée de saint Louis qui vint porter la guerre aux bords du Nil en 1248. On nous permettra de reproduire une partie du récit de ce chroniqueur naïf, historien et acteur de ces guerres lointaines.

« Ung soir advint, dit Joinville, que les Turcs amenèrent ung engin qu'ilz appeloient la perrière, ung terrible engin à malfaire : et le misdrent vis à vis des chaz chateilz (1) que Messire Gaultier de Curel et moy guettions de nuyt, par lequel engin ils nous gettoient le feu grégeois à planté, qui estoit la plus orrible chose que oncques jamés je veisse. Quand le bon chevalier messire Gaultier mon compagnon vit ce feu, il s'escrie et nous dist : Seigneur, nous sommes perduz à jamais sans nul remède. Car s'ilz bruslent nos chaz chateilz, nous sommes ars et bruslez; et si nous laissons nos gardes, nous sommes ashontez. Pourquoy je conclu que nul n'est qui de ce péril nous peust défendre, si ce n'est Dieu notre benoist créateur. Si vous conseille à tous, que toutes et quantes foiz qu'ilz nous getteront le feu grégeois, que chacun de nous se gette sur les coudes, et à genoulz : et crions mercy à nostre Seigneur, en qui est toute puissance. Et tantoust que les Turcs getterent le premier coup du feu, nous nous mismes à coudez et à genoulz, ainsi que le preudoms nous avoit enseigné. Et cheut le feu de cette première foiz entre nos deux chaz chateilz, en une place qui estoit devant, laquelle avoient faite nos gens pour estoupper le fleuve. Et incontinent fut estaint le feu par ung homme que nous avions propre à ce faire. La manière du feu grégeois estoit telle, qu'il

(1) Les *chaz chateilz* dont parle Joinville étaient probablement des tours de bois dans lesquelles se renfermaient durant la nuit les soldats qui devaient défendre les travaux commencés. Les Français travaillaient à se frayer un passage sur une des branches orientales du Nil. Ils avaient construit une digue pour traverser le fleuve ; à droite et à gauche de cette digue ils avaient placé ces *chaz chateilz* que les musulmans s'efforçaient d'incendier pendant la nuit, pour empêcher le passage de l'armée ennemie.

venoit bien devant aussi gros que ung tonneau, et de longueur la queüe en duroit bien comme d'une demye canne de quatre pans. Il faisait tel bruit à venir, qu'il semblait que ce fust fouldre qui cheust du ciel, et me sembloit d'un grant dragon volant par l'air; et gettoit si grant clarté, qu'il faisoit aussi cler dedans nostre ost comme le jour, tant y avoit grant flamme de feu. Trois foys cette nuytée nous gettèrent le dit feu grégeois avec ladite perrière et quatre foys avec l'arbaleste à tour. Et toutes les fois que nostre bon Roy saint Loys oyoit qu'ils nous gettoient ainsi ce feu, il se gettoit à terre, et tendoit ses mains la face levée au ciel et crioit à haute voix à nostre Seigneur et disoit en pleurant à grans larmes : *Beau sire Dieu Jésus-Christ* garde moy et tout ma gent; et croy moy que ses bonnes prières et oraisons nous eurent bon mestier. Et davantage, à chacune foiz que le feu nous étoit cheu devant, il nous envoyoit ung de ses chambellans, pour savoir en quel point nous estions, et si le feu nous avoit grevez. L'une des foiz que les Turcs gettèrent le feu, il cheut de cousté le chaz chateil que les gens de monseigneur de Corcenay gardoient, et ferit en la rive du fleuve qui estoit là devant : et s'en venoit droit à eulz, tout ardant. Et tantoust veez cy venir courant vers moy un chevalier de celle compagnie qui s'envenoit criant : Aidez-nous, sire, ou nous sommes tous ars. Car veez-ci comme un grant haie de feu grégeois, que les Sarrazins nous ont traict, qui vient droit à nostre chastel. Tantoust courismes là, dont besoing leur fut. Car ainsi que disoit le chevalier, ainsi estoit-il, et estaignismes le feu à grant ahan et malaise. Car de l'autre part les Sarrazins nous tiraient à travers le fleuve trect et pilotz dont nous étions tous plains (1). »

Le feu grégeois, dont il est question dans ce curieux passage, était lancé par différentes machines, telles que les *arbalètes à tour*, les *flèches à mangonneau*, etc., dont MM. Reinaud et Favé ont restitué avec beau-

(1) Joinville, *Histoire du roy saint Loys*, 1668, p. 39.

coup de bonheur les descriptions et les figures. Joinville parle plus loin du feu grégeois lancé directement à la main par des soldats ou des vilains.

« Devant nous avoit deux héraulz du Roy, dont l'un avoit nom Guillaume de Bron, et l'autre Jehan de Gaymaches, auxquelz les Turcs qui estoient entre le ru et le fleuve, comme j'ay dit, amenèrent tout plain de villains à pié, gens du païs, qui leur gettoient bonnes mottes de terre, et de grosses pierres à tour de braz. Et au darnier, ils amenèrent ung autre villain Turc, qui leur gecta trois foiz le feu grégeois, et à l'une des foiz il print à la robbe de Guillaume de Bron et l'estaignit tantost, dont besoing lui fut. Car s'il se fust allumé, il fust tout bruslé.

» ..... Vous diray tout premier de la bataille du conte d'Anjou, qui fust le premier assailly, parce qu'il leur estoit le plus prouche du cousté de devers Babilone. Et vindrent à lui en façon de jeu d'eschetz. Car leurs gens à pié venoient courant sus à leur gens, et les brusloient du feu grégeois, qu'ilz gectoient avecques instruments qu'ilz avoient propices... tellement qu'ilz déconfirent la bataille du conte d'Anjou lequel estoit à pié entre ses chevaliers à moult grant malaise. Et quant la nouvelle en vint au Roy, et qu'on lui eut dit le meschief ou estoit son frère, le bon Roy n'eut en lui aucune tempérance de soy arrester, ne d'attendre nully ; mais soudain ferit des esperons, et se boute parmi la bataille l'épée au poing, jusques au meillieu ou estoit son frère, et très asprement frappoit sur ces Turcs, et au lieu où il veoit le plus de presse. Et là endura-t-il maints coups, et lui emplirent les Sarrazins la cullière de son cheval de feu gregeois.... De l'autre bataille estoit maistre et capitaine le preudoms et hardy messire Guy Malvoisin, lequel fut fort blécié en son corps. Et voians les Sarrazins la grant conduite et hardiesse qu'il avoit et donnoit en sa bataille, ils lui tiroient le feu gregeois sans fin, tellement que une foiz fut, que a grant peine le lui peurent estaindre ses gens; mais nonobstant ce, tint-il fort et ferme, sans estre vaincu des Sarrazins (1). »

(1) Plusieurs autres historiens ont parlé avec détail de ces projectiles

Comme tous les chrétiens dont il partagea les périls, Joinville avait conçu une grande épouvante des effets du feu grégeois, et cette impression est clairement reconnaissable dans l'exagération de ses récits. Il faut bien le reconnaître en effet, le feu grégeois qui avait exercé de grands ravages dans l'origine, et quand on l'employait à incendier des navires ou à détruire les travaux de défense des cités, était peu redoutable dans les combats corps à corps. Ce n'était à vrai dire qu'une sorte d'épouvantail. Éminemment propre à incendier des barques, de petits bâtiments, des tours de bois, des palissades, objets très combustibles, il était moins redoutable pour les hommes que le fer des lances ou l'acier des épées. Dans toutes les chroniques qui parlent du feu grégeois pendant les croisades, il n'est pas dit une seule fois, selon M. Lalanne, qu'on doive lui attribuer la mort d'un homme. Comme on le voit dans les récits de Joinville, Guillaume de Bron en reçoit un pot sur son bouclier, saint Louis en a *la cullière de son cheval toute remplie*, Guy Malvoisin en est tout couvert, sans qu'il en résulte pour eux aucun accident sérieux. On voit d'après cela dans quelles erreurs sont tombés les historiens, qui, d'après les récits de Joinville, ont si démesurément grossi les effets du feu grégeois; et combien il y avait loin de ces projectiles qui, « *lancés à la face de l'ennemi et leur brûlant la barbe, leur faisaient prendre la fuite* (1), » à ce

incendiaires dont les Arabes tirèrent un si grand parti dans toute la durée des croisades; mais nous avons cru pouvoir nous en tenir aux récits de Joinville, dont la fidélité comme chroniqueur est assez établie.

(1) Anne Comnène, *Alexiade*, liv. XIII, p. 283.

feu qui, selon Lebeau, « *dévorait des bataillons entiers.* »

M. Lalanne fait remarquer avec raison que si le feu grégeois eût été aussi puissant dans ses effets que l'ont dit les écrivains modernes, il aurait indubitablement opéré une révolution dans l'art de la guerre. Or il n'en est rien, et tous les ouvrages originaux de cette époque montrent que le feu grégeois était loin d'avoir fait abandonner les projectiles, même les plus grossiers, en usage de toute antiquité. Ainsi l'empereur Léon ordonne de lancer sur les navires ennemis de la poix enflammée, des serpents, des scorpions et autres bêtes venimeuses, « et des pots pleins de chaux vive qui, en se brisant, répandent une épaisse fumée dont la vapeur suffoque et enveloppe d'obscurité les ennemis. »

C'est ici le lieu de relever une autre erreur accréditée par tous les historiens, nous voulons parler de la prétendue *inextinguibilité* du feu grégeois. Au dire de tous nos auteurs, l'eau était impuissante à éteindre l'incendie allumé par ce feu ; le vinaigre, le sable ou l'urine pouvaient seuls arrêter ses ravages. Ce préjugé existait, en effet, chez les chrétiens, mais il n'était que le résultat de la terreur qu'inspiraient les mélanges incendiaires. Les écrivains de l'époque ne font nulle part mention de ce fait, et l'examen le moins attentif des textes originaux aurait suffi pour le réduire à sa juste valeur. Il y avait dans l'armée des croisés des *estaigneurs*, pour éteindre l'incendie allumé par les feux des Arabes ; c'est ce qu'indique Joinville dans ce passge « *fut estaint le feu par ung homme que nous avions propre à ce faire.* » Joinville dit, en parlant de Guy Malvoisin : « *une fois fut que à grant peine le lui purent éteindre ses gens.* » Il ajoute ailleurs que le feu grégeois ne leur fit aucun mal, parce qu'il tomba dans le fleuve. Mais un autre texte tranche la question d'une manière bien plus concluante encore. Cinname, parlant d'une chasse donnée par des Grecs à un navire vénitien, s'exprime en ces termes :

« Les Grecs le poursuivirent jusqu'à Abydos et s'efforcèrent de le brûler en lançant le feu mède ; mais les Vénitiens, accoutumés à leur usage, naviguèrent en toute sécurité, ayant recouvert et entouré leur navire d'étoffes de laine imbibées de vinaigre. Aussi les Grecs s'en retournèrent-ils sans avoir pu rien faire ni atteindre leur but ; car le feu lancé de trop loin, ou ne parvenait pas jusqu'au bâtiment, ou, atteignant les étoffes, était repoussé, et *s'éteignait en tombant dans l'eau* (1). »

Ces textes, empruntés au mémoire de M. Lalanne, prouvent que le feu grégeois n'était nullement, comme on l'a toujours prétendu, à l'abri des atteintes de l'eau. On a vu d'ailleurs, à propos des brûlots employés chez les Byzantins, que le feu grégeois destiné à incendier les navires n'était préservé de l'action de l'eau que par l'artifice de l'appareil qui le tenait suspendu à la surface de la mer et hors de l'atteinte des vagues.

Il ne faudrait pas cependant conclure de cette observation que, dans certaines limites, le feu grégeois ne pût résister à l'action de l'eau. La présence du salpêtre, qui fournissait au mélange incendiaire assez d'oxygène pour que sa combustion pût se passer de l'oxygène atmosphérique, pouvait lui permettre de brûler pendant

(1) Cinnamus, p. 129.

quelque temps hors du contact de l'air. Plusieurs de nos pièces d'artifice de guerre peuvent, de la même manière, brûler quelque temps sous l'eau, et tous nos canonniers savent qu'ils ne peuvent empêcher leur *lance à feu* de brûler autrement qu'en la coupant. Si, pour l'éteindre, ils mettaient le pied sur la partie qui flambe, ils brûleraient leur soulier sans y parvenir. Mais il y a loin de cet effet momentané à tout ce qu'ont écrit les historiens sur ce feu « *que l'eau nourrissait au lieu de l'éteindre.* »

CHAPITRE III.

Naissance de la poudre à canon au XIVe siècle. — Ses premiers usages. — Invention des bouches à feu. — Les canons employés pour la première fois à Florence en 1325. — Leur usage répandu chez les différentes nations de l'Europe. — Berthold Schwartz perfectionne la fabrication des bouches à feu. — Derniers progrès de l'artillerie.

Nous arrivons à l'époque où les compositions incendiaires des Arabes subissent la transformation qui doit produire la poudre à canon des temps modernes. Ce n'est qu'au XIVe siècle que fut observée d'une manière positive la force de projection des poudres salpêtrées. Les Arabes avaient appris des Chinois à mélanger le salpêtre au charbon et au soufre. Cependant cette espèce de poudre ne pouvait produire encore tous les effets de l'explosion; elle fusait, mais ne détonait pas. Aussi ne l'employait-on que pour rendre plus vive la combustion des mélanges incendiaires, ou tout au plus pour servir d'amorce. Le salpêtre préparé par les Arabes était en effet assez impur ; il renfermait plusieurs autres sels, et particulièrement du sel marin; or la présence de ces sels étrangers non combustibles avait pour résultat de retarder l'inflammation du mélange; dès lors il ne pouvait que fuser, c'est-à dire que sa combustion, au lieu de se faire brusquement et sur toute la masse à la fois, ne se propageait que lentement et de place en place. L'expansion des gaz provenant de cette combustion n'avait pas assez de puissance pour chasser un projectile. Cependant au XIVe siècle, le progrès des arts chimiques chez les Arabes permit de mieux purifier le salpêtre et de le débarrasser des matières étrangères non combustibles; ce sel put dès ce moment provoquer tous les phénomènes de l'explosion, et l'on put l'appliquer à lancer au loin des projectiles.

Une grande incertitude avait régné jusqu'ici sur l'époque où l'on vit se réaliser la découverte des propriétés explosives de la poudre, et sur la contrée qui, la première, fut le théâtre de cette observation capitale qui devait peser d'un si grand poids dans les destinées du monde. D'après des documents nouveaux récemment mis en lumière par MM. Reinaud et Favé, c'est aux Arabes qu'appartiendrait cette découverte. Ces savants auteurs ont trouvé dans un manuscrit arabe de la bibliothèque de Saint-Pétersbourg, qui remonte au XIVe siècle, la description de certaines armes à feu extrêmement imparfaites, et qui, en raison de cette imperfection même, semblent marquer les débuts de la découverte et de l'application de la force de projection de la poudre.

Voici un passage de ce manuscrit dans lequel il s'agit évidemment d'une manière de lancer un projectile au moyen de la poudre à canon :

« *Description de la drogue à introduire dans les madfaa, avec sa proportion.* — Baroud, dix; charbon, deux drachmes; soufre, un drachme et demi. Tu le réduiras en poudre fine et tu rempliras un tiers du madfaa ; tu n'en mettras pas davantage, de peur qu'il ne crève; pour cela, tu feras faire, par le tourneur, un madfaa de bois, qui sera pour la grandeur en rapport avec sa bouche; tu y pousseras la drogue avec force; tu y ajouteras, soit le bondoc, soit la flèche, et tu mettras le feu à l'amorce. La mesure du madfaa sera en rapport avec le trou; s'il était plus profond que l'embouchure n'est large, ce serait un défaut. Gare aux tireurs! fais bien attention. »

Dans ce passage, l'instrument qui reçoit la poudre est appelé *madfaa* : c'est le nom qui sert quelquefois, chez les Arabes, à désigner le fusil. La poudre est composée de dix parties de salpêtre, de deux parties de charbon, et d'une partie et demie de soufre. On ne remplit de poudre que le tiers du madfaa, de peur qu'il ne crève. Par-dessus la poudre, on mettait un *bondoc*, c'est-à-dire une aveline, ou bien une flèche. Les figures qui sont jointes au texte représentent, selon MM. Reinaud et Favé, un cylindre assez court porté sur un long manche qui fait suite à son axe. Cet instrument ressemble beaucoup aux massues incendiaires connues sous le nom de *massues à asperger*.

Voici un autre passage du manuscrit de Saint-Pétersbourg qui contient la description d'une arme à feu analogue à la précédente :

« *Description d'une lance de laquelle, quand tu te trouveras en face de l'ennemi, tu pourras faire sortir une flèche qui ira se planter dans sa poitrine.* — Tu prendras une lance que tu creuseras dans sa longueur, à une étendue de quatre doigts à peu près ; tu foreras cette lame avec une forte tarière, et tu y ménageras un madfaa; tu disposeras aussi un pousse-flèche en rapport avec la largeur de l'ouverture; le madfaa sera de fer. Ensuite tu perceras sur le côté de la lance un petit trou; tu perceras également un trou dans le madfaa; puis tu prendras un fil de soie brute que tu attacheras au trou du madfaa; tu le feras entrer par le trou qui est sur le côté de la lance. Tu te procureras, pour cette lance, une pointe percée à son sommet, de manière que, lorsque tu tireras, le madfaa pousse fortement la flèche, par la force de l'impulsion que tu auras communiquée; le madfaa marchera avec le fil, mais le fil retiendra le madfaa, de manière à l'empêcher de sortir de la lance avec la flèche. Quand tu monteras à cheval, ainsi armé, tu auras soin de te munir d'un troussequin : c'est afin que la flèche ne sorte pas de la lance. »

Il s'agit ici, selon MM. Reinaud et Favé, d'une lance disposée de telle manière que lorsqu'on était en face de l'ennemi, il en sortait un trait qui allait lui percer le sein. Pour cela on logeait dans la lance un *madfaa* de fer, qui recevait la poudre. Une flèche, dont la grosseur était proportionnée à l'ouverture, était introduite dans le creux de la lance, pour en sortir au moment favorable.

Les instruments dont la description est rapportée dans ces deux passages du manuscrit arabe, représentent donc des armes à feu imparfaites, et paraissent former la transition entre les instruments purement incendiaires employés chez les Grecs et les Arabes d'Afrique au XIIIe siècle, et les armes à feu proprement dites, dans lesquelles on met à profit la force expansive de la poudre pour lancer au loin des projectiles meurtriers. Ces premières armes à feu étaient destinées à agir de très près et presque par surprise, car cette espèce de lance ne pouvait projeter qu'à une très faible distance, en raison de l'impureté de la poudre, l'aveline, la flèche ou le projectile quelconque qu'elle contenait.

L'opinion de MM. Reinaud et Favé, qui attribuent aux Arabes la découverte de la propriété explosive des poudres salpêtrées, s'appuie donc sur des faits très acceptables. Ce qui peut d'ailleurs la confirmer, selon nous, c'est l'état avancé des arts chimiques chez cette nation. Pendant le moyen âge, l'Espagne, occupée et régie par les Arabes, était devenue le foyer le plus brillant des lettres et des arts; les sciences chimiques s'y trouvaient particulièrement en honneur. La découverte des propriétés explosives de la poudre n'est que la conséquence de la purification du salpêtre par les procédés chimiques; il est donc probable que c'est aux Arabes que doit revenir l'honneur de cette importante observation.

La poudre préparée au XIVe siècle était extrêmement imparfaite. On l'obtenait sous forme de poussier, état qui lui enlève une grande partie de sa force; en outre, le salpêtre qui servait à sa fabrication était fort impur. Cette poudre, qui ne donnait lieu qu'à une explosion assez lente, n'aurait donc pu imprimer aux projectiles une vitesse assez grande pour percer les cuirasses et les armures métalliques en usage à cette époque. Aussi, durant le XIVe siècle, les projectiles lancés par les bouches à feu, ne furent-ils que très rarement dirigés contre les hommes. La poudre servit surtout à lancer de grosses pierres qui, par leur chute, écrasaient les édifices et ruinaient les défenses extérieures des places. Tel fut le premier emploi des bouches à feu, qui prirent le nom de *bombardes* ou *bastons à feu.*

Mais les bombardes ne furent pas destinées seulement à lancer de lourds projectiles contre les travaux de défense des villes assiégées ; elles servirent encore à jeter à l'ennemi le feu grégeois et les compositions incendiaires. On nous permettra d'insister sur ce point particulier, car nous y trouverons l'occasion d'établir que l'usage et le secret du feu grégeois n'ont aucunement été perdus, comme on l'entend dire tous les jours.

La découverte de la poudre à canon ne fit pas complétement abandonner l'emploi des mélanges incendiaires ; on les conserva comme un moyen d'attaque utile en plus d'une circonstance. Les Européens eux-mêmes finirent par en emprunter l'usage aux Arabes, et tous ces phénomènes de combustion qui avaient paru si effrayants aux Occidentaux du VIIIe au XIIIe siècle devinrent plus tard d'un usage familier en Europe.

Il est souvent question du feu grégeois dans les chroniques de Froissart. En racontant le siége du château de Romorentin par le prince de Galles, cet historien dit en parlant des Anglais :

« Si ordonnèrent à apporter canons avant et à traire carreaux et feu grégeois dedans la basse cour : car si cil feu s'y voulait prendre, il pourrait bien tant multiplier qu'il se bouterait au toit des couvertures des tours du châtel.... Adonc fut le feu apporté avant, et trait par bombardes et par canons en la basse cour, et si prit et multiplia tellement que toutes ardirent (1). »

Le nom du feu grégeois se retrouve chez presque tous les auteurs de pyrotechnie du XVIe siècle, et on lit dans les ouvrages de cette époque la description dé-

(1) *Chroniques de Froissart*, t. I, p. 337, édit. 1837.

taillée des divers instruments à feu en usage en Europe vers le XVe et le XVIe siècle. Voici par exemple, suivant un de ces écrivains, Biringuccio, la manière de préparer les lances à feu :

« *Moyen de faire lances à feu pour getter où il vous plaira attachées à la pointe des lances.* — Pour la défense d'une forteresse, ou pour dresser une escarmouche de nuit, ou pour assaillir un camp, c'est chose utile d'attacher à la pointe des lances des gens de cheval, et sur la cime des piques des gens de pié, certains canons de papier posez dans autres de bois longs de demi-brasse. Lesquels vous remplirez de grosse poudre avec laquelle vous meslerez pièce de feu grégeoix, de soufre, grains de sel commun, lames de fer, voire brisé et arsenic cristallin. Et le tout pousserez dedans à force, et après avoir mis quelque chose au devant, tournerez l'issue du feu contre voz ennemis. Lesquels resteront effrayés au possible, appercevant une langue de feu excédant en longueur deux brasses, faisant un bruit épouvantable. Et peut ceste façon de langue grandement servir à ceux qui veuillent faire profession des armes sur la mer (1). »

Comme le remarquent MM. Reinaud et Favé, on voit que c'est bien là l'art des anciens Arabes : l'effet des instruments est le même, leur disposition toute semblable ; seulement l'imagination n'ajoutant plus à la crainte que ces armes inspiraient, leur usage se borne à des circonstances rares et exceptionnelles.

Les écrivains de cette époque signalent quelques actions de guerre dans lesquelles on eut recours à ces moyens. Daniel Davelourt, dans sa *Briefve instruction sur le faict de l'artillerie en France*, imprimée en 1597,

(1) Vanoccio Biringuccio, *La Pyrotechnie*, traduite de l'italien par Jacques Vincent. Paris, 1572, folio 164.

parle ainsi de l'usage que l'on fit du feu grégeois au siége de Pise :

« Toute chose seiche et qui brusle facilement, multipliant le feu par quelque propre et intérieure nature, se peut mettre à composition du feu : comme sont, soulphre, salpêtre, poudre à canon, huile de lin, de pétrole, de térébenthine, poix raisine, camphre, chaux vive, sel ammoniac, vif argent et autres telles matières dont on a accoustumé de faire trompes, pots, cercles, langues, piques, lances à feux, et autres feux artificiels propres à refroidir l'ardeur de ceux qui vont les plus hardis assaillir une bresche.

» Comme l'on cogneut au siége de Pise, où les Florentins, soubs la conduite de Paul Vitelli, ayant fait la brèche raisonnable, et les Pisans se réparant par dedans avec fossés et terrasses, encore adjoutèrent-ils les feux grégeois et artificiels, avec lesquels ils empêchèrent que les Florentins ne purent exécuter leur dessein. Les soldats de Véronne, attendant l'assaut des Français, dressèrent pots de feu artificiels et autres fricassées, qui leur donnaient aux flancs et par derrière les remparts. »

Zantfliet affirme dans ses Chroniques que le feu grégeois était usité en Hollande en 1420. Il fut encore employé en 1453 au siége de Constantinople par Mahomet II : les assiégés et les assiégeants en faisaient usage chacun de leur côté. L'historien Phrantzès, cité par M. Lalanne, rapporte qu'un Allemand nommé Jean, très habile à manier le feu grégeois, et qui dirigeait la défense del a ville, se servait de ce feu pour faire sauter des mines. On voit que jusqu'à l'année 1453 les compositions incendiaires étaient encore employées concurremment avec l'artillerie, et que l'on avait trouvé le moyen d'en tirer un parti nouveau en l'appliquant à l'art des mines. On peut donc établir, en s'appuyant exclusivement sur des données historiques, que le secret du feu grégeois n'a jamais été perdu.

Ainsi, pour résumer ce qui précède, les bouches à feu furent appliquées dans l'origine à lancer des pierres contre les remparts extérieurs des cités, et à jeter le feu grégeois. Cependant à mesure que la préparation de la poudre à canon se perfectionna, et que les projectiles purent recevoir une vitesse assez grande pour percer les armures métalliques, ce dernier usage se perdit, et le nom même du feu grégeois finit par s'oublier. C'est alors seulement que les bouches à feu commencèrent à jouer un rôle important dans les armées. Suivons rapidement leurs progrès dans les diverses contrées de l'Europe.

Presque tous les peuples ont revendiqué à leur tour le contestable honneur d'avoir les premiers fait usage du canon. Ce point très longtemps débattu est maintenant éclairci d'une manière satisfaisante.

D'après l'historien espagnol Conde, les Arabes auraient les premiers employé le canon en Europe. Assiégés en 1259 à Niebla, en Espagne, par les populations dont ils avaient envahi le territoire, ils se défendirent en lançant des pierres et des dards « avec des machines et des traits de tonnerre avec feu. » Le même historien rapporte aussi un exemple de l'usage du canon en Espagne en 1323, lorsque le roi de Grenade, ayant mis le siége devant Baza, se servit contre la ville « de machines et engins qui lançaient des globes de feu avec grand tonnerre. »

Cependant comme il n'existe aucun ouvrage technique qui puisse venir en aide à ces textes trop peu explicites, il est difficile de savoir si les machines à feu dont parle l'historien espagnol étaient véritablement des canons, ou si ce n'étaient pas simplement ces balistes, ces mangonneaux ou ces machines à fronde, depuis si longtemps employés chez les Arabes pour lancer des matières combustibles et des carcasses incendiaires, qui, jetées derrière les remparts des villes, s'enflammaient au milieu de l'air avec une violente explosion (1). Les termes dont se sert l'auteur ne permettent pas de prononcer. Espérons que quelques documents encore enfouis dans les archives espagnoles viendront un jour jeter la lumière sur cette question, l'une des plus curieuses et des plus controversées de l'histoire de l'artillerie.

En l'absence de textes plus positifs, la priorité de l'emploi du canon ne saurait être contestée à l'Italie. Dans son *Histoire des sciences mathématiques en Italie*, M. Libri rapporte une pièce authentique de la république de Florence, datée du 11 février 1325, qui constate que *les prieurs*, *le gonfalonier*, *et les douze bons hommes* ont la faculté de nommer deux officiers chargés de faire fabriquer des boulets de fer et des canons de métal pour la défense des châteaux et des villages appartenant à la république de Florence. Cette pièce suffit évidemment pour établir l'existence des bouches à feu en Italie dès l'année 1325.

A partir de l'année 1326, les historiens italiens mentionnent assez souvent l'emploi des armes à feu. Nous

(1) Ces machines à fronde en usage pendant tout le moyen âge dans la guerre de siéges avaient une force de projection considérable. Les assiégeants lançaient aussi dans les villes des pierres énormes qui, tombant sous un angle élevé, écrasaient les maisons et les édifices. On lança même par ce moyen les prisonniers faits à l'ennemi.

nous bornerons à citer l'attaque de Cividale en 1331 (1).

L'usage de la poudre à canon s'est introduit de très bonne heure en France. L'histoire a constaté son emploi en 1339 au siége de Puy-Guillem, et pendant la même année au siége de Cambrai par Edouard III. Elle a également établi la fabrication de canons à Cahors en 1345, ainsi que l'usage, à la même époque, des boulets et des balles de plomb.

Les Anglais n'ont adopté qu'après nous la poudre à canon (2); ils ont cependant sur tous les peuples de l'Europe l'avantage d'avoir les premiers employé l'artillerie en rase campagne. On sait l'usage funeste qu'ils en firent contre nous à la journée de Crécy, le 26 août 1346. Selon la chronique de Saint-Denis, le roi Philippe de France venant à l'encontre des Anglais, ceux-ci « tirèrent trois canons, d'où il arriva que les albalétriers génois qui étaient en première ligne tournèrent le dos et cessèrent le combat. » L'historien Villani ajoute que les Anglais lançaient de petites balles de fer pour effrayer les chevaux : « Le roi d'Angleterre ordonna à ses archers, dont il n'avait pas grand nombre, de faire en sorte avec les bombardes de jeter des boules

(1) Lacabane, *Bibliothèque de l'École des chartes*, 2e série, t. I, p. 35.

(2) C'est un écrivain anglais qui a le premier propagé l'opinion, si répandue et si inexacte, d'après laquelle Roger Bacon est regardé comme l'inventeur de la poudre. Plot, dans son ouvrage, *The natural history of Oxford*, attribue à son compatriote l'honneur de cette découverte, d'après ce fait que personne n'aurait parlé de la poudre avant Roger Bacon. Or tout ce que dit en plusieurs endroits de son livre, au sujet des effets explosifs de la poudre, l'auteur de l'*Opus majus*, est évidemment emprunté et presque copié de l'ouvrage de Marcus. On voit sur quels fondements repose une opinion qui a joui cependant de tant de crédit depuis trois siècles.

de fer avec du feu pour effrayer et disperser les chevaux des Français..... Les bombardes menaient si grande rumeur et tremblement, qu'il semblait que Dieu tonnât, avec grande tuerie de gens et déconfiture de chevaux. » Selon Villani, le désordre des Français arriva surtout par suite de l'embarras des corps morts laissés par les Génois; toute la campagne était jonchée de chevaux et de gens renversés, tués ou blessés par les bombardes et les flèches.

Le revers éprouvé par les troupes françaises à la journée de Crécy, fut attribué à l'emploi des bouches à feu, et ce fait, qui produisit une grande sensation, eut pour résultat de faire adopter l'artillerie par toutes les nations militaires de l'Europe. Jusque-là, le canon n'avait encore agi que contre les édifices et les murailles des villes; son emploi contre les hommes avait rencontré, dans l'Occident, les plus vives répugnances. Pour les guerriers du moyen âge, c'était une félonie que d'employer à la guerre ces armes perfides qui permettaient au premier vilain de tuer un brave chevalier, qui donnaient au timide et au lâche le moyen d'attaquer à couvert et à distance le plus intrépide combattant. Au XIIe siècle, le second concile de Latran, dont les décisions faisaient loi pour toute la chrétienté, avait défendu l'usage des machines de guerre dirigées contre les hommes, comme « trop » meurtrières et déplaisant à Dieu. » Christine de Pisan, qui a composé sous Charles VI un Traité de l'art de la guerre, parle du feu grégeois et des compositions analogues usitées de son temps, comme d'un moyen déloyal et indigne d'un chrétien. Enfin, on peut rappeler à ce sujet le serment exigé, au moyen âge, des artilleurs allemands, qui devaient jurer « de ne point tirer le canon de nuit; de ne point cacher de feux clandestins...., et surtout de ne construire aucuns globes empoisonnés ni autres sortes d'invention, et de ne s'en servir jamais pour la ruine et la destruction des hommes, estimant ces actions injustes autant qu'indignes d'un homme de cœur et d'un véritable soldat (1). »

Les Anglais, qui à toutes les époques ont marché hardiment et sans scrupule vers tout ce qui peut contribuer à servir leurs desseins, furent les premiers à fouler aux pieds l'opinion de leur temps. L'exemple une fois donné, les autres nations n'hésitèrent plus à entrer dans cette voie, et ne tardèrent pas à élever leurs ressources militaires à la hauteur de celles de leurs voisins. Aussi voit-on, après la bataille de Crécy, l'usage des armes à feu se généraliser en France et se répandre bientôt dans toute l'Europe. A dater de cette époque, Froissart ne manque plus de faire l'énumération des pièces d'artillerie qui marchent à la suite des armées. C'est ainsi qu'il mentionne l'usage des armes à feu devant Calais en 1347, à l'attaque de Romorantin; en 1356 et en 1358, à la défense de Saint-Valéry; en 1359, contre les murailles de Mons et le château de la Roche-sur-Yon. Enfin de 1373 à 1378, on trouve l'emploi du canon cité contre un grand nombre de villes et de châteaux. L'esprit d'indépendance des communes se développant de plus en plus dans les provinces françaises, les villages et les bourgs ne manquèrent pas de s'emparer à leur tour de ce

(1) Siemenowitz, *Grand art de l'artillerie*, p. 299.

puissant moyen de défense contre les envahissements et les attaques de la féodalité. Chaque ville libre voulut avoir à sa solde son *maître d'artillerie et ses artillers*. Dès l'année 1348, Brives-la-Gaillarde était défendue par cinq canons, et dans les années 1349 et 1352 la ville d'Agen en avait placé à ses principales portes et dans ses quartiers les plus exposés (1).

Aussi les bouches à feu qui à la bataille de Crécy se comptaient par unités, augmentent bientôt en nombre d'une manière prodigieuse. A l'assaut de Saint-Malo en 1376, les Anglais avaient « bien quatre cents canons postés autour de la place (2), » ce qui ne les empêcha pas d'être repoussés par Clisson et du Guesclin. Sous Charles VI, en 1411, on compte à l'armée du duc d'Orléans *quatre mille que canons que couleuvrines* (3). Enfin l'armée des Suisses, qui remporta en 1476 sur Charles le Téméraire la sanglante victoire de Morat, avait dans ses rangs, selon le récit de Philippe de Commines, dix mille couleuvrines (4); seulement il est bien entendu qu'ici les armes à feu ont été réduites à de petites dimensions, et sont devenues des armes à main comme nos fusils.

Vers l'année 1370, la marine adoptant l'usage de l'artillerie, les navires de guerre et de commerce commencèrent à disposer des canons à leur bord.

On voit, d'après l'ensemble des faits qui viennent d'être rapportés, ce qu'il faut penser de l'opinion

(1) Lacabane, *Bibliothèque de l'école des chartes*, 2e série, t. I, p. 46.

(2) Froissart, *Histoire et chronique*, Lyon, 1559, vol. I, p. 439 et 458, et vol. II, p. 27.

(3) Juvénal des Ursins, *Histoire de Charles VI*, p. 213.

(4) *Mémoires*, livre V, chap. 3.

des historiens qui ont nié l'emploi de la poudre dans les armées d'Europe au XIVe siècle. Cette opinion a prévalu assez longtemps, appuyée sur des interprétations vicieuses de quelques textes historiques. On sait, pour ne citer qu'un exemple, que l'existence de l'artillerie en France, en 1339, a été prouvée par le fameux extrait, cité par du Cange, du registre de la chambre des comptes qui porte : « *Payé à Henri de Fumechon pour achat de poudres et autres objets nécessaires aux canons employés devant Puy-Guillem.....* » Or, l'historien Temnler veut que dans ce document on lise *poutre* au lieu de *poudre*. D'un autre côté, le père Lobineau, dans son *Histoire de Bretagne*, fait des efforts d'esprit inimaginables pour prouver que les canons dont il est question dans la romance faite en 1382 en l'honneur de du Guesclin n'étaient que *des espèces de clarinettes*. N'en déplaise à ces érudits chroniqueurs, le sénéchal de Toulouse, Pierre de la Pallu, qui assiégeait Puy-Guillem en 1339, bravait autre chose que des poutres, et le vaillant du Guesclin n'affrontait pas des clarinettes.

Pendant que la France multipliait ses bouches à feu, l'Allemagne apportait un perfectionnement capital à leur fabrication. Jusque-là les canons avaient été fabriqués au moyen de pièces de fer reliées entre elles par des liens circulaires, comme le sont les douves de nos tonneaux; les arts métallurgiques ayant fait de grands progrès en Allemagne, on trouva dans ce pays l'art d'obtenir des bouches à feu par la fusion d'un alliage métallique d'une dureté considérable et qui permettait à la pièce de résister aisément à l'action du tir.

S'il faut s'en rapporter aux textes cités par M. le

colonel Tortel (1), l'auteur de ce perfectionnement remarquable de l'artillerie ne serait autre que Berthold Schwartz, le même auquel une tradition vulgaire attribue la découverte des effets explosifs de la poudre. En admettant cette identité, qui paraît difficilement contestable en présence des textes récemment découverts et commentés avec beaucoup de bonheur par M. Lacabane (2), Berthold Schwartz reprendrait dans l'histoire de nos découvertes la place qu'il avait perdue, et les événements de sa vie, longtemps contestés, pourraient être acceptés par la critique.

Berthold Schwartz était un cordelier de Fribourg. Les écrivains allemands sont loin de s'accorder sur la date de son invention qu'ils placent en 1320, 1330, 1350, 1378 et 1380. Il est cependant bien établi qu'en 1378 il se rendit à Venise, et y fit connaître le nouveau perfectionnement qu'il avait apporté à la fabrication des bouches à feu. Les Vénitiens firent usage de ses canons au siége de Chiozza, en 1380. Cependant les magistrats de Venise, fidèles aux vieilles habitudes des républiques italiennes, récompensèrent mal ses services. Le siége terminé, pour se dispenser de payer à Berthold Schwartz la récompense promise, on le fit jeter en prison, et du fond de son cachot, il revendiqua inutilement l'honneur et le prix de ses travaux. Une croyance populaire menace tous les auteurs d'inventions funestes à l'humanité du destin de périr eux-mêmes victimes de leurs pernicieuses découvertes; Berthold Schwartz aurait fourni une frappante confir-

(1) *Spectateur militaire*, 15 septembre 1841, p. 623.
(2) *Loc. cit.*, p. 46.

mation de cette pensée, s'il est vrai, comme l'ont écrit les Fribourgeois, que l'empereur Venceslas, pour punir cet homme de sa terrible invention, l'ait fait attacher à un baril de poudre auquel on mit le feu.

L'artillerie, ainsi perfectionnée en Italie et en Allemagne, fit bientôt en France de nouveaux progrès dans le détail desquels il serait hors de propos de nous engager; c'est à cette circonstance que l'armée de Charles VIII dut ses triomphes si rapides dans la campagne de Naples. Enfin le rôle de l'artillerie et de la poudre à canon ayant pris tous les jours plus d'importance dans les armées, François Ier établit dans le royaume un grand nombre de fonderies, de poudreries et d'arsenaux. C'est sous le régime de ce prince que fut rendue l'ordonnance qui institue et règle pour la première fois l'administration des poudres et salpêtres.

CHAPITRE IV.

Perfectionnements apportés dans les temps modernes à la composition de la poudre à canon. — Essais pyrotechniques de Dupré et de Chevallier. — Poudre à chlorate de potasse expérimentée par Berthollet en 1788.

Nous ne suivrons pas plus loin cette histoire rapide des emplois de la poudre à canon; la revue des perfectionnements successifs qui ont amené l'artillerie européenne au degré éminent où nous la voyons de nos jours, appartient spécialement à l'histoire militaire. Ici nous devons nous en tenir à envisager, sous le rapport scientifique, les modifications apportées à la composition des poudres de guerre. A ce point de vue, notre tâche est à peu près terminée ; depuis deux siècles, en effet, la fabrication et l'emploi de l'agent qui nous occupe n'ont fait que des progrès presque insensibles, et pour arriver jusqu'à notre époque, nous n'avons à signaler que quelques essais curieux, mais restés sans application. C'est dans cette catégorie qu'il faut ranger les essais entrepris sous Louis XV par Dupré, pour retrouver le feu grégeois; ceux que fit à la fin du dernier siècle le célèbre chimiste Berthollet, dans le but de modifier la composition de la poudre; enfin les expériences pyrotechniques de Chevallier exécutées sous l'empire.

Dupré, né aux environs de Grenoble, était orfévre à Paris. En essayant de fabriquer de faux diamants, il découvrit, dit-on, par hasard une liqueur inflammable d'une activité prodigieuse. Chalvet, qui rapporte ce fait dans sa ***Bibliothèque du Dauphiné***, assure que cette liqueur consumait tout ce qu'elle touchait, qu'elle brûlait dans l'eau et reproduisait, en un mot, tous les effets anciennement attribués au feu grégeois. Dupré fit instruire Louis XV de sa découverte, et, sur l'ordre du roi, il exécuta quelques expériences à Versailles, sur le canal, et dans la cour de l'arsenal à Paris. C'était en 1755 ; on était engagé contre les Anglais dans cette guerre désastreuse qui devait amener la ruine de notre puissance navale. Dupré fut envoyé dans divers ports de mer pour essayer contre les vaisseaux l'action de sa liqueur incendiaire. Les effets que l'on produisit furent si terribles, que les marins eux-mêmes en furent épouvantés. Cependant Louis XV, cédant à un noble sentiment d'humanité, crut devoir renoncer, malgré les pressantes nécessités de la guerre, aux avantages que lui promettait cette invention. Il défendit à Dupré de publier sa découverte, et, pour assurer son silence, il lui accorda une pension considérable et la décoration de Saint-Michel. Dupré est mort sans avoir trahi son secret ; mais Chalvet avance une atrocité inutile lorsqu'il prétend que l'opinion commune accusa Louis XV d'avoir précipité sa mort.

Selon M. Coste, un artificier nommé Torré aurait retrouvé, sous le ministère du duc d'Aiguillon, un secret analogue à celui de Dupré. « Le secret du feu grégeois, dit M. Coste, a été retrouvé en France, sous le ministère du duc d'Aiguillon, par un metteur en œuvre qui ne le cherchait certainement pas et qui travaillait au Havre à des pierres de composition. Mon témoignage à cet égard est irrécusable, car c'est moi qui ai rédigé le *Mémoire au conseil*, par lequel cet honnête artiste faisait hommage au roi de sa funeste découverte, lui demandait ses ordres, et offrait d'enfermer dans un canon de bois, qu'un seul homme pourrait porter, sept cents flèches remplies de sa composition, lesquelles s'enflammeraient, éclateraient et mettraient le feu en tombant. Cet appareil et le canon de bois qui devait porter le feu grégeois à huit cents toises étaient de l'invention de l'artificier Torré (1). » Toutefois cette idée n'a jamais eu de suite, car le nom de l'artificier Torré est aujourd'hui complètement inconnu.

Il en a été autrement de l'invention du mécanicien Chevallier, sur laquelle la fin tragique de son auteur

(1) *Essai sur de prétendues découvertes nouvelles*, 1803.

appela quelque temps l'attention du public. Chevallier, ingénieur et mécanicien à Paris, avait réussi à préparer des fusées incendiaires qui brûlaient dans l'eau, et dont l'effet était, dit-on, aussi sûr que terrible. Les expériences pyrotechniques, faites le 30 novembre 1797 à Meudon et à Vincennes, en présence d'officiers généraux de la marine, et reprises à Brest le 20 mars suivant, montrèrent que ces fusées, qui avaient quelques rapports avec nos fusées à la Congrève, reproduisaient une partie des effets que l'on rapporte communément au feu grégeois.

Chevallier s'occupait à perfectionner ses compositions incendiaires, lorsqu'il périt victime d'une fatale méprise. Depuis le commencement de la révolution, il s'était fait remarquer par l'exaltation de ses idées républicaines; en 1795, il avait déjà été arrêté comme agent d'un complot jacobin et mis en liberté à la suite de l'amnistie de l'an IV. En 1800, dénoncé à la police ombrageuse de l'époque comme s'occupant, dans un but suspect, de fusées incendiaires et de préparations d'artifices, il fut emprisonné sous la prévention d'avoir voulu attenter aux jours du premier consul. Cette affaire ne pouvait avoir aucune suite sérieuse, et Chevallier s'apprêtait à sortir de prison, lorsque, par une coïncidence déplorable, arriva l'explosion de la machine infernale. Chevallier n'avait eu évidemment aucune relation avec les auteurs de cet horrible complot; cependant il fut traduit quelques jours après devant un conseil de guerre, condamné à mort, et fusillé le même jour à Vincennes.

Les essais entrepris par Berthollet, en 1788, pour remplacer le salpêtre de notre poudre à canon par le chlorate de potasse, ont un caractère scientifique sérieux, et sont plus connus que les faits précédents.

En étudiant les combinaisons oxygénées du chlore, Berthollet avait découvert les chlorates, genre de sels des plus remarquables par leurs propriétés chimiques. Les chlorates sont des composés qui se détruisent avec une facilité extraordinaire, et comme ils renferment une très grande quantité d'oxygène, cette prompte décomposition fait de cette classe de sels un des agents de combustion les plus actifs que l'on possède en chimie. Le chlorate de potasse mélangé avec du soufre, avec du charbon ou du phosphore, constitue un mélange tellement combustible que le choc du marteau suffit pour le faire détoner. Aussi, quand on triture rapidement dans un mortier de bronze un mélange de chlorate de potasse, de soufre, et de charbon, il se produit des détonations successives qui imitent des coups de fouet, et l'on voit s'élancer hors du vase des flammes rouges ou purpurines.

Ces faits observés par Berthollet mirent dans la pensée de ce chimiste le projet de substituer le chlorate de potasse au salpêtre, dans notre poudre à canon. Les essais qu'il entreprit dans cette vue amenèrent les résultats les plus avantageux en apparence; un mélange intime de soufre, de charbon et de chlorate de potasse, dans les proportions habituelles de la poudre, présentait une force explosive d'une énergie extrême, et qui l'emportait à ce point sur la poudre ordinaire, que les projectiles étaient lancés à une distance triple. Encouragé par ce fait, Berthollet demanda au gouvernement l'autorisation de faire préparer une assez grande quantité de la nouvelle poudre pour servir à des expériences plus étendues. La poudrerie d'Essonnes fut mise à sa disposition, mais l'entreprise eut une bien triste fin ; une explosion terrible détruisit la fabrique et coûta la vie à plusieurs personnes. Voici quelques détails positifs sur ce malheureux événement.

M. Letort, directeur de la manufacture d'Essonnes, était plein de confiance dans le succès des expériences de Berthollet et dans l'avenir de la poudre nouvelle ; il assurait qu'elle n'offrirait aucun danger dans son maniement, et qu'elle se comporterait en tous points comme la poudre au salpêtre. Le jour où devait commencer la fabrication, il invita Berthollet à dîner, et au sortir de table, on descendit dans les ateliers. Le mélange se faisait comme à l'ordinaire, dans des mortiers avec des pilons de bois et par l'intermédiaire de l'eau, afin d'éviter le développement de chaleur provoqué par le frottement. M. Letort prétendit que l'addition de l'eau était superflue et que l'on aurait pu tout aussi bien faire le mélange à sec. Pour le prouver, il s'approcha de l'un des mortiers, et, du bout de sa canne, il se mit à triturer une petite motte de poudre qui s'était desséchée sur ses bords. Aussitôt une détonation épouvantable se fit entendre, la maison fut à moitié renversée, et l'on releva parmi les décombres le cadavre du directeur, celui de sa fille et les corps de quatre ouvriers ; Berthollet fut préservé comme par miracle.

Cependant on avait attaché tant d'importance à l'emploi de la poudre au chlorate de potasse, que cet événement terrible ne porta point tous ses fruits. Quatre années après, le gouvernement autorisa de nouveaux essais. Au milieu des guerres de la république il était difficile de renoncer à l'espoir de posséder un agent d'une si merveilleuse puissance. On multiplia les précautions indiquées en pareil cas; mais tout fut inutile; une nouvelle explosion fit sauter la fabrique et tua trois ouvriers. On n'a plus songé depuis cette époque à recommencer de si funestes essais. D'ailleurs on sait aujourd'hui que la poudre au chlorate de potasse n'a que des dangers et n'offre aucun avantage. Elle est si détonante que le mouvement seul d'une voiture peut déterminer son explosion. Toutes les substances qui, comme le chlorate de potasse, détonent par le simple choc, donnent en effet des poudres *brisantes*, dont l'action brusque et instantanée, s'exerçant à la fois contre le projectile et contre les parois intérieures du canon, provoque presque toujours la rupture de l'arme.

CHAPITRE V.

La poudre-coton. — M. Schönbein. — Travaux chimiques qui ont amené la découverte du coton-poudre. — Histoire de la xyloïdine. — Accueil fait à la découverte de la poudre-coton.

Les perfectionnements apportés à la fabrication et aux divers emplois de la poudre à canon n'ont marché qu'avec une lenteur extrême; il a fallu quatre siècles pour amener cet art à sa situation présente. Aussi après les faits rapportés plus haut, l'histoire de la poudre au point de vue scientifique ne présente-t-elle que de rares épisodes; pour arriver au seul fait important qui l'ait signalée depuis, il faut arriver sans intermédiaire à l'époque actuelle.

Dans les derniers mois de 1846, les journaux commencèrent à s'occuper d'une découverte des plus singulières. Un chimiste de Bâle avait, disait-on, trouvé le moyen de transformer le coton en une substance jouissant de toutes les propriétés de la poudre. On avait fait à Bâle des expériences publiques qui ne pouvaient laisser aucune place au doute : avec une petite boulette de coton offrant l'aspect ordinaire, on avait chargé des armes et obtenu ainsi tous les effets explosifs de la poudre. On prêtait à cette substance nouvelle des propriétés merveilleuses : elle pouvait impunément être plongée dans l'eau et y séjourner très longtemps ; séchée, elle reprenait ses propriétés primitives, — elle brûlait sans fumée, — elle ne noircissait pas les armes, — enfin elle avait une force de ressort trois ou quatre fois supérieure à celle de la poudre ordinaire.

En matière de science, les dires des journaux politiques ne sont pas articles de foi ; cette annonce ne trouva d'abord qu'un médiocre crédit. Cependant le public fut contraint de prendre cette découverte au sérieux, quand on la vit franchir le seuil de l'Académie des sciences, et passer du journal à la tribune de l'Institut. Dans la séance du 5 octobre 1846, M. Dumas donna lecture à l'Académie d'une lettre de M. Schönbein, auteur de l'invention annoncée. M. Schönbein exposait, dans sa lettre, les caractères de cette substance nouvelle qu'il nommait *poudre-coton* (*schiesvolle*); il précisait ses effets, indiquait les avantages particuliers de son emploi et donnait la mesure de sa force balistique. M. Schönbein disait tout; il n'oubliait qu'un point, c'était d'indiquer le procédé au moyen duquel il obtenait ce curieux produit; il se réservait, pour en retirer un profit personnel, la possession de ce secret.

Je me souviens de l'impression que produisit la lecture de la lettre de M. Schönbein sur l'auditoire savant qui se presse aux séances de l'Académie. Quand on fut une fois bien certain de l'existence du fait, lorsqu'on apprit, à n'en plus douter, que le corps dont il était question n'était autre chose que du coton à peine modifié dans son aspect ordinaire, tous les gens du métier, tous les chimistes qui se trouvaient là devinèrent aussitôt le secret de l'inventeur. Au sortir de la séance, tout le monde avait compris que le nouvel agent n'était probablement autre chose qu'une modification ou une forme particulière de la *xyloïdine*, composé bien connu des chimistes, qui s'obtient en plongeant dans de l'acide azotique (eau-forte) des matières ligneuses telles que du bois, du papier ou du coton. Dès le lendemain tous les laboratoires de Paris se mirent en demeure de vérifier cette conjecture, et au bout de huit jours, on avait trouvé que pour préparer le coton-poudre, il suffit de plonger pendant quelques minutes du coton non cardé dans de l'acide azotique très concentré. Le secret de l'inventeur était devenu le secret de Paris.

Comment se fait-il qu'une découverte si soigneusement tenue cachée par son auteur ait pu être ainsi surprise et divulguée en quelques jours? C'est ce que l'on comprendra sans peine d'après l'histoire de la *xyloïdine*.

En 1832, M. Braconnot, chimiste de Nancy, découvrit que si l'on traite l'amidon par l'acide azotique très concentré, l'amidon entre en dissolution, et que si l'on ajoute alors de l'eau au mélange, il se précipite aussitôt un produit blanc, pulvérulent, qu'il désigna sous le nom de *xyloïdine*. Entre autres caractères, M. Braconnot reconnut à ce composé la propriété de brûler avec une certaine activité. M. Braconnot ne soumit point à l'analyse le produit nouveau qu'il avait découvert, il se contenta d'en étudier les caractères. En cela, il était fidèle à un système qu'il semble avoir adopté. En effet, M. Braconnot a fait en chimie organique des découvertes fondamentales, et toujours il s'est dispensé de leur appliquer le sceau de l'analyse élémentaire. C'est lui qui a trouvé le moyen de changer en sucre le bois et l'amidon par l'action de l'acide sulfurique, fait d'une nouveauté et d'une portée immenses et qui est loin encore d'avoir donné tout ce qu'il promet à l'avenir des études chimiques. Il a découvert la *pectine*, ce curieux composé qui se retrouve partout dans le monde végétal, et dont les transformations, quand elles seront étudiées d'une manière sérieuse, jetteront les plus utiles lumières sur les phénomènes intimes de la vie des plantes. Or, dans tous ces cas, M. Braconnot s'est passé du secours de l'analyse organique ; il est arrivé à ces belles observations avec les seuls moyens de recherches que nous possédions il y a cinquante ans. Homme heureux ! il a vu sortir de ses mains fécondes des découvertes d'une portée inattendue et jamais il n'emprunta à la science du jour ses instruments ambitieux. Avait-il deviné que ce moyen si vanté de l'analyse organique tiendrait si mal, en fin de compte, les promesses de son début? Avait-il compris à l'avance, qu'au lieu d'élever l'édifice tant annoncé de la chimie organique, il n'aboutirait qu'à jeter cette science naissante dans le dédale inextricable où elle s'égare de nos jours? C'est ce que nous n'essaierons pas de résoudre. Toujours est-il que M. Braconnot ne fit point l'analyse élémentaire du produit nouveau qu'il avait trouvé, et qu'il laissa à d'autres le soin et l'honneur de compléter son travail.

Le chimiste qui a repris et terminé l'étude de la xyloïdine est M. Pelouze, savant bien connu par la précision de ses travaux et la prudence de ses vues. En 1838, M. Pelouze publia sur la xyloïdine un de ces mémoires corrects et achevés comme on les aime à l'Institut. Il fit le nombre voulu d'analyses organiques, fixa le poids atomique de ce composé, et établit sa formule, conformément aux principes en honneur à l'Académie. Mais, ce qui valait mieux encore, il fit une observation entièrement neuve et de laquelle la découverte de la poudre-coton devait nécessairement sortir. Il trouva que la xyloïdine peut se produire avec d'autres substances que l'amidon, et que si l'on plonge pendant quelques minutes du papier, des tissus de coton ou de lin, dans l'acide azotique concentré, ces matières se changent en xyloïdine et deviennent extrêmement combustibles.

Cependant M. Pelouze ne met aucun détour à convenir que la pensée ne lui vint pas d'employer dans les armes à feu, en guise de poudre, le coton ainsi traité. Tant simple soit-elle, cette idée ne se présenta pas à son esprit, et sa gloire, nous le croyons, n'y perdra pas grand'chose. Il entrevit néanmoins et il annonça que ces substances « seraient susceptibles de quelques applications, particulièrement dans l'artillerie. » Il remit même à un capitaine d'artillerie, M. Haquien, un échantillon de cette matière, en le priant d'examiner si l'on ne pourrait pas en tirer quelque parti. Mais dans l'intervalle, M. Haquien vint à mourir et M. Pelouze ne songea pas davantage à cette affaire.

La xyloïdine était donc à peu près oubliée, et restait seulement au nombre des produits intéressants de laboratoire, lorsque M. Schönbein, professeur de chimie à Bâle, ayant eu à préparer de la xyloïdine, se servit pour cette opération, de coton non cardé, et constata avec beaucoup de surprise que la xyloïdine ainsi obtenue jouissait d'une combustibilité extraordinaire; une boulette de ce coton azotique s'enflammait avec autant de vivacité et de promptitude qu'un amas de poudre. De l'observation de ce fait à l'idée d'employer le coton azotique dans les armes en remplacement de la poudre, il n'y avait qu'un pas; de cette idée à son exécution, il n'y avait qu'un geste: M. Schönbein prit un fusil, fit le geste nécessaire et la poudre-coton fut découverte. C'est ainsi que cet enfant de la chimie, perdu sur les rives de la Seine, fut heureusement retrouvé dans un canton de la Suisse allemande et produit aussitôt dans le monde par le savant honorable qui s'en était fait le parrain.

La découverte de la poudre-coton fut accueillie avec une faveur sans exemple. Aucune invention scientifique n'a occupé à ce point l'attention du public; pendant un mois on ne parla pas d'autre chose, et jamais on n'avait entendu dans les salons et dans les cercles s'agiter tant de savantes questions.

Cet empressement contrastait beaucoup avec l'accueil fait à la découverte nouvelle par les savants spéciaux sur la matière. Ceux-ci n'avaient qu'un mépris superbe pour cette *poudre de salon*. Il existe au ministère de la guerre un comité chargé d'étudier toutes les questions nouvelles qui intéressent l'artillerie. J'ignore comment ce comité remplit habituellement sa tâche, mais il est certain qu'il prit dans cette circonstance une singulière attitude. En principe, il était rempli d'un dédain suprême pour les personnes qui avaient la prétention de traiter des questions pareilles sans toutes les notions indispensables du métier, et quand on parlait de la poudre-coton au comité d'artillerie, le comité d'artillerie haussait les épaules. Le colonel Piobert et le colonel Morin, qui représentent à l'Institut l'artillerie savante, arrivaient tous les lundis à l'Académie avec les notes les plus accablantes pour cette innocente invention, qui n'avait eu d'autre tort que de naître et de grandir loin de la sphère de l'administration officielle. Ils gourmandaient l'ignorance et la crédulité du public, ils nous renvoyaient dédaigneusement aux vieilles expériences de Réaumur et de Rumfort. Enfin, ils faisaient eux-mêmes des essais avec des produits mal préparés, et apportaient à l'Académie leurs résultats négatifs avec un très visible sentiment de bonheur. Je n'ai jamais bien compris quel genre de satisfaction ces messieurs pouvaient ressentir alors. Les *Comptes rendus de l'Académie* ont même imprimé une note précieuse sous ce rapport, et que je recommande d'une manière spéciale à l'auteur futur du livre qui reste à faire sur les *encouragements accordés aux découvertes nouvelles*. Voici le passage le plus curieux de la note de MM. Piobert et Morin :

« Malgré le vague des renseignements transmis jusqu'à ce jour sur les effets de la poudre de coton, ou coton azoté, ainsi que le désigne M. Pelouze, auquel on doit la connaissance de cette matière, vague qui ferait même douter de ses propriétés balistiques, l'artillerie n'en a pas moins étudié cette substance. Les essais qui ont été exécutés ont montré que ce coton, contrairement à ce qui avait été annoncé, donnait ordinairement un résidu formé d'eau et de charbon ; que sa combustion ne donnait pas lieu à un très grand développement de chaleur ; qu'elle produisait peu de gaz, à tel point qu'il s'échappait quelquefois en totalité par la lumière et par le vent du projectile sans le déplacer ; que le volume des charges les plus faibles était en général très considérable et excédait celui qu'il est convenable d'affecter à la charge des armes à feu. » Les auteurs concluent que cette « singulière substance » ne paraît nullement propre à remplacer la poudre à canon (1).

Ainsi, selon MM. Piobert et Morin, la poudre-coton n'avait aucune force explosive, les gaz s'échappaient par la lumière et par le vent du projectile sans le déplacer. Or on sait aujourd'hui que l'inconvénient du coton-poudre n'est point son défaut de force explosive, mais tout au contraire, une puissance de ressort tellement considérable, qu'il est difficile de la contenir et de la régulariser pour son emploi dans les armes.

Une autre circonstance curieuse de l'histoire de la poudre-coton, c'est la résistance obstinée que mit M. Schönbein à avouer sa défaite. Tout le monde préparait du coton-poudre, la fabrication de ce produit existait déjà sur une échelle assez étendue, on discutait les frais probables de l'opération industrielle, M. Schön-

(1) *Comptes rendus de l'Académie des sciences*, 1846, 2e semestre page 811.

bein persistait encore à tenir son procédé secret. Le 13 novembre 1846, il écrivait de Bâle, la lettre suivante au journal le *Times :*

« Des chimistes ont déclaré que mon fulmi-coton (ou coton-poudre) était la *même chose que* la *xyloïdine de Braconnot et de* Pelouze, et l'autre jour, la même opinion a été exprimée dans l'Académie française des sciences. J'ai plus d'une raison de nier l'exactitude de cette assertion. La déclaration d'un fait très simple suffira pour prouver ce que j'avance. La xyloïdine de Pelouze est, conformément aux déclarations de ce chimiste distingué, facilement soluble dans l'acide acétique formant avec ce dernier une sorte de vernis. Cet acide n'a pas la moindre action sur le coton-poudre, quelque long temps et à quelque température que les deux substances soient tenues en contact l'une avec l'autre. Le coton-poudre montre tout son volume et sa force d'explosion, après avoir été traité par cet acide pendant des heures entières. Il existe en outre d'autres différences entre mon coton et la xyloïdine de Pelouze. Je les ferai connaître en temps utile. »

Mais on laissait dire le pauvre inventeur qui voyait son secret lui échapper, et ne savait pas en prendre son parti.

Heureusement pour les intérêts de M. Schönbein, l'Allemagne a fait de cette question une affaire d'amour-propre national. M. Bœttger, de Francfort-sur-le-Mein, qui avait l'un des premiers pénétré le secret de M. Schönbein, s'était associé à lui pour l'exploitation du nouveau produit. La diète germanique, afin de constater les droits du pays à cette découverte, a accordé, comme récompense, aux deux associés, une somme de 260,000 francs. Dès lors M. Schonbein a pu parler. Il va sans dire que ce qu'il nous a appris touchant la poudre-coton est parfaitement conforme à tout ce que l'on avait annoncé et écrit depuis six mois.

CHAPITRE VI.

Propriétés et effets explosifs du coton-poudre. — Comparaison de ses effets et de ceux de la poudre ordinaire. — Ses avantages et ses dangers. — Son avenir. — Applications diverses du coton-poudre.

Comme toutes les inventions sérieuses, la poudre-coton a eu ses partisans et ses détracteurs passionnés. Une connaissance imparfaite des effets généraux des matières explosives avait fait naître des espérances exagérées, les préventions et la routine ont provoqué une résistance aveugle. Il est fort difficile de se prononcer aujourd'hui entre des assertions contradictoires, dans lesquelles, de part et d'autres la vérité ne se montre que par un bout. Aussi dans le public et parmi les savants règne-t-il encore une grande incertitude sur la valeur réelle de la poudre-coton et sur les avantages ou les inconvénients de son emploi dans les armes. On avait attaché d'abord beaucoup d'importance à cette question, et dès l'origine de la découverte, une commission composée d'ingénieurs, de membres de l'Institut et d'officiers supérieurs d'artillerie, fut instituée pour l'étudier d'une manière approfondie ; le duc de Montpensier, qui avait particulièrement pris l'entreprise à cœur, eut une part active à ses premiers travaux. Par malheur, l'empressement et la promptitude sont, comme on le sait, les moindres défauts des commissions officielles ; depuis cinq ans le gouvernement et le public attendent inutilement l'arrêt définitif de la commission du coton-poudre. Comme il serait évidemment un peu long d'attendre le bon plaisir de nos savants officiels, nous allons essayer de faire connaître l'état présent de cette question; il nous suffira, pour cela, d'établir d'une manière précise, d'après les faits connus jusqu'à ce moment, les avantages et les inconvénients principaux que présente le coton-poudre relativement à son emploi dans les armes.

Toutefois, disons d'abord un mot du procédé qui sert à obtenir ce produit. Le coton-poudre se prépare avec une simplicité et une promptitude extraordinaires. Toute l'opération consiste à plonger du coton non cardé dans de l'acide azotique très concentré. Seulement comme l'acide azotique très concentré est un produit assez cher, on a eu l'idée d'employer l'acide ordinaire du commerce en y ajoutant de l'acide sulfurique. Ce dernier, qui est extrêmement avide d'eau, s'empare de l'eau excédante de l'acide azotique et le concentre ainsi sur place et à peu de frais. Les meilleures proportions de ce mélange ont été indiquées par M. Meynier, de Marseille; elles sont de trois volumes d'acide azotique ordinaire pour cinq volumes d'acide sulfurique à 66 degrés. On fait donc le mélange de ces deux acides, et on l'abandonne quelque temps à lui-même pour laisser dissiper la chaleur qu'il a dégagée. On plonge ensuite dans le liquide le coton non cardé, tel qu'on le trouve dans le commerce. Après douze ou quinze minutes de séjour dans ce bain, on retire le coton avec une baguette de verre; on le comprime pour faire écouler l'acide en excès, et on le lave à grande eau, jusqu'à ce qu'il n'ait plus ni odeur ni saveur. Il ne reste qu'à le sécher en l'exposant à l'air libre, à la température ordinaire.

100 parties de coton donnent ordinairement 172 parties de coton fulminant. Le papier, traité de la même manière, fournit un produit identique par ses propriétés avec le précédent.

Le *pyroxyle*, tel est le nom scientifique récemment imposé au coton-poudre et aux substances analogues, est un produit éminemment et essentiellement combustible; une étincelle l'enflamme, le choc d'un lourd marteau suffit quelquefois pour le faire détoner. On s'explique aisément cet effet quand on connaît sa composition chimique. Le pyroxyle est une combinaison de la matière organique qui constitue le coton avec les éléments de l'acide azotique. Le coton et les matières végétales de la même espèce, sont déjà des corps assez combustibles par eux-mêmes; en brûlant ils donnent naissance à des produits gazéiformes, l'acide carbonique et la vapeur d'eau. Mais le coton ne renferme pas assez d'oxygène pour brûler complétement; il reste toujours, comme on le sait, après sa combustion, un résidu assez abondant de charbon. Dans le pyroxyle, au contraire, l'acide azotique combiné au coton fournit à celui-ci tout l'oxygène nécessaire à sa combustion complète, et comme d'ailleurs l'acide azotique, lorsqu'il se décompose, donne lui-même naissance à des produits gazeux, il résulte de ces deux effets réunis que le pyroxyle, en brûlant, se transforme totalement en fluides élastiques. Ce composé réunit donc toutes les conditions nécessaires pour constituer une poudre explosive : une matière solide se réduisant instantanément en gaz. Nous donnerons une idée de la masse énorme de gaz qui se forment dans cette circonstance en disant que, d'après des expériences directes, un volume de coton-poudre produit en brûlant huit mille volumes de gaz. Dans les mêmes circonstances, la poudre ordinaire produit seulement quatre mille volumes de fluides élastiques. On comprend, d'après cela, la possibilité de consacrer le pyroxyle aux usages ordinaires de la poudre à canon.

Les avantages que présente le pyroxyle dans les armes à feu sont faciles à résumer.

La poudre-coton n'est pas altérée par l'eau ; on peut l'abandonner longtemps à l'air humide sans qu'elle perde sensiblement de sa force explosive ; on peut la plonger dans l'eau et l'y laisser séjourner, on lui rend en la séchant ses qualités ordinaires. Ainsi, dans un cas d'incendie à bord d'un navire ou dans les bâtiments d'un arsenal, on pourrait noyer les poudres, et les retrouver ensuite avec leurs propriétés primitives.

Le pyroxyle n'attaque pas, ne salit pas les armes qui, après quarante coups, sont aussi propres qu'auparavant ; il ne laisse point, comme on l'avait dit, les armes humides, par suite de la production d'eau qui accompagne sa combustion : la chaleur produite est si considérable, que tous les produits volatils sont chassés du canon.

Le coton-poudre brûle sans fumée et sans odeur. On a déjà tiré parti de cette propriété sur plusieurs théâtres de l'Allemagne, où l'on en fait usage pour les pièces à combat, à la grande satisfaction du public, des acteurs et surtout des chanteurs. Dans les armées, cette propriété du pyroxyle aurait à la fois des inconvénients et des avantages : la fumée de la poudre ne masquant plus les hommes, la justesse du tir serait assurée, mais les batailles en deviendraient infiniment plus meurtrières. J'ai entendu des marins prétendre qu'à bord des navires, l'usage de la poudre-coton rendrait les combats entièrement impossibles, attendu qu'au bout d'une heure d'engagement, les deux vaisseaux ennemis seraient, chacun de son côté, mis en pièces.

La fabrication du pyroxyle ne présente aucun danger. Les accidents qui ont été signalés aux premières époques de la découverte, tenaient uniquement à ce que l'on desséchait la matière à l'aide de la chaleur. Or, comme il n'y a aucune espèce d'avantage à sécher le coton-poudre en élevant sa température, et qu'en élevant sa température on s'expose à amener son explosion, on se contente aujourd'hui de le sécher dans un courant d'air, à la température ordinaire. Grâce à cette précaution bien simple, la préparation du pyroxyle est beaucoup moins dangereuse que celle de la poudre ordinaire. Le pyroxyle présente en outre dans sa fabrication l'avantage d'une rapidité excessive ; une semaine suffirait pour approvisionner de munitions une armée de cent mille hommes.

Quant au prix de revient, il résulte des données fournies en 1849 par M. Meynier, de Marseille, que la poudre-coton pourrait s'obtenir à un prix qui n'est pas extrêmement supérieur à celui de la poudre ordinaire. D'après les résultats d'une fabrication exécutée sur une grande échelle, M. Meynier offre au gouvernement de lui fournir, avec bénéfice pour le fabricant, du coton-poudre à cinq francs le kilogramme. La poudre de guerre revient dans les poudreries nationales à un franc trente-cinq centimes le kilogramme ; mais comme le pyroxyle produit dans les armes un effet explosif triple de celui de la poudre, et que, par conséquent, pour obtenir un résultat donné il faut employer trois fois moins de pyroxyle que de poudre, on voit que le prix de revient de la poudre s'établit ainsi comparativement à quatre francs le kilogramme. Dans l'état actuel des choses, il n'y aurait donc qu'une différence de un franc entre les deux matières, différence considérable sans doute, mais qui probablement, à la suite d'une fabrication longue et régulière, finirait par s'effacer.

Nous venons d'avancer que l'effet explosif du pyroxyle est triple de celui de la poudre. Tel est en effet assez sensiblement le rapport qu'ont fourni les expériences comparatives exécutées sur ces deux substances. M. le capitaine Suzanne et M. de Mézières, élève-commissaire des poudres et salpêtres, ont établi que cinq grammes de poudre-coton produisent sur une balle de fusil le même effet que treize à quatorze grammes de poudre à mousquet ordinaire. Ces expériences variées et étendues par MM. Piobert et Morin ont donné à peu près les mêmes résultats.

Le pyroxyle offre, sous le rapport de l'économie, des avantages incontestables pour les travaux des mines. MM. Combes et Flandin ont trouvé qu'il produit un effet cinq à six fois plus considérable que la poudre ordinaire de mines dans le *tirage* de la plupart des roches (1). L'emploi de la poudre-coton dans

(1) Il est certain, d'après ce résultat, que lorsque le gouvernement voudra remplacer la poudre de mine par le pyroxyle, il pourra réaliser une économie de plus de trois millions par an. C'est ce qu'il est facile d'établir. On consomme chaque année en France, très approximativement, trois millions de kilogrammes de poudre de mine. Cette poudre, bien qu'elle ne coûte en frais de fabrication que un franc

les mines a paru d'abord présenter un inconvénient particulier : sa combustion s'accompagne de la formation de gaz oxyde de carbone, et la présence de ce gaz est doublement fâcheuse en ce qu'il est vénéneux et inflammable. Mais M. Combes a trouvé qu'en ajoutant au pyroxyle 8 à 10 pour 100 de salpêtre, on s'oppose à la production du gaz oxyde de carbone, qui se trouve brûlé par l'oxygène du salpêtre et changé en acide carbonique. La force explosive du pyroxyle en est d'ailleurs notablement accrue, car il présente dès lors une puissance sept à huit fois plus considérable à poids égal que la poudre de mine.

Tels sont les avantages qui se rattachent à l'emploi du coton-poudre; considérons maintenant le côté inverse de la question. Les inconvénients que présente l'usage du pyroxyle peuvent se résumer en deux mots: sa force explosive est trop considérable, sa conservation est difficile, et ces deux inconvénients ont chacun une gravité qu'il est impossible de méconnaître.

Pour qu'une poudre puisse s'employer avec une entière sécurité dans les armes, il faut qu'elle ne brûle pas trop vite. Quelle que soit, d'une manière relative,

vingt centimes le kilogramme, revient cependant à l'État, au moment où elle arrive aux mains du consommateur, à très peu de chose près ce que celui-ci la paie, c'est-à-dire deux francs. C'est donc sensiblement six millions que coûte cette poudre. En se fondant sur la donnée rapportée plus haut relativement à la force explosive du pyroxyle (et cette évaluation est plutôt atténuée qu'exagérée), il ne faudrait que six cent mille kilogrammes de pyroxyle pour produire le même effet que les trois millions de kilogrammes de poudre de mine. Or ces six cent mille kilogrammes de pyroxyle reviendraient au plus, à l'État, à deux millions quatre cent mille francs. Il y aurait donc pour le gouvernement un bénéfice de trois millions six cent mille francs à adopter le pyroxyle pour l'exploitation des mines et des carrières.

la rapidité de l'inflammation de la poudre dont nous faisons communément usage, il est facile de montrer par l'expérience, que, pendant sa combustion, sa masse entière ne s'embrase point à la fois, mais que toujours elle brûle de place en place, et pour ainsi dire couche par couche. Il résulte de là que les gaz qui proviennent de cette combustion ne sont pas brusquement et instantanément formés, mais qu'au contraire ils prennent naissance d'une manière graduelle et successive. Dès lors tout leur effet se porte sur le projectile et n'exerce sur les parois de l'arme aucune action destructive. Tel n'est pas malheureusement le mode de combustion du coton-poudre. Comme le pyroxyle n'est pas un simple mélange de matières inflammables, mais une véritable combinaison, il s'embrase tout entier dans un espace de temps presque indivisible; or cette excessive rapidité d'inflammation, qui fait sa supériorité comme agent balistique, constitue précisément ses dangers. Avec des charges ordinaires, son usage n'offre aucun inconvénient, mais si l'on dépasse les limites nécessaires pour une arme donnée, il peut arriver que l'arme éclate entre les mains, ou qu'elle souffre au bout de peu de temps des dégradations sérieuses. Au mois de janvier 1849, M. Morin a communiqué à l'Académie des sciences des faits dont la portée sous ce rapport semble très grave. Il a parlé de fusils de munition et de bouches à feu mises hors de service par des charges de coton-poudre qui ne dépassaient pas de beaucoup les limites ordinaires. L'auteur de ces expériences a trop de crédit en pareille matière pour que son témoignage puisse être contesté; on peut cependant faire observer à cet égard que Berzelius, dans le dernier de ses *Rapports annuels*, en parlant du coton-poudre, assure qu'en Suède, ni en Angleterre il n'a jamais occasionné d'accident. Les faits signalés par M. Morin paraissent donc réclamer un examen nouveau, et quand la commission du coton-poudre voudra bien nous communiquer ses conclusions définitives, elle aura résolu une question dont la solution prompte et entière touche à des intérêts bien divers.

La difficulté de conserver le pyroxyle est un fait grave et nouveau sur lequel M. Maurey, directeur de la poudrerie du Bouchet, a récemment appelé l'attention. Le pyroxyle semble jusqu'à ce moment un produit peu stable ; ses éléments paraissent avoir une tendance particulière à se dissocier ; de là des altérations diverses et un commencement de décomposition dans les produits conservés un certain temps. D'après M. Maurey, la poudre-coton placée dans un lieu bien sec, et tenue dans des barils fermés à l'abri de l'action de l'air, présente néanmoins, au bout de huit à dix mois, des signes d'altération. La masse s'est humectée, elle répand une odeur piquante, elle s'est ramollie et quelquefois presque réduite en pâte. Cette décomposition peut s'accompagner d'un dégagement de chaleur, et s'il arrive que la masse en travail soit considérable, l'échauffement peut aller au point de provoquer son inflammation. Telle est probablement, selon M. Maurey, la cause de l'explosion arrivée à Vincennes le 25 mars 1847 et le 2 août de la même année.

C'est sans doute un fait du même genre qui amena la catastrophe arrivée, le 17 juillet 1848, à la poudrerie du Bouchet. On avait préparé, au Bouchet, seize cents kilogrammes de poudre-coton et quatre ouvriers étaient occupés à l'enfermer dans des barils, lorsque, sans cause connue, le magasin sauta. Les désastres furent effroyables. Les quatre ouvriers occupés à emmagasiner le coton-poudre, furent tués, trois autres blessés. Le bâtiment, dont les murs avaient, les uns un mètre, et les autres cinquante centimètres d'épaisseur, fut détruit de fond en comble; il se forma à sa place une excavation de seize mètres de diamètre sur quatre de profondeur. Toutes les douves et tous les cercles des barils où le pyroxyle était enfermé, avaient entièrement disparu, comme s'ils eussent été volatilisés. Toutes les pièces de bois de la construction étaient brisées. Cent soixante-quatre arbres situés aux environs étaient, ou complétement emportés ou coupés, les uns ras de terre, les autres à diverses hauteurs; les plus voisins étaient dépouillés de leur écorce et divisés jusqu'aux racines en longs filaments. Jusqu'à trois cents mètres environ, on retrouva une ligne de matériaux placés par ordre de densité, les pièces de bois le plus près, ensuite les pierres, enfin plus loin les débris de fer.

Nous avons scrupuleusement et impartialement exposé les inconvénients et les avantages qui se rattachent à l'emploi du coton-poudre. Quelle conclusion tirer de ces faits? Faut-il croire que cette découverte, accueillie à son origine avec tant d'intérêt et d'admiration, soit destinée à s'ensevelir dans l'oubli? Faut-il penser qu'après avoir éveillé tant d'espérances, elle n'aura créé pour nous que des dangers, sans nous laisser quelques avantages en échange? Cette question, grave et complexe, impose nécessairement une extrême réserve. Il nous semble cependant que, même dans l'état présent des choses, le pyroxyle présente une série d'avantages de nature à mériter l'attention. Une poudre absolument inattaquable par l'eau, de propriétés et de compositions constantes, qui ne souille ni la main, ni les vêtements, ni les armes ; trois fois plus légère à transporter que l'ancienne poudre, puisqu'elle est trois fois plus puissante ; susceptible de subir, sans la moindre altération, les voyages par mer ; une poudre qu'on peut inonder dans un arsenal ou dans la cale d'un navire et retrouver plus tard intacte : voilà assurément un produit qui l'emporte, sous bien des rapports, sur l'ancienne poudre, qui souille les mains, qui noircit les armes, que l'air humide altère, que l'eau détruit sans retour.

La supériorité du coton-poudre, pour l'usage des mines et le tirage des rochers, paraît d'ores et déjà à peu près établie. En 1847, le duc de Montpensier et le général Tugnot de Lanoye, directeur des poudres et salpêtres, avaient formé le projet d'établir plusieurs ateliers de fabrication de pyroxyle pour le tirage des roches ; la révolution de février retarda l'exécution de ce projet, qui, nous l'espérons, sera repris et permettra de décider la question d'une manière définitive.

Quant à l'emploi de la poudre-coton dans les armes, il est certain qu'il existe ici des difficultés sérieuses ; cependant elles ne sont peut-être pas assez graves pour faire abandonner les espérances conçues. Une étude approfondie et persévérante des faits nouveaux que ces questions soulèvent, pourra fournir un jour les moyens de modérer, de retarder, de régulariser l'explosion du pyroxyle, comme aussi de modifier sa préparation de manière à éviter le fâcheux phénomène de sa décomposition spontanée. Que les hommes du métier, que les savants compétents prennent en main l'étude de ce problème, et sans doute quelque solution heureuse viendra couronner et récompenser leurs efforts. Il ne faut pas l'oublier en effet, la découverte du coton-poudre date de six ans à peine. Qu'est-ce qu'un intervalle de six années pour le perfectionnement des inventions humaines? N'a-t-il pas fallu quatre siècles pour faire de la poudre actuelle l'agent puissant et sûr que nous connaissons? D'ailleurs, de nos jours, après tant de travaux, d'expériences, d'innombrables essais, malgré les précautions inouïes dont on s'environne, peut-on dire avec certitude que notre poudre à canon présente dans ses effets une sécurité absolue? L'existence d'une poudrière aux abords de nos villes n'est-elle pas pour les populations la cause d'invincibles terreurs, la source de perpétuelles alarmes? Des événements formidables ne viennent-ils pas, par intervalles, justifier et redoubler ces craintes? Quand la poudre manque de densité ou que son grain est trop fin, elle fait éclater les armes, et le même effet se produit si l'on outre-passe par mégarde les limites de la charge. En 1826, quand l'artillerie voulut substituer aux poudres des pilons des poudres plus énergiques, on crevait les bouches à feu. Cette sécurité tant vantée de notre poudre à canon a donc aussi ses limites, et dans tous les cas elle est de date fort récente. Il a fallu quatre siècles pour dompter la poudre à canon, et l'on s'étonne aujourd'hui que six ans n'aient pas suffi pour maîtriser le coton-poudre qui jouit d'une puissance triple. Pour décider en dernier ressort ces questions capitales, invoquons de plus saines, de moins exclusives notions ; défions-nous des entraînements regrettables d'un enthousiasme irréfléchi, mais aussi tenons-nous en garde contre l'aveuglement de préventions injustes fondées sur la tyrannique puissance de la routine et des habitudes. Recherchons avec sincérité le secours et l'infaillible témoignage de la science, et sachons accepter sans arrière-pensée systématique ce qui se présente à nous avec les dehors incontestables du progrès.

Un dernier trait terminera l'histoire du produit intéressant qui vient de nous occuper. Dans les premiers temps de sa découverte, la poudre-coton avait provoqué dans le public un extrême engouement ; à cette époque elle était bonne à tout. Rappelons en quelques mots les diverses applications de ce nouvel agent, qui furent alors essayées avec plus ou moins de succès.

Quelques mécaniciens voulurent tirer parti de la prompte transformation du coton-poudre en fluides gazeux, pour soulever le piston des machines : les gaz produits par la combustion auraient remplacé la vapeur comme agent mécanique. Mais il n'était pas difficile de prévoir que la production des gaz pendant l'inflammation du pyroxyle est trop brusque pour être utilisée commodément et avec sécurité. L'explosion des machines mit fin aux expériences.

Les matières alimentaires renferment une assez forte proportion d'azote ; or le pyroxyle est un corps azoté. Cette analogie parut suffisante à deux de nos savants pour rechercher si le coton-poudre ne pourrait être employé comme substance alimentaire. L'idée était étrange et assez mal venue de la part de physiologistes mieux familiarisés d'ordinaire avec les lois de la nutrition. Cependant l'Académie fut instruite par un mémoire *ad hoc* qu'on avait réussi à nourrir des chiens avec le pyroxyle. Seulement les auteurs de l'expérience ajoutent ingénument qu'ils ont favorisé l'action nutritive du coton-poudre par l'administration simultanée d'une certaine quantité de riz : les adjuvants sont de bonne guerre.

M. Pelouze a proposé d'appliquer le pyroxyle à la fabrication des amorces fulminantes ; la substitution de ce produit au fulminate de mercure aurait eu pour résultat d'éviter les dangers épouvantables dont s'accompagne la fabrication des amorces par les procédés actuels. Le pyroxyle obtenu avec des tissus très serrés de lin, de chanvre ou de coton, détone aisément par le choc, et si l'on coupe de petites rondelles de ces tissus et qu'on les place au fond de capsules de cuivre, on obtient des amorces dont la détonation est fort énergique. Cependant cette application du coton-poudre n'a pas jusqu'ici donné de bons résultats aux praticiens qui l'ont essayée. Les effets des capsules pyroxyliques sont irréguliers ; en outre les armes sont attaquées par suite de la formation d'un produit acide, l'acide azoteux, qui prend, dit-on, naissance quand le pyroxyle brûle à l'air libre.

Le coton-poudre paraît devoir fournir des résultats plus avantageux dans son application à la pyrotechnie. Des papiers préparés comme le coton-poudre, et trempés ensuite dans des dissolutions d'azotate de strontiane, de sulfate de cuivre ou d'azotate de baryte, produisent de très beaux feux rouges, verts et blancs. On a aussi fait des essais avec des pyroxyles obtenus à bas prix au moyen de la paille, de la sciure de bois ou de matières végétales analogues. L'immersion de ces produits fulminants dans ces dissolutions salines a l'avantage de retarder leur inflammation, de donner plus de durée à la combustion et de favoriser par conséquent les divers effets que l'artificier cherche à produire.

Un étudiant en médecine des Etats-Unis a fait du coton-poudre une application assez inattendue ; il s'en est servi pour le pansement des plaies, et voici comment. Le coton-poudre est soluble dans l'éther ; cette dissolution éthérée porte le nom de *collodion:* c'est la substance dont nous avons parlé avec quelques détails à propos de son emploi dans la photographie sur papier. Or M. Maynard, de Boston, a trouvé que le collodion constitue une sorte de vernis qui jouit d'une force d'adhésion très remarquable; appliqué sur la peau, ce vernis adhère avec beaucoup de force à sa surface et résiste parfaitement à l'action de l'eau et des humeurs. Un morceau de toile de quatre centimètres de largeur, recouvert de *collodion*, et appliqué sur le creux de la main, supporte sans se décoller un poids de quinze kilogrammes ; la toile se rompt plutôt que de se détacher.

Les chirurgiens américains se servent avec avantage du *collodion* pour le pansement des plaies. On rapproche les lèvres de la plaie, et au moyen d'un pinceau on les couvre d'une couche de collodion; par suite de la dessiccation, la réunion des deux bords est parfaitement établie. La contraction que la matière éprouve en séchant resserre les lèvres de la blessure plus fortement et d'une manière plus égale que ne pourrait le faire tout autre moyen contentif. La plaie est parfaitement préservée de l'air, et la transparence de l'enduit permet de voir à travers et de juger de l'état des parties sous-jacentes; enfin son insolubilité dans l'eau donne au chirurgien la faculté de laver sans rien détacher. L'usage du collodion s'est répandu récemment en Angleterre et en France; M. Malgaigne l'a le premier adopté parmi nous. On se sert, d'après son conseil, de bandelettes trempées dans le collodion, ce qui donne plus de solidité à l'appareil. Aujourd'hui l'emploi de la dissolution éthérée du coton-poudre est devenu habituel dans nos hôpitaux.

Ainsi, comme la lance d'Achille, la poudre-coton peut guérir les blessures qu'elle a causées. Si donc, contre toute attente probable, il fallait un jour définitivement renoncer à consacrer le coton-poudre aux usages de la guerre, sa découverte ne serait pas encore restée absolument stérile, puisqu'elle aurait au moins servi à étendre les ressources de l'art chirurgical. Destiné dans l'origine à devenir un instrument de destruction, ce singulier produit aurait plus pacifiquement terminé sa carrière en prenant place parmi les salutaires moyens de la chirurgie moderne. Et trop heureuse l'humanité si tant d'inventions meurtrières créées pour semer autour de nous le deuil et les funérailles, se trouvaient, par quelque revirement subit, heureusement transformées en autant de baumes bienfaisants propres à panser nos blessures et à calmer nos douleurs!

NOTES.

NOTE I.

NOTICE SUR L'HÉLIOGRAPHIE, PAR J. NIEPCE.

La découverte que j'ai faite, et que je désigne sous le nom d'*héliographie*, consiste à reproduire *spontanément*, par l'action de la lumière avec les dégradations de teintes de noir au blanc, les images reçues dans la chambre obscure.

Matière première. — Préparation.

La lumière, dans son état de composition et de décomposition, agit chimiquement sur les corps. Elle est absorbée, elle se combine avec eux, et leur communique de nouvelles propriétés. Ainsi, elle augmente la consistance naturelle de quelques uns de ces corps ; elle les solidifie même, et les rend plus ou moins insolubles, suivant la durée ou l'intensité de son action. Tel est, en peu de mots, le principe de la découverte.

Principe fondamental de cette découverte.

La substance ou matière première que j'emploie, celle qui m'a le mieux réussi, et qui concourt plus immédiatement à la production de l'effet, est l'*asphalte* ou *bitume de Judée*, préparé de la manière suivante :

Je remplis à moitié un verre de ce bitume pulvérisé. Je verse dessus, goutte à goutte, de l'huile essentielle de lavande jusqu'à ce que le bitume n'en absorbe plus, et qu'il en soit seulement bien pénétré. J'ajoute ensuite assez de cette huile essentielle pour qu'elle surnage de trois lignes environ au-dessus du mélange qu'il faut couvrir et abandonner à une douce chaleur, jusqu'à ce que l'essence ajoutée soit saturée de la matière colorante du bitume. Si ce vernis n'a pas le degré de consistance nécessaire, on le laisse évaporer à l'air libre, dans une capsule, en le garantissant de l'humidité qui l'altère et finit par le décomposer. Cet inconvénient est surtout à craindre, dans cette saison froide et humide, pour les expériences faites dans la chambre noire.

Une petite quantité de ce vernis appliqué à froid avec un tampon de peau très douce sur une planche d'argent plaqué bien poli lui donne une belle couleur de vermeil, et s'y étend en couche mince et très égale. On place ensuite la planche sur un fer chaud, recouvert de quelques doubles de papier dont on enlève ainsi, préalablement, toute l'humidité; et lorsque le vernis ne poisse plus, on retire la planche pour la laisser refroidir et finir de sécher à une température douce, à l'abri du contact d'un air humide. Je ne dois pas oublier de faire observer à ce sujet que c'est principalement en appliquant le vernis que cette précaution est indispensable. Dans ce cas, un disque léger, au centre duquel est fixée une courte tige que l'on tient à la bouche, suffit pour arrêter et condenser l'humidité de la respiration.

La planche, ainsi préparée, peut être immédiatement soumise aux impressions du fluide lumineux; mais, même après y avoir été exposée assez de temps pour que l'effet ait eu lieu, rien n'indique qu'il existe réellement, car l'empreinte reste inaperçue. Il s'agit donc de la dégager, et l'on n'y parvient qu'à l'aide d'un dissolvant.

Du dissolvant. — Manière de le préparer.

Comme ce dissolvant doit être approprié au résultat que l'on veut obtenir, il est difficile de fixer avec exactitude les proportions de sa composition; mais, toutes choses égales d'ailleurs, il vaut mieux qu'il soit trop faible que trop fort. Celui que j'emploie de préférence est composé d'une partie, non pas en poids, mais en volume, d'huile essentielle de lavande, sur dix parties, même mesure, d'*huile de pétrole blanche.* Le mélange, qui devient d'abord laiteux, s'éclaircit parfaitement au bout de deux ou trois jours. Ce composé peut servir plusieurs fois de suite. Il ne perd sa propriété dissolvante que lorsqu'il approche du terme de saturation, ce qu'on reconnaît parce qu'il devient opaque et d'une couleur très foncée; mais on peut le distiller et le rendre aussi bon qu'auparavant.

La plaque ou planche vernie étant retirée de la chambre obscure, on verse dans un vase de fer-blanc d'un pouce de profondeur, plus long et plus large que la plaque, une quantité de dissolvant assez considérable pour que la plaque en soit totalement recouverte. On la plonge dans le liquide, et en la regardant sous un certain angle, dans un faux jour, on voit l'empreinte apparaître et se découvrir peu à peu, quoique encore voilée par l'huile qui surnage plus ou moins saturée de vernis. On enlève alors la plaque, et on la pose verticalement pour laisser bien égoutter le dissolvant. Quand il ne s'en échappe plus, on procède à la dernière opération, qui n'est pas la moins importante.

Du lavage. — Manière d'y procéder.

Il suffit d'avoir pour cela un appareil fort simple, composé d'une planche de quatre pieds de long, et plus large que la plaque. Cette planche est garnie sur champ, dans sa longueur, de deux lineaux bien joints, faisant une saillie de deux pouces. Elle est fixée à un support par son extrémité supérieure, à l'aide de charnières qui permettent de l'incliner à volonté pour donner à l'eau que l'on verse le degré de vitesse nécessaire. L'extrémité inférieure de la planche aboutit dans un vase destiné à recevoir le liquide qui s'écoule.

On place la plaque sur cette planche inclinée ; on l'empêche de glisser en l'appuyant contre deux petits crampons qui ne doivent pas dépasser l'épaisseur de la plaque. Il faut avoir soin, dans cette saison-ci, de se servir d'eau tiède. On ne la verse pas sur la plaque, mais au-dessus, afin qu'en y arrivant elle fasse nappe et enlève les dernières portions d'huile adhérant au vernis.

C'est alors que l'empreinte se trouve complétement dégagée, et partout d'une grande netteté, si l'opération a été bien faite, et surtout si l'on a pu disposer d'une chambre noire *perfectionnée.*

Application des procédés héliographiques.

Le vernis employé pouvant s'appliquer indifféremment sur pierre, sur métal et sur verre, sans rien changer à la manipulation, je ne m'arrêterai qu'au mode d'application sur argent et sur verre, en faisant toutefois remarquer, quant à la gravure sur cuivre, que l'on peut sans inconvénient ajouter à la composition du vernis une petite quantité de cire dissoute dans l'huile essentielle de lavande.

Jusqu'ici l'argent plaqué me paraît être ce qu'il y a de mieux pour la reproduction des images, à cause de sa blancheur et de son éclat. Une chose certaine, c'est qu'après le lavage, pourvu que l'empreinte soit bien sèche, le résultat obtenu est déjà satisfaisant. Il serait pourtant à désirer que l'on pût, en noircissant la planche, se procurer toutes les dégradations de teintes du noir au blanc. Je me suis donc occupé de cet objet en me servant d'abord du *sulfure de potasse liquide*, mais il attaque le vernis quand il est concentré, et si on l'allonge d'eau il ne fait que rougir le métal. Ce double inconvénient m'a forcé d'y renoncer. La substance que j'emploie maintenant, avec plus d'espoir de succès, est l'*iode*, qui a la propriété de se vaporiser à la température de l'air. Pour noircir la planche par ce procédé, il ne s'agit que de la dresser contre une des parois intérieures d'une boîte ouverte dans le dessus, et de placer quelques grains d'iode dans une petite rainure pratiquée le long du côté opposé, dans le fond de la boîte. On la couvre ensuite d'un verre pour juger de l'effet qui s'opère moins vite, mais bien plus sûrement. On peut alors enlever le vernis avec l'alcool, et il ne reste plus aucune trace de l'empreinte primitive. Comme ce procédé est encore tout nouveau pour moi, je me bornerai à cette simple modification, en attendant que l'expérience m'ait mis à portée de recueillir là-dessus des détails plus circonstanciés.

Deux essais de point de vue sur verre, pris dans la chambre obscure, m'ont offert des résultats qui, bien que défectueux, me semblent devoir être rapportés, parce que ce genre d'application peut se perfectionner plus aisément et devenir par la suite d'un intérêt tout particulier.

Dans l'un de ces essais, la lumière, ayant agi avec moins d'intensité, a découvert le vernis de manière à rendre les dégradations de teintes beaucoup mieux senties ; de sorte que l'empreinte, vue par *transmission*, reproduit jusqu'à un certain point les effets connus du *Diorama*.

Dans l'autre essai, au contraire, où l'action du fluide lumineux a été plus intense, les parties les plus éclairées, n'ayant pas été attaquées par le dissolvant, sont restées transparentes, et la différence des teintes résulte uniquement de l'épaisseur relative des couches plus ou moins opaques du vernis. Si l'empreinte est vue par *réflexion*, dans un miroir, du côté verni et sous un angle déterminé, elle produit beaucoup d'effet, tandis que vue par *transmission* elle ne présente qu'une image confuse et incolore, et ce qu'il y a d'étonnant, c'est qu'elle paraît affecter les couleurs locales de certains objets. En méditant sur ce fait remarquable, j'ai cru pouvoir en tirer des inductions qui permettraient de le rattacher à la théorie de Newton sur le phénomène des anneaux colorés. Il suffirait, pour cela, de supposer que tel rayon prismatique, le rayon vert, par exemple, en agissant sur la substance du vernis et en se combinant avec elle, lui donne le degré de solubilité nécessaire pour que la couche qui en résulte après la double opération du dissolvant et du lavage réfléchisse la couleur verte. Au reste, c'est à l'observation seule à constater ce qu'il y a de vrai dans cette hypothèse, et la chose me semble assez intéressante par elle-même pour provoquer de nouvelles recherches et donner lieu à un examen plus approfondi.

Observations.

Quoiqu'il n'y ait sans doute rien de difficile dans l'emploi des moyens d'exécution que je viens de rapporter, il pourrait se faire toutefois qu'on ne réussît pas complétement de prime abord. Je pense donc qu'il serait à propos d'opérer en petit, en copiant des gravures à la lumière diffuse, d'après la préparation fort simple que voici :

On vernit la gravure seulement du côté *verso*, de manière à la rendre bien transparente. Quand elle est parfaitement sèche, on l'applique du côté *recto*, sur la planche vernie, à l'aide d'un verre dont on diminue la pression en inclinant la planche sous un angle de 45 degrés. On peut de la sorte, avec deux gravures ainsi préparées et quatre petites plaques de doublé d'argent, faire plusieurs expériences dans la journée, même par un temps sombre, pourvu que le local soit à l'abri du froid, et surtout de l'humidité, qui, je le répète, détériore le vernis à un tel point, qu'il se détache par couches de la planche, quand on la plonge dans le dissolvant. C'est ce qui m'empêche de me servir de la chambre noire durant la mauvaise saison. En multipliant les expériences dont je viens de parler, on sera bientôt parfaitement au fait de tous les procédés de la manipulation.

Relativement à la manière d'employer le vernis, je dois rappeler qu'il ne faut l'employer qu'en consistance assez épaisse pour former une couche compacte et aussi mince qu'il est possible, parce qu'il résiste mieux à l'action du dissolvant, et devient d'autant plus sensible aux impressions de la lumière.

A l'égard de l'iode, pour noircir les épreuves sur argent plaqué, comme à l'égard de l'acide pour graver sur cuivre, il est essentiel que le vernis, après le lavage, soit tel qu'il est désigné dans le deuxième essai sur verre, rapporté ci-dessus; car alors il est bien moins perméable, soit à l'acide, soit aux émanations de l'iode, principalement dans les parties où il a conservé toute sa transparence : ce n'est qu'à cette condition que l'on peut, même à l'aide du meilleur appareil d'optique, se flatter de parvenir à une complète réussite.

Additions.

Quand on ôte la planche vernie pour la faire sécher, il ne faut pas seulement la garantir de l'humidité, mais avoir soin de la mettre à l'abri du contact de la lumière.

En parlant des expériences faites à la lumière diffuse, je n'ai rien dit de ce genre d'expérience sur verre. Je vais y suppléer pour ne pas omettre une amélioration qui lui est particulière. Elle consiste simplement à placer sous la plaque de verre un papier noir, et à interposer un cadre de carton entre la plaque, du côté verni, et la gravure, qui doit avoir été préalablement collée au cadre de manière à être bien tendue. Il résulte de cette disposition que l'image paraît beaucoup plus vive que sur un fond blanc, ce qui ne peut que contribuer à la promptitude de l'effet, et en second lieu que le vernis n'est pas exposé à être endommagé par suite du contact immédiat de la gravure, comme dans l'autre procédé, inconvénient qu'il n'est pas aisé d'éviter par un temps chaud, le vernis fût-il même très sec.

Mais cet inconvénient se trouve bien compensé par l'avantage qu'ont les épreuves sur argent plaqué de résister à l'action du lavage, tandis qu'il est rare que cette opération ne détériore pas, plus ou moins, les épreuves sur verre, substance qui offre moins d'adhérence au vernis, à raison de sa nature et de son poli plus parfait. Il s'agissait donc, pour remédier à cette défectuosité, de donner plus de mordant au vernis, et je crois y être parvenu, autant du moins qu'il m'est permis d'en juger d'après des expériences trop récentes et trop peu nombreuses. Ce vernis consiste dans une *solution de bitume de Judée dans l'huile animale de Dippel*, qu'on laisse évaporer à la température atmosphérique, au degré de consistance requise. Il est plus onctueux, plus tenace et plus coloré que l'autre, et l'on peut, après qu'il a été appliqué, le soumettre tout de suite aux impressions du fluide lumineux qui paraît le solidifier plus promptement, parce que la grande volatilité de l'huile animale fait qu'il sèche beaucoup plus vite.

NOTE II.

LETTRE SUR LES TRAVAUX DE JOSEPH NIEPCE, ADRESSÉE LE 27 FÉVRIER 1839, AU RÉDACTEUR DE LA GAZETTE DE LITTÉRATURE DE LONDRES, PAR M. F. BAUER, MEMBRE DE LA SOCIÉTÉ ROYALE DE LONDRES.

Monsieur, je vois avec une grande satisfaction, dans l'un des derniers numéros de votre précieuse publication (*la Gazette lit-*

téraire), la grande attention que vous donnez à ce que vous appelez la nouvelle découverte dans les beaux-arts; et j'espère que le peu de faits relatifs à cet intéressant sujet, que je vous communique par cette lettre, attireront encore plus votre attention.

Dans le mois de septembre 1827, un Français, M. Joseph-Nicéphore Niepce, de Châlon-sur-Saône, arriva à Kiew, pour rendre visite à son frère, qui avait été longtemps en Angleterre, et y était dangereusement malade. Je fis bientôt connaissance avec M. Niepce. Il m'apprit alors qu'*il avait fait l'importante et intéressante découverte de fixer d'une manière permanente l'image de tout objet par l'action spontanée de la lumière.* Il me montra plusieurs spécimens très intéressants, tant d'images fixées sur des plaques d'étain poli, que d'impressions faites sur le papier d'après ces planches préparées par son procédé chimique. M. Niepce appelait ces spécimens *les premiers résultats de mes longues recherches.* M. Niepce désira que son intéressante et importante découverte fût connue de la Société royale de Londres, et qu'ainsi la priorité de sa découverte fût établie. Je l'engageai en conséquence à rédiger un écrit ou mémoire sur ce sujet, qui serait alors présenté à la Société. Il le fit; il écrivit cela à Kiew, et le data du 8 décembre 1827.

J'ai le plaisir de vous envoyer sous ce pli une traduction de cet intéressant Mémoire.

M. Niepce fut bientôt présenté à quelques-uns des membres les plus influents de la Société royale, auxquels il remit son mémoire et plusieurs spécimens de sa découverte; mais, bien qu'il ait eu plusieurs entrevues avec ces membres, qui avaient pu délibérer pendant plusieurs semaines sur son mémoire, comme M. Niepce ne voulut pas expliquer son secret, le mémoire et tous les spécimens lui furent rendus, et le sujet ne fut jamais présenté à la Société.

M. Niepce fut obligé, par de pressantes affaires de famille, de retourner en France dans le commencement de février 1820; et environ quinze jours après son départ, son frère mourut à Kiew. Cet événement causa naturellement une grande interruption dans les recherches scientifiques de M. Niepce : nous continuâmes cependant une correspondance amicale pendant quelque temps; mais une lettre que je reçus de lui, datée du 9 janvier 1829, fut la dernière. Dans cette lettre, comme dans toutes les autres, il parle toujours du succès de ses recherches, et il exprime l'espoir fondé que dans l'été suivant, il sera en état de compléter sa découverte, et il me promet de me communiquer fidèlement et promptement le résultat final de ses longues recherches. Mais depuis ce jour (9 janvier 1829), je n'avais rien vu ni entendu de M. Niepce, ou de son héliographie, jusqu'au 12 janvier 1839, époque à laquelle mon attention fut attirée par *la Gazette littéraire*, rapportant un article de *la Gazette de France*, daté de Paris le 6 janvier 1839, et signé H. Gaucherant, dans lequel je trouvai, à ma grande surprise, que M. Daguerre, justement célèbre par son Diorama, non seulement réclame le mérite d'avoir découvert le premier cet art intéressant et important, mais veut encore lui imprimer son propre nom! Je me rappelle bien que M. Daguerre était lié avec M. Niepce; mais je n'ai jamais entendu ni compris qu'il eût pris une part active aux recherches de M. Niepce autrement qu'en l'encourageant à persévérer dans ses travaux. Je sais aussi que M. Daguerre s'était occupé avec zèle de recherches et d'expériences dans lesquelles il obtenait des succès; mais cet *objet était différent, à une grande distance*, de celui de M. Niepce; c'est ce que M. Daguerre appelle maintenant sa *décomposition de la lumière*, moyen par lequel il produit l'étonnant et admirable effet de ses représentations du Diorama, et dont les récits merveilleux remplissent les papiers publics. (Voyez *le Morning-Post.*) Mais sa *découverte de la décomposition de la lumière* est une chose *grandement différente de la découverte de fixer d'une manière permanente les objets par l'action de la lumière.*

Quoique cette dernière découverte soit en grande partie également rapportée dans le journal français (voyez *la Gazette de France* du 6 janvier 1839), dans lequel on parle pour la première fois du daguerréotype comme il suit : « C'est avec un grand plaisir que nous annonçons l'importante découverte faite par M. Daguerre, le célèbre peintre du Diorama. » Et ensuite : « M. Daguerre a découvert une méthode de fixer les images qui se sont représentées au foyer d'une chambre noire, etc. » Et une seconde fois : « MM. Arago, Biot et de Humboldt se sont assurés de la réalité de cette découverte, qui mérite leur admiration, et M. Arago, dans peu de jours, la fera connaître à l'Académie des Sciences. » Vers la fin de l'article, l'auteur nous donne l'important avis suivant : « M. Daguerre *avoue généreusement que la première idée de ce procédé* lui fut donnée, il y a quinze ans, par M. Niepce (de Châlon-sur-Saône), mais dans un tel état d'imperfection, qu'il lui a fallu un travail long et persévérant pour atteindre le but. »

Maintenant, je ne pense pas que M. Niepce ait pu donner quelque idée il y a quinze ans : car les spécimens apportés par M. Niepce, et exposés en Angleterre en 1827 (et dont quelques-uns sont encore entre mes mains), étaient tous aussi parfaits que les produits de M. Daguerre décrits dans les papiers français de 1839, et cependant c'est la première fois que le nom de Niepce est mentionné !... Dans un journal subséquent est un article daté de Paris, le 9 janvier 1839, dans lequel, après plusieurs éloges, on dit : « M. Arago a fait, le 7 de ce mois, une communication verbale à l'Académie des Sciences sur la belle découverte de M. Daguerre ; » et dans l'article suivant : « Considérant la grande utilité de cette découverte pour le public, et l'extrême simplicité du procédé, qui est telle, que tout le monde peut s'en servir, M. Arago pense qu'il serait impossible, au moyen d'un brevet ou autrement, d'assurer à l'inventeur les avantages qu'il doit retirer de sa découverte, et il croit que le meilleur moyen pour le gouvernement serait d'en faire l'acquisition et de la livrer au public. » Mais le nom de M. Niepce n'est pas mentionné dans ce rapport, ce qui est, je l'avoue, incompréhensible. Pour moi, qui ai l'honneur de connaître particulièrement M. le baron de Humboldt et M. Arago, et qui professe l'opinion qu'il n'y a pas d'hommes plus savants et plus honorables, je crois que tout lecteur impartial, en réunissant la déclaration formelle de M. Niepce et le généreux aveu de M. Daguerre, sera convaincu, comme moi, que M. Niepce est l'inventeur de cet art intéressant. Quoique, pendant la longue période de dix ans et l'interruption et l'entière cessation de notre correspondance en 1829, M. Daguerre ait pu faire beaucoup de progrès ; quoique, surtout s'il a acheté loyalement le secret de M. Niepce, je pense qu'il doive retirer le plus grand profit possible de la vente de ce secret, le mérite de l'invention n'en restera pas moins à mon estimable ami Nicéphore Niepce !

Je n'ai vu aucun dessin photogénique de M. Talbot ; mais, d'après ce que je vois dans les journaux, je conjecture qu'il prétend avoir fait des expériences très intéressantes dans les quatre ou cinq années qui viennent de s'écouler ; mais il me semble que son procédé est basé sur le même principe que la découverte de M. Niepce, et si M. Talbot réussit à fixer d'une manière permanente l'image de la nature sur le papier, il aura certainement fait le plus important, car il aura fait le plus utile.

Avant de quitter l'Angleterre, M. Niepce me présenta plusieurs intéressants spécimens de son art nouvellement découvert. L'un d'eux est sa première expérience heureuse pour fixer l'image de la nature ; une autre planche préparée avec ce qu'il appelle le procédé chimique pour agir sur une planche de cuivre, comme une gravure à l'eau-forte et pour prendre des impressions de cette même planche.

Si vous, monsieur, ou quelqu'un s'occupant d'art ou de sciences, attachait quelque intérêt à ce sujet et désirait voir les spécimens que j'ai en ma possession, il peut passer à ma maison, et je serai heureux de les lui montrer et de lui donner toutes les explications qu'il désirera.

Cette communication, monsieur, est entièrement à votre service, et vous pouvez en faire l'usage que vous jugerez convenable ; en accusant la réception de cette communication dans votre prochaine publication, je saurai qu'elle vous est parvenue, et vous obligerez beaucoup, monsieur, votre très humble serviteur,

FRANCIS BAUER.

27 février 1839.

NOTE III.

TRAITÉ D'ASSOCIATION ENTRE NIEPCE ET DAGUERRE.

M. Niepce, désirant fixer par un moyen nouveau, sans avoir recours à un dessinateur, les vues qu'offre la nature, a fait des recherches à ce sujet : de nombreux essais constatant cette découverte en ont été le résultat. Cette découverte consiste dans la reproduction spontanée des images reçues dans la chambre noire.

M. Daguerre, auquel il a fait part de sa découverte, en ayant apprécié tout l'intérêt, d'autant mieux qu'elle est susceptible d'un grand perfectionnement, offre à M. Niepce de s'adjoindre à lui pour parvenir à ce perfectionnement, et de s'associer pour retirer tous les avantages possibles de ce nouveau genre d'industrie.

Cet exposé fait, les sieurs comparants ont arrêté entre eux de la manière suivante les statuts provisoires et fondamentaux de leur association.

Art. 1er. Il y aura, entre MM. Niepce et Daguerre, société sous la raison de commerce *Niepce-Daguerre*, pour coopérer au perfectionnement de ladite découverte, inventée par M. Niepce et perfectionnée par M. Daguerre.

Art. 2. La durée de cette société sera de dix années à partir du 14 décembre courant, et elle ne pourra être dissoute avant ce terme sans le consentement mutuel des parties intéressées. En cas de décès de l'un des deux associés, celui-ci sera remplacé dans ladite société, pendant le reste des dix années qui ne seraient pas expirées, par celui qui le remplace naturellement. Et encore, en cas de décès de l'un des deux associés, ladite découverte ne pourra jamais être publiée que sous les deux noms désignés dans l'article précédent.

Art. 3. Après la signature du présent traité, M. Niepce devra confier à M. Daguerre, sous le sceau du secret, qui devra être conservé à peine de tous dépens, dommages-intérêts, le principe sur lequel repose sa découverte, et lui fournir les documents les plus exacts et les plus circonstanciés sur la nature, l'emploi et les différents modes d'application des procédés qui s'y rattachent, afin de mettre par là plus d'ensemble et de célérité dans les recherches et les expériences dirigées vers le but du perfectionnement et de l'utilité de la découverte.

Art. 4. M. Daguerre s'engage, sous les susdites peines, à garder le plus grand secret, tant sur le principe fondamental de la découverte que sur la nature, l'emploi et les applications des procédés qui lui seront communiqués, et à coopérer autant qu'il lui sera possible aux améliorations jugées nécessaires par l'utile intervention de ses lumières et de ses talents.

Art. 5. M. Niepce met et abandonne à la société, à titre de mise, son invention, représentant la valeur de la moitié des produits dont elle sera susceptible, et M. Daguerre y apporte une nouvelle combinaison de chambre noire, ses talents et son industrie, équivalant à l'autre moitié des susdits produits.

Art. 6. Aussitôt après la signature du présent traité, M. Daguerre devra confier à M. Niepce, sous le sceau du secret, qui devra être conservé à peine de tous dépens, dommages et intérêts, le principe sur lequel repose le perfectionnement qu'il a apporté à la chambre noire, et lui fournir les documents les plus précis sur la nature dudit perfectionnement.

Art. 7. Les sieurs Niepce et Daguerre fourniront par moitié à la caisse commune les fonds nécessaires à l'établissement de la société.

Art. 8. Lorsque les associés jugeront convenable de faire l'application de ladite découverte au procédé de la gravure, c'est-à-dire de constater les avantages qui résulteraient pour un graveur de l'application desdits procédés qui lui procureraient par là une ébauche avancée, MM. Niepce et Daguerre s'engagent à ne choisir aucune autre personne que M. Lemaître pour faire ladite application.

Art. 9. Lors du traité définitif, les associés nommeront entre eux le directeur et le caissier de la société, dont le siége sera à Paris. Le directeur dirigera les opérations arrêtées par les associés, et le caissier recevra et paiera les bons et mandats délivrés par le directeur dans l'intérêt de la société.

Art. 10. Les fonctions du directeur et du caissier seront de la durée du présent traité; néanmoins ils pourront être réélus. Leurs fonctions seront gratuites, ou il leur sera alloué une retenue sur les produits, selon qu'il sera jugé convenable par les associés lors du traité définitif.

Art. 11. Chaque mois, le caissier rendra ses comptes au directeur en donnant l'état de situation de la société ; et à chaque semestre, les associés se partageront les bénéfices ainsi qu'il est dit ci-après.

Art. 12. Les comptes du caissier et l'état de situation seront arrêtés, signés et paraphés, chaque semestre, par les deux associés.

Art. 13. Les améliorations et perfectionnements apportés à ladite découverte, ainsi que les perfectionnements apportés à la chambre noire, seront et demeureront acquis au profit des deux associés, qui, lorsqu'ils seront parvenus au but qu'ils se proposent, feront un traité définitif entre eux, sur les bases du présent.

Art. 14. Les bénéfices des associés, dans les produits nets de la société, seront répartis par moitié entre M. Niepce, en sa qualité d'inventeur, et M. Daguerre, pour ses perfectionnements.

Art. 15. Les contestations qui pourraient s'élever entre les associés, à raison de l'exécution du présent, seront jugées définitivement, sans appel ni recours en cassation, par des arbitres nommés par chacune des parties à l'amiable, conformément à l'article 51 du Code de commerce.

Art. 16. En cas de dissolution de cette société, la liquidation s'en fera par le caissier, à l'amiable, ou par les associés ensemble, ou enfin par une personne tierce qu'ils nommeront à l'amiable, ou qui sera nommée par le tribunal compétent, à la diligence du plus actif des associés.

Le tout a été ainsi réglé provisoirement entre les parties, qui, pour l'exécution du présent, font élection de domicile en leurs demeures respectives, ci-devant désignées.

Fait double et signé à Châlon-sur-Saône, le 14 décembre 1829.

J. Niepce. Louis-Mandé Daguerre.

NOTE IV.

MODIFICATIONS APPORTÉES AU PROCÉDÉ DE NIEPCE PAR M. DAGUERRE

AVANT LA DÉCOUVERTE DU DAGUERRÉOTYPE.

La substance que l'on doit employer de préférence est le résidu qu'on obtient par l'évaporation de l'huile essentielle de lavande, appliqué en couches très minces, par le moyen de sa dissolution dans l'alcool.

Bien que toutes les substances résineuses ou bitumineuses, sans en excepter une seule, soient douées de la même propriété, c'est-à-dire celle d'être sensibles à la lumière, on doit donner la préférence à celles qui sont les plus onctueuses, parce qu'elles donnent plus de fixité à l'épreuve; plusieurs huiles essentielles perdent ce caractère lorsqu'elles sont exposées à une forte chaleur.

Ce n'est cependant pas à cause de sa prompte décomposition à la lumière que l'on doit préférer le résidu de l'huile de lavande; il est des résines, le galipot, par exemple, qui, dissoutes dans l'alcool et étendues sur un verre ou sur une plaque de métal, laissent, par l'évaporation de l'alcool, une couche très blanche et infiniment plus sensible à la radiation qui opère cette décomposition. Mais cette plus grande sensibilité à la lumière, causée par une évaporation moins prolongée, rend les images ainsi obtenues plus faciles à se détériorer; elles se gercent et finissent par disparaître entièrement quand on les expose plusieurs mois au soleil. Le résidu de l'huile essentielle de lavande présente plus de fixité, sans être cependant inaltérable par l'action directe du soleil.

Pour obtenir ce résidu, on fait évaporer l'essence dans une capsule à l'aide de la chaleur, jusqu'à ce que le résidu acquière une telle consistance, qu'après son refroidissement il sonne en le frappant avec la pointe d'un couteau, et qu'il se brise en éclats lorsqu'on cherche à le détacher de la capsule. On fait ensuite dissoudre une très petite quantité de cette matière dans de l'alcool ou dans de l'éther acétique; il faut que la solution soit très claire et d'une couleur citron. Plus la solution est claire, plus la couche qu'on obtient est mince; il ne faut pas cependant qu'elle soit trop claire, car alors elle ne pourrait pas mater ni faire une couleur blanche, ce qui est indispensable pour obtenir de l'effet dans les épreuves. L'emploi de l'alcool ou de l'éther n'a d'autre but que de faciliter l'application du résidu sous une forme qui est excessivement divisée; puisque lorsqu'on opère, l'alcool est entièrement vaporisé.

Lorsqu'on veut opérer, il faut que le métal ou le verre soit parfaitement nettoyé; on peut pour cela se servir d'alcool ou de tripoli très fin, mais il faut toujours terminer cette opération en frottant à sec, afin qu'il ne reste aucune trace de liquide; on se sert de coton avec l'alcool et le tripoli, qui doit être excessivement fin pour qu'il ne raie pas le métal ou le verre.

Pour appliquer la couche, on tient la plaque de métal ou le verre d'une main, et de l'autre on verse dessus la solution (qui doit être contenue dans un petit flacon à large ouverture), de manière que cette solution couvre rapidement, en coulant, toute la surface de la plaque. D'abord il faut tenir la plaque un peu inclinée; mais aussitôt qu'on a versé la solution et qu'elle a cessé de couler, on la dresse perpendiculairement. On passe tout de suite le doigt derrière la plaque, ainsi qu'au bas, pour entraîner une partie du liquide qui, tendant toujours à remonter, doublerait l'épaisseur de la couche. Il faut chaque fois s'essuyer le doigt et le passer très rapidement dans toute la longueur de la plaque, par dessous et du côté opposé à la couche; lorsque le liquide ne coule plus, on place, pour la laisser sécher, la plaque à l'ombre, car autrement la lumière détruirait la sensibilité de la substance.

Dans cet état, la couche est blanche et extrêmement mince; c'est en partie à cette dernière condition qu'est dû le plus ou le moins de promptitude. Cette préparation doit être faite à un faible jour, ou, ce qui est préférable, à la lumière d'une bougie qui n'a pas d'action sur cette substance.

Lorsque la couche est bien sèche, la plaque peut être mise dans la chambre noire. On la laisse dans cet état le temps nécessaire à la production de l'image, temps qui ne peut être limité parce qu'il dépend du plus ou moins d'intensité de la lumière répandue sur les objets dont on veut fixer l'image. Cependant il ne faut pas moins de sept à huit heures pour une vue, et à peu près trois heures pour les objets très éclairés par le soleil et d'ailleurs très clairs de leur nature. Cependant ces données ne sont qu'approximatives, car les saisons et les différentes heures de la journée y apportent de grandes modifications.

Quand on opère sur verre, il est nécessaire, pour augmenter la lumière, de le poser sur une feuille de papier ; mais pour que ce reflet ne soit pas confus, il faut que le côté de la couche soit posé directement sur le papier et qu'elle le touche parfaitement sur toute sa surface. Pour cela, il faut tendre le papier sur une planche très plane, en supposant que le verre le soit aussi ; on aura soin de choisir le verre le plus blanc possible.

Quand l'épreuve a été laissée le temps nécessaire dans la chambre noire, il faut la retirer en ayant toujours soin de la garantir de la lumière.

Comme il arrive très souvent qu'au sortir de la chambre noire on n'aperçoit aucune trace de l'image, il s'agit de la faire paraître.

Pour cela, il faut prendre un bassin de cuivre étamé ou de fer-blanc, plus grand que la plaque, et garni tout autour d'un rebord d'environ 50 millimètres de hauteur. On remplit le bassin d'huile de pétrole, jusqu'à peu près un quart de sa hauteur ; on fixe la plaque sur une planchette de bois qui couvre parfaitement le bassin. L'huile de pétrole, en s'évaporant, pénètre entièrement la substance dans les endroits sur lesquels l'action de la lumière n'a pas eu lieu, il lui donne une transparence telle qu'il semble ne rien y avoir dans ces endroits : ceux, au contraire, sur lesquels la lumière a vivement agi ne sont point attaqués par la vapeur de l'huile de pétrole.

C'est ainsi qu'est effectuée la dégradation des teintes, par le plus ou moins d'action de la vapeur de l'huile de pétrole sur la substance.

Il faut de temps en temps regarder l'épreuve, et la retirer aussitôt qu'on a obtenu les plus grandes vigueurs ; car en poussant trop loin l'évaporation les plus grands clairs en seraient attaqués et finiraient par disparaître. L'épreuve est alors terminée. Il faut la mettre sous verre pour éviter que la poussière ne s'y attache, et, pour l'enlever, il ne faut pas employer d'autre moyen que de la chasser en soufflant. En mettant les épreuves sous verre, on préserve aussi la feuille d'argent plaqué des vapeurs qui pourraient l'altérer.

Résumé.

Comme il a été dit plus haut, tous les bitumes, toutes les résines et tous les résidus d'huiles essentielles sont décomposables par la lumière d'une manière très sensible ; il suffit pour cela de les mettre en couches très minces, et de trouver un dissolvant qui leur convienne. On peut employer comme dissolvants l'huile de pétrole, toutes les huiles essentielles, l'alcool, les éthers et le calorique.

M. Niepce plongeait la plaque, couverte d'un vernis de bitume, dans un dissolvant liquide ; mais un semblable moyen est rarement en rapport avec le peu d'intensité de lumière qu'ont les épreuves obtenues dans la chambre noire.

Il arrive toujours que le dissolvant est trop fort ou trop faible.

Dans le premier cas, il enlève entièrement le vernis, et dans le second, il ne rend pas l'image assez apparente.

L'effet du dissolvant dans lequel on plonge l'épreuve est d'enlever le vernis dans les endroits où la lumière n'a pas frappé, ou bien, selon la nature du dissolvant, on obtient l'effet contraire, c'est-à-dire que les parties frappées par la lumière sont enlevées, tandis que les autres restent intactes. C'est là ce qui arrive lorsqu'on emploie, comme dissolvant, de l'alcool, au lieu d'huile de pétrole ou essentielle.

Les dissolvants par l'évaporation ou par l'effet du calorique sont bien préférables: on peut toujours en arrêter les effets à volonté. Mais il est indispensable que la couche ne fasse pas l'effet d'un vernis; il faut qu'elle soit mate et aussi blanche que possible. La vapeur du dissolvant ne fait que pénétrer la couche et en détruire le mat, selon le plus ou moins d'intensité de la lumière. Cette manière de procéder donne une dégradation de teintes qu'il est tout à fait impossible d'obtenir en trempant l'épreuve dans un dissolvant.

Un grand nombre d'expériences faites par l'auteur lui ont prouvé que la lumière ne peut pas frapper sur un corps sans laisser des traces de décomposition à sa surface ; mais elles lui ont aussi démontré que ces mêmes corps ont la propriété de se recomposer en grande partie à l'ombre, à moins que la lumière n'ait déterminé une décomposition complète.

On peut s'en convaincre en disposant, par le procédé décrit ci-dessus, deux plaques semblables préparées de la même manière, et en les exposant à la lumière avec des effets d'ombre. Quand on juge que la lumière a produit son action, on retire les deux plaques, et l'on fait subir immédiatement à l'une l'effet du dissolvant ; et l'on conserve l'autre enfermée dans une boîte pendant plusieurs jours, après lesquels on l'expose, comme la première, à l'effet du dissolvant. On verra alors que le résultat obtenu sur la seconde plaque ne ressemble pas à celui qu'a donné la première.

On peut conclure de là qu'une grande partie des corps, et sans aucun doute tous les vernis, se détruiraient beaucoup plus promptement, sans cette propriété qu'ils possèdent de se recomposer à l'ombre.

NOTE V.

LETTRE DE M. TALBOT A M. BIOT SUR LA PRÉPARATION DES PAPIERS PHOTOGRAPHIQUES.

« Je vous ai averti, dans ma lettre du 28 mai, que ma prochaine contiendrait probablement la description de ma nouvelle méthode photographique C'est ce que je vous envoie aujourd'hui. Vous me ferez plaisir en la communiquant à l'Académie.

» J'envoie dans une autre lettre des échantillons d'*acide gallique* et de *papier iodé*, pour que vous puissiez opérer sur des substances chimiques identiques avec les miennes. (Dans ma description, j'ai employé les poids et les mesures anglais.)

» La préparation du papier calotype (c'est le nom que je lui donne) se divise en deux parties distinctes.

» *Première partie.* — On dissout 100 *grains* de nitrate d'argent cristallisé dans 6 *onces* d'eau pure. On lave avec cette solution une feuille de papier à écrire sur un de ses côtés, que l'on marque, pour pouvoir le reconnaître ensuite. On le fait sécher doucement. Alors on le plonge pendant deux minutes dans une dissolution faite ainsi :

Eau. . . . . , ...	1 pinte;
Iodure de potassium. . .	500 grains.

» Après cela, on lave le papier dans l'eau, puis on le sèche; et, quoique peu sensible à la lumière, on a soin de le tenir enfermé dans un portefeuille. Avec cette précaution, le papier peut se conserver pendant un temps indéfini. Dans cet état de préparation, je l'appelle *papier iodurė*, puisqu'il est recouvert d'une couche d'iodure d'argent.

» *Deuxième partie.* — On prend une feuille de *papier ioduré*, et on le lave avec une dissolution d'argent ainsi préparée :

» A. On dissout 100 *grains* de nitrate d'argent dans 2 *onces* d'eau pure;

» On y ajoute la sixième partie de son volume d'acide acétique un peu fort.

» B. Solution saturée d'acide gallique cristallisé dans l'eau froide. La quantité ainsi dissoute est assez faible.

» Les solutions A et B étant ainsi préparées, on les ajoute l'une à l'autre à volumes égaux, mais en petite quantité à la fois, parce que leur mélange se décompose en peu de temps. J'appelle ce mélange le *gallo-nitrate d'argent*.

» C'est avec ce *gallo-nitrate d'argent* qu'il faut laver le papier ioduré, et pour cela on se sert de la lumière d'une bougie. On laisse le papier ainsi humecté pendant une demi-minute ; alors on le plonge dans l'eau ; on le sèche avec le papier brouillard et en le tenant avec précaution devant le feu.

» C'est là la préparation du papier *calotype.*

» On garde ce papier enfermé dans une presse jusqu'au moment où l'on veut s'en servir. Cependant, si l'on s'en sert tout de suite, on peut s'épargner la peine de le sécher, puisqu'il réussit également bien lorsqu'il est un peu humide.

Usage du papier.—On le met au foyer de la chambre obscure, qu'on dirige vers l'objet qu'on veut peindre.

» Pour donner une idée du temps nécessaire, je supposerai la lentille objective de 1 pouce de diamètre et de 15 pouces de foyer, et que l'on dirige l'instrument sur la façade d'un bâtiment éclairé par le soleil ; alors une minute me paraît le temps le plus convenable pour la durée de l'action lumineuse ; ensuite on retire le papier et on l'examine à la lumière d'une bougie. On n'y verra probablement rien, mais l'image y existe dans un état invisible. Pour la rendre visible, voici ce qu'il faut faire : il faut laver le papier encore une fois avec le *gallo-nitrate d'argent*, et puis le chauffer doucement devant le feu : on verra alors sortir, comme par enchantement, tous les détails du tableau. Une ou deux minutes suffisent ordinairement pour faire acquérir au tableau sa plus grande perfection. Il faut alors le *fixer* d'une manière permanente.

» *Fixation du tableau.* — Après avoir lavé le tableau, on l'humecte avec une solution ainsi faite :

Eau.	8 à 10 onces ;
Brômure de potassium. . .	100 grains.

» Après une ou deux minutes, on doit le laver encore et le sécher. Les tableaux ainsi fixés offrent le grand avantage de rester transparents ; c'est ce qu'il faut pour pouvoir en tirer de belles copies. Pour faire la copie, on peut se servir d'une deuxième feuille de *papier calotype*, qu'on presse fortement contre le tableau, et qu'on expose ainsi à la lumière ; mais il vaut mieux se servir du papier photographique ordinaire. A la vérité les copies alors prennent plus de temps ; mais, en revanche, elles sont d'une apparence plus agréable. Le tableau fournit ordinairement plusieurs bonnes copies, et alors il s'affaiblit peu à peu et les copies ne sont plus bonnes. Mais la propriété la plus extraordinaire qu'ont les tableaux calotypes, c'est qu'on peut les rajeunir et leur donner leur beauté primitive. Pour cela, on n'a qu'à les laver encore avec le *gallo-nitrate d'argent* et les chauffer doucement. Les ombres du tableau noircissent alors beaucoup sans causer aux parties claires aucun changement. Il faut après cela renouveler la *fixation* du tableau, et alors on peut en tirer une deuxième série de bonnes copies.

» Comme on ne trouve pas chez tous les pharmaciens de l'acide gallique cristallisé, on peut y substituer l'extrait de la noix de galle (*tincture of galls*).

» La manière dont il faut se servir du *papier calotype* pour obtenir des tableaux photographiques *positifs* par une seule opération, fera le sujet d'une deuxième lettre.

» J'ai cru devoir ajouter à ma description des échantillons de papier calotype préparé, parce que les moindres différences chimiques ont de l'influence sur les résultats. » (*Comptes rendus de l'Académie des sciences de Paris*, 7 juin 1841.)

NOTE VI.

PROCÉDÉ POUR OBTENIR LES ÉPREUVES DE PHOTOGRAPHIE SUR PAPIER, PAR M. BLANQUART-ÉVRARD (DE LILLE).

A l'admiration que fit naître la belle découverte de M. Daguerre, se joignit bientôt un vœu : les artistes surtout firent appel à la science, et lui demandèrent les moyens de fixer sur le papier les images de la chambre noire, que M. Daguerre obtenait sur plaqué d'argent. Cet appel fut entendu : grand nombre de savants firent bientôt connaître les propriétés photogéniques de beaucoup de produits chimiques ; les recettes se multiplièrent à l'infini : d'où vient qu'elles restèrent sans résultat ?

Certes, on ne pouvait l'attribuer à l'inaction des amateurs ; car, outre le piquant qu'offre toujours une nouveauté, cette nouvelle branche de photographie présentait trop d'intérêt sous le double rapport de l'art et de ses applications à l'industrie, pour ne pas réclamer tous leurs efforts. Si leurs travaux sont restés stériles, c'est qu'il y avait au fond de l'opération, telle qu'elle se pratiquait, une cause permanente d'insuccès ; en d'autres termes, l'absence d'un principe pour la préparation du papier.

Dirigeant dès lors mes recherches vers ce but, j'arrivai bientôt à reconnaître que si les résultats qu'on obtenait étaient inconstants et défectueux, donnant des images sans puissance et sans finesse, sans dégradations lumineuses et sans transparence dans les clairs-obscurs, la cause était due à une préparation incomplète et trop superficielle du papier. En effet, procédant par analogie avec la préparation sur plaqué, on se contentait de déposer, sur une des surfaces du papier, les principes photogéniques. Cette opération chargeant inégalement la surface du papier, celle-ci était inégalement impressionnée à la lumière, lors de l'exposition à la chambre noire. Les réactions chimiques qui suivaient cette exposition accusaient toutes ces inégalités ; en outre, la préparation étant trop superficielle, l'image manquait de ton dans les parties lumineuses, et de transparence dans les demi-teintes. Cette analyse me conduisit donc à reconnaître ce principe, qu'il fallait rendre la pâte du papier photogénique, en procédant à sa préparation par absorption, de manière qu'elle récélât les principes chimiques des dissolutions, et qu'elle devînt ainsi le milieu dans lequel doivent s'accomplir les réactions chimiques, qui finalement constituent l'image photographique.

Ce principe posé, chaque praticien peut, à son gré, choisir ses substances. De même que, pour le plaqué d'argent, les uns préfèrent les bromures aux chlorures ; de même, pour le papier, ils sont libres de leur préférence : les résultats sont relatifs, mais le principe devra être observé dans la préparation.

Afin de faciliter les premiers travaux de ceux qui voudraient se livrer à l'étude de la photographie sur papier, je vais leur indiquer ici les moyens de préparations des épreuves que j'ai produites, et dont l'emploi leur donnera un résultat propre à les encourager à de nouvelles études.

Pour opérer promptement, il faut employer le papier mouillé : c'est là une condition qui rend l'opération très difficile ; car, à peine le papier est-il déposé sur la planchette du châssis, qu'il se boursouffle. Pour parer à ce grave désagrément, on a conseillé l'ardoise humide ; mais cela ne retarde l'inconvénient que de quelques minutes, et, par suite, ne dispense pas de procéder à ces opérations préliminaires sur les lieux mêmes où l'on veut prendre une épreuve. A la recherche d'un moyen, je commençai à me servir d'une glace sur laquelle je déposais le papier et que je garantissais par la planchette pour former mon châssis. Un jour, par distraction, je plaçai cette glace dans mon châssis, dans le sens opposé, c'est-à-dire le papier en dedans et la glace faisant face à l'objectif dans la chambre noire. J'obtins également mon épreuve. Ce fut un trait de lumière : l'image pouvant venir derrière une glace, en pressant le papier entre deux glaces, recouvrant auparavant un des côtés du papier photogénique de deux ou trois feuilles de papier bien mouillé, je pouvais entretenir l'humidité pendant un temps considérable, et mon papier, par son adhérence à la glace, conservait toujours une surface parfaite. Je pus ainsi aller au loin prendre une épreuve et venir la terminer dans mon cabinet. Ce moyen, on le voit, lève une des plus grandes difficultés de la photographie sur papier, et rendra son exécution plus facile que celle sur plaqué.

Toutes les opérations que je vais décrire se feront à froid, non parce que cela est préférable, mais parce que ce mode est moins assujétissant, et qu'il devient ainsi à la portée du plus modeste préparateur, auquel un coin d'appartement, bien garanti de toute lumière, pourra servir de laboratoire. Elles seront faites à la lueur d'une bougie ou d'une lampe ordinaire.

L'opération se divise en deux parties : la première est celle qui doit donner l'épreuve de la chambre noire ; elle est négative, les parties éclairées étant représentées par les noirs, et *vice versâ*.

Pour cette épreuve, on fera choix d'un papier de la force des plus beaux papiers à lettre, glacé, de la plus belle pâte possible.

Je me suis trouvé très bien de celui de M. Marion, marqué n° 10 B.

On versera dans une cuvette une dissolution de 1 partie de nitrate d'argent et 30 parties d'eau distillée (toutes les parties sont désignées au poids), sur la surface de laquelle on déposera le papier en ayant soin de ne pas enfermer de bulles d'air entre la masse du liquide et le papier (cette recommandation s'applique à toutes les préparations ultérieures). Après une minute sur ce bain, on retirera ce papier en le faisant égoutter par un des angles, puis on le disposera à plat sur une surface imperméable, telle qu'un meuble verni, une toile cirée, etc., le laissant ainsi sécher lentement, en ayant soin d'éviter tout dépôt de liquide par place, ce qui serait une cause de tache aux épreuves.

Dans un autre vase où l'on aura versé une dissolution de 25 parties d'iodure de potassium, 1 partie de bromure de potassium et 560 parties d'eau distillée, on plongera entièrement ce papier pendant une minute et demie ou deux minutes, s'il fait froid, en laissant au-dessus le côté nitraté; on le retirera de ce bain en le prenant par deux coins, et on le passera, sans le lâcher, dans un vase plus grand rempli d'eau distillée, afin de le laver et d'enlever tout dépôt cristallin qui pourrait, sans cela, rester à la surface; puis, sur un fil qu'on aura tendu horizontalement à cet effet, on suspendra le papier, en faisant une corne à l'un des coins, et on le laissera ainsi s'égoutter et se sécher complétement.

Ce papier, ainsi préparé, sera recueilli dans une boîte de carton à l'abri de la lumière, et sans être tassé fortement; il pourra se conserver pendant des mois entiers. On peut donc, dans une seule journée, se préparer le papier nécessaire à une excursion de plusieurs mois. On recueillera les excédants des liquides dans des flacons recouverts de papier noir : ils pourront servir jusqu'à épuisement.

Lorsqu'on voudra prendre une épreuve, on versera sur une glace bien plane et bien calée sur un support qu'elle débordera, quelques gouttes d'une dissolution de 6 parties de nitrate d'argent, 11 parties d'acide acétique cristallisable et 64 parties d'eau distillée (on ne prendra que la moitié de la quantité d'eau pour dissoudre le nitrate, on versera ensuite l'acide acétique, et, après une heure de repos, on ajoutera la seconde partie d'eau).

On y déposera le papier du côté qui aura été soumis, dans la première préparation, à l'absorption du nitrate d'argent; on étendra avec la main le papier, de manière que, bien imbibé partout de la dissolution, il adhère parfaitement à la glace, sans laisser de plis ni de bulles d'air. Ceci fait, on le couvrira de plusieurs feuilles de papier bien propre, trempées à l'avance dans l'eau distillée (une seule pourrait suffire si l'on avait un papier d'une très grande épaisseur); sur ces feuilles de papier trempées, on déposera une seconde glace, de la même dimension que la première, et l'on pressera fortement dessus, pour ne former qu'une seule masse. On déposera le tout dans un châssis de la chambre noire, qu'on aura préalablement fait disposer à cet effet, et l'on ira ensuite procéder à l'exposition, comme si le châssis renfermait une plaque daguerrienne.

Cette préparation exige une durée d'exposition qui pourra être calculée par les daguerréotypeurs, au quart de celle nécessaire pour les plaques préparées au chlorure d'iode. Ils tiendront compte, toutefois, de la température, et remarqueront qu'elle est une cause d'accélération non moins puissante que l'intensité lumineuse.

L'exposition terminée, on déposera l'épreuve sur un plateau de verre ou de porcelaine, qu'on aura légèrement mouillé, afin que le papier y adhère plus facilement. On versera dessus une dissolution saturée d'acide gallique; à l'instant, l'image apparaîtra. On laissera agir l'acide gallique, afin que la combinaison soit plus profonde dans le papier, et que tous les détails arrivent dans les parties des clairs-obscurs; mais on arrêtera, toutefois, l'action de l'acide gallique, avant que les blancs qui doivent former les noirs de l'épreuve positive n'éprouvent de l'altération. A cet effet, on lavera l'épreuve en jetant de l'eau dessus, pour la débarrasser de l'acide gallique; puis, la déposant de nouveau sur le support, on y versera une couche d'une dissolution de 1 partie de bromure de potassium et de 40 parties d'eau distillée, qu'on laissera dessus pendant un quart d'heure, en ayant bien soin qu'elle en soit toujours couverte; après quoi, on lavera l'épreuve à grande eau, et on la sèchera entre plusieurs feuilles de papier buvard. Elle sera alors achevée, et pourra donner un nombre considérable d'épreuves positives, après que, pour la rendre plus transparente, on l'aura imbibée de cire, en en râpant une petite quantité sur le papier et la faisant fondre avec un fer à repasser, à travers plusieurs feuilles de papier à lettre, qu'on renouvellera suffisamment, afin d'enlever tout dépôt de cire à la surface de l'épreuve.

Préparation du papier de l'épreuve positive. — On fera choix, pour cette épreuve, du papier de la plus belle pâte, le plus épais possible et parfaitement glacé.

Dans un vase où l'on aura versé une solution de 3 parties d'eau saturée de sel marin dans 10 parties d'eau distillée, on déposera la feuille de papier sur une seule surface, et on l'y laissera jusqu'à ce qu'elle s'aplatisse parfaitement sur l'eau (deux ou trois minutes). On le séchera sur du papier buvard, en passant fortement et à reprises répétées, dans tous les sens, la main sur le dos du papier, renouvelant le papier buvard jusqu'à ce qu'il n'accuse plns aucune humidité fournie par le papier salé ; il sera alors déposé sur un autre bain composé d'une solution de 1 partie de nitrate d'argent et de 5 parties d'eau distillée; on l'y laissera tout le temps qu'exigera l'assèchement, comme il vient d'être dit, d'une seconde feuille de papier qui aura remplacé la première sur le bain salé; alors, ôtant celle du bain d'argent, on l'égouttera avec soin par un de ses angles, et on la déposera sur une surface imperméable, comme pour la première préparation du papier négatif. On voit qu'en passant ainsi le papier du bain salé au bain d'argent, le préparateur ne perd pas une minute, et qu'il peut, en quelques heures, préparer une assez grande quantité de papier.

Parfaitement sec, on l'enfermera dans une boîte ou carton sans le tasser. Il sera bon de n'en pas préparer pour plus de huit ou quinze jours à l'avance, car, au bout de ce temps, il se teinte, et, quoique propre encore à la reproduction des images, il n'accuse plus les blancs avec le même éclat que lorsqu'il est nouvellement préparé.

Pour faire venir une épreuve positive, on placera l'épreuve négative du côté imprimé sur la surface préparée du papier positif; on pressera les deux papiers réunis entre deux glaces qu'on déposera sur un châssis (planche rebordée) couvert d'un drap noir. On aura soin que la glace du dessus soit assez forte et assez lourde pour que son poids fasse pression sur l'épreuve négative, de manière qu'elle soit parfaitement adhérente au papier positif. Ceci fait, on exposera à la grande lumière, au soleil autant que possible, en cherchant à faire tomber ses rayons à angle droit sur la glace. Pour avoir de belles épreuves, il faut pousser cette exposition à son degré extrême ; elle devra être arrêtée avant que les vives lumières de l'image puissent être altérées. Il suffira d'une seule expérience pour déterminer approximativement le temps d'exposition, qui sera, terme moyen, de vingt minutes au soleil selon la vigueur de l'épreuve négative.

Après cette exposition, on rentrera l'épreuve dans le cabinet noir, et, quelle qu'elle soit, on la laissera tremper un quart d'heure dans un bain d'eau douce, puis dans un autre de 1 partie d'hyposulfite de soude et de 8 parties d'eau distillée. A partir de ce moment, on pourra la regarder au jour et suivre l'action de l'hyposulfite ; on verra alors les blancs de l'épreuve prendre plus en plus d'éclat, les clairs-obscurs se fouilleront ; la nuance de l'épreuve, d'abord d'un vilain ton roux et uniforme, passera à une belle nuance brune, puis au bistre, puis enfin au noir des gravures de l'aqua-tinta. L'opérateur arrêtera donc son épreuve au ton et à l'effet qui lui conviendront. Elle sera parfaitement fixée : mais, afin de la dégorger de l'hyposulfite dont l'action se prolongerait, on la lavera à grande eau, après quoi on la laissera dans un grand vase rempli d'eau, pendant tout un jour, ou au moins cinq à six heures ; on séchera ensuite entre plusieurs feuilles de papier buvard.

Ce bain, comme celui de l'hyposulfite, peut recevoir en même temps autant d'épreuves que l'on voudra.

Il est important de faire remarquer qu'au moyen de l'imprégnation profonde de nitrate d'argent que reçoit le papier pour les épreuves positives, le bain d'hyposulfite dans lequel on plonge ces épreuves au sortir de l'exposition, en dissout une certaine quantité, et passe ainsi à un autre état chimique, lequel donne lieu aux réactions que j'ai décrites, en amenant l'épreuve de la teinte, rousse d'abord, au noir des gravures de l'aqua-tinta.

L'inobservation de ce changement d'état du bain de l'hyposulfite a donné lieu à l'insuccès des expériences auxquelles se sont livrés jusqu'ici les photographistes : opérant le plus souvent avec des épreuves de petite dimension, il en résultait que le bain d'hyposulfite d'ailleurs trop considérable, ne se chargeait pas suffisamment de nitrate ; de telle sorte que son action, au lieu de devenir colorante, attaquait, au contraire, l'image et la dégradait de teinte, dans la proportion inverse de l'effet recherché.

Ayant reconnu, par les faits, la cause de ces insuccès, je m'empresse de la signaler, pour qu'il soit permis à chacun d'obtenir des épreuves satisfaisantes.

Ceux donc qui, bornés dans leur exécution, ne pourraient fournir assez tôt à leur bain d'hyposulfite, suffisamment d'épreuves pour l'amener à l'état convenable, y suppléeront en versant dans leur bain une légère quantité de leur dissolution concentrée de nitrate d'argent.

Les épreuves qui ne pourraient supporter l'action de l'hyposulfite, au moins pendant deux heures, devront être rejetées. Ce serait une preuve qu'elles n'auraient point été exposées assez longtemps à la lumière, et elles ne seraient pas suffisamment fixées.

Quelque compliquées que puissent paraître les préparations ci-dessus décrites, on les reconnaîtra excessivement faciles lorsqu'on sera à l'œuvre, et, si on les compare aux préparations des plaques, on sera étonné de leur simplicité.

L'avantage de pouvoir préparer à l'avance le papier des épreuves négatives facilitera singulièrement les excursions daguerriennes, en dispensant l'amateur d'un bagage toujours fort embarrassant, et en lui économisant le temps et le travail qu'exige le polissage des plaques qui ne peut être fait à l'avance. La facilité de ne faire venir les épreuves positives qu'au retour d'un voyage, et de les multiplier à l'infini, ne contribuera pas peu au développement de cette branche de photographie, qui réclame aussi la sympathie des artistes, puisque les résultats ne sont point, comme sur le plaqué, en dehors de leur action, et qu'ils peuvent, au contraire, les modifier au gré de leur imagination.

Ainsi la facilité d'exécution, la certitude de l'opération, l'abondante reproduction des épreuves, voilà trois éléments qui doivent, dans un temps prochain, faire prendre à cette branche de photographie une place importante dans l'industrie; car, si elle est appelée à donner à l'homme du monde des souvenirs vivants de ses pérégrinations, des images fidèles des objets de ses affections, elle procurera aux savants des dessins exacts de mécanique, d'anatomie, d'histoire naturelle; aux historiens, aux archéologues, aux artistes, enfin, des vues pittoresques, des études d'ensemble et de détail des grandes œuvres de l'art antique et du moyen âge, dont les rares dessins ne sont le partage que du petit nombre.

(*Annales de chimie et de physique*, 3ᵉ série, t. XX, 1847.)

NOTE VII.

PROCÉDÉ DE PHOTOGRAPHIE SUR PAPIER DE M. ÉDOUARD BALDUS.

PREMIÈRE OPÉRATION. — PRÉPARATION DU PAPIER POUR LES ÉPREUVES NÉGATIVES.

§ I. *Papier pour le paysage, les monuments, les statues, etc.*

Prenez d'abord :

Eau distillée. . . . . 500 grammes.
Gélatine blanche. . . . . . 10 —

Faites fondre la gélatine au bain-marie dans un vase de porcelaine, et, quand elle est entièrement fondue, ajoutez dans le liquide 5 grammes d'iodure de potassium, et agitez avec une baguette de verre pour que le mélange soit complet. Le tout étant bien mélangé, ajoutez encore peu à peu, et en agitant toujours avec la baguette, 25 grammes de l'acéto-nitrate, dont on trouvera la composition page 457. Le liquide prend alors une teinte jaunâtre ; on le laisse encore à la chaleur pendant environ dix minutes, en continuant de l'agiter, et cette première préparation faite, on peut s'en servir.

A cet effet, on prend une cuvette qu'on a soin de tenir chaude au bain-marie, et l'on y verse le liquide. On prend alors une feuille de papier par les coins ; on pose d'abord le milieu (1), et l'on abaisse successivement les deux angles, afin de chasser les bulles d'air qui pourraient se former, et qui empêcheraient l'adhérence du liquide au papier. La feuille étant ainsi placée, on la laisse jusqu'à ce qu'elle présente une surface bien plane, ce qui

(1) La feuille pourrait même être immergée des deux côtés ; en ce cas elle se conserverait plus longtemps quand on veut opérer à sec.

exige ordinairement de six à dix minutes, suivant l'épaisseur du papier.

On la relève alors, on la suspend pour la faire sécher, et on l'attache par un angle sur une corde tendue ; pour qu'il ne reste pas un excédant de liquide dans l'angle opposé à celui qui tient à la corde, on prend un petit morceau de papier buvard qu'on fait adhérer à cet angle, et qui facilite l'écoulement des dernières gouttes.

Quand les papiers ainsi préparés sont bien secs, on les trempe des deux côtés dans une dissolution de :

Eau distillée.	100 grammes.
Iodure de potassium. . . .	1 —

Il faut tremper d'abord le côté qui a reçu la première préparation, retourner le papier, éviter les bulles d'air, et laisser la feuille de six à huit minutes, suivant la température, la sécher de nouveau, et placer les feuilles sèches dans un carton : elles se conservent bonnes pendant très longtemps.

Le restant de la liqueur gélatinée peut servir de nouveau en la chauffant et en la filtrant.

Cette première préparation laisse dans le papier une couche de gélatine complétement insoluble : elle en resserre les pores, et forme en même temps à la surface une autre couche mince de gélatine, chargée d'iodure d'argent non précipité, et déjà un peu sensible à la lumière. Le second passage à l'iodure de potassium augmente la sensibilité du papier. Le côté du papier qui a reçu la première préparation prend une légère teinte jaune.

§ II. *Papier négatif pour portraits.*

Pour les portraits, il faut nécessairement choisir le papier le plus beau et le plus uni, encollé à l'amidon.

On prépare la liqueur avec :

Eau distillée.	100 grammes.
Hydriodate d'ammoniaque. . . .	1 —
Hydrobromate d'ammoniaque. .	1 décigramme.

On immerge le papier entièrement dans le liquide ; on le laisse de cinq à dix minutes, suivant la température et l'épaisseur, puis on le re   pour le faire sécher.

Il faut que l'hydriodate d'ammoniaque soit blanc ou très légèrement jaunâtre quand on l'emploie. Lorsqu'il est plus coloré, il contient un excès d'iode, et l'opération est bien ralentie.

Avec ce procédé bien appliqué, on obtient presque la même vitesse que sur la plaque. Ces deux sortes de préparations de papier peuvent se faire au jour, en évitant cependant une trop grande clarté.

Les opérations qui vont suivre s'appliquent de la même manière aux papiers préparés par les deux moyens dont nous venons de parler.

DEUXIÈME OPÉRATION (1).

Passage sur l'acéto-nitrate d'argent.

Quand on veut rendre le papier sensible à la lumière, on prépare d'abord une dissolution de :

Eau distillée.	100	grammes
Nitrate d'argent.	6	—
Acide acétique cristallisable. . .	12	—

On verse de ce liquide 2 millimètres d'épaisseur dans une cuvette ou sur une glace ; on prend ensuite, par les deux angles opposés, une feuille de papier préparée, et, appuyant d'abord le milieu, on abaisse successivement les deux angles. Il faut avoir bien soin que le papier adhère partout au liquide, et qu'il n'y reste pas de bulles d'air. A ce moment, il se déclare des inégalités de couleur qui font souvent l'effet de taches, mais, à mesure que la combinaison s'opère, toute la surface du papier prend une teinte uniforme ; quand elle est à ce point, on doit enlever le papier pour le placer dans le châssis.

Cette réaction prend ordinairement de cinq à six minutes, suivant l'épaisseur.

Pendant que la feuille est sur l'acéto-nitrate, on a préparé une feuille de papier blanc et épais, un peu plus grande que celle de l'épreuve. On la plonge entièrement dans l'eau distillée pour l'en bien imprégner, et on la met sur la glace qui est dans le châssis

(1) *Observation.* — Les deuxième, quatrième et cinquième opérations doivent être faites dans une chambre noire, à la lueur d'une petite lampe.

de la chambre noire. C'est sur cette feuille de papier humide qu'on place ensuite la feuille qu'on enlève de l'acéto-nitrate (le dos en-dessous, bien entendu). En prenant soin que les deux feuilles adhèrent parfaitement ensemble, on peut attendre quelques heures pour opérer, et même jusqu'au lendemain lorsque la température n'est pas trop élevée; en ce cas, il faudrait, pour plus de sûreté, tremper la feuille qui sert de doublure dans une légère décoction de graine de lin, au lieu de la tremper dans l'eau ordinaire.

Par ce dernier moyen, nous avons obtenu de bonnes épreuves au bout de deux jours. Quand on veut opérer sur le papier sec, on enlève la feuille de l'acéto-nitrate d'argent (dans lequel on l'a trempée des deux côtés); on la passe rapidement dans l'eau distillée pour enlever l'excès de nitrate, et on la fait sécher en la suspendant.

Il faut, bien entendu, pour faire une épreuve avec le papier sec, placer la feuille entre deux glaces dans le châssis.

Nous n'aimons pas ce dernier moyen, et nous avons remarqué que les épreuves obtenues en opérant entre deux glaces ont beaucoup moins de pureté.

TROISIÈME OPÉRATION.

Passage à la chambre obscure.

Lorsque les papiers sont convenablement placés dans le châssis, on porte ce dernier dans la chambre noire. La durée de l'exposition ne peut être indiquée d'avance : elle dépend de l'intensité de la lumière, de la bonté de l'objectif et de la longueur du foyer de celui-ci.

Pour les vues et les monuments qu'on fait généralement avec un objectif simple, d'un foyer un peu allongé, il faut compter de trois à cinq minutes d'exposition, en employant le papier préparé pour le paysage (§ Ier). Si les objets ont une teinte jaune ou noire, il faut rester plus longtemps.

Pour le papier à portrait (§ II), il ne faut que de cinq à soixante secondes, suivant la lumière et l'emplacement dans lequel on opère, et, une fois le papier dans le châssis, il faut opérer le plus promptement possible.

QUATRIÈME OPÉRATION.

Mise à l'acide gallique.

Il faut préparer pendant quelque temps d'avance, et à une température de 18 à 20 degrés, une dissolution d'acide gallique saturé.

On verse cette dissolution dans une cuvette, de manière à former une couche de 2 à 3 millimètres d'épaisseur, et de la même surface que la feuille.

On enlève alors l'épreuve du châssis, et on la place, le côté qui a reçu l'image en premier, sur la couche d'acide gallique. Au bout d'un instant, on retourne l'épreuve, pour qu'elle en soit bien imprégnée des deux côtés. Quelques minutes après, l'image commence à paraître, et elle se complète successivement dans toutes ses parties. Si elle a été exposée le temps nécessaire, elle doit être terminée dans une demi-heure à peu près.

Alors, si l'épreuve est faible, on peut ajouter dans le bain quelques gouttes d'acéto-nitrate d'argent, en remuant bien, pour que l'épreuve en soit couverte partout; on renforce ainsi beaucoup les noirs. On peut encore, dans le même bain, ajouter à l'acide gallique une parcelle d'acide pyro-gallique et d'acétate d'ammoniaque. Mais on doit user de ces moyens avec réserve, parce qu'on perd très souvent l'épreuve en les employant; le contraste entre les blancs et les noirs devenant presque toujours trop fort[1], l'épreuve positive est d'un aspect dur et sans harmonie.

Une bonne épreuve négative doit pouvoir se terminer dans l'acide gallique *seul*.

CINQUIÈME OPÉRATION.

Fixage de l'épreuve.

Quand l'image est terminée dans l'acide gallique, on lave l'épreuve à l'eau filtrée, et on peut même la laisser un quart d'heure dans l'eau, ce qui lui donne encore plus de vigueur et la debarrasse de l'acide gallique.

On a préparé une dissolution de :

Eau distillée. . . . . 100 grammes.
Bromure de potassium. . . . 3 —

On verse cette dissolution dans une cuvette, et on y plonge entièrement l'épreuve. Si le bain prenait de suite une teinte verdâtre, c'est que l'épreuve n'aurait pas encore été assez dégorgée dans l'eau filtrée; il faudrait, dans ce cas, renouveler simplement le bain de bromure.

L'épreuve doit rester au moins une demi-heure dans le bain.

Il faut ensuite laver de nouveau l'épreuve à plusieurs eaux avec beaucoup de soin, car, sans cela, le négatif n'est pas bien fixé et s'affaiblit bientôt quand on veut le reproduire. On sèche l'épreuve en la piquant sur une corde.

On peut encore fixer l'épreuve au moyen d'une dissolution de :

Eau. . . . . 100 grammes.
Hyposulfite de soude. . . . . 7 —

Au moment de se servir de cette dissolution, on y ajoute 1 gramme d'acide acétique pur. On opère absolument de la même manière quant à l'immersion et aux lavages faits avec soin.

Il y a encore un bon moyen pour fixer l'épreuve, surtout pour les portraits, c'est de se servir d'une dissolution de chlorure de sodium saturé : les lavages sont les mêmes.

SIXIÈME OPÉRATION.

Moyen de cirer l'épreuve négative.

On a conseillé de ne pas cirer l'épreuve quand elle est faible ou d'une couleur claire.

Nous pensons, au contraire, que cette opération est toujours nécessaire, même avec du papier mince; une épreuve qui ne pourrait pas la supporter doit être regardée comme une épreuve médiocre, et ne donnera pas de bonnes positives. La cire n'augmente pas seulement la transparence, elle bouche aussi tous les petits interstices du papier, et rend la surface plus unie ; elle conserve mieux l'épreuve en la préservant de l'humidité.

On place quelques feuilles de papier buvard sur une planche ou sur une table, et on pose l'épreuve dessus, bien à plat, pour éviter des plis qu'on ne pourrait pas effacer.

On étend une couche de cire blanche sur un fer modérément

chaud, et on repasse l'épreuve en appuyant doucement, afin que la cire pénètre bien dans l'épreuve et qu'il y en ait également partout.

Ou bien encore on a préparé d'avance un papier buvard complétement pénétré de cire; on le place sur l'épreuve, et on repasse sur le papier buvard pour faire passer la cire dans l'épreuve. Dans les deux moyens, si celle-ci contient alors un excès de cire, on la met elle-même entre deux feuilles de papier buvard non cirées, en appuyant avec le fer chaud, et tout l'excédant passe dans les papiers buvards.

SEPTIÈME OPÉRATION.

Préparation du papier positif.

Préparez une dissolution de :

Eau distillée.	100 grammes.
Chlorure de sodium pur. . . .	4 1/2

Versez de cette dissolution dans une cuvette à l'épaisseur de 5 à 10 millimètres.

Après avoir marqué vos feuilles de papier par un signe, étendez-les, l'une après l'autre, sur le liquide; laissez-les chacune de cinq à huit minutes, suivant l'épaisseur, et faites-les sécher en les suspendant par un angle.

On peut ainsi préparer d'avance, et en plein jour, un assez grand nombre de feuilles.

Quand elles sont sèches, placez-les face à face dans un carton où elles puissent se conserver longtemps; il faut seulement éviter de les mettre dans un endroit humide.

On a préparé une autre dissolution de:

Eau distillée.	100 grammes.
Nitrate d'argent. . . . . . 15 à 18	—

On y trempe chaque feuille (le côté salé sur le nitrate) pendant cinq à six minutes, puis on les sèche de nouveau parfaitement.

Cette dernière opération ne peut se faire que dans l'obscurité, à la clarté d'une lampe ou d'une bougie; le mieux est de la faire le soir pour se servir du papier le lendemain. Il n'en faut préparer que la quantité qu'on pense devoir employer, parce que, quoique bien enfermé, le papier commence à jaunir au bout de deux jours, et cette teinte augmente assez rapidement. Les épreuves faites sur du papier ainsi coloré n'ont plus ni la vigueur ni la beauté de celles qu'on obtient sur le papier encore blanc ou légèrement jauni.

HUITIÈME OPÉRATION.

Tirage de l'épreuve positive.

On place le négatif sur la glace du châssis à reproduction, le côté le plus vigoureux en dessus. On le couvre avec un papier préparé pour positif, le côté nitraté sur l'épreuve, en évitant qu'il y ait aucun pli, et en laissant dépasser un peu les bords du papier positif pour juger, par la couleur qu'ils prendront, de l'intensité de la lumière. On ferme alors le châssis, et on donne une légère pression au moyen des vis pour que les deux épreuves adhèrent bien ensemble.

Quoiqu'on puisse, par habitude, juger du temps nécessaire à la pression, surtout en examinant, par la couleur que prennent les bords, à quel point elle en est, il est encore mieux de regarder l'épreuve elle-même en n'ouvrant qu'un des côtés du châssis pour ne pas la déranger.

Il faut généralement laisser cette épreuve venir plus forte et plus foncée qu'elle ne doit être, parce que dans son passage à l'hyposulfite elle se trouve affaiblie.

On reconnaît ordinairement le moment de retirer l'épreuve quand les lumières commencent à se voiler.

Au reste, pour avoir de belles épreuves positives, les soins seuls ne suffisent pas; il faut avant tout que le *cliché*, ou épreuve négative, soit d'une exécution parfaite comme harmonie de tons et pureté de lignes.

NEUVIÈME OPÉRATION.

Fixage de l'épreuve positive.

Préparez une solution de :

Eau distillée.	100 grammes.
Hyposulfite de soude.	12 —

Cette liqueur étant versée dans une cuvette, on y plonge entièrement l'épreuve positive qu'on vient de sortir du châssis, en ayant soin qu'il n'y ait point de bulles d'air qui feraient des taches en empêchant l'hyposulfite d'adhérer également partout.

On laisse l'épreuve dans le bain jusqu'à ce que les lumières soient bien éclaircies, et, ici encore, l'expérience est nécessaire pour bien juger le moment convenable, parce que l'épreuve, après avoir été séchée, reprend un peu plus de vigueur.

En sortant l'épreuve de l'hyposulfite, il faut encore une fois la laver et la laisser même pendant cinq à six heures dans l'eau pour la dégager complétement de l'hyposulfite ; car, sans cette précaution, elle jaunirait de plus en plus et pourrait même finir par s'effacer.

En sortant l'épreuve de la dernière eau, il faut la laisser sécher en la suspendant.

En employant la dissolution d'hyposulfite, on obtient des tons rougeâtres assez désagréables. Pour éviter cet inconvénient, il faut ajouter un peu de chlorure d'argent nouvellement précipité (un demi-gramme par 100 grammes de liquide). Quand on a fini, on verse l'hyposulfite qui a servi dans un flacon, en le filtrant, et il peut servir pour une nouvelle opération, en remplaçant chaque fois par une petite quantité de nouvelle dissolution une partie du vieux bain ; on peut, avec avantage pour la teinte de l'épreuve, en prolonger indéfiniment l'usage.

Le papier positif qui contient de l'amidon comme encollage donne les plus beaux tons noirs.

(*Mémoire déposé au secrétariat de la Société d'encouragement pour l'industrie nationale, contenant les procédés à l'aide desquels les principaux monuments historiques du midi de la France ont été reproduits par ordre du ministre de l'intérieur*, par Edouard Baldus, peintre.)

NOTE VIII.

PROCÉDÉS PUBLIÉS PAR M. ALPHONSE DE BREBISSON POUR L'EMPLOI DU COLLODION DANS LA PHOTOGRAPHIE SUR VERRE.

Préparation du collodion. — Il est très difficile de déterminer les doses nécessaires pour obtenir un collodion propre à la préparation des glaces, le coton-poudre étant très inégalement soluble; mais, avec un peu d'habitude, on arrive bien promptement à reconnaître la densité nécessaire.

Voici les proportions que j'emploie ordinairement avec le plus d'avantage :

Coton-poudre bien sec.	1 gramme.
Éther sulfurique.	90 —
Alcool ordinaire (33°).	60 —

Agitez ces substances dans un flacon; puis, après quelque temps, passez le liquide dans un linge et le conservez dans un flacon bouché avec soin.

Cette dissolution étendue donne un collodion faible ayant à peu près la densité convenable.

.... Pour rendre le collodion photographique, il suffit d'y mêler quelque iodure. On a d'abord employé l'iodure d'argent, et c'est la combinaison que je préfère. Les Anglais se bornent maintenant à y ajouter de l'iodure de potassium, mais je le trouve bien moins sensible. Il y a, ce me semble, entre ces deux préparations, la même différence qu'entre les papiers négatifs imprégnés d'iodure d'argent par une double opération, tels que ceux de MM. Talbot et Blanquart-Évrard, et celui de M. Guillot-Saguez, qui ne renferme que de l'iodure de potassium.

Il est possible de réussir également dans ce dernier cas, mais certainement avec plus de lenteur.

On peut faire entrer l'iodure d'argent dans la composition du collodion de plusieurs manières, soit en le dissolvant dans le cyanure de potassium, soit dans le nitrate de potasse, soit enfin dans une solution d'iodure de potassium, et c'est le procédé que j'ai adopté et que je vais décrire ci-dessous.

Si l'on se borne à l'addition simple de l'iodure de potassium dans le collodion, on peut verser dans cette substance quelques gouttes d'une dissolution alcoolique ou même aqueuse d'iodure de potassium. Mais, je le répète, ce procédé donne des négatifs peu sensibles.

Voici comment je prépare la solution d'iodure d'argent propre à rendre le collodion photographique :

Je fais d'abord de l'iodure d'argent en versant une solution d'azotate d'argent dans une solution d'iodure de potassium. Les proportions de ces solutions sont peu importantes ; cependant on peut employer celles-ci :

Eau distillée.	30 grammes.
Azotate d'argent.	3 —
Eau distillée.	40 grammes.
Iodure de potassium.	2 —

On verse peu à peu la première solution dans la seconde. Lorsque l'iodure d'argent qui se forme devient jaunâtre et floconneux, qu'il se condense au fond du vase, il doit être lavé à grande eau. Ce précipité est enfin jeté dans un filtre de papier. Quand l'eau s'est écoulée, on verse sur l'iodure d'argent une petite quantité d'alcool qui le lave en dernier lieu.

Maintenant on prend par portions, au moyen d'une spatule en verre, l'iodure d'argent resté sur le filtre pendant qu'il est encore humide et on le dissout dans une solution alcoolique saturée d'iodure de potassium en agitant vivement. Quand le liquide reste trouble, c'est qu'il est saturé. On le laisse reposer pour s'en servir au besoin.

La solution alcoolique saturée d'iodure de potassium s'obtient en mettant un excès d'iodure de potassium bien broyé dans un flacon rempli d'alcool à 33°. Tant qu'il reste de l'iodure non dissous dans le fond du flacon, on est certain que l'alcool est saturé et on décante la partie supérieure pour dissoudre l'iodure d'argent.

Je ferai remarquer que l'iodure d'argent desséché est très peu soluble dans l'alcool ioduré; il faut donc l'employer frais, comme je viens de l'indiquer.

Cette solution alcoolique d'iodure d'argent donne seule une grande sensibilité à la couche de collodion étendue sur les glaces, mais on peut augmenter cette sensibilité en ajoutant une solution alcoolique d'iodure de fer.

L'iodure de fer solide que fournissent les fabricants de produits chimiques ne m'a pas donné d'aussi bons résultats que celui que j'obtiens en versant 20 grammes d'eau sur 1 gramme de limaille de fer mêlé à 3 grammes d'iode.

Cette combinaison donne lieu à un liquide d'un rouge foncé, qu'on laisse reposer.

Je décante ensuite 15 grammes de cet iodure de fer liquide, auxquels j'ajoute 15 grammes d'acide acétique cristallisable et 120 grammes d'alcool à 33°, ce qui me donne une solution alcoolique d'iodure de fer qui se conserve très bien. Si je ne me bornais pas dans cette brochure à ne parler que des préparations concernant le collodion, je dirais que des plaques albuminées plongées pendant quelques minutes dans cette solution et séchée, acquièrent une grande sensibilité, surtout lorsqu'on fait apparaître l'image au moyen d'une solution de protosulfate de fer.

Le collodion, préparé comme je l'ai dit plus haut, doit recevoir le mélange des solutions iodurées dans cette proportion :

Collodion étendu.	50 grammes.	
Solution alcoolique d'iodure d'argent. . .	15	—
Solution alcoolique d'iodure de fer. . . .	6	—

Agitez ces substances et laissez reposer jusqu'à ce que le liquide devienne limpide, ce qui demande au moins douze ou quinze heures. Il est bon de décanter la partie la plus claire et de la conserver dans un flacon à large ouverture qui servira à l'étendre sur les glaces.

Le collodion, ainsi prêt à être employé, doit avoir une belle couleur orangée ou rougeâtre qui rappelle un peu la couleur de l'eau fortement bromée.

Sa couleur sera simplement jaune si l'on n'y a fait entrer que l'iodure d'argent, auquel on peut se borner, du reste, car on aura déjà une grande vitesse ; mais l'addition de l'iodure de fer donne une accélération très notable qui n'est pas due seulement à la quantité plus grande d'un iodure, mais bien à la nature de sa base......

Sensibilisation des glaces enduites de collodion. — La sensibilisation de la couche de collodion s'obtient en plongeant la plaque dans un bain d'argent ainsi composé :

Eau distillée.	60 grammes.
Azotate d'argent.	4 —

On met cette solution dans une cuvette de porcelaine, ou mieux dans un plateau formé par une glace bordée. On place le verre préparé avant que l'enduit soit sec, debout au bord intérieur de la cuvette, puis, au moyen d'un crochet qui retient la partie supérieure de la plaque ; on abaisse celle-ci d'un seul coup, sans hésitation, de manière à mettre la couche de collodion en contact avec le liquide qui la baigne en dessous. On voit bientôt cette couche blanchir, devenir comme laiteuse, conséquence de la formation de l'iodure d'argent ; il faut prolonger ce bain une à deux minutes et ne retirer la plaque que lorsqu'un aspect huileux, que présente d'abord le collodion, a disparu et que le liquide coule librement sur sa surface.

Si, au moment de l'immersion de la plaque dans le bain d'argent, la couche de collodion ne blanchissait pas assez promptement, cela annoncerait que sa sensibilité n'est pas suffisante, que la proportion des iodures n'est pas assez considérable. On devrait alors en ajouter et principalement de l'iodure d'argent plutôt que de l'iodure de fer, dont l'effet est moins constant.

La solution alcoolique d'iodure de fer, au moment où on la mêle au collodion, a une propriété coagulante qui contribue à donner plus de corps à ce liquide; mais je ne crois pas que cet avantage soit durable, et j'ai plus de confiance dans la préparation d'argent, bien plus constante que celles où entre le fer.

Il ne faut pas, pour avoir une grande sensibilité, qui n'est pas indispensable, ajouter une trop forte dose d'iodure, parce que la couche serait plus granulée, et donnerait une épreuve ayant moins de transparence et moins de finesse. Si l'on veut saisir une scène animée, telle que la mer avec ses vagues et des navires, une place publique, un jour de marché, une procession, etc., il faut alors se départir de ce principe et augmenter la dose des iodures, principalement de l'iodure de fer, avec lequel on arrive aisément à l'instantanéité.

Quand on veut affaiblir la densité du collodion, il vaut mieux l'étendre avec de l'éther qu'avec de l'alcool qui rend le cliché plus opaque.

Je reviens sur l'importance de ne pas attendre que la couche de collodion soit sèche pour la baigner dans la solution d'argent ; elle serait alors sans sensibilité. Il faut choisir le moment où la plaque, bien égouttée, commence à prendre un aspect un peu mat par l'évaporation de l'éther.

Comme j'écris principalement pour les personnes déjà familières avec la photographie sur verre, je crois inutile de dire que l'opération de la sensibilisation de la plaque doit être faite à l'abri de la lumière ainsi que les suivantes. Je me trouve très bien de travailler dans un cabinet noir dont la fenêtre est garnie de quelques carreaux en verre d'un jaune orangé, que je couvre derrière d'un rideau noir selon le besoin.

(*Nouvelle méthode photographique sur collodion, donnant des épreuves instantanées*, par Alphonse de Brebisson, mai 1852.)

NOTE IX.

RAPPORT DE M. DE MORNY, MINISTRE DE L'INTÉRIEUR, AU PRÉSIDENT DE LA RÉPUBLIQUE, SUR LA CRÉATION DE NOUVELLES LIGNES DE TÉLÉGRAPHIE ÉLECTRIQUE INDÉPENDANTES DES CHEMINS DE FER.

En portant les regards sur la carte des lignes de télégraphie électrique qui sillonnent l'Europe, on est péniblement surpris de voir pour quelle faible part figure la France dans cet immense réseau de communications internationales. On remarque surtout avec étonnement que non seulement les plus importantes villes de notre pays sont privées d'un si précieux moyen de correspondance, mais qu'il existe aussi une assez grande étendue de chemins de fer déjà en exploitation depuis plusieurs années qui en est également dépourvue.

J'ai pensé, monsieur le Président, que la France ne pouvait rester, à cet égard, dans un état d'infériorité également préjudiciable aux intérêts de ses relations intérieures et au développement de ses rapports avec les peuples voisins. Aussi, quelles que soient les réserves que doive imposer la situation des finances de l'État, je n'ai pas hésité à venir vous demander les crédits nécessaires pour remplir les lacunes qui existent encore dans l'ensemble de nos établissements télégraphiques.

La première de ces lacunes, et la plus regrettable, est celle qui existe de Châlon à Marseille, et qui rend presque sans efficacité la portion terminée entre Paris et Châlon.

Il est juste que Lyon et Marseille, ces deux grands centres de commerce, d'industrie et d'intérêts de toute nature, ne soient pas plus longtemps déshérités des bienfaits d'une découverte dont profitent déjà, depuis quelque temps, d'autres localités d'une moindre importance. Aussi, monsieur le Président, sans attendre l'achèvement du chemin de fer qui doit relier directement Marseille à Paris, vous proposerai-je de construire une ligne de télégraphie électrique qui suivrait la grande route depuis Châlon jusqu'à Avignon, et emprunterait ensuite la voie du chemin de fer pour aller de cette dernière ville à Marseille. Je ne doute pas que les dangers que peut offrir l'établissement d'une ligne livrée pour ainsi dire à la bonne foi publique ne soient beaucoup moins grands qu'on ne le suppose en général, et les expériences déjà faites sur plusieurs points me donnent l'assurance que l'administration pourra efficacement faire respecter les fils électriques ainsi exposés aux atteintes de la malveillance, surtout lorsqu'elle sera armée des moyens de répression que comporte la loi nouvelle sur la police des lignes télégraphiques. D'ailleurs, monsieur le Président, l'établissement des fils électriques le long de la grande route ne devra être que provisoire, et ces fils seront reportés sur les chemins de fer à mesure que les différents tronçons du chemin s'achèveront. Vous apprécierez trop bien, monsieur le Président, les avantages immenses que doit retirer notre pays d'une mesure qui permettra de communiquer directement de Marseille à Londres, et de nous assurer par là le transit de toutes les dépêches du Levant, ainsi que de la malle de l'Inde, pour qu'il me soit nécessaire d'insister près de vous sur son urgente utilité.

La ligne la plus importante, à mon avis, après celle qui doit unir la Méditerranée à l'Angleterre, en traversant le détroit, est celle qui, partant de Paris, passerait par Bordeaux et viendrait desservir le sud-ouest de la France, en allant rejoindre la ligne de Marseille par Toulouse, Narbonne, Cette, Montpellier, Nîmes et Beaucaire. Jusqu'à Bordeaux, cette ligne suivrait le chemin de fer, et, depuis cette dernière ville jusqu'à Cette, on pourrait lui faire suivre les bords du canal qui offrirait les plus favorables conditions d'établissement. A partir de Cette, on profiterait du chemin de fer jusqu'à Arles, en passant par Montpellier, Nîmes, Beaucaire et Tarascon.

Après ces deux grandes lignes, dont l'importance me paraît devoir obtenir le premier rang, il en est une troisième qui ne le cède peut-être pas à celles-ci pour les avantages que doivent en retirer nos relations avec l'Allemagne centrale. Je veux parler de la ligne de Paris à Strasbourg. Le chemin de fer entre ces deux villes sera assez prochainement livré à la circulation, et il sera permis d'établir les fils sur la chaussée de la voie ferrée, qui est, sinon achevée, du moins fort avancée sur tout le parcours.

Enfin, monsieur le Président, des lignes secondaires. destinées à rattacher notre système télégraphique avec les télégraphes des peuples voisins, tels que le Piémont, la Suisse, l'Italie et l'Espagne, ou à relier entre elles les communications de même nature dans l'intérieur de la France, complètent un ensemble de propositions que j'ai l'honneur de soumettre à votre approbation et pour lesquelles je vous demanderai de vouloir bien ouvrir un crédit de 4 millions 832,987 fr., qui permette de commencer immédiatement les travaux.

L'expérience faite depuis dix mois pour l'application de la télégraphie privée ne laisse aucun doute sur les ressources que le développement de cette branche des services publics doit offrir au Trésor, et l'accroissement des recettes, qui sera la conséquence nécessaire de la création des lignes proposées, représentera une somme bien supérieure à l'intérêt du capital dépensé.

L'État trouve donc par là un placement avantageux de capitaux, tout en réalisant un projet d'une importance immense pour l'administration, le commerce, l'industrie et tous les intérêts privés dans leurs rapports avec l'intérieur ou avec l'étranger.

Ces considérations ne vous ont pas échappé, monsieur le Président, et c'est aller au-devant de vos intentions que de vous proposer un projet qui doit mettre la France au niveau des autres peuples de l'Europe, lorsqu'il s'agit d'entreprises grandes, utiles et glorieuses.

Je suis heureux de pouvoir m'associer à cette généreuse initiative en soumettant à votre signature le projet de décret ci-joint.

Je suis avec un profond respect, monsieur le Président, votre très humble et très obéissant serviteur,

Le Ministre de l'intérieur,

A. DE MORNY.

Le Président de la République,

Sur le rapport du ministre de l'intérieur;

Vu la délibération du conseil d'administration des lignes télégraphiques, en date du 16 décembre 1851;

Considérant qu'il importe essentiellement à la sûreté de l'État de compléter au plus tôt les moyens mis à la disposition du gouvernement pour porter avec promptitude ses ordres sur tous les points du territoire;

Considérant que l'extension des communications télégraphiques est un véritable bienfait pour les intérêts privés et les relations commerciales de la France tant à l'intérieur qu'à l'étranger, décrète :

ARTICLE 1er. Un crédit de 4 millions 832,987 fr. est ouvert au ministère de l'intérieur sur le budget des exercices 1852, 1853 et 1854, pour la construction des lignes de télégraphie électrique ci-après désignées, savoir :

Ligne de l'Est, avec embranchement sur Forbach et Mulhouse	233,987 fr.
Ligne de Châlon-sur-Saône à Marseille, avec embranchement sur Saint-Étienne et Grenoble. . .	566,603
Ligne de Paris à Bayonne.	263,442
Ligne de Bordeaux à Cette et à Marseille.	474,068
Lignes de Nantes à Brest, par Vannes, etc.	242,571

Lignes de Paris à Cherbourg, par Évreux; Caen. .	252,277 fr.
Ligne de Châteauroux à Périgueux.	171,604
Ligne de Nevers à Clermont.	138,264
Lignes secondaires à construire pour relier les chefs-lieux des départements aux lignes principales:	
Oise (Beauvais).	57,830
Aisne, Ardennes (Laon, Mézières, Reims).	164,751
Vosges (Épinal).	63,210
Seine-et-Marne, Aube, Haute-Marne, Haute-Saône (Melun, Troyes, Chaumont, Vesoul).	235,717
Yonne (Auxerre).	16,166
Jura (Lons-le-Saulnier).	57,540
Ain (Bourg).	31,752
Haute-Loire, Lozère (Le Puy, Mende).	112,497
Ardèche (Privas).	36,960
Hautes-Alpes, Basses-Alpes (Gap, Digne).	156,660
Var (Toulon, Draguignan, frontière du Piémont).	120,742
Pyrénées-Orientales (Perpignan et la frontière espagnole)	79,108
Ariége (Foix).	68,218
Tarn, Aveyron (Albi, Rodez).	129,030
Lot (Cahors).	56,070
Gers, Hautes-Pyrénées, Basses-Pyrénées (Auch, Tarbes, Pau).	157,878
Deux-Sèvres, Charente-Inférieure (Niort, La Rochelle)	117,064
Vendée (Napoléon-Vendée)	63,798
Creuse (Guéret).	57,739
Corrèze, Cantal (Tulle, Aurillac).	140,784
Orne, Sarthe, Mayenne, Ille-et-Vilaine, Côtes-du-Nord (Alençon, Le Mans, Laval, Rennes, Saint-Brieuc)	349,438
Fils supplémentaires sur les lignes existantes. . .	207,013
Total.	4,832,987 fr.

Art. 2. Sur cette somme de 4 millions 832,987 fr., un crédit de 1 million 780,671 fr. est imputable sur l'exercice 1852, et affecté à la création des lignes suivantes, savoir :

Lignes de l'Est	233,987 fr.
Ligne de Châlon-sur-Saône à Marseille.	566,603
Ligne de Paris à Bayonne.	263,442
Ligne de Bordeaux à Cette et à Marseille.	474,068
Ligne de Nantes à Brest.	242,671
Total.	1,780,671 fr.

Les portions de ce crédit qui n'auraient pu être employées en 1852 seront réparties sur l'exercice 1853.

Art. 3. Le surplus de la dépense, s'élevant à 2 millions 52,316 francs, sera réparti entre les exercices 1853 et 1854, suivant les besoins du service, pour la création des autres lignes.

Fait à l'Élysée-National, le 6 janvier 1852.

Louis-Napoléon Bonaparte.

Le Ministre de l'intérieur, A. de Morny.

NOTE X.

LOI SUR LA CORRESPONDANCE TÉLÉGRAPHIQUE PRIVÉE

des 3 juillet, 18 et 29 novembre 1850.

Art. 1er. Il est permis à toutes personnes dont l'identité est établie de correspondre, au moyen du télégraphe électrique de l'État, par l'entremise des fonctionnaires de l'administration télégraphique.

La transmission de la correspondance télégraphique privée est toujours subordonnée aux besoins du service télégraphique de l'État.

Art. 2. Les dépêches, écrites lisiblement, en langage ordinaire et intelligible, datées et signées des personnes qui les envoient, sont remises par elles ou par leurs mandataires au directeur du télégraphe, et transcrites dans leur entier, avec l'adresse de l'expéditeur, sur un registre à souche. Cette copie est signée par l'expéditeur ou par son mandataire, et par l'agent de l'administration télégraphique.

Sont exemptés de la transcription sur le registre à souche les articles destinés aux journaux et les dépêches relatives au service des chemins de fer.

Art. 3. Le directeur du télégraphe peut, dans l'intérêt de l'ordre public et des bonnes mœurs, refuser de transmettre les dépêches. En cas de réclamation, il en est référé, à Paris, au ministre de l'intérieur, et, dans les départements, au préfet ou au sous-préfet, ou à tout autre agent délégué par le ministre de l'intérieur. Cet agent, sur le vu de la dépêche, statue d'urgence.

Si, à l'arrivée au lieu de destination, le directeur estime que la communication d'une dépêche peut compromettre la tranquillité publique, il en réfère à l'autorité administrative, qui a le droit de retarder ou d'interdire la remise de la dépêche.

Art. 4. La correspondance télégraphique privée peut être suspendue par le gouvernement, soit sur une ou plusieurs lignes séparément, soit sur toutes les lignes à la fois.

Art. 5. Tout fonctionnaire public qui viole le secret de la correspondance télégraphique est puni des peines portées en l'article 187 du Code pénal.

Art. 6. L'État n'est soumis à aucune responsabilité à raison du service de la correspondance privée par la voie télégraphique.

Art. 7. Les dépêches télégraphiques privées sont soumises à la taxe suivante, qui est perçue au départ :

Pour une dépêche de un à vingt mots, il est perçu un droit fixe de trois francs, plus douze centimes par myriamètre.

Au-dessus de vingt mots, la taxe précédente est augmentée d'un quart pour chaque dizaine de mots ou fraction de dizaine excédant.

Sont comptées dans l'évaluation des mots l'adresse, la date et la signature.

Les chiffres sont comptés comme s'ils étaient écrits en toutes lettres.

Toute fraction de myriamètre est comptée comme un myriamètre.

Lorsqu'il sera établi un service de nuit, la taxe sera augmentée de moitié pour les dépêches transmises la nuit.

Le ministre de l'intérieur est autorisé à concéder des abonnements à prix réduit, pour la transmission des nouvelles qui se rapportent au service des chemins de fer.

ART. 8. En payant double taxe, les particuliers ont la faculté de recommander leurs dépêches. Toute dépêche recommandée est vérifiée par une répétition de la dépêche faite par le directeur destinataire.

ART. 9. Indépendamment des taxes ci-dessus spécifiées, il est perçu, pour le port de la dépêche, soit au domicile du destinataire, s'il réside au lieu de l'arrivée, soit au bureau de la poste aux lettres, un droit de cinquante centimes dans les départements, et de un franc pour Paris.

Si le destinataire ne réside pas au lieu d'arrivée, la dépêche lui sera transmise, sur la demande et aux frais de l'expéditeur, par exprès ou estafette. Les conditions seront fixées par le règlement à intervenir en vertu de l'article 11 de la présente loi.

ART. 10. Les dépêches sont transmises selon l'ordre d'inscription pour chaque destination.

L'ordre des transmissions, entre les diverses destinations, est réglé de manière à les servir utilement et également.

Toutefois la transmission des dépêches dont le texte dépasserait cent mots peut être retardée pour céder la priorité à des dépêches plus brèves, quoique inscrites postérieurement.

Les dépêches relatives au service des chemins de fer, qui intéresseraient la sécurité des voyageurs, pourront, dans tous les cas, obtenir la priorité sur les autres dépêches.

ART. 11. La présente loi recevra son exécution à partir du 1er mars 1851.

Le service de la correspondance télégraphique privée, les conditions nécessaires pour constater l'identité des personnes, et les dispositions réglementaires de la comptabilité seront réglés par un arrêté concerté entre le ministre de l'intérieur et le ministre des finances. Cet arrêté sera converti en un règlement d'administration publique dans l'année qui suivra la promulgation de la présente loi.

Délibéré en séance publique, à Paris, les 3 juillet, 18 et 29 novembre 1850.

Le Président et les Secrétaires de l'Assemblée législative,

Signé : DUPIN, ARNAUD (de l'Ariége), CHAPOT, BÉRARD, DE HEECKEREN, PEUPIN.

La présente loi sera promulguée et scellée du sceau de l'État.

Le Président de la République,

Signé LOUIS-NAPOLÉON BONAPARTE.

Le Garde des sceaux, Ministre de la justice.

Signé E. ROUHER.

(*Bulletin des lois, n°* 330.)

RÈGLEMENT POUR LE SERVICE DE LA TÉLÉGRAPHIE PRIVÉE.

Le ministre de l'intérieur,

Vu la loi du 29 novembre 1850, sur l'établissement du service de la correspondance télégraphique électrique privée ;

Vu le rapport de l'administrateur en chef des lignes télégraphiques sur les mesures à prendre pour l'exécution de ladite loi, et après s'être concerté avec M. le ministre des finances,

Arrête ce qui suit :

Ouverture des bureaux.

ART. 1er. Les bureaux télégraphiques seront ouverts tous les jours, y compris les fêtes et dimanches : du 1er avril à la fin de septembre, de sept heures du matin à neuf heures du soir ; du 1er octobre à la fin de mars, de huit heures du matin à neuf heures du soir.

L'heure de tous les bureaux télégraphiques sera l'heure du temps moyen pris à l'Observatoire de Paris.

ART. 2. Jusqu'à nouvel ordre, aucune dépêche ne pourra être

envoyée hors des heures du bureau qu'autant qu'elle aura été déclarée avant neuf heures du soir, et que la transmission en aura été acceptée par le bureau de départ.

Formalités relatives à l'enregistrement des dépêches.

Art. 3. Toute personne qui voudra faire usage de la correspondance télégraphique devra d'abord faire constater son identité.

L'identité pourra être établie d'après les manières suivantes : Toute personne domiciliée dans la commune où est situé le bureau télégraphique aura la faculté d'apposer sa signature sur un registre à souche, et, après vérification faite de l'identité du signataire, le feuillet contenant le double de la signature et détaché de la souche, lui sera remis pour qu'il puisse le joindre à toute dépêche qu'il voudrait expédier. La présentation du feuillet et la conformité des signatures sur la dépêche, le feuillet et le registre à souche formeront la constatation de l'identité. L'identité de la signature pourra encore être certifiée par un visa des préfets, sous-préfets, maires et commissaires de police ; elle pourra l'être encore, en matière civile, par le visa du président du tribunal de première instance, du juge de paix et par tous les notaires ; en matière commerciale, par le visa du président et des juges du tribunal de commerce, par les agents de change, les courtiers d'assurances et de commerce.

Elle pourra enfin être établie par des pièces telles que passeport, acte de naissance, acte de notoriété, jugement et autres actes et papiers dont la réunion prouverait l'identité de la personne qui les posséderait.

Art. 4. Les dépêches, écrites lisiblement, en langage ordinaire et intelligible, sans aucune abréviation de mots ou caractères écrits dans le texte, datées et signées, seront remises au directeur du télégraphe, qui vérifiera si les désignations de l'adresse sont assez précises pour qu'on puisse avoir l'espoir fondé de la faire parvenir à la personne à qui elle est destinée, et s'il n'y a rien dans le texte qui puisse porter atteinte à l'ordre public ou aux bonnes mœurs.

Si le directeur refuse de transmettre la dépêche, soit parce que l'identité n'est pas constatée, soit par tout autre motif, il écrira sur la minute la cause de son refus, et signera.

Si rien ne s'oppose à la transmission, le directeur fera transcrire en entier la dépêche sur un registre à souche. Au bas de la dépêche, on ajoutera le nom et l'adresse du signataire, le nom et l'adresse de la personne qui l'aura apportée, le nombre de mots que la dépêche contient, la ville pour laquelle elle est destinée, et la somme perçue. On fera signer le tout par l'expéditeur ou son mandataire, à qui sera délivrée une quittance avec talon de la somme qu'il aura déboursée.

Art. 5. La dépêche recevra un numéro d'ordre, et l'on inscrira, en marge et au-dessous du numéro, l'heure à laquelle elle aura été remise au stationnaire de service, qui devra la transmettre immédiatement, si la ligne est libre. Si la ligne est occupée, la dépêche prendra son rang et sera transmise à son tour.

On inscrira sur les dépêches transmises l'heure de l'arrivée à destination. Toutes les dépêches seront remises, le soir, au directeur, qui en fera un paquet scellé du cachet de la direction.

Ordre de la transmission des dépêches.

Art. 6. Il sera tenu, dans chaque bureau télégraphique, un rôle des dépêches, d'après l'ordre de leur dépôt, et chacune d'elles sera expédiée dans chaque bureau, selon le rang qu'elle occupera sur le rôle. Toutefois les dépêches du gouvernement et les dépêches relatives au service des chemins de fer, qui intéresseraient la sécurité des voyageurs, pourront avoir la priorité sur les dépêches privées.

La transmission des dépêches privées dont le texte dépasserait cent mots pourra être retardée pour céder la priorité à des dépêches plus brèves, quoique inscrites postérieurement.

Art. 7. Chaque jour, au moment de l'ouverture du service, chaque bureau, en se mettant en communication avec Paris, indiquera le nombre des dépêches qu'il a à transmettre pour Paris. Puis l'administration centrale commencera la transmission et fera la distribution du temps du service entre tous les bureaux pour la correspondance avec Paris. L'administration indiquera, à chaque fois, le bureau qui devra se mettre en travail, et le temps qui lui sera accordé. Les transmissions se feront alternativement dans un sens et dans l'autre. Le temps accordé à chaque bureau, sur chaque ligne, ne pourra pas dépasser une demi-heure. Toutefois une dépêche commencée devra être achevée.

Autant que possible, la transmission se fera directement entre les deux lieux qui doivent entrer en correspondance. Pendant la transmission directe entre Paris et les bureaux successivement désignés, les autres bureaux, partout où il y aura un troisième fil disponible, se transmettront entre eux les dépêches pour les villes intermédiaires. Les bureaux les plus rapprochés de Paris commenceront la transmission, qui alternera de dépêche en dépêche avec la transmission des bureaux les plus éloignés. Chaque transmission de bureau à bureau ne pourra durer qu'une demiheure.

Chaque bureau destinataire accusera réception définitive de la dépêche envoyée, aussitôt qu'il l'aura comprise.

Art. 8. Aucune dépêche déposée à un bureau télégraphique ne pourra être retirée de la transmission que par la personne même qui l'aura envoyée. Dans tous les cas, la somme payée ne sera pasrendue.

Communication des dépêches.

Art. 9. Au bureau d'arrivée, la dépêche reçue sera visée par le directeur, qui, si rien ne s'oppose à la communication, y inscrira la mention *bon à communiquer*. La dépêche visée sera remise à un expéditionnaire, qui en fera la copie.

Si le directeur juge qu'une dépêche reçue ne saurait être communiquée sans danger pour la tranquillité publique, il en enverra copie à l'autorité administrative, et attendra sa décision. Si la communication est interdite, il en sera donné connaissance au directeur qui l'a expédiée, pour qu'il puisse en faire rembourser la taxe perçue.

Art. 10. Si rien n'empêche la communication, la dépêche copiée sera timbrée du sceau de l'administration et signée du directeur. Elle sera remise immédiatement à un piéton, chargé de la porter à l'adresse indiquée ou au bureau de poste. A la dépêche sera joint un reçu qui devra être signé, soit de la personne à qui la dépêche est adressée, soit d'une personne attachée à son service ou à sa famille.

Si l'on ne trouve à l'adresse indiquée ni le destinataire, ni personne qui le connaisse, la dépêche sera rapportée au bureau d'arrivée, et la déclaration du piéton sera inscrite sur la dépêche.

S'il est demandé que la dépêche reste au bureau d'arrivée, elle sera déposée dans un coffre ou tiroir solidement établi et fermant à clef, jusqu'à ce qu'on la vienne réclamer.

Art. 11. Les dépêches adressées à des personnes se trouvant hors de la commune où est situé le bureau télégraphique d'arrivée seront envoyées à destination par la poste ou par un messager exprès, s lon que la demande en aura été faite dans la dépêche elle-même.

Quand aucune disposition particulière n'aura été prise pour une dépêche à envoyer hors de la commune où est situé le bureau, elle sera remise au bureau de poste.

Art. 12. Il sera tenu, dans chaque bureau, un registre où seront inscrites par premier et dernier mot toutes les dépêches reçues. On y mentionnera le nombre de mots, l'heure de la réception et celle de la remise au destinataire ou au bureau de poste, les décisions qui ont ordonné la non-communication, et les autres incidents de la dépêche.

Perception.

Art. 13. La taxe pour la transmission des dépêches sera perçue d'après la longueur totale des lignes télégraphiques réunissant les lieux de départ et d'arrivée. Toutefois, lorsque les lignes télégraphiques ne se dirigeront pas directement d'un lieu à un autre, et que la route ferrée sera plus courte que la ligne électrique, on prendra la distance sur le chemin de fer pour la base de la taxe.

Les distances entre les divers bureaux télégraphiques seront calculées d'après le tableau joint au présent arrêté.

Art. 14. Les mots seront comptés de la manière suivante : les mots composés seront comptés pour le nombre de mots qu'ils contiendront ; les traits d'union, les signes de ponctuation ne le seront point, mais tous les autres signes seront comptés pour le nombre de mots qu'il aura été nécessaire d'employer pour les exprimer.

Art. 15. Les dépêches qui devront être communiquées en plusieurs copies en un même lieu ne payeront qu'une taxe, mais le droit pour port de la dépêche sera répété autant de fois qu'il y aura de copies.

Les dépêches qui devront être envoyées en différents lieux sur le même trajet ne payeront la taxe proportionnelle que sur le plus long trajet, mais la taxe fixe sera répétée autant de fois qu'il y aura de lieux différents.

Art. 16. Quand l'expéditeur demandera que la dépêche soit envoyée au destinataire par un exprès, il devra déposer au bureau du départ une somme de *un franc* pour le premier kilomètre de distance entre le bureau d'arrivée et le lieu de destination, et de cinquante centimes pour les autres.

Dans tous les cas où un exprès sera envoyé, il y aura lieu à une liquidation supplémentaire.

Le choix des exprès sera fait par les directeurs du télégraphe.

Art. 17. Quand une dépêche dont la transmission aura été acceptée n'aura pu être communiquée en temps opportun, soit parce que les lignes électriques auraient éprouvé un accident, soit parce que des fautes en auraient altéré le texte, soit enfin parce que l'autorité administrative du lieu de destination se serait refusée à permettre la communication, la taxe sera remboursée à l'expéditeur.

La taxe ne sera remboursable que partiellement lorsque la dépêche, arrêtée par accident sur la ligne, a pu être réexpédiée à destination par la poste et qu'elle a pu gagner sur le courrier ordinaire. (*Moniteur.*)

FIN DU TOME PREMIER.

ERRATUM.

Page 230, ligne 5, au lieu de : *encre typographique*, lisez : *encre d'impression.*

TABLE DES MATIÈRES.

FIN DE LA TABLE DES MATIÈRES DU TOME PREMIER.

Printed in Dunstable, United Kingdom

91220865R00281